土地利用重点实验室系列成果

土地资源遥感监测与评价方法

王　静　等著

国家自然科学基金项目（40271007）
国土资源部“百人计划”
联合资助

科学出版社
北　京

内 容 简 介

本书全面系统地论述了土地资源遥感监测与评价方法的理论基础和研究方法及应用案例，开展了土地利用/覆被分类体系、土地退化监测与评价指标体系和土地资源可持续利用评价指标体系的研究，深入探讨了基于不同遥感数据（包括 Hyperion、OMIS-I 高光谱遥感数据和 MODIS、TM/ETM^{+}、SPOT 等多光谱遥感数据）的土地资源数量与质量的信息提取方法，并将监测与评价的指标应用于规划和政策制定。全书共分为 13 章，包括土地利用/覆被变化监测、土地退化遥感监测与评价、土地资源可持续利用评价和案例研究四大部分内容。

本书可供土地资源、环境、地理、生态、农业、土壤、遥感、地理信息系统等领域的研究人员和大专院校师生参考。

图书在版编目（CIP）数据

土地资源遥感监测与评价方法/王静等著. —北京：科学出版社，2006

ISBN 978-7-03-017606-6

Ⅰ. 土… Ⅱ. 王… Ⅲ. ①遥感调查-应用-土地资源-监测-研究②土地评价-方法-研究 Ⅳ. F301

中国版本图书馆 CIP 数据核字（2006）第 075869 号

责任编辑：赵 峰 / 责任校对：郑金红
责任印制：吴兆东 / 封面设计：王 浩

科 学 出 版 社 出版
北京东黄城根北街 16 号
邮政编码：100717
http://www.sciencep.com

北京虎彩文化传播有限公司 印刷
科学出版社发行 各地新华书店经销
*
2006 年 9 月第 一 版 开本：787×1092 1/16
2023 年 6 月第七次印刷 印张：23 3/4 插页：6
字数：535 000

定价：139.00元
（如有印装质量问题，我社负责调换）

序

土地是人类生存和发展的基础，也是立国安邦的基本要素。党中央、国务院高度重视土地管理工作，明确要求实行严格的资源管理制度，特别是要实行世界上最严格的耕地保护制度，并把土地作为防止经济发展过热、保持国民经济平稳运行最重要的宏观调控手段之一。由于土地供给总量制约，我国城镇化空间发展用地已到达拐点，空间载体已呈底部收缩态势，城镇发展用地依靠征用耕地作为空间增量用地的方式已达底线。土地利用粗放，造成效率低、效益差，土地污染、退化严重，土地供需矛盾日益尖锐，耕地保护形势严峻，严重影响国家粮食安全和制约社会经济发展。

客观、准确、现势的土地资源数据信息是科学制定土地管理政策、落实耕地保护国策的重要基础，是国家加强土地监管与国民经济宏观调控的基本依据。多年来国家已经开展了土地资源概查、全国土地利用现状调查、耕地后备资源调查、土地利用动态遥感监测等一系列土地调查工作。“十一五”期间将开展全国土地资源与生态环境综合监测系统的建设。土地资源监测从以往单一的土地数量监测向土地质量监测和生态监测发展，同时向着自动化、定量化的方向发展。

现代空间对地观测技术在我国土地资源调查与监测中发挥了巨大作用。航空、航天遥感技术和全球定位技术提高了土地资源信息获取的效率和准确性；地理信息系统技术、通信与计算网络等技术的进步，使土地资源信息的获取、存储、更新、传输和共享服务等手段更趋完善。但是，由于遥感数据本身的局限、遥感土地信息的研究与开发不够以及土地资源遥感监测与评价的标准化研究仍处于初始阶段，因此深入系统探索土地资源遥感监测与评价新的理论和方法，综合利用“3S”技术与常规技术方法，有效获取和挖掘土地资源数量与质量信息，将宏观的土地资源监测评价信息与微观不同生态系统的土地质量与环境效应的变化过程和驱动因素进行有机的结合，是未来土地资源遥感监测与评价研究的发展趋势。

王静等年轻研究群体，在国家自然科学基金项目、国土资源部“百人计划”资助项目和国土资源部重点科技项目的研究成果的基础上总结编写出《土地资源遥感监测与评价方法》这部有意义的科学著作，它是以理论分析与典型案例研究相结合，以土地资源遥感信息挖掘、理解与分析及土地可持续利用评价为主要研究内容，具有基础性、前沿性和应用性特征，是土地资源遥感监测学科与应用技术研究的一项新进展。随着现代技术的飞速发展，土地资源遥感监测与评价新技术、新方法的研究任重而道远，构建一个科学的土地资源遥感监测与评价理论体系和方法体系，是她（他）们今后努力的方向。

祝贺这部著作的出版，我很高兴能为之作序。祝愿她（他）们继往开来，不断取得新的成就。

石玉林

2006年8月

前　言

土地是国家最重要的自然资源之一，不合理利用资源引起的资源短缺、环境退化已成为影响我国经济可持续发展的重要问题之一。研究资源与环境问题的根本目的在于可持续利用与有效保护，调查与监测是其首要环节。全面调查并掌握我国土地资源数量与质量及其变化，在此基础上采取有效防治措施，对缓解人地矛盾、合理利用资源、实现我国社会经济的可持续发展具有特别重要的意义。

土地资源的变化包括土地利用/覆被的变化（土地数量变化），以及土地利用/覆被变化导致的土地退化（土地质量变化），土地资源的遥感监测与评价包括对土地数量、土地质量和土地可持续利用的监测和评价。本书所指的土地资源遥感监测与评价是对土地资源开发利用引起的土地利用/覆被时空动态变化以及由此所造成的土地退化和土地可持续利用状况变化的监测与评价。

土地资源管理依赖于对土地资源合理利用与环境保护动态信息的掌握，现代空间对地观测技术在我国土地资源调查中发挥着巨大的作用。遥感作为一种快速、宏观的土地资源调查技术手段，与传统地面调查相比，具有无可比拟的客观、先进的解译能力。常规遥感数据应用于土地资源的监测与评价，仍然面临着一些问题，如自动分类精度不高，难以进行定量分析，需要大量的分类后处理等一系列问题。高光谱遥感技术是20世纪80年代开始发展起来的遥感前沿技术，可定量地分析、识别地物类型和确定物质性质及组成成分，利用高光谱分辨率的特点可显著增加土地利用/覆被类型识别的程度和精度，并为土地退化定量监测提供了一种新的技术手段，可解决许多常规遥感手段无法解决的问题，将极大提高土地动态监测技术流程的自动化程度和效率。研究土地资源遥感监测与评价新技术、新方法具有重要的理论价值和实践意义。

进行土地资源遥感监测与评价，需要统一的标准和先进的信息提取技术。从土地利用/覆被与土地退化监测和土地资源可持续利用评价的角度，建立土地资源遥感监测与评价指标体系，深入挖掘基于不同遥感数据的信息提取技术，并将监测与评价指标应用于规划和政策制定，以指标体系为基点将监测、评价、规划与政策进行有机衔接，分析与土地利用政策之间的相互影响，对于实施区域可持续发展战略具有重要意义，同时也是促进区域人口、土地与社会经济协调发展的科学决策所面临的重要课题之一。

本书综合考虑了土地资源的自然和社会经济属性，根据遥感数据特点，系统构建了不同尺度基于遥感数据的土地利用/覆被分类体系和土地退化监测与评价指标体系。首次将传统的利用遥感技术对土地资源“数量”的监测扩展到了对土地资源“质量”的监测，深入探讨了基于不同遥感数据（包括Hyperion、OMIS-I高光谱遥感数据和MODIS、TM/ETM$^+$等多光谱遥感数据）的土地资源数量与质量的信息提取方法，提出了基于不同遥感数据的土地退化监测与评价指标的解释和表达方法，研制了在高精度配准基础上的土地退化信息自动提取方法；并采用光谱特征提取、光谱微分等技术，建立了土壤有机质、水分等土地质量指标的定量反演模型，研制了基于土地覆被分类的土地退化信息提取方法研究和基于土壤线原理的土地退化指数，解决了从宏观尺度以高光谱影像像元为对象的土地退化程度信息快速定量提取的技术难题。本书还开展了土地资源可持续利用评价指标体系的研究，并将土地资源监测与评价结果应用于规划和政策制定，丰富了土地资源遥感监测与评价的理论与方法，为区域可持续利用规划和实施提供科学依据。

本书以遥感地学分析为主要研究方法，将遥感信息、地理信息、地学知识综合集成，以提高遥感影像土地利用/覆被分类、土地退化分类及其相关信息特征提取的精度，利用遥感手段和遥感地学分析方法认知、解释、预报和调控土地利用、土地覆被、土地退化等演变过程和规律，从而优化配置土地资源。因此，本书的内容安排是以土地资源遥感监测与评价方法的理论基础、研究趋势、方法论、应用案例为主线，第一篇为土地利用/覆被变化监测，第二篇为土地退化遥感监测与评价，第三篇为土地资源可持续利用评价，第四篇为实践篇。第一章总论安排在上述四篇之首，阐述了土地资源遥感监测与评价方法的理论基础与应用及其研究趋势；土地利用/覆被变化监测部分提出了全国不同尺度基于遥感数据的土地利用/覆被分类体系，评述了土地利用/覆被变化信息提取技术；土地退化遥感监测与评价部分提出了基于不同遥感数据的土地退化监测与评价指标体系，分析与探讨了基于 Hyperion、OMIS-I、MODIS、TM/ETM^+ 等遥感数据的土地退化与土地质量信息提取方法；土地可持续利用评价部分提出了土地资源可持续利用评价方法和基于农户的耕地质量综合评价方法；实践部分为北方农牧交错区域、经济快速发达地区的土地利用/覆被变化、土地退化案例研究以及典型区域的土地可持续利用评价研究。各篇章即相互独立，又有机地联系在一起，构成了土地资源遥感监测与评价方法及其应用的整体框架。

本书汇集了作者主持的国家自然科学基金项目、国土资源部“百人计划”资助项目和国土资源部重点科技项目的研究成果。有部分内容已以单篇文章的形式公开发表，部分内容是首次出版。参与本书写作的还有中国土地勘测规划院、国土资源部土地利用重点实验室郭旭东高级工程师、何挺高级工程师、刘爱霞高级工程师、李玉环博士、周青硕士、张衍毓硕士、蒙琳硕士、吴剑硕士、吕春艳高级工程师等，参与案例研究的有南京师范大学杨山教授、南京农业大学刘友兆教授、四川省国土规划研究院陈光建高级工程师、河南省土地勘测规划院田群杰高级工程师、山西省土地勘测规划院孟繁华研究员、浙江省土地整理中心朱锦尉高级工程师、辽宁省土地勘测规划院苑晓志高级工程师，参与土地利用/覆被变化信息提取的有中国测绘科学研究院张继贤研究员。在项目完成和本书的写作过程中，得到了国土资源部国际合作与科技司和中国土地勘测规划院有关领导、专家及同行们的大力支持、悉心指导和热心帮助，得到了国土资源部土地利用重点实验室同仁给予的热情支持和帮助，在此一并表示最衷心的感谢。还特别感谢邵晓梅副研究员、曹银贵硕士、刘庆博士等为本书的校对和排版做了大量工作。

遥感技术与信息处理技术的发展日新月异，土地资源遥感监测与评价方法及其应用研究无论在理论上还是方法上都需要进一步发展，并不断地在实践中得以检验、补充和完善。由于作者研究视野、研究水平、研究条件和研究时间的局限，对土地资源遥感监测与评价方法及其应用研究的有些问题未能涉及。有些虽有涉及，但未能深入。更重要的是，所涉及的许多问题多带探讨性质，其方法和结论有待于进一步完善，书中不妥、疏漏乃至错误在所难免，敬请读者谅解，并恳望不吝赐教。

王　静

2006 年 5 月

目　　录

第二篇　土地退化遥感监测与评价

第三篇 土地资源可持续利用评价

第四篇　案例研究

第一章 总 论

1976年FAO在《土地评价框架》中首次明确了“土地”的定义，1995年FAO将“土地”的定义正式确定为“土地是地球陆地表面一个可划定的区域，它包含了地表上下附近生物圈的所有属性，包括近地表的气候、土壤、地貌、地表水文（包括浅水湖、河流、沼泽、湿地）、近地表的沉积层及其相关联的地下水储备、动植物生物量、人类聚落、人类活动的物理成果（土地平整、储水或排水设施、道路、建筑等）”。在此基础上，FAO将土地的功能归纳为生产功能、生物环境功能、气候调节功能、水文功能、储备功能、废物与污染控制功能、生活空间功能、历史档案或遗产功能、连接空间功能。

所谓资源，特别是自然资源，联合国环境规划署（UNEP）定义为一定时间、地点条件下能够产生经济价值，以提高人类当前和将来福利的自然环境因素和条件。土地资源则是指在一定的技术条件和一定的时间内为人类可利用的土地。因此，土地资源是人类生产和生活资料的物质基础。土地资源作为自然物质其特征有位置的固定性、功能的永久性、面积的有限性、质量的差异性和可更新性；土地资源与人类关系体现的人文特征有用途的多样性，合并和分割的可能性及社会的、经济的、行政的位置可变性。土地资源地理位置固定性的特性使土地利用活动、地价的形成和土地交易活动具有区域化，土地资源的有效性和有用性也随土地位置的不同有较大的变化。土地资源功能的永久性表现为土地的使用功能具有永续性，当耕地转变为建设用地，其用途转换后它的形态和收益有了变化，但土地自身的本质并没有变化。土地资源面积的有限性表现为土地作为非劳动生产物，投入资金和劳力后，只能增加土地的收益，但其面积不能增加。土地资源质量的差异性和可更新性表现为土地所处的地理环境不同，其气候、地貌、土壤、植被条件不同造成土地质量的优劣；当投入一定的人力与物力，采取一定的土地改良、整理、复垦措施，可将质量差的土地改良为质量好的土地。土地资源用途的多样性表现为土地可作为居住用地、商业用地、农业用地等。土地随着利用主体的不同要求，可以分割利用，被分割利用的土地可以再合并。这一特性也符合土地用途多样性的原则，只有有效进行土地的合理分割和合并，才能得到土地的最大有效利用。

土地资源变化包括土地利用/覆被的变化（土地数量变化），以及土地利用/覆被变化导致的土地退化（土地质量变化）。土地资源的遥感监测与评价包括对土地数量、土地质量和土地可持续利用的监测和评价。因此，本书所指的土地资源遥感监测与评价是对土地资源开发利用引起的土地利用/覆被时空动态变化以及由此所造成的土地退化和土地可持续利用状况变化的监测与评价。

第一节　研究背景

人口、资源、环境是目前世界各国研究的三大主题，资源与生态环境的变化越来越受到人们的关注，合理利用资源和保护生态环境，既是履行《21 世纪议程》等有关国际公约的实际行动，也是可持续发展战略的核心内容之一。资源利用深刻地改变着生态环境，人类以其不合理的生产与生活方式造成对资源与生态环境的巨大影响和破坏，导致土地的退化；另一方面，人类如果能够合理地开发利用资源，或对自然界施以适度的调控，则可促使生态环境向有利的方向发展，在利用与保护的动态发展中达到协调。由此可见，资源与生态环境状况反映了人地关系的实质，是人类与资源冲突和协调的辩证统一。

由于目前的资源与环境问题越来越对社会经济的发展产生重要影响，已在一定程度上影响了区域社会经济的可持续发展。改革开放以来，我国的工业化、城镇化速度加快，现代化建设成就斐然。但同时市场经济利益机制的驱使也带来了土地利用方式与结构的显著变化，致使土地资源与生态环境退化，人地矛盾激化，我国土地资源与生态环境态势十分严峻，而且恶化态势有增无减。截至 2004 年，全国荒漠化土地为 263.62 万 km^2，占国土面积的 27.46%。其中风蚀荒漠化土地面积 183.94 万 km^2，占荒漠化土地总面积的 69.77%；水蚀荒漠化土地面积 25.93 万 km^2，占 9.84%；盐渍化土地面积 17.38 万 km^2，占 6.59%；冻融荒漠化土地面积 36.37 万 km^2，占 13.80%。轻度荒漠化土地面积为 63.11 万 km^2，占荒漠化土地总面积的 23.94%；中度为 98.53 万 km^2，占 37.38%；重度为 43.34 万 km^2，占 16.44%；极重度为 58.64 万 km^2，占 22.24%。耕地是土地之精华、农业生产之根本。干旱、半干旱地区耕地的 40%处于不同程度的退化状态，这与其土地自然条件较差、生态基质脆弱有一定的关系，但根本的驱动力还在于不合理的土地利用活动本身。全面查清我国土地资源变化与退化的类型、程度及其根源，意义重大。土地资源管理依赖于对土地资源合理利用与环境保护动态信息的掌握，现代空间对地观测技术在我国土地资源调查与监测中发挥着巨大的作用。土地动态监测从以往单一的土地数量监测向土地质量监测和生态监测发展，同时向着自动化、定量化的方向发展。因此，深入研究土地资源监测与评价理论和方法，开展全国土地资源综合监测与评价，全面取得土地资源数量与质量动态信息，监控国家重点生态建设地区尤其是生态脆弱区土地资源与生态环境变化，是解决当前土地资源供需矛盾尖锐和土地资源优化配置不合理等问题的重要举措，对于可持续发展战略的制定与实施具有重要的理论价值与实践意义。

然而，长期以来由于技术方法和手段的限制，我国尚缺乏土地资源数量与质量变化的整体准确信息。基于我国土地资源管理和生态环境建设的需求，迫切需求构建国家级土地资源综合监测与评价系统，建立覆盖全国的各类土地资源监测评价系统和国家重点生态环境建设地区土地资源与生态环境变化跟踪评价系统（图 1-1），对土地资源数量与质量和可持续利用变化状况进行及时监测，全面掌握全国土地资源及国家重点生态环境建设工程实施效果。进行土地资源遥感监测与评价，需要统一的标准和先进的信息提取技术。从土地利用/覆被与土地退化监测和土地资源可持续利用评价的角度，建立土

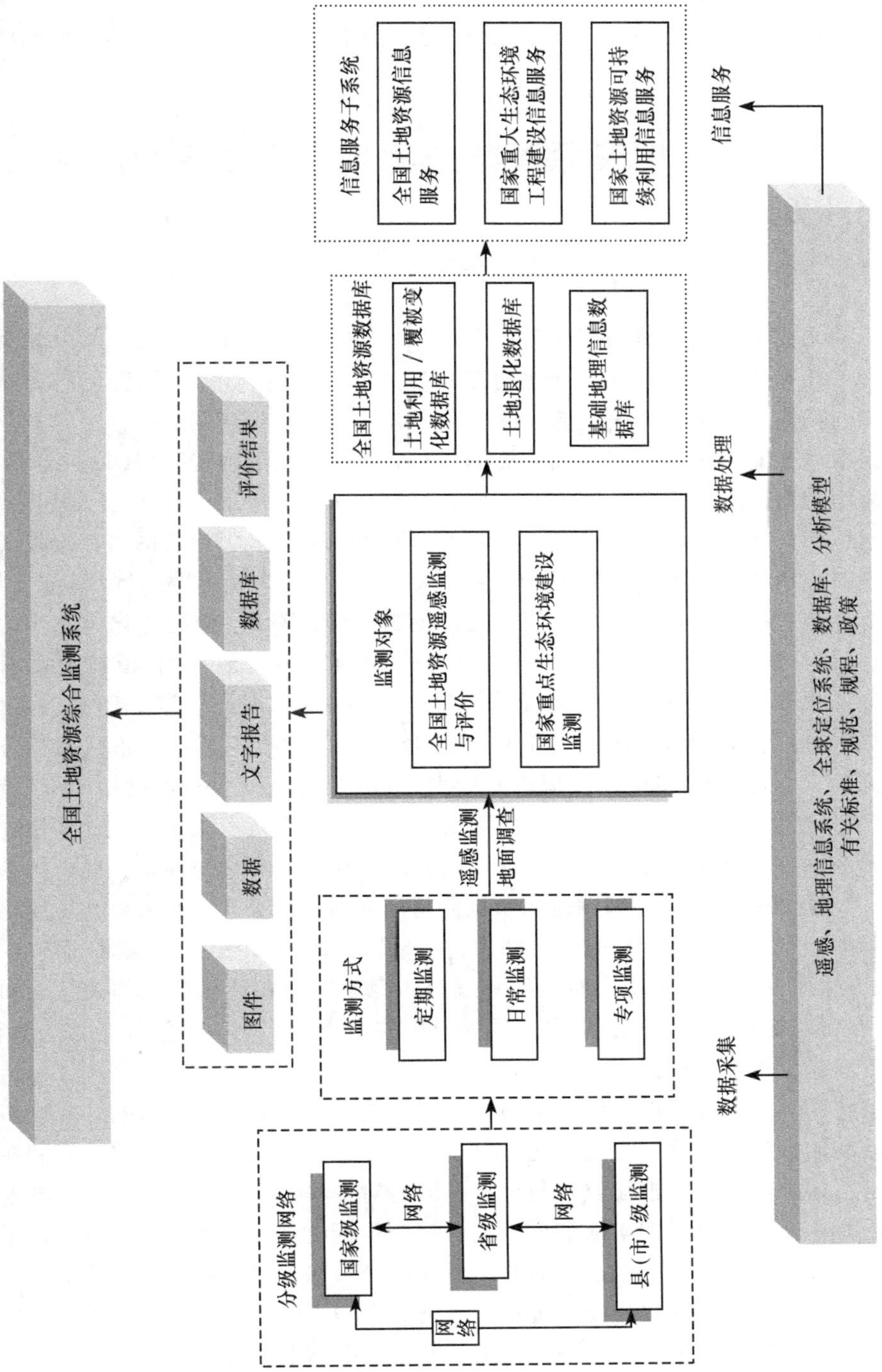

图 1-1　全国土地资源综合监测与评价系统框架

地资源遥感监测与评价指标体系，深入挖掘基于不同遥感数据的信息提取技术，并将监测与评价指标应用于规划和政策制定，以指标体系为基点将监测、评价、规划与政策进行有机衔接，分析与土地利用政策之间的相互影响，对于实施区域可持续发展战略具有重要意义，同时也是促进区域人口、土地与社会经济协调发展的科学决策所面临的重要课题之一。

第二节　土地资源遥感监测与评价理论和应用

一、土地资源遥感监测与评价概论

土地资源遥感监测与评价内容包括对土地利用/覆被时空动态变化以及由此所造成的土地退化和土地可持续利用状况变化的监测与评价。土地利用/覆被变化研究是随着全球气候变化研究的不断深入发展起来的。早期，人们仅从经济角度探讨土地利用变化的机理或从景观生态学角度探讨土地覆被的景观格局和过程的生态学意义。20 世纪 70 年代，随着全球气候变化研究的深入，人们认识到由人类活动所导致的土地利用/覆被变化是引起生态环境和气候变化的主要驱动力，同时又可对人类社会的可持续发展产生重大的影响。正因为土地利用/覆被变化在全球变化和社会可持续发展中的重要地位，自 20 世纪 90 年代以来，许多全球变化研究计划都将土地利用/覆被变化研究作为主要研究内容。1990 年全球变化委员会最早提出了一个全球性土地利用/覆被变化研究框架。国际地圈生物圈计划（IGBP）和全球环境变化中的人文计划（IHDP）也各自成立了特别委员会进行相关领域的研究，并于 1993 年 2 月联合成立了一个正式的核心计划委员会，来负责制订全球 LUCC 科学研究计划。该委员会于 1995 年提出“土地利用/覆被变化”研究计划。除此之外，一些国际组织与国家也进行了大量的土地利用与土地覆被变化研究项目，其中包括联合国环境规划署的土地覆被评价与模拟、联合国粮农组织（FAO）的土地利用分类、国际应用系统分析研究所（IIASA）的土地利用变化研究项目和国际地理联合会（IGU）的土地利用与土地覆被研究项目等。从总体而言，土地利用/覆被变化研究主要起源于人们对其所引起的全球气候和环境变化的关注，同时由于土地利用/覆被变化对人类生存和社会可持续发展有重大影响，国际社会对土地利用/覆被变化研究赋予了极大的热情。

土地退化是一个全球性的问题，土地退化过程受全球气候变化的影响，并更多地逐渐受人类活动的影响。因此，土地退化过程在每一地区又有其特殊性，它的发展在时间和空间上是不连续的。土地退化监测与评价，即是对干旱、半干旱和半湿润干旱地区的退化土地进行一个或几个时期土地退化类型的划分与程度分级，或者说是对退化土地进行质与量的界定。因此，对土地退化的监测与评价必须基于一个确定的评价基准，不同的评价才有可比性。土地退化是一个过程，其基准水平不同，对评价土地退化发展状况结果也不同。理论上的基准是存在的，但是实际应用中基准很难确定，因为很难找到一个未被人类活动影响的“基准”生态系统，历史资料中也缺乏相关的详细记载。土地退化程度划分实质上就是从生态系统能流物流的角度确定土地退化基准面和退化终极面。在土地退化基础理论中，生态基准的恢复与确定是建立科学规范指标体系的关键。理论基准面包括退化的初始面与终极面，初始面是退化前土地同气候相适应的景观，终极面是受人类和气候影响下的最终状态。确定了初始面和终极面即确定了非退化土地与轻度退化、中度退化、重度退化和极重度退化之间的量化界线。目前，先后形成了三种土地退化评价理论，即 FAO 提出的全球人为作用下的土壤绝对退化；在南亚及东南亚地区开展的人为作用下土地的相对退化，以生产力与经营水平相结合进行土地相对退化的评价；以及俄罗斯科学院提出的综合土地退化评价，以生态系统中植被土壤地形差异退化为依据的多样性评价。

土地可持续利用思想的形成经历了一个漫长的过程。1962 年《寂静的春天》（*Silent Spring*）的出版，引发了人们对环境问题的思考；1970 年《增长的极限》（*The Limits of Growth*）引起了对资源环境与发展问题的大讨论；1972 年《只有一个地球》（*Only One Earth*）使得人们对环境的忧思逐渐形成；1987 年世界环境与发展委员会（WCED）在其报告《我们共同的未来》（*Our Common Future*）中进一步提出人类社会“可持续发展”的概念，对可持续发展作了重要阐述；1992 年里约环发大会（UNCED）通过的《21 世纪议程》进一步强化了“可持续发展”概念，正是它的签署与实施直接推动着可持续研究的发展，使可持续发展成为各国政府重要的行动纲领，可持续发展思想逐步形成。可持续发展内涵：既满足当代人的需求，又不损害子孙后代满足其需求能力的发展。可持续发展的根本原则包括三个方面：社会公平原则，包括代内公平和代际公平；可持续原则，即发展必须以不超越环境与资源的承载力为前提；共同性原则，即目前面临的各种问题是人类必须共同面对的问题，不是哪个国家、地区、部门的问题。

《21 世纪议程》将土地利用问题摆在重要的位置，其中尤其强调土地资源的综合管理与规划，突出自然资源开发与可持续利用决策中的部门交叉问题。1993 年，FAO 在土地评价的基础上，提出了一个主要针对农业土地的可持续利用评价框架——FESLM。以该框架的发布为标志，土地可持续利用研究作为一个专门领域，开始在世界范围内兴起。土地可持续利用是可持续发展研究的一个分支。1993 年 FAO 在《可持续土地利用评价框架》中，把土地可持续利用定义为：土地可持续利用是指本着社会、经济要求和环境问题相统一的宗旨，综合运用技术、政策或其他活动手段，实现生产性、安全性、保护性、可行性及可接受性，此定义一般适用于农业领域。土地可持续利用目前还没有一个统一的、没有部门色彩的定义。如果非要给定这样一个定义的话，必须从土地本身的定义及功能角度去考虑。从功能定义出发，土地可持续利用可以简单地定义为“现状功能的持续维持甚至提高”。可持续性评价指标（sustainability indicator）是进行可持续性度量的基本手段。

土地可持续利用研究可从经济学、社会学和生态学角度寻求其理论支撑。从经济学角度分析，经济学把不可持续发展归因于外在性理论和经济衡量方法的局限性理论。外在性理论认为环境之所以遭到破坏主要是因为环境是一种公共物品，大家均可免费使用；经济衡量方法的局限性理论认为现行的经济体制在人类文明衡量的事物之间主观地划定了一个价值圈，人们只关注圈内事物（如 GDP），忽视了圈外事物（资源环境）。

从社会学角度分析，可持续发展需要社会资本，需从理性的经济人向具有公益精神的社会人转变，部门、地区、代际之间要加强合作，避免消费竞争，达到正确利用物质财富的目的。从生态学角度分析，可持续发展即应该维持生态系统在结构和功能上的整合性，避免由于追求短期效益而对生态系统造成不可恢复的巨大冲击，目前人类对生态环境的开发活动，给生态系统和地球所带来的威胁将直接影响到人类自身的可持续性。

二、土地资源遥感监测与评价的理论基础

土地资源遥感监测与评价的对象是遥感影像空间数据和土地资源的地理空间数据。土地资源遥感监测与评价的基本方法是遥感地学分析方法，即将遥感信息、地理信息、地学知识综合集成，提供更多的空间、光谱、时间、视觉等多方面特征，挖掘土地资源深层次的隐含空间知识，降低空间数据间的冗余度，提高遥感影像土地利用/覆被分类、土地退化分类和相关信息特征提取的精度。土地资源遥感监测与评价的过程即是土地资源遥感地学分析和认知的过程，其目标即利用遥感手段和遥感地学分析方法认知、解释、预报和调控土地利用、土地覆被、土地退化等演变过程和规律，优化配置土地资源。

早期的土地资源遥感地学分析研究特点是遥感信息、地理辅助信息、地学知识的相互融合较弱。通常采用区划法、相关分析法、层次分析法、主导因素法、分层分类法、环境本底法等传统的地学分析方法进行数据分析。目前的土地资源遥感地学研究已将遥感信息、地理辅助信息、地学知识等多源空间信息进行综合地智能化处理和分析，开发了遥感影像的参数化统计分类器、贝叶斯分类和ISODATA方法等，形成了以数理统计方法、人工神经网络方法和基于符号逻辑推理方法为代表的三个流派的智能地学分析理论。其未来的发展趋势是综合数理统计、神经计算、符号逻辑等人工智能理论技术和地学处理分析模型，对土地资源遥感监测与评价的不确定性进行空间推理，对遥感影像进行知识挖掘和地学知识发现，建立土地资源空间信息及地学知识的获取、表达、存储、判断、推理、分析、决策等综合分析模型，模拟地学专家对遥感信息的认识、解译、信息提取、分类、评价、决策等（周成虎等，2001）。

土地资源等地理空间数据具有以下特征：一是具有空间域的多尺度特征，需从全球尺度、区域、地方直至更小范围的尺度分析土地资源变化现象和过程的空间分异规律，以及在地理空间的排列结构特征；二是具有属性域中的综合特征，各类土地资源类型具有不同的属性；三是具有时间域中的变化特征，不同类型土地资源特征及其在地表所反映的地面特征均随时间作连续性的变化（周成虎等，2001）。因此，土地资源遥感监测与评价信息具有时空特征、多维结构、多尺度性、复杂性、模糊性、不确定性、海量性等特征，土地资源遥感监测与评价数据在信息表达上存在模糊性。遥感信息在物理及地学属性方面具有多源性、空间宏观性、综合性、波谱（辐射）定量化的特征，遥感影像空间表现有复合性、瞬时性和间接性的特征。遥感信息的综合特征，不仅表现在它所反映的地理要素多元化，即地质、地面、水文、土壤、植被、社会等相互关联的自然及社会现象的综合，而且表现为不同波谱分辨率、空间分辨率和时间分辨率遥感信息的综

合，遥感信息是土地资源遥感监测与评价的基本依据。但遥感信息具有复杂性和不确定性特征，使得在进行地学空间分析和过程反演过程中具有模糊性和多解性的特点（陈述彭，1997）。土地资源类型、格局和斑块的多样性相应地反映在遥感影像上，遥感影像复杂性的描述指标包括以信息理论支持的影像信息熵、以概率论为基础的分散度函数等影像光谱域描述指标，以景观生态学理论为支撑的区域统计量、形状因子、优势度、破碎度等影像空间域描述指标。因此，土地资源遥感监测与评价研究的理论基础主要包括地球系统科学理论、数理统计理论、概率论、信息理论、人地关系协调理论、生态经济理论、区域发展控制理论、景观生态学理论等支撑（图 1-2）。

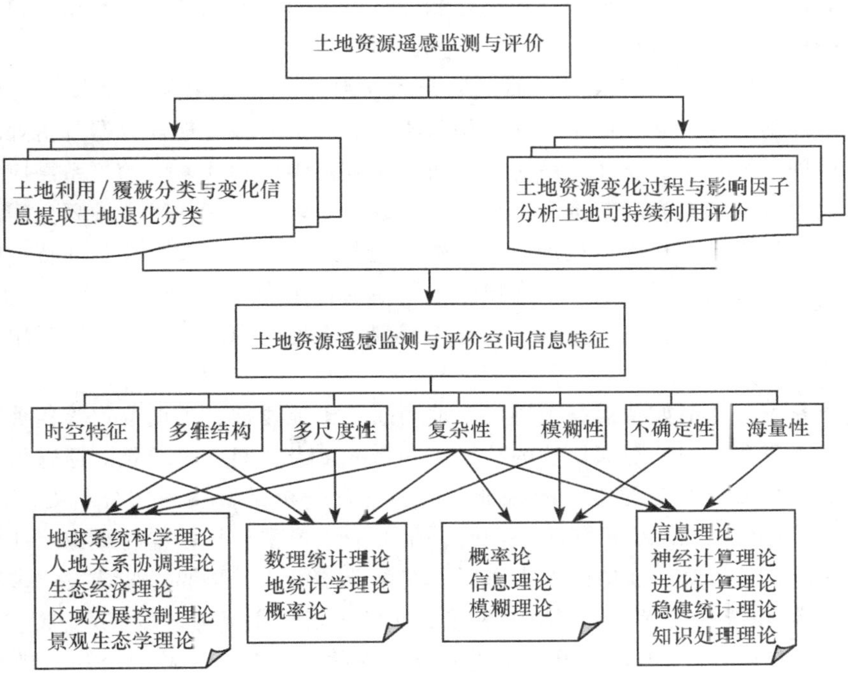

图 1-2 土地资源遥感监测与评价的理论支撑体系

1. 地球系统科学理论

地球系统科学将地学、生物学、生态学、资源学、环境科学、社会科学、技术科学等交叉融会在一起，通过研究地球系统的各个圈层（子系统）及其相互作用，发现地球系统的演变规律与机理，探索人类赖以生存的地球环境发展变化，实现人类社会、资源与环境和谐发展。地球系统科学认为区域是由人口、资源、环境和经济发展等要素构成的一个“社会-经济-自然”复合的生态系统。某一区域的人口、资源、环境和经济发展问题之间通过相互作用、相互影响和相互制约关系而构成有机联系的统一体。在这一系统中，人类（口）居于中心地位，它通过自身的生存活动和生产活动作用于资源与环境，资源与环境则为人类生存和发展提供了必要的物质基础。

地球系统科学的原理告诉我们，土地资源与生态环境是紧密相连的，土地资源数量与质量的变化是生态环境变化的重要特征，生态环境信息也反映出土地资源的开发、利用状况。只有掌握土地资源数量、质量与可持续利用的综合信息，才能为区域的持续发展提供有力保障。

2. 数理统计理论

数理统计是研究随机现象统计规律性的一门数学理论。以概率论为基础，研究如何以有效的方式收集、整理和分析受到随机性影响的数据，并以这些有限的数据为依据对所考察的问题做出推断和预测，为决策提供依据。数理统计是一种使用局部现象去推断整体内在规律性的方法。土地资源遥感监测与评价的对象是地学空间数据，包括地学统计数据、栅格数据和点数据。

地理学是一门研究地球表层自然要素与人文要素相互作用关系及其时空规律的科学。计量地理学是地理学领域中最先采用数学原理方法来探讨地理数据分析处理和建模的学科。地理系统是多级、多元系统，分析一组或几组地理要素间的关系需应用多元统计方法；地理系统具有空间范围和地域界限，确定界限和进行地理区域划分需应用判别分析等数学分类技术；在探讨地理系统结构、类型组合、空间关系和空间特性时，需运用系统聚类、趋势面分析方法等；在模拟土地资源的变化规律时，需应用马尔柯夫链、多元线性方程和微分方程等；研究土地利用规划与土地资源的优化配置需运用运筹学和最优化方法等。

地学研究表明，诸如植被、土壤、土地利用、土地覆被、土地退化等各种自然和人文现象的分布兼有结构性与随机性的特征，一个或多个瞬间地表现象的遥感信息将不同程度地反映这种结构性与随机性的特征，数理统计分析是遥感影像分析处理的基本方法。数理统计分析在土地资源遥感监测与评价的应用模型包括基本的影像统计分析量计算（如基本统计分析量、遥感图像直方图、灰度分布特征、影像局部特征、多波段间统计特征等）、影像统计变换（如傅立叶变换、小波分析、主成分分析等）、基于统计模型的土地利用/覆被、土地退化分类（非监督分类中的回归分析、趋势分析、等混合距离方法、集群分析、分层聚类等，监督分类中的判别分析、最大似然分析、特征分析等）以及在统计模型支持下的土地资源空间结构信息提取与评价。

3. 概率论

概率论是为研究随机现象而发展的一门科学，通过建立随机现象一般数学模型，研究事件、概率、随机变量等的基本规律。在确定条件下，随机试验可能发生也可能不发生的结果为随机事件，随机事件服从一定的概率分布，这种随机变量具有数学期望、方差、协方差、相关系数等数字特征。概率论是在已知随机变量服从某种分布情况下研究随机变量分布（分布函数、分布规律、密度函数）的性质和随机变量的数字特征（如数学期望、方差、相关系数等）的性质及其应用。概率论对于研究遥感影像土地利用/覆被分类、退化信息提取与精度评价，分析空间数据之间关系与地理空间数据评价等问题提供了良好的工具。

4. 信息理论

信息即指事物运动的状态、规律。它可以用文字、图像、图形、声音等形式表示。信息源是信息的载体，含有一定的信息，因此，具有随机性，以一定的概率发出各种不同的信号。信息函数作为随机变量，其状态空间和概率空间是构建信息源空间的基本要素，其中概率空间是决定性要素（史文中，2005）。为了度量信息函数的总体信息，以信息源的概率空间的统计平均值即信息熵作为度量信息函数的总体状况。信息理论广泛应用于土地资源遥感监测与评价中的空间数据分析、不确定性的处理、多源空间数据评价的权重确定等方面。

5. 人地关系协调理论

现代人地关系协调论主张，一方面顺应自然规律，充分合理地利用资源、环境；另一方面，要对已经破坏了的不协调的人地关系进行调整。生态伦理学的发展是人地关系协调思想的重要表现，如果说生态经济学手段可用于控制个人或集团的生态破坏行为，那么生态伦理学则是为控制全社会的生态破坏行为提供对策。应用生态伦理学原则指导实践，首先要确立可持续发展的观念，并关注人口发展的伦理、科技发展的伦理、环境保护的伦理、消费方式的伦理以及公众的环境伦理教育等，用这些行为道德准则来规范人类的社会经济活动。

人地关系协调的原理告诉我们，区域发展应该是经济发展与生态环境建设相结合的发展模式，是实现多目标过程中的利益协调过程。由于土地资源监测与评价的内容是多方面的，既要监测土地资源开发、利用的现状，也要监测由于土地资源不合理利用而可能产生的土地退化，还要进行生态建设工程实施的效益监测和土地资源的可持续利用状况，达到土地资源的充分、有效利用和生态环境的综合整治。因此，土地资源监测与评价必须以人地关系协调理论为支撑。

6. 生态经济理论

生态经济学研究经济发展与环境保护之间的相互关系，探索合理调节经济再生产与自然再生产之间的物质交换，用较少的经济代价取得较大的社会效益、环境效益和经济效益。因此，生态经济学能够为解决一系列经济无序发展造成的环境问题提供对策和方法。与土地资源一样，环境也具有价值，为缓解一定时间内人类社会与经济发展和资源环境之间的矛盾，必须寻找合理的人们能够接受的生态、经济、社会效益评估的方法，考虑如何将环境价值合理量化，以将环境价值与经济利益直接联系起来，在经济核算中考虑环境的成本价值以及人类生产生活中造成的环境价值损失，建立并实施环境价值损失的合理补偿机制，从而定量地评价与调控环境价值损失及环境价值存量，为可持续发展决策服务。

生态经济原理告诉我们，不仅要监测土地资源数量的变化，同时也需监测土地资源的质量变化。既然环境是有价值的，而且具有不可替代性或短期难以恢复，这就要求在进行土地资源可持续利用评价时，需从土地的生产功能、生物环境功能、气候调节功能、水文功能、储备功能、废物与污染控制功能、生活空间功能等方面进行综合评价，建立土地资源数量、质量评估与监测的指标，达到数量与质量的实时监测。

7. 区域发展控制理论

区域发展过程是一个动态的可控制的过程。任何一个区域系统并非永恒静止，而是不停地在随机与确定、协同与制约、熵增与熵减、破坏与重建、开发与保护中发生着激烈的作用，通过人口、资源、环境与经济四大子系统之间的相互交织和作用，共同推进整体系统的演进和变换。其中人口增长、资源消耗、环境演化和经济发展等问题都随时间的推移而变化，形成一个复杂的非线性过程。虽然如此但也并非无规律可循，作为这一系统主体的人类具有极大的积极性和能动性，总是可以从错综复杂的动态关系中区分出确定性因素和非确定性因素，建立常规线性控制系统和非线性控制系统，实现对区域发展过程有目的的控制。信息在区域发展过程中是最活跃、最基本的要素，区域持续发展的调控必须借助于信息。区域持续发展调控的实质是对人流、物质流、能量流和信息流的高技术调控。信息反馈是实现区域发展控制的基本方法。

区域发展控制理论原理告诉我们，土地资源的遥感监测与评价不仅仅是对土地资源数量、质量状况与变化的监测，还要透过现象，结合社会、经济等因素，深入分析土地资源演变过程与规律产生的背景、原因和可能的发展趋势，并提出相应对策。要充分发挥人的主观能动性，依靠综合监测信息的调控机制，实现区域的协调发展。

8. 景观生态学理论

景观的异质性和格局与过程相互作用原理是景观生态学的核心内容。景观格局决定着资源与物理环境的分布形式和组合，与景观中的各种生态过程密切相关，对于抗干扰能力、恢复能力、系统稳定性和生物多样性有着深刻的影响。格局决定过程，反过来又被过程改变。土地资源利用与环境的良性循环应该通过优化景观格局来实现，而优化的景观格局来源于对景观格局与生态过程关系的充分了解。特别是要判定哪些过程是有害的、哪些有利的生态过程是需要恢复的。通过改变景观格局，控制有害过程恢复有利过程，才能实现土地资源利用与环境的良性循环。优化的景观格局是基于相关理论支持的空间描述，能够方便地付诸实践和管理。优化景观格局的实现手段是景观恢复与重建。

格局与过程理论说明土地资源的监测评价是基于空间的监测，不单单是数量的监测，还有其格局、位置和形状的监测，对土地资源而言，监测的最小单元是斑块；并且要研究这些格局对过程产生的可能影响，进行合理规划，实现土地资源可持续利用。

9. 相关其他理论

遥感成像是从多到少的映射，是个确定过程，而土地利用、土地覆被、土地退化等信息的遥感解译是从少到多的过程，是个不确定过程，因此需要地学知识进行处理。传统的地学分析方法如区划法、相关分析法、层次分析法、主导因素法、分层分类法、环境本底法广泛应用于土地资源变化过程、变化规律分析与土地可持续利用的评价。在数理统计理论和有关地学理论支撑下，数理统计分析模型与地学分析模型和方法的结合，使统计分析理论进一步适用于土地资源遥感监测与评价，如分层分类方法与统计理论的结合形成基于尺度空间的分层聚类方法和统计决策树方法。

近年来，随着模糊理论、神经计算理论、进化计算理论、稳健统计理论、知识处理模型等新的人工智能理论和技术的发展，统计分析理论与这些理论和技术结合，产生了新的人工智能结构的数理统计模型，如模糊聚类、径向基函数 RBF 神经网络模型、空间自相关理论、基于尺度空间的视觉模糊聚类、模拟退火的 Boltzmann 机等模型，这些模型在一定程度上克服了传统统计模型的缺陷。

三、土地资源遥感监测与评价指标体系的应用

科学合理的土地资源监测与评价指标体系既是区域发展整体状况、土地利用状况和生态环境保护状况综合评价的依据和标准，也是编制规划、确定规划目标的基础和前提。土地资源监测与评价指标体系可应用于三个方面：一是应用于土地可持续利用预警，为调整与制定土地利用和生态环境保护政策提供依据。根据不同区域的土地资源监测与评价指标，获取反映区域主要土地利用特点和生态环境问题的综合信息，为土地利用结构调整、生态环境保护措施制定和生态建设工程的实施提供依据，具有土地可持续预警作用和土地利用与环境保护政策导向作用。二是应用于土地利用规划和生态环境保护规划指标的确定，以指标体系为基点将监测、评价与规划进行有机衔接，有关土地利用与生态环境保护方面的规划指标应与监测和评价的指标一致，如基本农田保护面积、生态林保护面积、湿地保护面积、水土流失治理面积、退化草地治理面积等，以不同区域的实际状况，确定本区域近期与远期规划可能实现的目标。三是应用于土地利用规划和生态环境保护规划的实施，根据本区域土地资源监测与评价指标体系，跟踪检查土地利用规划和生态环境保护规划的实施状况，评估规划的实施效果。

（一）土地可持续利用预警

所谓土地可持续利用预警，即在系统论、控制论、协同论、突变论以及相关的生态学和经济学理论指导下，运用一系列科学的技术方法，在土地可持续利用监测和评价基础上，对土地可持续利用趋势进行预测，及时发现影响土地可持续利用的不利因素，发布警报。土地可持续利用评价与土地可持续利用预警的关系十分紧密，预警本质上是一种评价，但又区别于一般的评价。主要表现在以下几个方面：

（1）针对性

土地可持续利用评价具有较强的综合性，一般要从土地的生产性、稳定性、保护性、经济活力性和社会可接受性等五个方面进行全面评价，缺少任何一方面都很难判别土地利用是持续或不持续；相比之下，预警的针对性更强，它集中于影响土地可持续利用的不利因素，主要针对土地利用系统的负面影响和负向演化的预测。

(2) 预见性

尽管多个时间点的土地可持续利用状态评价可以表现出土地利用的某种态势，但土地可持续利用评价本质上是对过去和现在的状态评价；相比之下，预警是一种对未来的可持续利用的评价，它从系统的变化速率、变化方向、发展趋势等方面判别系统是否符合正常的运行规律，是否处于正常的运行状态，从而发布土地利用持续多长时间、可能出现的警情等预报。

(3) 实用性

土地可持续利用预警的针对性较强，通过警性的发布有助于管理者采取有的放矢的措施，有效消除土地可持续利用的不利因素；同时，预警可以对土地可持续利用状况进行监测，及时发现异常现象，有助于管理者排除隐患或做好应付危机的准备。因此，从管理的角度而言，土地可持续利用预警具有较强的实用性。

土地可持续利用预警的目标即在对土地可持续利用状况进行监测和评价的基础上，对土地可持续利用趋势进行预测，实质上是对未来土地可持续利用状况的评价。即需要回答某种土地利用方式或区域的土地可持续利用延续时间。现在土地利用是不持续的，需要修正；现在土地是可持续利用的，未来会不会不持续，到什么时候可能不持续？有没有可能采取的措施和方法？

土地可持续利用预警的研究对象包括两个层次，一个是土地利用系统层次，一个是区域层次。在土地利用系统层次，主要是针对土地利用系统的某种土地利用方式的预警，即需要正确评价某种土地利用方式过去、目前和将来在生产性、稳定性、保护性、经济活力性和社会可接受性五个方面对地块的可能影响。特别要关注那些在短期内可以获得一定的效益，而且短期无法替代，但从长远来看并不经济的土地利用方式，预测其未来的潜在危害，提出可能替代的土地利用方式和方法。区域层次的土地可持续利用预警在空间上表现出各种用地的分布和配置状况信息，本质上是对不同利益方在土地分配中的各种利益与矛盾相互妥协和协调关系的预示和警告。区域土地可持续利用预警要在土地适宜性评价基础上，正确评价各种用地方案对区域在自然、经济和社会等方面造成的影响和后果，发现影响区域土地可持续利用的主要矛盾，采取措施进行修正和预防。

和经济预警一样，土地可持续利用预警的基本思路可以分为明确警素、寻找警源、分析警兆和发布警度。

1. 明确警素

警素即构成警情的要素，也就是土地可持续利用预警的指标体系。明确警素就是要建立比较科学的土地可持续利用预警的指标体系，这将在土地资源监测评价的指标体系中进行筛选。警素指标的选取除了一般的原则外，特别注意两点：一是指标的敏感性，即警素指标要对警源的作用有较强的敏感性，能够迅速形成信号，显示异常，引起关注；二是指标的实用性，警素指标更多着眼于土地管理的角度，选取意义明确的指标，资料来源可靠，计算简单。借鉴土地可持续利用评价的指标体系，土地可持续利用预警指标体系的建立可以从两个方面入手：一是综合指标体系，即按照土地可持续利用的概念，从土地的生产性、稳定性、保护性、经济活力性和社会可接受性五个方面建立指标，或者从自然、社会和经济三个方面建立指标；另一类就是按照引起土地质量变化的因果关系而建立的基于“压力-状态-响应（PSR）”框架的土地可持续利用指标体系，其中后者又发展出“驱动力-状态-响应（DSR）”概念框架，这里的“驱动力”代替了“压力”，目的是更好地说明社会指标、经济指标和制度指标的某些特有内容。

2. 寻找警源

警源就是发生警情的原因，寻找警源就是发现警情根源，土地可持续利用预警中，寻找警源就是从自然和社会经济等方面发现影响土地可持续利用的原因。自然因素一方面包括气候、地形、地貌、土壤、植被、水文等自然条件。自然条件的恶劣是我国许多生态脆弱带，如北方农牧交错区、西南山区脆弱带、黄土高原等地区发生警情的重要原因。由于土地利用的不合理，这些地区很容易发生土地的沙化、盐碱化、水土流失等问题。这些地区要特别注意采取因地制宜的土地利用方式，把由于土地开发、利用造成的环境影响降到最低。同时，对已经破坏的土地生态环境要进行恢复和重建。另一方面包括自然灾害因素，比如洪水、病虫害、冰雹、风害、泥石流、地震、火灾、海啸等。自然灾害对土地的损害，对人类生命财产的不利作用是毫无异议的。从系统的角度讲，自然灾害实质上是破坏了系统的平衡，导致系统瞬间崩溃，打破了土地的可持续利用。从警源分析讲，自然灾害的预警是土地可持续利用预警的一部分。生态学更多地把自然灾害看作一种干扰，这种干扰在一定程度上损害了系统的平衡与正常运转，但或许是更大系统内的正常波动；虽然当前造成了一定的损失，但也许是自然界避免更大损失的一种自救方式。这种思想已经应用到一些国家森林公园的管理中，比如通过人为火烧进行火灾的预防。可见，合理利用干扰，可以有效缓解压力，排除警患。但人类对自然的过分干预可能造成系统运行状况的日趋复杂和结果的更加难以预料。现在迫切需要人类对自然干预的预警指标，主要问题是干预标准难以确定，干预结果也难以预料。

土地是一种资源，人类则是利用这种资源的主体，人口增加，必然造成资源供应的紧张，人口是土地可持续利用的根本警源。由于人口增长带来的物质需求而造成的土地不可持续利用是比较明显的，特别是在我国的生态脆弱区，由于人口增加，人们为了获取更多的粮食，开垦草原，造成土地沙化，形成“贫穷-开垦-沙化-弃耕-贫穷-开垦”的恶性循环。目前，人们更多关注由于人口增长而造成的交通堵塞、住房紧张等，这对土地的要求更加紧迫。经济因素是土地可持续利用的直接警源，市场经济条件下，土地的不可持续利用往往是由于经济利益的分配失衡造成的。一些研究表明，过高和过低的农产品价格对土壤的保护都是不利的。我国一度出现的大量土地弃耕现象，也是由于农产品价格过低、农业生产资料增长过快，从而导致种地不挣钱甚至赔钱。政策、法律等起到调节人地关系的作用，比如一些国家的土地用途管制制度实际上是通过法律限制土地的某种用途，而达到持续利用土地的目的；我国的退耕还林还草政策，通过对退耕农民实行补贴，使土地得到休养。人们的文化观念和思想意识，也是土地可持续利用的重要警源，比如尽管区位条件较差，但若种地有利可图，农民还是会开垦荒地，可能造成土地退化，因为农民通常是不计算自身的劳动力成本的。此外，在一些地区至今还保留有“刀耕火种”的种植模式。

通过土地资源的监测与评价，了解和区分造成土地可持续利用警情的不同警源，有助于帮助我们抓住主要矛盾，采取有针对性的措施进行土地管理。事实上，警情的产生是各种警源综合作用的结果，除了可以根据经验定性分析外，也可以采用“障碍度分析”方法定量分析哪些因素起了较大的作用。障碍度分析是指在土地可持续利用评价中，考察各个警素指标对土地可持续利用的阻碍程度，确定阻碍顺序，得出主要和次要警源。

3. 分析警兆

警兆即警情发生的前兆。警情产生于警源，警源经过一定时间的作用，使警素发生量变或质变，导致警情的爆发。一般而言，警情出现前有一定的先兆。分析警兆是土地可持续利用预警中最为关键的环节。整个土地可持续利用预警分析过程实质上就是分析警兆的过程。

4. 发布警度

警度划分依据经验判断和统计分析。土地可持续利用预警的警度划分一般可以分为五级，即无警、轻警、中警、重警和巨警五类，也可以划为四级，即无警、轻警、中警和重警。对应的预警信号为蓝色、绿色、黄色和红色。当出现黄色信号时，就要引起注意，采取相应措施。

（二）土地利用与生态环境保护规划

土地利用规划是对一定区域未来土地利用超前性的计划和安排，是依据区域经济发展和土地的自然、经济属性，在时空上进行土地资源分配和合理组织土地利用的综合技术经济措施。土地利用规划的总体目标是在对土地利用系统研究基础上，根据国民经济发展的长期规划对土地资源的需求，综合考虑土地的供给与土地的人口承载潜力，提出未来的土地利用目标。土地利用规划包括以下几方面的研究内容：土地利用系统分析、土地利用需求量预测、土地利用结构优化与布局、土地利用规划效益预测等。其中，土地利用系统分析包括土地利用现状分析和土地利用评价。土地利用评价是对土地性能的评定，其实质是分析土地质量（土地特性）与土地用途两者之间的关系，根据评价的目的分为土地适宜性评价、土地生产潜力评价、土地可持续利用评价、土地区位评价等。在这些评价类型中，以土地适宜性评价为基础，以土地生产潜力估算为依据，以土地可持续利用为标准，并与其他土地利用分析方法相结合，共同构成土地利用规划模型的理论基础。

土地利用规划的过程是在对土地利用系统分析评价和环境背景分析的基础上，根据区域自然地理特征、土地利用特点和社会经济发展状况确定规划目标，制定合理可行的规划方案，依据规划方案执行，并对其实施效果进行评价。遥感技术能提供周期性、现势性、宏观性和多层次的地表信息，能够广泛地应用于土地利用规划中。通过遥感监测获得土地资源（数量、质量）的结构与空间分布、土地利用时空变化和土地退化态势，并了解土地利用变化的环境影响因素，在此基础上根据土地利用/覆被模拟模型预测未来土地利用情景，为土地利用规划提供科学依据。

在各级土地利用规划中，用地指标调整和用途分区管制是规划最重要的内容。用地指标调整所选择的指标是我国土地利用现状分类的类型，其功能是控制规划期内土地利用变化，保证土地资源总量的供给与需求平衡。土地利用/覆被分类体系与监测指标可直接应用于土地利用规划的结构调整指标中。土地资源监测评价信息为土地利用规划提供数据支持，规划者可以及时掌握区域内土地利用态势，分析土地利用状况、开发程度与自然条件的匹配关系和土地利用中存在的问题，从而制订不同约束条件下的土地利用规划方案。

土地用途分区管制是政府进行土地利用控制的常见手段之一，也是土地利用规划的一项核心内容，土地用途分区管制是将区域土地资源根据土地用途管制的需要，按社会经济发展的客观要求和管理目标，划分不同的空间区域，并制定各区域的土地用途管制规则，通过用途变更许可制度及其他相配套制度，实现对土地用途的管制。按照土地用途管制的需要和土地保护、利用、开发、整治措施，进行土地用途分区类型划分，其类型是区分土地利用空间的地域组成单元。每一类型土地基本用途和土地保护、利用、开发、整治的措施相对一致。在一个类型区中，以一种用途为主导，其他用途则处于服从和辅助地位。土地用途分区管制包括两方面内容：一是对区域内土地进行用途分区，二是制定分区管制规则，不仅制定每个用途区内土地的限制条件和非限制条件，而且对每个用途区内土地的主导用途、允许用途和非允许用途进行规定；并且在一定的用途区内规定土地利用强度（如人均用地指标、建筑率、容积率、基本农田保护率等）、土地利用程度（如土地产出率等）和生态或环境要求（如绿化率、土地退化率、土地复垦率等）。这些指标与土地资源监测评价指标息息相关，通过遥感技术手段，可快捷、及时获取这些指标信息，对土地用途分区管制提供了强有力的技术支撑。

土地利用规划的环境影响评价是指对土地利用规划实施后可能造成的环境影响进行监测、评价和预测，并提出预防或者减轻不良环境影响的对策和措施。其目的是确保将环境保护纳入到土地利用活动的计划和实施过程，通过对规划实施后的环境影响分析，提出相应的修改和完善建议，尽可能地减少规划所带来的负面的环境影响，促进社会、经济和环境的可持续发展。人类活动所引起的土地利用变化对环境会产生直接或间接的影响，所造成的影响与土地利用方式有关，或者是土地利用变化在长时间尺度上作用的结果。土地利用规划的环境影响评价主要考虑与可持续性有关的累积性的影响。因此，土地利用规划环境影响评价重点考虑直接或潜在的由土地利用配置导致的环境问题，以及维护生态系统的稳定性和可持续性，如土地利用结构和布局变化，以及土地开发利用和保护的重大工程等产生的环境影响。土地利用规划方案可能引起的环境问题主要表现在水环境、土壤、生物多样性、生态系统等几个方面，土地资源监测评价指标和获取的信息可直接或间接地用于土地利用规划的环境影响评价中。

土地利用规划实施评价是根据一定的标准，对土地利用规划执行的效果进行综合判断。一般情况，土地利用规划实施评价指标有效果指标和执行指标。效果指标体现在社会、经济和环境效益三个方面。如社会公众认知度反映规划中公众参与的程度，可以通过随机抽样，问卷调查了解公众对规划的认知程度；投入产出率反映规划实施后所产生的经济效益，通过测算规划实施后所产生的经济效益与投入成本获得；环境改善率通过水土流失面积、湿地变化等指标，可以知道规划实施后的环境改善情况；劳动生产提高率反映了规划实施后所产生的社会效益，通过劳动生产率的提高比率来测算。执行指标包括完成性指标、限制性指标、违反规划事件指标。完成性指标指的是土地利用总体规划中规定的目标指标，如退耕还林、还草的面积、土地整理的面积等；限制性指标指的是土地利用总体规划中要求规划执行者不能超出某一限度的指标，包括上限和下限两种情况，如耕地占用面积、基本农田保护面积；违反事件指标是指规划实施过程中，违反规划事件的发生频率和处置率。

土地利用规划实施评价既可以评价规划的执行情况，又可以作为规划调整和修编的重要依据。土地利用规划是一项复杂的系统工程，通过土地资源的监测评价，可为土地利用规划提供及时、准确的土地资源数量与质量状况及其变化趋势，可快速、准确地把握规划实施后所产生的生态效益和规划执行情况。

生态环境保护规划是人口、资源、环境协调发展的重要依据。生态环境保护规划的目标是遏制生态环境破坏，减轻自然灾害的危害，促进自然资源的合理、科学利用，实现自然生态系统良性循环，维护国家生态环境安全，确保国民经济和社会可持续发展。生态环境保护规划的研究内容包括区域背景调查与生态环境现状评价，构建与规划目标相对应的指标体系，制定规划方案和生态环境建设规划方案的实施评价。土地资源监测与评价满足了生态环境保护规划的数据要求，土地资源监测评价指标体系与生态环境保护规划指标相一致。通过土地资源监测与评价，查清了区域土地数量、质量变化状况、退耕还林还草工程的实施状况、土地退化状况等，提供了土地资源与生态环境的现状及其动态趋势信息；在生态环境质量评价基础上，可了解土地资源变化引起的生态环境效应及生态环境建设实施效果。这些信息可为生态环境保护规划方案的编制提供数据保障，同时对生态环境建设实施状况做出正确的评价。生态环境保护规划的制订与实施需保证可持续发展战略的实施，适应区域生态特征和技术发展水平，以及人民生产和生活的需求。生态环境保护规划将环境系统和社会经济系统紧密结合，使经济的发展能够符合环境保护的目标。

（三）生态建设实施评价

生态建设的目标是改善生态环境，提高人民生活质量，促进生态效益、经济效益与社会效益的协调统一，实现可持续发展。生态建设的实质是对水土等再生自然资源的保护、改良（改善）与合理利用，以达到区域（或流域）生态经济系统的可持续发展。生态建设的核心是要限制或取消那些引起生态系统退化的各种干扰，充分利用系统的自我修复功能，达到恢复和改善生态环境的目的。生态建设主要包括以生物措施为主要手段的植被建设和以工程措施为主要手段的工程建设。生态建设具有主动性和前瞻性，其主要任务是天然林等自然资源保护、植树种草、水土保持、防治荒漠化、优质草原建设、生态农业建设等。对《全国生态环境建设规划》已确定的重点生态环境建设地区，如黄河上中游地区、长江上中游地区、风沙区和草原区进行生态建设状况的实施评价与监测，对水土流失治理、坡耕地改造、农田防护林建设、基本农田建设、天然林保护、封山育林（草）、退耕还林还草、植物固沙状况，通过土地利用/覆被变化、土地退化与土地可持续利用的监测和评价获取，快速、准确地评价生态环境建设工程实施效果，为生态环境保护提供技术支持。

第三节　土地资源遥感监测与评价的研究趋势和研究重点

一、土地利用/覆被变化研究进展

土地利用/覆被变化（LUCC）研究具有很强的区域针对性，不同区域的研究，其方法和结论等都可能会有很大不同。首先从研究区域尺度上看，LUCC 研究的尺度有全球尺度、国家（区域）尺度、流域尺度、县域尺度、土地单元尺度等。不同尺度的研究中，揭示出的 LUCC 过程、主要驱动力和环境效应等不同。当然，不同空间尺度所探讨的关键问题和利用的信息源也有所侧重。当前的研究以全球和大尺度的研究居多，中小尺度的研究相对薄弱（罗格平等，2003；刘彦随等，2002）。国内的研究以一定行政区域为对象的案例研究为主。对较大尺度的研究，有学者是根据自然、社会经济统计资料进行土地利用/覆被分区，其分区有可能掩盖土地利用/覆被变化真实特征；也有学者是选取区域内的几个典型地区做代表性研究，以几个典型地区“点”的研究结论并不能完全反映较大区域“面”的结果。其次，从研究区域类型上看，目前的研究主要侧重在一些代表性地区，如国际上对热带雨林地区的研究，我国对长江三角洲、珠江三角洲、环渤海地区、快速发展的城市郊区、北京市、深圳市等经济和城市化快速发展等社会人文因素为主导的地区的研究（顾朝林，1999；史培军等，1999；摆万奇，2000；朱会义等，2001；杨桂山，2001；陈浮等，2001；王静爱等，2002；袁艺等，2003），以及生态环境脆弱区和土地利用/覆被变化剧烈造成显著环境影响的地区，如中国东北样带、干旱半干旱过渡带的榆林地区、科尔沁沙地等（张明，1999；康慕谊等，2000；乌兰图雅，2002）。无论是土地利用/覆被变化剧烈地区，还是生态环境脆弱地区，“代表性地区”研究结论对一般地区具有借鉴意义，但一般性地区的普遍性问题的研究也具有一定意义。

（一）土地利用/覆被变化的度量

衡量土地利用/覆被的变化状况，其指标可分为以下几类：

1. 衡量变化速度的指标

转移矩阵是一种描述和衡量土地利用/覆被变化的重要方式，其优点在于能揭示各类型变化的去向，因而对数据的获取有较高的要求。在很多研究中，转移矩阵被用来描述和模拟土地利用/覆被的变化（陈浮等，2001；史培军等，2000）。土地利用动态度是广泛运用的衡量区域土地利用/覆被数量变化的指标，包括单一类型动态度和区域综合动态度（罗湘华等，2000；朱会义等，2001；罗格平等，2003；王秀兰等，1999；黄方等，2003）。不同的研究者对区域综合动态度的具体计算方式有所不同，但其实质都是变化量与区域面积之间的运算。动态度指标忽略了LUCC的内在过程，只反映出数量上的变化速度（朱会义等，2001），但对预测未来变化趋势有积极的作用（王秀兰等，1999）。

2. 衡量区域差异的指标

土地利用/覆被变化地域差异比较是LUCC研究的一个重要方面。衡量一定区域内各子区域土地利用/覆被变化差异的典型指标是相对变化率（罗湘华等，2000；王秀兰等，1999；朱会义等，2001；罗格平等，2003）。目前相对变化率指标均是针对单一土地利用/覆被类型而言，衡量某一特定类型在某一子区域的变化相对于全区域变化的程度，也有研究者提出同级区域之间的相对变化率（罗湘华等，2000），并且不同的研究者在相对变化率的具体计算上有所不同。

3. 基于景观斑块的度量指标

由于遥感数据成为LUCC研究主要的数据源，遥感地学分析也逐渐得到应用，利用景观生态学的方法计算多样性指数、均匀度指数等，以及根据斑块情况计算各斑块间的最小距离、临边比例等（史培军等，2000；袁艺等，2003；黄方等，2003），也成为土地利用/覆被变化定量度量的主要指标。

4. 空间变化指标及其他

土地利用/覆被的空间变化，可用某种土地利用/覆被类型分布的重心变化反映；通过比较研究几个时期分布重心的转移，可获取研究时段内该种类型的空间变化规律（罗湘华等，2000；王秀兰等，1999）。还可用变化类型的多度和重要度来表征土地利用/覆被变化的空间分布特征和变化的区域方向（朱会义等，2001）。还有研究者提出空间变化动态度指标，包括单一类型变化和区域综合的空间动态度，以及在动态度和空间动态度指标的基础上，提出用二者之比作为土地利用/覆被变化综合的趋势和状态指标（罗格平等，2003）。

从研究的总体趋势看，基于景观生态学理论的定量指标逐渐成为主导，而越来越多的指标也更加依赖于遥感数据。为了能全面地反映土地利用/覆被变化信息，从各个角度建立一些量化指标是非常必要的。但一些简单的数学变换的意义就不大。从时间、空间、区域差异等角度建立一套为研究者普遍接受的、完整的（但绝不是复杂、庞大的）指标体系，使不同研究之间具有可比性以及易于综合是十分必要的，成为今后LUCC研究的方向之一。

（二）驱动力分析

驱动力是LUCC研究的重要内容，对不同尺度、不同类型区域的研究揭示出的LUCC驱动力是不同的，总的来说包括自然和人文两方面。

1. 自然驱动力

自然因素决定了土地利用/覆被的背景，长期土地利用/覆被变化由自然因素主导，很多研究也认为社会经济因素对土地利用/覆被的影响与区域自然地理环境密切相关。在自然条件复杂的地区（如高原、山地），各种自然因素对土地利用/覆被变化仍发挥着较大的作用（于兴修等，2002；张明，1999）。自然因素包括很多方面，如气候、地形、植被、灾害等，有的学者认为它们主要影响土地资源的生产力和土地利用/覆被状况（朱会义等，2001；张永民等，2003）。

2. 人文驱动力

较短时期内，LUCC主要是由人文因素导致（Turner et al.，1995）。因此，LUCC驱动力的研究应该更多地考虑社会人文因素（朱会义等，2001；摆万奇等，1997；张永民等，2003）。

Fischer等的研究认为影响土地利用/覆被变化的社会经济因素可分为直接因素和间接因素（李秀彬，1996）。直接因素包括人口变化、技术发展、经济增长、政治经济政策、富裕程度和价值取向六个方面，它们通过直接因素作用于土地利用，间接因素包括对土地产品的需求、对土地的投入、城市化程度、土地利用的集约化程度、土地权属、土地利用政策以及对土地资源保护的态度等。但有学者认为，影响土地利用的直接和间接社会经济因素多种多样，而且具有很大的时间、空间差异性（李秀彬，1996；蔡运龙，2001）。研究实践也表明，不同尺度的LUCC的驱动力是不同的，有学者认为全国宏观尺度上的土地利用/覆被变化基本上源于三个方面的原因：一是人们对土地产出（或服务）的种类或数量的需求发生改变，二是土地的属性或者社会群体目标发生变化，三是技术进步。还有学者从压力角度考虑中国农地变化的主要驱动力是工业化、新增居住建设、土地退化（Sun et al.，1997）。区域尺度的研究表明，导致长江三角洲耕地数量减少的驱动力主要是政策、经济发展和人口增长（杨桂山，2001）；人口剧增使沙地及其周围地区耕地增加，导致一系列土地利用/覆被变化（张永民等，2003）；对深圳市土地覆被格局的研究结果显示，经济发展水平和速度是城市化过程中影响土地覆盖格局的重要社会因素（袁艺等，2003）。县域尺度的土地利用/覆被变化驱动力研究表明，在经济较发达地区（如长江三角洲地区）县域尺度的土地利用/覆被变化驱动力包括经济发展、城镇化和工业化、人口增长、政治经济政策（包括经济管理体制）等方面（王波等，2001；刘晶等，2001）。

3. 存在问题

对驱动力的分析主要是以驱动因素与LUCC变化的定性分析与定量评价、主成分分析等方法为主。但无论是哪种分析都存在两个问题，一是在进行分析之前，研究者可能已有默认的驱动力，是对这些默认的驱动力进行分析；或者是由于资料的限制，只能获取某几个方面驱动力的数据，因而只能对拥有数据的驱动力进行分析。这种事先的默认或资料的限制可能掩盖、忽视对某些驱动力的分析。二是定量的分析 LUCC 驱动力，是否用有效的方法正确地揭示和解释驱动力是值得探讨的。目前多运用的是一些统计方法，而数学统计关注的只是若干组数据之间表现出来的关系，无法揭示二者之间是否存在因果关系，数学统计分析对已有分析的补充印证比较有效。因此，用统计分析方法来确定驱动力有可能导致偏差，从这个意义上说，又必须依赖于先前的定性分析，而如前所述先前的定性分析又可能由于分析者默认或资料不足而存在掩盖、忽视某些驱动力的危险，这似乎陷入了一个无法解决的怪圈。不可否认，在一般的“因素选取－定量分析－驱动力确定”的程序下，分析出来的驱动力存在失真的可能。目前来说也没有完全避免这一可能的良好办法，笔者认为首先要在因素选取的过程中，尽量搜集足够多的数据资料，结合专家评判等方法提出尽可能多的可能驱动因素，减少因主观判断和数据不足造成的驱动力遗漏，当然这可能会增加分析问题的难度和复杂性（于兴修等，2002）；其次在分析过程中应加强分析方法有效性、合理性的研究，并且对某些参评的可能驱动力，除了一般的统计分析之外，还可以用实验模拟的方法进行验证，特别是在小尺度区域的研究中；再次在分析中应尽量用多种不同方法进行分析，将分析结果相互印证，以提高准确性。

驱动力的认识中还存在一个问题，驱动力之间也存在相互的“驱动”关系（蔡运龙，2001），存在一个“层次性”问题。例如，热带雨林地区人口增加导致森林砍伐的加剧，造成林地减少，这一过程是人口增加还是森林砍伐加剧是林地减少的驱动力呢？一般来说应该认为人口因素是驱动力之一，但不排除有些研究中把那些中间过程（如森林砍伐加剧）看作驱动力。此外，还存在某一个驱动力包含若干个子驱动力的问题，如通常认为的经济因素实际包含的范围很广，有经济总量增长、经济结构（包括农业内部经济结构）变化、价格波动、各产业比较经济利益的差别等，对不同的研究案例，驱动土地利用/覆被变化的可能主要是其中的某一个方面，这种情况下如简单归纳为经济因素，则显得过于概括而不能找到问题的重点。

根据各类型之间变化的流向来寻找驱动力的思路值得重视。在这一思路下，不仅需要考察某种地类增加或减少的幅度，还要考察其来源或去向。例如，传统思路下可能根据耕地减少结果与一些变量之间的分析，得出耕地减少的驱动力是人口增加、经济发展等，而按照变化流向的思路，就需要看耕地减少的去向是什么，如减少的去向是变成建设用地则主要驱动力可能是经济发展、城市化水平提高等；如减少的去向是变成水塘，则主要驱动力可能是农业结构调整、政策引导以及农业内部不同产业（如种植业和渔业）比较利益差距。

（三）驱动机制模型

用模型来表示 LUCC 的驱动机制已成为一种重要手段（罗湘华等，2000；张明等，2001；摆万奇等，1997），建立模型的目的是对已经发生的多因素驱动下的 LUCC 过程进行描述、解释，对未来情况进行一定的预测（摆万奇等，1997）。长期以来，人们从不同的目的出发，构造了许多有关 LUCC 的模型，尤以引入人文因子的驱动模型居多（于兴修等，2002）。总的来说，已有模型可以分成概念模型和定量化模型两种。

1. 概念模型

最初的 LUCC 模型是概念性的，如经典的 PAT 函数，认为环境变化（E）是人口（P）、富裕程度（A）、技术（T）的函数（摆万奇等，1997）；Meyer、Turner 和 Stern 等对上述模型进行了扩充，提出了政治经济、政治结构和人类对环境变化（土地利用/覆被变化）的感知和态度等影响因子（Meyer et al.，1992；Turner et al.，1995；Stern et al.，1992）。目前概念模型仍然有其不可替代的地位，一方面数学模型中选取驱动力及其体现指标要以定性的理论分析为基础，它是建立定量分析模型的前提（王秀兰等，1999）；另一方面，并非所有的关系都可以用数学模型来表达，也并非定量的就一定比定性的更科学，数学模型也有其难以避免的不足，概念模型在某些研究中更有效。

2. 定量化模型

在定量化模型中，由于对土地利用/覆被变化机理的解释深度不同，可分为诊断模型和系统动力学模型；按照模型是否具有空间特性，可分为数值模型和空间模型，目前国际的研究多倾向于发展空间明晰的 LUCC 模型（罗湘华等，2000）。典型的经验诊断模型如多元线性回归模型，由于其计算量相对较小，被国内外研究者广泛采用（Verburge et al.，1999；张惠远等，1999；王良健等，1999；史培军等，2000；杨桂山，2001；陈佑启等，2000；陈浮等，2001）。但回归模型并不能透彻地解释系统内部各种驱动力之间及其与土地利用/覆被变化的反馈机制和因果关系，因此，一般只适用于在系统相对稳定的短期模拟，具有一定的时间局限性（罗湘华等，2000）。典型相关分析方法也经常被国内外学者用来分析土地利用与多种自然、社会经济驱动力之间的关系（张明，1999；Kitamura et al.，1997；Morita et al.，1997）。由于 LUCC 是自然、社会、经济等多种驱动力共同作用的结果，建立系统动力学模型相对困难，该方法在 LUCC 研究中尚处于尝试性阶段（赵庚星等，1998）。此外，细胞自动机模型也在 LUCC 研究中得到运用（Wu et al.，1998；贾华等，1999）。

3. 存在问题

在驱动机制模型构建中，存在驱动力与解释驱动力指标之间的关系问题。在不同的研究中，同一个驱动力可能会由不同的具体指标来体现。如人口增长，有的用人口密度指标，有的用人口总量指标；对科技进步指标，有的用农业机械动力指标，有的用化肥使用量指标；不排除资料限制是造成这一情况的重要原因。对不同的具体研究，某一驱动力可以用不同的指标来表达。但不同研究者由于所用指标不同，可能会对相同的情况得出不同的结论。这就需要提出一些具有对驱动力高度概括性、能够通用的指标，以提高模型的准确性和可比性。同时，模型变量的规范性也是一个需要重视的问题。在模型建立前变量的标准化、共线性分析等需要规范，模型建立后的各种检验指标也要予以重视。此外数据的一致性与可靠性、定性人文驱动因子的赋值、驱动因子与区域规模的适配性、间接因子的作用、约束机制等均需要进一步探讨（于兴修等，2002）。

由于土地利用/覆被变化是多因素共同作用下的结果，土地利用/覆被变化又会引起社会经济和自然环境等多方面的变化，这是一个复杂的反馈系统。驱动机制模型着重解决的是解释多因素对土地利用/覆被变化的作用机制，但也应当将其放入整个系统中考虑。因此，探索更符合实际情况的建模思路，将驱动机制模型与 LUCC 预测模型、环境效应模型有效地综合，建立更系统的综合模型应当是研究的发展方向之一。

（四）LUCC 预测

对土地利用/覆被变化进行预测，提出相应的对策措施是 LUCC 研究的目的之一。LUCC 的定量预测主要依赖于数学模型，总的来说包括根据已经发生的 LUCC 过程进行预测和根据驱动机制模型进行预测两类。

1. 根据 LUCC 过程进行预测

根据 LUCC 过程进行预测指根据土地利用/覆被在时间序列上的变化过程进行预测。根据数据源不同，预测的模型和方法也不同。以统计资料进行研究的，往往用线性回归模型进行预测，即用线性回归的方法建立 LUCC 变量（如某种类型的面积、增长率等）随时间（多数以年为单位）变化的模型，这种预测要求样本数（即年份统计数据）达到一定的数量，符合统计学要求。灰色预测模型也得到运用（陈浮等，2001）。此外，通过遥感数据，可以获取土地利用/覆被类型间的转移矩阵关系，以转移矩阵数据用马尔柯夫模型进行 LUCC 预测也较多（史培军等，2000；王良健等，1999）。马尔柯夫模型在 LUCC 预测中表现出较好的应用性，但是由于这种预测是以末期和基期的时间间隔为预测单位，所以只能预测时间间隔整数倍的特定时期的情况，其灵活性和实用性受到限制。通过遥感数据获取的土地利用/覆被变化空间信息，可应用细胞自动机模型和神经网络模型进行预测。

2. 根据驱动机制模型进行预测

LUCC 驱动机制模型的自变量是驱动力指标，因变量是表示 LUCC 的指标（可以是速度、数量、相对变化率等各种指标）。对预测期自变量的指标值进行预测或假设，以它们的预测值或假设值可进行 LUCC 预测。但是由于驱动机制模型是根据以前即已发生的过程建立，将其运用于将来预测的可行性本身尚待探讨，因而成功的模拟和预测与驱动力分析研究紧密相关，特别是对未来影响土地利用/覆被变化因素的分析判断尤为重要（陈百明，1997）。

（五）LUCC 环境效应

LUCC 研究最初在国际社会得到重视就是因为对全球变化的影响，环境效应的研究是 LUCC 研究体系中的重要部分。但在不同的研究尺度，LUCC 的环境效应研究重点不同，土地利用/覆被变化对全球环境变化影响主要研究温室气体的净释放效应、大气下垫面反照率的变化等；对区域环境变化影响研究包括土地退化、生物多样性、流域水平衡、水质和水环境、河流泥沙及海洋生态系统等方面（李秀彬，1996）。土地利用/覆被变化对区域的暴雨洪水、环境污染、城市热岛、生态安全等诸多方面都能带来广泛而深刻的影响（Chen，2000；史培军等，2001；Kalluri，2002；袁艺等，2003；周海丽等，2003），土地利用/覆被变化的环境效应也是双向的，合理的土地利用/覆被变化（如自然保护区的建立）则可产生良性的环境效应（杨庆媛，2000）。

1. 对气候变化和碳循环效应的研究

对气候变化和碳循环的影响是LUCC对全球变化影响研究的重点和主要方面，也是国际研究中最为关注的方面。很多学者在这一方面进行了研究和探讨（符淙斌等，1992；张新时等，1997；孙红雨等，1998；周广胜等，1999；史培军等，2000；Chen，2000；杨庆媛，2000；于兴修等，2002；周海丽等，2003），史培军等（2000）采用三维紊乱闭和模型研究了深圳市1980、1988和1994年LUCC的气候效应。

2. 对土地质量影响的研究

土地质量是一个综合的结果，它由多个要素指标来体现，也受多种因素的影响，而土地利用/覆被变化对土地质量的影响正逐渐得到越来越多的重视。LUCC对土地质量的影响是通过特定的过程实现的，而这方面的研究也多数是着眼于LUCC所带来的一些影响土地质量的过程，如土地侵蚀（风蚀、水蚀）、土壤污染、盐渍化、土壤养分变化等，并且研究较多的是对土地质量降低的影响。一些学者就土地利用/覆被变化，特别是土地利用格局的变化对水土流失导致的土地质量变化进行了较系统和深入的研究（傅伯杰等，2001；郭旭东等，2001）。有的学者提出应进一步结合具体区域开展LUCC对土壤退化的影响研究（Liu et al.，1993）。

3. 对水文影响的研究

水、土是土地生态系统的主要组成部分，土地生态系统演化过程是通过水土耦合实现。目前，这类研究也是以典型区的案例研究为主，通过对个案的分析，LUCC对水文的影响研究取得了一定的进展和成果，人类强干预的土地利用/覆被类型（如城镇等不透水用地）的增加提高了地表径流系数；过度垦荒，破坏了原有的植被，导致和加剧水土流失、河流湖泊淤塞、洪水泛滥（姜万勤等，1997）；土地利用结构对农业洪涝灾情起着相对放大或缩小的作用（史培军等，1999，2000）。土地利用/覆被变化对水文影响的研究表现出由定性分析向定量研究的发展趋势，在很多研究中都建立了二者之间变化的定量表达关系。

（六）数据库建设及数据获取

LUCC数据的获取越来越重要，LUCC数据库建设是LUCC研究的重要内容，驱动机制、环境效应等研究无不是以详细而准确的数据和信息为基础。LUCC 研究的数据总体上可以分为土地利用/覆被数据、自然环境要素和社会经济数据两类，数据的获取方式很大程度上决定了数据的信息量和精确性。社会经济数据和部分自然要素数据一般通过统计数据和问卷调查等方式获取，土地利用/覆被数据和部分自然环境数据主要通过监测获取。但是受条件的限制，1970 年以前的 LUCC 数据基本上都是从历史调查和统计资料中获取，也有少量是利用航空遥感资料获取有关数据。20 世纪 70 年代，尤其是 80 年代以来，遥感图像解译数据越来越多地应用于 LUCC 研究中，遥感动态监测逐渐成为 LUCC 研究重要和被广泛运用的技术手段（张明，2001；罗格平等，2003），运用“3S”技术的结合与集成获取 LUCC 数据越来越得到重视（蔡运龙，2001）。

目前国际上参与 LUCC 研究的重要研究机构（如 IGBP，IHDP 等）都在致力于建立全球 LUCC 数据库，包括土地利用/覆被数据库和自然、社会经济数据库，并已取得一定的成果。当前研究的数据来源主要包括统计数据、遥感数据、野外调查数据等（包括农户调查和采样调查等）。但一方面由于客观原因，某些数据难以获得，从而影响研究的深入程度；另一方面由于不同研究所用数据来源、时间不同，造成不同研究结果不具备可比性。这要求在以后的研究中加强数据的集成与标准化，形成一个较为普遍接受的土地利用/覆被分类体系和数据处理方法，使不同研究之间具有可比性，从而提高比较案例研究的价值。加强国家乃至全球数据库的建设，为建立更大尺度模型、与全球变化研究更好地融合创造条件。随着遥感平台的发展和遥感物理研究的深入，遥感技术将进一步成为获取土地覆被信息，进行科学研究的主要手段（罗湘华等，2000；Sara et al.，1998；高志强等，1999；黄福奎，1998）；但遥感数据并不能全面显示过程，更不能仅据此分析驱动力，因此要重视多源信息的综合（蔡运龙，2001）。

LUCC 研究不仅对认识整个生态系统的结构和变化（全球变化）具有至关重要的作用（罗湘华等，2000），而且对区域土地资源优化配置，促进区域可持续发展具有重要科学指导作用。目前我国虽已进行了大量区域土地利用/覆被变化的研究，但从研究区域类型来看，多侧重于城市地区（史培军等，1999，2000；顾朝林，1999；朱会义等，2001）。对生态环境脆弱区土地利用/覆被变化的研究，尤其是对热点城市地区周边的生态环境脆弱区土地利用/覆被变化及其影响的研究相对较少。

二、土地利用/覆被分类体系研究进展

（一）国际研究进展

很多国家和组织积极参与 LUCC 研究，建立了较多基于不同研究目标的土地利用/覆被分类体系，大致可以分成四种：一是普适性分类体系；二是针对特定区域，无数据源要求的分类体系；三是针对特定区域，有建议数据源的指导性分类体系；四是案例研究，针对具体区域和具体数据源的分类体系。

普适性分类体系往往以针对一定数据源的分类居多。对于既没有区域针对性也没有

数据源针对性的分类体系，比较典型的如FAO于2000年提出的土地覆被分类系统(LCCS)（附表1-1）（Antonio et al.，2000），根据植被状况（有/无植被）、土壤条件（陆地/水生或有规则地泛滥）、人造情况（人造或人工维护/（半）自然）等3个诊断标准的组合，将土地覆被分成8种类型，每个诊断标准都有特定的量化指标。此分类体系的出发点是试图实现分类的标准化，但是如果要实现更细致的分类，随着诊断标准数量的增加，将会产生巨大数量的新类型，同时新的量化指标制定也将会带来巨大的工作量；而且必然存在一些量化指标难以达到全球范围甚至区域范围内的普遍适用性。此分类体系的特点是诊断标准明确，各类别界限清晰、精确，任何一种覆被特征均能找到其所属类型；但此分类体系在实际应用中可能不能很好地满足需要，尤其是在较小区域尺度上，难以满足详尽土地覆被信息的需求。IGBP基于NOAA/AVHRR数据提取了全球1km空间分辨率土地覆被信息，其分类体系也属于普适性分类体系。该分类体系将土地覆被分成17种类型，并根据实际情况进行归并，如在对欧洲阿尔卑斯山地区的生态评估研究中把IGBP的17类土地覆被类型合并成森林、灌丛和草地、湿地、农业区域、城市区域、岩石（沙砾、裸土、冰河）或积雪（河流、湖泊）等7类（Lars et al.，2003）。国际环境和可持续协会（IES）的全球植被监测联合研究中心（JRC）根据FAO的土地覆被分类体系和IGBP的分类体系，制定的全球土地覆被分类（附表1-2）也属于此类分类体系（Eva et al.，2002）；该分类体系最显著的特点是综合集成了其他分类体系。国际人造卫星地表气候项目（ISLSCP）利用NOAA/AVHRR数据，将土地覆被分成15种类型，制作了不同空间分辨率（0.25、0.5、1经纬度）的栅格专题地图（附表1-3）（Hansen et al.，2000），此分类体系一个突出的特点是对林地的划分较细，15种类型中有8种为林地（含灌木）类型，这与其研究全球尺度的气候变化这一研究目的相对应。

针对特定区域，无数据源要求的分类体系如欧洲环境机构（EEA）1994年制定的CORINE土地覆被分类系统（附表1-4）（Eva et al.，2002），此分类包括建成区、农业区域、森林和自然区域、湿地和盐地、水等5个一级类型，15个二级类型，其中建成区和农业区域分别被分成4个二级类。该分类体系对类型的细分较为细致，可获得非常详细土地覆被分类信息；该分类体系明显特征是将土地覆被分类与土地利用分类进行综合，其分类的标准既包括土地利用方式的差异，也包括地表地学特征差异，对建成区和农业区域的划分更多的是依据土地利用标准。因此，具有显著的土地利用分类特征，而对其他类是按照地表地学特征差异进行划分，具有土地覆被分类特征。亚洲遥感协会（AARS）的土地利用工作组（LCWG）将IGBP的分类体系进行了改进，形成针对亚洲和大洋洲的覆被分类体系（GRID-Tsukuba，2003）。在其分类体系中，充分考虑了全球变化研究和全球/大陆尺度的土地利用规划与农业发展的需求，对农田较为关注，将农田分成树木作物、灌木作物、草本作物三类。

针对特定区域、有建议数据源的指导性分类体系比较著名的有美国的Anderson分类体系（附表1-5）（Anderson et al.，1976），以及美国地质调查局（USGS）据此改进的分类体系（Michigan Resource Inventory Program，2002）。Anderson分类体系共分四级，包括9个一级类型和37个二级类型；此分类体系主要应用于遥感数据，第一级主要运用于陆地卫星数据，第二级可运用于12 400m以上的高空遥感数据，其比例尺小于1：80 000，第三和第四级分别可运用于3100～12 400m的中等高度遥感数据（比例尺1：20 000～1：80 000）和3100m以下的低空数据（比例尺大于1：20 000）。但是此级别划分并不严格地对应于数据源，即一级类型也可通过大比例尺航空影像或者地面调查数据综合获得，三、四级分类需要较多详细的辅助资料和大比例尺的遥感信息。因此，Anderson分类体系强调既能进行向上的类型聚合，也能进行向下的类型细分，具有将土地覆被分类与土地利用分类相综合的特点。USGS的分类体系共分四级（其一、二级分类见附表1-6），第一级运用低、中空间分辨率地球陆地卫星影像，第二级是第一级类型的细分，一般用于航空相片，比例尺在1：80 000左右，三级分类适合于1：20 000到1：80 000万比例尺，类型可以根据地方公共管理需要而调整，同样具有土地利用分类与覆被分类相结合特征。佛罗里达土地利用/覆被分类体系（FLUCCS）也属于这种指导性分类（FLUCCS，1994），共分四级，此分类体系描述的类型主要是基于陆地卫星影像数据的。第一级包括9种主要类型，但在具体研究或应用中有所调整，如Marks和Wakulla河分水岭项目应用了其中的8类（附表1-7）。

案例研究型分类体系相对较多。当前土地覆被分类中运用的主要遥感数据源有NOAA/AVHRR数据、Landsat/TM（ETM^+）数据、SPOT数据、航空影像数据以及MODIS和IKONOS数据。基于NOAA/AVHRR数据的分类体系如PELCOM计划对欧洲进行的土地覆被分类（附表1-8）（Eva et al.，2002），该分类体系将土地覆被分成10个一级类型，对自然覆被和植被覆被有一定的细分，而对城市区域则未做详细的次级分类，该分类体系属概括性分类特征。基于TM（ETM^+）数据的土地覆被分类较多，如马里兰大学大西洋地区科学中心（RESAC）将美国切撒皮克海湾地区土地覆被分成农田、草原牧地、休闲地、草地、落叶林、常绿林、混合林、湿地、其他等9种类型（The Mid-Atlantic RESAC，2003）。基于TM影像对阿塞拜疆首都地区——菲尼克斯进行的土地覆被分类，共包括12种土地覆被类型，该分类体系对植被未进行细分（Land Cover Classification Maps for the Phoenix，2003）。利用SPOT数据对波罗的海集水区域（实际上是中、北欧一些国家）进行土地覆被分类（Michael，2002），由于所用数据的分辨率较高，因此将土地覆被分成了较为详细的22种类型，其特点是对林地覆被、草本覆被以及农业与自然植被的各种混合类型进行了细分。此外还有一些学者利用SPOT植被影像，参照IGBP和CORINE的分类系统，把IGBP分类系统中的混合类型剔除，保留与欧洲相关的部分，分类类型包括常绿针叶林、落叶阔叶林、郁闭的灌木丛、稀疏的灌丛、草地、永久湿地、农地、城市和建成区、冰雪、荒地或稀疏植被覆盖、水体。利用航空影像进行分类的如美国明尼苏达土地覆被分类系统，其分类体系以美国植被分类系统（NVCS）和明尼苏达植被分类为基础，将土地覆被分为6级9大类（Minnesota Land Cover Classification System，2003）。除了基于NOAA/AVHRR数据的欧洲土地覆被分类和明尼苏达土地覆被分类系统外，多数案例研究对土地覆被的分类只是根据数据和研究区域情况将其分成同一层次水平上的若干种类型，因此严格来说不能称之为分类体系。

（二）国内研究进展

国内在开展土地利用/覆被分类体系研究方面也取得了很多研究成果。我国土地利用分类体系最早出现在20世纪30年代，是由金陵大学教授卜凯（Buck）在1937年汇总各地农业报告后，编著的*Land Use in China*一书中提出的，但其分类完全倚重农业（秦明周，1997）。著名地理学家任美锷先生最先提出土地利用分类，40年代初在遵义进行土地利用调查时，将土地利用分为水田、旱地、森林、道路与房屋、荒地、其他等6个大类（秦明周，1997；任美锷，1991）。应用最广泛的土地利用分类体系是1984年全国农业区划委员会《土地利用现状调查技术规程》中提出的土地利用分类（附表1-9），该分类体系即是2002年以前一直运用的"八大类"分类体系，其土地利用类型分三级，但绝大多数类型只分到二级，包括46个二级类型。2002年后开始执行新的土地利用分类体系（附表1-10），包括3个一级类型、15个二级类型和71个三级类型。中国科学院在长期的土地利用/覆被分类研究中，一直采用10个一级类型、39个二级类型及若干个三级类型的土地利用分类体系（附表1-11）。上述分类体系均是全国尺度的土地利用分类体系，其分类标准是土地利用方式。此外，区域尺度的土地利用/覆被分类体系如国家环保局在进行中西部地区生态环境现状遥感调查时，提出的土地利用/覆被分类体系（附表1-12）共分两级，6个一级类、25个二级类。有学者以土地利用的形式与功能相结合的综合分类方式，将长江三角洲地区土地利用现状划分为4大零级系统、9个一级类型、39个二级类型和43个三级类型，形成四级层次的分类体系（附表1-13）（周炳中等，2002）。其一级分类的标准是土地利用方向的不同，二级分类依据土地利用条件与方式的不同，三级类型依据土地的微地貌形态及利用技术水平差异划分。

此外，国内很多研究者在各自的案例研究也提出较多分类体系。国内一些学者利用TM数据将大屿山岛的土地覆被分成水体、城镇用地、裸地、草地、灌木、林地等6种类型；利用TM影像结合土地利用现状信息，将黄河三角洲垦利县的土地覆被分成水田、旱田、林草地、水域、苇地、滩涂、盐荒地等7种类型（赵庚星等，2000）。有学者在对厦门的土地利用研究中，将研究区的土地利用/覆被类别分为城镇建设用地、交通用地、开发用地、耕地、园林地、水域、未利用土地等7类（李天宏等，2001）。还有研究者根据TM遥感影像特征及研究区的城市用地特点，将贵阳市的土地利用分成建城区用地、耕地、林地、水体、未利用地等5个一级类型和若干个二级类型（侯英雨等，2001）。在对大庆地区土地利用/覆被分析中，将土地利用/覆被分成水田、旱地、有林地、灌木林、疏林地、其他林地、高覆盖草地、中覆盖草地、低覆盖草地、水域、城镇用地、农村居民点、其他建设用地、未利用土地等14种类型（唐俊梅等，2002）。张华国等（2003）利用IKONOS数据对南麂岛土地覆盖状况进行分类，提取出草地、灌木林地、庄稼地、居民地、水体、沙滩等类型。

（三）发展趋势与问题

总结上述研究成果可以发现，首先，许多分类体系是结合自身研究需要和区域情况，对已有分类体系进行改进，如美国地质勘测局（USGS）对Anderson分类体系进行改进，应用于密歇根州的土地利用/覆被分类和落基山脉土地利用制图中（Michigan Resource Inventory Program，2002；Michael，2000）。其次，较多分类体系是土地利用分类和土地覆被分类的综合，综合的分类体系具有良好的实际运用效果，如指导性分类体系。再次，遥感技术手段在土地利用/覆被分类中越来越重要，在较大区域尺度上，遥感数据成为分类的主要依据；在较小尺度上，高空间分辨率的遥感数据、地面调查和统计图件均十分重要；而如果进行更小尺度的研究，则遥感手段的运用空间相对较小，调查数据成为主要的数据来源。另一方面，综合、全面、详细的分类必然需要土地利用数据与土地覆被数据的综合，比如裸地和收获之后的农田在卫星影像上的特征是一样的，必须辅以土地利用数据才能进行更有效的区分。此外，土地利用类型划分标准是土地利用方式的差异，土地覆被类型划分标准是地表特征差异；而实际上在不同的分类体系中，各类型界限的具体界定是有所不同，特别是一些定量指标在不同区域有所不同。树高和树冠覆盖度比例是区别林地和非林地、不同类型林地的常用的定量指标。IGBP定义森林是被树木主导的陆地，树木的树冠覆盖度＞60％，高度超过2m。FAO定义森林，规定树冠覆盖度＞40％为郁闭林，10％～40％的为稀疏林，树高要求＞7m。而如果将IGBP的标准运用于亚洲，则可能低估了亚洲的森林面积。对特定研究目的，IGBP和FAO的标准均不确切，两个参数的确定都是基于主观判断（Chandra et al.，1995）。此外，与国外比较而言，我国的分类体系更侧重于土地利用类型划分，基于遥感影像建立综合的土地利用/覆被分类体系是今后发展趋势。

综上所述，众多组织和研究者在全球开展了大量相关研究，但仍存在一些问题。首先，由于特定的目的性、研究区域的特征、研究者个人的主观因素和所选取数据源的诸多因素，使得当前的分类体系尚没有实现标准化，尚未形成为研究者所普遍接受的分类体系。进行各个区域的案例研究具有很大意义，但不同案例的综合和比较对更大尺度区域研究具有深远的意义（如对全球变化研究）。因此，土地利用/覆被分类体系标准化研究和实践是非常必需的。另一方面，如果按照统一的标准体系进行分类，也可能对某些特殊区域研究失去了实际意义，因为可能会分割和掩盖对特殊区域具有重大意义的地类变化，因此，这还是一个需要继续不断研究和探索的问题。其次，在不同分类体系中，相同特征的覆被类型在不同的案例中被细分的详细程度不同，一般来讲，对林地和城市区域细分程度较高，但对自然覆被（尤其是林地）细分的分类体系，其城市区域分类则较为概括（Anderson et al.，1976；Michael，2002），反之，对城市区域细分的分类体系，其自然覆被分类则较为概括（何春阳等，2001）。同一种覆被类型在不同的分类体系中可能属于不同层次，直接反映了研究者的目的和研究区域特征对分类体系的影响，研究者往往对各自的非主要研究对象给予较少关注，因而对其描述远不如主要研究对象详尽。再次，不同分类体系中的土地利用/覆被类型在名称和界定标准上存在差异，这表现在两个方面，一是对同一种覆被特征，不同研究者可能会给予不同的命名，这使得不同的研究难以直接比较；二是看似相同的覆被类型，可能存在界定标准上有所不同，如果直接按照类型名称进行比较，则会得到错误的结论；如很多分类中用树冠郁闭度和树高来定义是否为林地及林地类型，但不同分类中的判别标准可能不同（Chandra et al.，1995)。

三、土地退化监测与评价指标体系研究进展

土地退化监测与评价，即是对干旱、半干旱和半湿润干旱地区的退化土地进行一个或几个时期土地退化类型的划分与程度分级。回顾国际土地退化的历史，第一次全球性的土地荒漠化范围和危害评价成果的出版是1977年由“联合国荒漠化大会”(UNCOD)组织，评价土地荒漠化潜在危害性，无法判别土地退化的严重性和位置，其成果具有历史性的意义；国家级土地退化评价成果于1983年出版，主要针对灌溉耕地、旱地和草地三种土地利用类型进行四个级别的土地退化评价；1992年的全球土地退化评价由于增加野外调查数据和文献收集，评价精度比1983年高，但精度仍较低，缺乏可靠性验证；第四部全球土壤退化评价图集的出版由UNEP资助，针对干旱、半干旱地区由人类引起的土壤退化调查，而不是土地退化调查与评价。

(一) 国内外土地退化指数研究现状

土地退化过程是复杂的，伴随着多种自然因素、社会经济因素的相互作用和土壤性质的改变，因此，无法用一个指数来表征复杂的土地退化过程，但是对土地退化的状态可用土地退化指数来表征。许多学者针对不同的研究目标和不同标准提出了土地退化指数或土壤退化指数，用以评价土地退化或土壤退化（Doran et al.，1994；Snakin et al.，1996；Lopez-Bermudez et al.，1998；Hess et al.，2000)。土地退化指数可分为五类：土地退化指数（或土地退化危险性指数）概念模型、基于多指标集合模型的土地退化指数、土地退化面积指数、土壤退化距离指数、土地退化光谱模型指数等，近年来公开发表的国内外部分土地退化指数如表1-1。

表1-1 近年来部分国内外主要土地退化指数

退化指数分类	名　称	数据与方法	计算公式	资料来源
土地退化指数概念模型	土地退化危险性指数概念模型(DH)	综合评价土地退化现状及发展速率，而且考虑自然条件的脆弱性、人类活动的压力等因素	DH＝DS＋DR＋IR＋AP－PP	Menenti等(1999)
	土地退化光谱指数概念模型(LDI)	基于光谱特征综合评价土壤与植被退化的严重性，并考虑气候因素和人类压力	LDI＝SD＋VD＋C＋A	Chabrillat等(2003)
多指标集合模型	多指标集合土地退化指数(LD)	基于土壤、植被多源指标采用综合指数方法评价	$LD=\sum P_i \times \sum jMij$	常规方法
土地退化面积模型	土地退化面积指数(LDI)	对不同程度退化土地面积进行综合	LDI＝(P_1×轻度退化面积＋P_2×中度退化面积＋P_3×重度退化面积)/区域面积	常规方法

续表

退化指数分类	名　　称	数据与方法	计算公式	资料来源
土壤退化距离模型	土壤退化距离指数（DI）	采用土壤样品分析数据，对比基准土壤，基于土壤理化指标进行评价	$DI=[(P_1-P'_1)/P'_1+(P_2-P'_2)/P'_2+\cdots+(P_n-P'_n)/P'_n]\times 100/n$	Adejuwon 等（1988）
	土壤综合退化指数（SD）	采用土壤样品分析数据，对比标准值，基于土壤理化指标进行评价	$DDR_i=(D_0-D_i)/D_0=1-D_i/D_0$ $SD=n\prod(DDR_i)$（开 n 次方）	章家恩等（1999）
	土壤物理退化指数（PDI）	采用土壤样品分析数据，基于土壤理化指标的直接计算	$PDI=CI/(SA+(FC-WP)\times 100)$	Jose Miguel 等（2005）
	土壤化学退化指数（CDI）	采用土壤样品分析数据，基于土壤理化指标的直接计算	$CDI=(Salts+Na)/CEC$	Jose Miguel 等（2005）
	土壤生物退化指数（BI）	采用土壤样品分析数据，基于土壤理化指标的直接计算	$BDI=1/OM$	Jose Miguel 等（2005）
土地退化光谱模型	土地退化土壤线指数（LDI）	采用 ASTER 数据，利用土壤线原理	$LDI=\tan\alpha/\tan\beta$	Mohamed 等（2005）
	盐度指数（SI）、归一化盐度指数（NDSI）和亮度指数（BI）	利用 IRS－1B 数据，进行波段间运算	$SI=\sqrt{B1\times B3}$ $NDSI=(B3-B4)/(B3+B4)$ $BI=\sqrt{B3^2+B4^2}$	Nasir 等（2005）
	土壤肥力光谱指数（SFI）	采用 TM 数据，利用逻辑回归方法建立与土壤光谱间线性关系	$SEF=\ln\frac{P(Y_i=1)}{1-P(Y_i=1)}=\alpha+\sum_{k=1}^{k}\beta_k X_{ik}$	Vagen 等（2005）
	归一化差异植被指数（NDVI）	利用不同遥感数据，进行波段间运算	$NDVI=(NIR-R)/(NIR+R)$	Jackson（1983）
	土壤调整植被指数（SAVI）	利用不同遥感数据，进行波段间运算	$SAVI=(NIR-R)\times(1+L)/(NIR+R+L)$	Huete 等（1988）

（二）国内外土地退化监测与评价指标体系研究现状

由于对土地退化概念的理解不同，各个学者在指标的选取上也各有不同，在土地退化等级的划分标准与级别有所差异。国外早期提出的土地退化评价指标体系大致有三类，第一种包括土地表面反射率（有植被类型和盖度决定），尘暴频率，年降雨量，土壤侵蚀率，由土壤引起的河流沉积、盐渍化、生物量、生产力、气候、营养、人类因子；第二种包括土壤厚度、有机质含量、土壤结皮程度、地下水深度、水质、地表水持久性及分布范围、河流混浊程度及流速、植被林冠盖度、动物种类及数量等因子；第三种包括植被盖度、风蚀、水蚀、盐渍化、土壤结皮、紧实度和有机质减少等因子（FAO，1984；艾伦等，1993）。在众多的评价指标体系中，联合国粮农组织和联合国环境规划署制定的评价指标体系（表 1-2）（FAO et al.，1984；UNEP-ISRIC，1990），是国外目前较完整的土地退化监测与评价指标体系。

表 1-2 FAO 和 UNEP 制定的土地退化监测与评价指标体系

评 价	指 标	分级 轻度	分级 中度	分级 强度	分级 极强度
土地退化现状	1. 沙丘占地百分比/%	<5	5～15	15～30	>30
	2. 土壤表层土损失度/%	<25	25～50	50～75	>75
	a. 原生土层厚度<1.0m	<30	30～60	60～90	>90
	b. 原生土层厚度>1.0m				
	3. 现实生产力占土地潜在生产力比值/%	>85	65～85	25～65	<25
	4. 土壤厚度/cm				
	5. 地表岩砾覆盖度/%	>90	50～90	10～50	<10
		<15	15～30	30～50	>50
土地退化速率	1. 面积年扩大率/%	<1	1～2	2～5	>5
	2. 土壤损失率/%	<2	2～3.5	3.5～5	>5
	3. 生物生产力年下降率/%	<1.5	1.5～3.5	3.5～7.5	>7.5
	4. 1m 线的年输沙率/%	<5	5～10	10～20	>20
土地退化内在危险性	1. 土壤结构	沙壤土、粉沙沙黏壤土	其他	壤质沙土	沙土
	2. 2m 高年均风速/(m/s)	<2	2～3.5	3.5～4.5	>4.5
	3. 起沙风频率 ($v \geq 6$m/s) /%	<5	5～20	20～33	>33
	4. 沙砾运动潜在能力/%	<5	5～15	15～25	>25
人畜压力	1. 人口超载率/%	<—34	—34～0	0～100	>100
	2. 牲畜超载率/%	—80～—34	—34～0	0～100	>100

随着高新技术的应用，基于遥感影像和光谱特征直接提取土地退化指标成为发展的趋势。阿根廷对荒漠化状态的评估就是完全基于遥感并利用图像处理系统完成的，通过监督与非监督分类确定荒漠化类型（Valle et al.，1998）。Tripathy 在对印度 Gulbarga 荒漠化监控研究中，利用 MSS 和印度资源卫星（IRS）数据，选取的指标有反射率、归一化植被指数、土地侵蚀速率和土壤水分（Tripathy et al.，1996）。成像光谱遥感技术是 20 世纪 80 年代发展起来的高光谱遥感前沿技术，De Jong（1994）利用高光谱数据鉴别地中海地区的土壤板结和主要土壤类型，Okin 等（2001）利用 AVIRIS 和 MSS 数据定量评价美国莫哈韦沙漠的风蚀状况，Dehaan 和 Taylor（2002）利用地面采集的光谱数据和 Hymap 成像光谱数据对澳大利亚由灌溉引起的土地盐渍化进行研究。Hill（2000）探索利用线形光谱混合模拟进行图像分离，实现对地中海生态系统中土壤侵蚀和沙漠化的监测。1994 年，Kuehl 等从土壤植被和光谱特性方面构建了综合的荒漠化评价指标体系。Gregory 等（2003）对 AVIRIS 和航天 Hyperion 成像光谱数据进行了对比研究，定量提取了大范围区域内的绿色植被、枯萎植被和裸露土壤三个组分信息，定量反映了荒漠化的程度。

我国土地退化问题的研究始于 20 世纪 50 年代中国治沙队对沙漠的考察和改造利用工作，部分国内外主要风蚀评价指标体系与方法如表 1-3。

表 1-3　部分国内外主要风蚀评价指标体系与方法

指标体系出处	数据与方法	植被指标	地表形态指标	气候指标	土壤指标	作物产量等社会经济指标
朱震达等（1984）	地面调查	植被盖度	荒漠化土地扩大率；流沙面积百分比，流沙点、片状流沙、灌丛沙堆、密集程度			农田系统产投比生物量，土地生产力
冯毓逊（1985）	地面调查	沙丘上植被盖度	荒漠化土地面积比率与增加百分率，沙丘类型，沙丘相对高度，沙丘疏密度，沙丘活化程度与分布规律			
董玉祥等（1992）	地面调查，综合指数方法	植被盖度，植物种类	沙漠化土地占地百分比，沙漠化土地扩大率，沙漠化速率指数	平均风速，大风日数，降水量，主风方向频率	地表土层损失量，物理沙粒含量，土壤肥力	人口密度，超载率，产投比，产量，人均收入，产值
马世威（1997）	遥感监测（TM 数据），综合指数方法	沙丘植被覆盖	沙漠化土地占地百分比、沙漠化土地扩大率、沙丘类型、沙丘高度、沙丘疏密度、沙丘活动程度、沙丘分布、			
马蔼乃等（1997）	土壤风蚀遥感信息模型		沙丘形态系数、沙粒密度、沙丘疏密度、沙丘起伏度和沙丘移动速度			
中国林业局荒漠化监测技术规定	遥感监测（TM 数据），综合指数方法	在干旱与半干旱地区≤10%，10%～24%，25%～39%，40%～60%，≥60%	地表形态和沙丘高度/m：≤2，2.1～5，5.1～10，≥10；覆沙厚度；有效土层厚度；砾石含量		土壤质地（沙壤土、壤沙土、粉沙土）	作物产量下降率/%：＜5，15～34，35～74，≥75
高尚武等（1998）	遥感监测（TM 数据），综合指数方法	权重为 3.6，得分范围 3.6～14.4	裸沙地所占比例权重为 3.8，得分范围 3.6～15.2		土壤质地，得分范围 2.6～10.0	
朱震达（1998）	三级综合	≤10%，11%～30%，31%～50%	风蚀、风积地表形态所占比例/%：≤10，11～30，≥30；沙丘高度/m：≤2，2～5，≥5		地表形态综合特征	作物产量下降率/%：＜30，31～50，＞50
西部生态环境遥感调查	遥感监测（TM 数据），综合指数方法	植被盖度	风蚀洼地和风蚀沟面积百分比，沙丘面积百分比			
王静等（2003）	遥感监测（TM 数据），基于影像	植被盖度	裸地百分比，沙地百分比		土壤质地	
王涛等（1998）	遥感监测（航片，TM 数据），基于影像	地表植被覆盖度	风蚀地或流沙面积所占该地区面积/%；单位面积内风蚀地或流沙面积年均扩大所占该地区面积/%			生物生产量年均降低

续表

指标体系出处	数据与方法	植被指标	地表形态指标	气候指标	土壤指标	作物产量等社会经济指标
FAO 等（1984）	三级，综合	<30%，30%～70%，>70%	表土损失（部分、全部）；风蚀形态（洞、洼地、沙丘）面积所占比例/%：<10，10～40，40～70			
Tripathy 等（1996）	三级 MSS，IRS 同 GIS 指标综合	基于 RS 的归一化植被指数 NDVI	基于 GIS 土壤侵蚀率（USLE）基于 GIS 的土壤水分		基于 RS 的地表反射率 ALB	
Valle 等（1998）	四级 NOAA 数据图像处理	>50%，50%～20%，20%～5%，<5%；不良植物种入侵比例	风蚀地面积所占比例/%：<10，10～25，25～40，>40；地表砾石面积所占比例/%：<10，10～30，30～50，>50		土层厚度；根层土损失	作物产量下降率/%：<25，25～65，65～85，85～100

对于我国水蚀评价的研究方法，可以概括为定位观测法和定量模型（评价模型或预测模型）法两种。对坡面的定位观测应用美国通用土壤流失方程 USLE 来实现。胡良军等（2000）结合影响水土流失的各个因子分析了黄土高原地区的自然特征，提出了区域水土流失评价的指标为侵蚀产沙强度、沟壑密度、汛期降雨量、土壤团粒含量、植被盖度、坡耕地面积比。王龙喜等（1994）以耕垦指数、水土流失面积占地比例、沟壑密度、基本农田占地比例、年均降雨量、森林覆盖度、人均土地面积 7 个指标组成评价指标体系，采用灰色聚类法对晋中小流域水土流失危险性进行了评价，并划分出不同危险类型。Ren 等（1999）根据植被、土壤、坡度、水文数据，基于地理信息系统对草海集水域水蚀的危险性进行了评估。马晓微等（2001）综合分析了影响水土流失的主要因子，确定以土壤抗冲性、降雨侵蚀力、地形起伏度、输沙模数作为潜在水土流失评价的指标，用于全国水土流失宏观分析评价。高志海等（2002）建立了武威市荒漠化监测技术系统，提取荒漠化特征信息（植被、地表质地、水分状况）对水蚀状况进行评价。

综上所述，风蚀评价指标体系不论以地面调查为技术手段，还是以遥感监测为技术手段，所采用的主要指标是沙地（裸地）占地百分比、植被覆盖度和土壤质地，以地面调查为技术手段的还更多地考虑了沙丘的形态、类型、土层厚度和作物产量的下降等指标。大部分学者以地表形态、植被状况和土壤条件等土壤可蚀性指标作为风蚀评价的指标，部分学者综合考虑了风蚀所造成的作物产量下降，以及风蚀的驱动因素如气候影响因子和人为因子等。随着遥感技术的发展，基于遥感影像和光谱特征直接提取风蚀评价指标如各种植被指数、土壤反射率、土壤有机质、土壤质地成为目前的发展趋势。水蚀评价指标体系主要考虑坡度、地表形态（沟壑密度与形态）、土壤侵蚀量和植被生长状况，大部分学者采用土壤侵蚀模型进行水蚀状况的评价。不论是风蚀评价还是水蚀评价，其评价指标体系的构建是根据监测评价的目的、范围、时空尺度和基准来确定，通过实地调查和科学研究，采用综合集成法从众多因素中筛选评价指标（常用参考指标如

表 1-4），从而确定指标阈值和权重。

表 1-4　土地退化监测与评价的参考指标

类型	主要指标	方法		土地利用类型			尺度			辅助指标
		地面	遥感	耕地	林地	草地	区域	小区域	小流域	
风蚀	植被盖度	√	√		√	√	√	√		覆沙厚度、年平均降水量、蒸发量和温度、季节降水量和温度变异、沙尘暴频率和强度、大气中沙尘粒子密度、土壤类型、土壤厚度、表土损失率或损失量、土壤水分、现实生产力占土地潜在生产力的比率、土壤损失率、1m 线的年输沙量
	土壤质地和砾石含量	√		√	√	√			√	
	产量或生物量	√	√	√	√	√	√	√	√	
	地表形态	√	√	√	√	√	√	√	√	
	土壤有机质或有效养分	√		√					√	
	风蚀地或沙丘占地百分比			√		√	√	√		
	地表岩砾覆盖率			√		√	√	√		
	沙化面积年扩大率			√	√	√	√			
	生物生产力年下降率			√		√	√			
水蚀	植被盖度	√	√	√			√	√		水土流失面积占地比例、年均降雨量、土壤沙砾含量、坡耕地面积比、土壤团粒含量、径流量、大雨或特大暴雨的频率与强度
	坡度	√	√	√				√	√	
	沟壑密度	√	√	√				√	√	
	产量和生物量下降率	√	√	√			√	√	√	
	土壤侵蚀模数	√		√			√	√	√	
	土壤厚度	√		√					√	
	土壤有机质	√		√					√	
盐渍化	土壤含盐量	√		√	√				√	土壤湿度、耐盐植物的比例、生长期盐分积累量、灌溉水污染程度
	盐碱斑所占面积百分比	√	√	√	√			√	√	
	植被盖度	√	√		√			√	√	
	产量或生物量	√	√	√	√			√	√	
	地下水矿化度	√		√	√				√	
	灌溉水矿化度	√		√	√				√	
	地下水位	√		√	√				√	
	降雨和农田蒸发散	√		√	√				√	

注：根据土地退化监测与评价实例整理。

（三）国内外土壤侵蚀模型研究现状

从 20 世纪 80 年代初期开始，在通用土壤流失方程等经验模型基础上，许多基于土壤侵蚀过程的物理模型相继问世，包括 RUSLE、WEPP、AGNPS、CREAMS、SWAT、ANSWERS、KINEROS、EPIC、LISEM、EUROSEM、WATEM、TCRP、RILLGROW、WEPS 等。这些模型具体可分为坡面经验统计土壤侵蚀模型、流域经验统计土壤侵蚀模型、坡面物理成因土壤侵蚀模型和流域物理成因土壤侵蚀模型（符素华等，2002；汪东川等，2004）。坡面经验统计土壤侵蚀模型如 Wischmeier 等（1965，1978）提出的经验性土壤通用流失方程 USLE，该方程基本包括了影响坡面土壤流失的主要因素，USLE 方程在世界各国得到广泛应用；1985 年对 USLE 进行修正，提出了 RUSLE 修正通用土壤流失方程（Renard et al.，1997）。流域经验统计土壤侵蚀模型如农业非点源污染模型 AGNPS 将流域划分成若干网格单元，用 USLE 计算坡面侵蚀量，属于分布式参数模型；Williams 等研制的乡村流域水资源模型 SWRRB 用于预报流域管理方案对水沙的影响（Williams et al.，1999；Arnold et al.，1990）；水土资源评价工具 SWAT 是以 SWRRB 模型为基础的，同时考虑汇流汇沙过程并结合 GIS 而建立土壤侵蚀模型（Williams et al.，1999）。坡面物理成因土壤侵蚀模型如 1980 年 Forster 提出的用总侵蚀量与总水流挟沙力的比较来计算水流向下搬运泥沙量的建模思路，Knise 等建立的考虑农业管理系统水土流失及化学物质流失预报模型 CREAMS；1985 年美国农业部提出了水蚀预报 WEPP 模型以取代 USLE 进行土壤侵蚀预报，是一个迄今为止最为复杂的描述与土壤水蚀相关物理过程的模型（Forster，1980；Knisel et al.，1980；Flangan et al.，1995）。国外有关流域物理成因土壤侵蚀模型较多，主要有非点源流域环境响应模型 ANSWERS、欧洲土壤侵蚀模型 EUROSEM 和林堡土壤侵蚀模型 LISEM。

在风蚀评价模型研究中，美国的科学家首先提出了风蚀指数的概念，并建立了一个使用风速、降水量、蒸腾量等参数来计算该指数的数学模型（Chepil et al.，1963）。在风蚀指数模型的基础上，提出了使用年平均有效土壤湿度来预测沙尘暴爆发可能性的 Em 模型（Burgess et al.，1989）。Ew 模型和 Et 模型为 Em 的改进模型，Et 模型使用了每月的气象数据来描述风速和土壤湿度在不同季节的相互作用，通过 Et 模型，可以区分自然风力侵蚀和人为加速侵蚀（Mctansh et al.，1992）。在风蚀量预报模型研究中，得到广泛应用的模型是美国农业部开发并大力推广的风蚀方程（wind erosion equation，WEQ）预报模型，对年均侵蚀量和年内侵蚀量进行预报；为了估算更短时间尺度上风蚀量的变化，Cole 等（1983）提出了改进的 RWEQ（revised wind erosion equation）模型。WEQ、RWEQ 模型均是经验模型，各种风蚀影响因子之间复杂的相互作用没有考虑，因而限制了两个模型在世界范围内的推广和应用；模型预测尺度只限于田块尺度，预测长期的年均土壤侵蚀意义大于短期的年内土壤侵蚀。美国农业部新开发了一个基于过程的土壤风蚀预报模型系统 WEPS（wind erosion prediction system），该模型系统包括了气象、水文、耕作、土壤、作物、分解和侵蚀等多个子模块，属斑块尺度上的模型系统，不能满足大面积、复杂区域的风蚀研究需要（Larry，1996）。与此同时，澳大利亚新南威尔士大学邵亚平等提出了 IWEMS（integrated wind erosion model system）模型系统（Shao et al.，1996），IWEMS 模型系统包括大气预测模块、风蚀模块、地表模块以及地理信息数据库，可应用于区域和大陆尺度上的定量化风蚀评价和预报系统。目前有关风蚀评价的模型多是气候侵蚀力模型，而土壤可蚀性模型较为缺乏。土壤可蚀性模型为示意性的定性模型，由于缺乏严格的理论依据，实践可行性较差。

（四）存在问题与发展趋势

土地退化监测与评价指标体系的研究经历了约 30 年的时间，总体上处于不断的发展与完善之中，由最初的一些定性的概括性评价因子，到具体化的定量评价因子；从地面调查的评价因子到遥感监测指标；从微观指标到宏观指标，但迄今为止还没有一个公认的、被广泛接受和认同的评价指标体系。从指标开发方法或框架间进行比较，可分为以下几类：一是压力-状态-响应框架，该框架把人类活动造成的环境压力与土地退化状态的变化和所造成的影响与发展速度联系在一起，如FAO和UNEP制定的土地退化监测与评价指标体系；二是空间组合框架，依据土地退化的景观形态组合特征、配置、比例，将土地退化的表征指标进行组合，如国外早期提出的土地退化评价指标体系；三是驱动力引导框架，依据土地退化的影响因子和植被覆盖状况对水蚀、风蚀、盐渍化等不同土地退化类型的退化状态进行评价；四是目标引导框架，依据土地退化监测评价的目标和对土地退化概念的不同理解，从作物产量下降、植物群落变化等植被退化或土壤物理退化、化学退化或生物退化等土壤退化的角度对土地退化状态进行评价；五是模型参数框架，通过建立水土流失模型、土地退化指数等模型，对土地退化的发生、发展和内在危险性进行评价。

综观国内外土地退化监测与评价指标体系的现状，仍存在许多问题需要深入研究，有些受当前遥感技术与人类认识能力的限制，目前还没有成熟的技术可应用于实践操作。所存在的问题具体表现在以下几个方面：

第一，由于对土地退化概念理解和评价尺度与基准的差别，指标选取各不相同，指标间交叉性大，内容重复可比性小，难以在地理分异复杂的大范围应用，分区分类进行土地退化评价有待进一步深入。土地退化涉及人-地系统的许多方面，不同气候类型、地质地貌条件、土地利用类型具有不同的退化成因及表观特征，对应着不同的土地退化监测与评价指标体系，因此，构建土地退化监测与评价指标体系应针对不同评价对象和不同数据源，具有明确的评价目的，分区分类建立评价指标体系。

第二，土地退化监测与评价的指标体系缺乏层次、等级结构，没有充分考虑尺度的差别，案例研究多，缺乏系统的总结不同尺度的监测评价指标体系，不能服务于不同比例尺土地退化评价的目的。因此，构建的指标体系要层次清晰，充分考虑尺度差别，能服务于不同比例尺水平土地退化监测与评价。

第三，土地退化程度分级标准科学依据不足，指标的临界值或量化值大多是人为确定，带有相当的主观性；针对不同气候生态区指标标准存在地带性，如何客观反映和准确评价土地退化实际状况和确定一套指标标准，仍需要做大量研究。评价指标的确定要遵循科学程序，阈值确定和权重分配要有科学依据，不宜单凭个人经验主观确定。

第四，由于遥感数据本身的局限以及对它的研究开发不够，综合应用RS、GIS、GPS技术，以及多元统计技术、光谱分析技术进行土地退化指标与信息的挖掘目前仍处于初期阶段；发展基于光谱的指标，建立基于光谱的土地退化指数，从遥感影像直接获取或反演土地退化信息目前仍未深入开展。基于“3S”集成技术，建立基于光谱的不同尺度的土地退化监测与评价指标体系是未来的研究重点。

第五，土地退化不仅反映土壤退化、植被退化和自然因素的作用，还应考虑人为因素的作用，尤其是在较小空间尺度需考虑农户的行为与土地利用方式，如何定量化解释与表达这些指标是我们深入研究的问题。

四、国际可持续利用评价指标体系比较

自1945年联合国粮农组织成立以来，土地评价一直是其重点工作内容。FAO于

1976 年发布了《土地评价框架》，1993 年发布了《土地利用规划指南》，在此期间有关土地、土地利用类型、土地质量属性、土地适宜性分类与土地评价程序等概念陆续确立，同时在科研领域也提出了用某个单一的“土地质量”综合指标来标示土地健康状态的思想。“土地评价框架”中的土地质量属性指标主要为自然属性类指标，本身不构成完整的可持续利用评价的指标体系，但可作为可持续评价中自然属性状态类指标，适用于土地利用单元或部门土地利用系统的可持续性评价。由 UNEP 会同国际土壤科学学会（ISSS）及 FAO 于 1987 年开展的“全球土壤退化评价专项计划（GLASOD）”，编绘了全球人为土壤退化评价图，GLASOD 对土地可持续利用指标的影响，主要体现在两者间评价内容的部分重合与关联。目前土地可持续利用指标的开发，采用的是一种问题驱动（issue-oriented）方法，即所谓“可持续利用指标要从不可持续性问题方面去寻找”。GLASOD 所关注的土地与土壤退化问题，是全球土地利用面临的主要问题之一，具有普遍性，在土地可持续利用研究中占据核心地位。因此，土地退化评价指标可为可持续性指标研究提供重要参考。

在可持续发展指标体系研究方面，1992 年联合国的环境与发展大会（UNCED）直接导致了国际机构间一系列关于可持续性与土地资源恢复力评价计划的形成，如 1994 年英联邦农业国际（CABI）发起的关于土壤恢复力与土地可持续利用评价的计划，国际土壤利用与研究理事会（IBSRAM）关于可持续土地利用评价框架（FESLM）（FAO，1995）和土壤-水-植物综合利用研究计划，以及世界银行（WB）关于土地质量指标（LQI）的计划等。

FESLM 是 FAO 于 1993 年在土地评价基础上提出的一个土地利用可持续性评价框架。FESLM 对微观层次（地块单元级和农场级）农业土地可持续利用评价具有指导意义，尤其是在可持续性指标方面，FESLM 继承了“土地评价”的研究成果，根据农业土地可持续利用的概念，提出了较为全面的指标体系框架与设想。FESLM 作为一个框架性指导文件，是迄今为止最为完整的指标参考体系。FESLM 按照自然、生物、经济、社会进行指标分类，可直接用于土地单元层次或农用地部门土地利用系统的可持续性评价，对于其他层次的区域土地利用可持续性评价有借鉴参考意义（Dvorak，1993）。

目前最大的研究计划是 1995 年联合国政策协调与可持续发展局（UNDPCSD）牵头组织的可持续发展指标研究计划。该计划利用 DSR 模型，建立了包括环境压力指标、环境条件指标和社会响应指标框架。并与《21 世纪议程》各章节相对应，《21 世纪议程》的实施指标（CSD）按驱动力-状态-响应进行指标分类，包括了一些具有全球意义的土地可持续利用指标，适用于全球级或国家级层次的土地可持续利用评价。指标是基于可持续发展的大目标而提出的，指标层次并不完全对应于土地可持续利用。可持续发展与可持续土地利用有区别，土地可持续利用离不开可持续发展的大背景。如果把土地可持续利用放在区域土地利用系统的角度考察，它和可持续发展的含义非常接近。可持续土地利用是可持续发展的重要组成部分。

世界银行于 1995 年提出土地质量指标计划（LQI），LQI 采用 PSR 框架作为指标开发方法，以农业生态分区（AEZ）和生态区（ecoregion）为地理单元分析土地利用问题。LQI 提出了 11 个核心指标，包括近期开发的养分平衡指标、收益差额指标、土地利用强度与多样性指标、土地覆盖指标；远期开发的土壤质量指标、土地退化指标、农业生物多样性指标；此外还有 4 个指标，即水质量指标、林地质量指标、牧草地质量指标、土地污染指标。目前许多部门正在进行这方面的研究，共同完成指标的开发和成果共享（Hamblin，1994；Pieri et al.，1995；World Bank/CIAT，1994）。土地质量指标缺乏社会经济与制度方面的反映，指标可直接用于各个层次的区域土地可持续利用评价，但对于不同的层次应作相应的转换。LQI 指标具有高度的综合性和普遍适用性，从而使建立统一的可持续性指标成为可能。从目前提出的指标来看，土地质量指标主要还是国家级与区域层次的指标。因此，它对宏观层次的土地可持续利用评价意义最大。此外，世界银行环境性状指标（EPI）的开发是为了监测或评价世界银行支持项目的长期效果，是基于可持续利用意义上的环境性状评价。因此，EPI 指标与土地利用可持续性指标在许多方面都是相通甚至相同的。环境性状指标按产出和影响两方面进行指标分类，指标局限于环境影响和制度响应方面，适用于微观层次或部门土地利用系统的可持续性评价，可用作土地可持续利用评价的“影响类”或“响应类”指标。

农业环境指标（AEI）是按驱动力-状态-响应进行指标分类，指标比较全面，包括养分使用、农药使用、水的使用、土地利用与保护、土壤质量、水质量、温室气体、生物多样性、野生自然栖息地、景观、农场经营、农场金融资源、社会文化问题。AEI 适用于国家级的农业土地利用系统可持续性评价；虽然也是以问题为导向的指标，但考虑到 OECD 成员国的多样性需求，其所概括的问题比较全面。因此，该指标体系具有较广泛的适用性（USDA，1994）。农业环境指标（AEI）已在环境状态报告（SOE）、可持续发展报告、农业环境政策影响评价和农业环境政策长期预测等方面应用。对于我国土地可持续利用指标研究而言，AEI 的参考价值不仅体现在指标本身，而且在于寻求建立统一的指标体系，这与在我国寻求建立全国性评价指标体系颇为相似。

综上所述，除了 FESLM 指标体系是纯粹以土地可持续利用为度量目标外，其他指标体系都不是以土地可持续利用为显性目标的，但这并不排除这些指标体系对土地可持续利用评价的借鉴或参考意义。因为大多数指标开发都是以问题为导向，而无论是环境问题、制度问题、资源可获性问题，还是土地质量问题，绝大部分问题最后都可归结到土地利用问题上来。另一方面，可以看出，基于土地利用问题的指标选择，结果往往会差别很大。即使是同一问题的反映，也可能有完全不同的指标来反映。可持续评价指标框架与方法可进一步归纳为问题因果模型、价值模型、系统分析模型三大概念模型。问题因果模型以 DSR/PSR 模型为代表，主要从问题发生及治理的因果链出发，选择相关变量作为可持续性指标；问题因果模型在环境状态报告中得到了广泛的应用，并已被联合国可持续发展委员会建议作为可持续性指标的开发模型。价值模型以林业部门为代表，主要通过分析重大变化来确定变化的原因；该模型不要求把人类活动与环境过程分离开来，这一方法在蒙特利尔等有关森林管理进程中得到了很好的体现；严格意义上，FESLM 与农业生态系统法也可划归这类概念模型，因为在这两种方法中同样是先定义可持续性的价值目标，然后再寻找相应的评价指标。系统分析模型是近年可持续发展指标研究的发展方向。已有可持续评价指标模型有两个共同的缺陷，一是指标集的全面性无法保证，二是指标往往是后验性的，而不是预警性的。尤其是因果价值模型，在这两方面都显得较为薄弱。系统分析模型理论上可以彻底弥补这两方面的不足，但受人类当前科技水平与认识能力的限制，目前这种方法还停留在理论探索阶段，还没有成熟的技术可应用于实践操作。

我国土地可持续利用评价指标体系的建立，以保障经济高速发展用地需求、生态环境良性循环、资源合理配置、人地协调发展为总体目标，按照生产性、稳定性、保护性、经济活力性和社会可接受性五个目标构成土地可持续利用评价的基本框架，采用“多指标集合度量法”的概念和模型，并将压力-状态-响应模型的思想贯穿于此。

五、研究趋势与重点

国内外研究者开展了大量有关土地资源综合监测评价与应用研究，取得可喜的成果。目前，有关土地资源监测与评价的研究正在进一步深入，但仍存在一些问题，如①遥感数据本身的局限以及对它的研究开发不够，国内外还没有一套特别适合遥感应用的、适合宏观监测的土地资源数量和质量监测评价的指标体系。②以指标体系为基点将监测、评价、规划进行有机衔接，为科学家、管理者、决策者和不同领域的专家之间的相互交流起了桥梁作用，是可持续利用研究未来的趋势。③综合应用“3S”技术可以提高监测、评价、规划和政策研究的深度，建立相互联系的指标体系为土地资源综合监测、评价与规划和政策服务的研究目前仍处于初期阶段。纵观国内外研究，存在以下几个方面趋势：

1. 土地资源遥感监测评价的标准化研究仍是未来研究的重点

土地资源遥感监测评价标准化研究重要内容之一是土地利用/覆被数据库建设与分类体系研究。各国组织和研究者建立了较多基于不同研究目标的土地利用/覆被分类体系，由于土地利用和土地覆被在概念内涵、信息获取方式、主要应用领域等方面的不同，以及特定的目的性与区域特征、研究者个人的主观因素和所选取数据源的诸多因素，不同分类体系中的土地利用/覆被类型在名称和界定标准上存在差异。迄今为止，国内外还没有一套特别适合遥感应用的、普遍接受的不同尺度土地利用/覆被分类体系，这严重影响了基础数据信息共享和应用的潜力。因此，有必要对基于不同分辨率的遥感数据，集土地覆被分类体系和土地利用分类体系为一体，研究全国不同尺度的标准化的土地利用/覆被分类体系。

2. 深入系统探索土地资源遥感监测评价新的理论和方法是未来研究发展方向

国内外土地资源遥感监测评价的理论与方法，以土地退化评价理论为代表，包括土地退化程度、总体退化状态、危险度以及相对应的指标体系等多方面，而理论的核心即评价退化的程度和状态、指标和管理措施以及政策框架之间还缺乏有效的联系。此外，监测与评价指标和方法研究大多针对国家的宏观层次或针对具体区域和某些具体问题，没有形成系列的重大研究计划。因此，有必要以地圈-生物圈的过程及与其他圈层的相互作用为基础，围绕构建具有中国特色的土地资源综合监测评价理论体系，系统研究、总结、建立我国不同类型生态区，以及国家、区域、地方以致小流域多尺度的土地资源遥感监测评价指标体系与评价方法体系，解决多重胁迫下区域土地生态系统退化状态的“临界值”确定问题，建立土地可持续利用监控系统，为我国土地资源可持续利用模式提供科学依据。

3. 有效获取和挖掘土地资源数量与质量信息已成为当今和未来的主要研究内容之一

随着高新技术的应用，尤其是成像光谱独特的超多维光谱空间，通过识别地物光谱的诊断特征可以确定地球表层物质的类型和成分，基于遥感并利用图像处理系统完成并提取土地资源数量、质量信息，代表了目前该领域的新趋势。但是，综合应用 RS、GIS、GPS 技术，以及多元统计技术、光谱分析技术进行土地资源监测指标和信息的挖掘目前仍处于初期阶段；基于光谱特征的土地资源监测指标定量反演模型应用与推广研究目前仍未深入开展。因此，跟踪土地资源调查监测先进技术，解决多源数据的融合与集成等关键技术，建立和完善天基和地基相结合的（星、机、地一体化的）土地资源（数量与质量）调查监测系统，有效获取和挖掘土地资源信息，实现调查监测的集成化、综合化、数字化和实时化是此领域未来发展的重点。

4. 宏观与微观的有机结合是未来土地资源监测评价研究的发展趋势

国外由于有较好的监测数据支撑，微观的研究有较好的进展。由于受监测数据的限制，国内的研究集中在土地利用/覆被变化与土地退化的原因、规划、对策等方面的宏观综合研究，缺乏统一监测与评价的指标；在微观方面，通过常规手段和地面调查方法已有一些有意义的成果，但局限于快速、定量、现势性监测数据的获取，仍将面临着与自然属性信息与社会经济信息的数据集成问题、不同尺度指标转换与衔接等问题挑战。此外，以指标体系为基点将监测、评价、规划进行有机衔接，建立相互联系的指标体系为土地资源综合监测、评价与规划和政策服务的研究目前仍处于初期阶段。因此，将“3S”技术与常规手段相结合、社会调查与统计分析相结合、定性分析与定量分析相结合，建立土地资源遥感监测评价指标体系及其相关规划的指标体系，定量分析土地利用/覆被变化与土地退化的生态环境响应，将宏观的土地资源监测评价信息与微观不同生态系统的土地质量与环境效应的变化过程和驱动因素进行有机的结合，深入了解土地资源与生态环境变化的机理，将微观研究与宏观研究接口，两者的综合集成研究是未来可持续利用研究发展方向。

本书综合考虑土地的自然和社会经济属性、生态环境一致性要求，根据遥感数据特点和其他数据状况，旨在进行土地利用/覆被分类体系、土地退化监测与评价的指标体系和土地资源可持续利用评价的指标体系研究，深入挖掘基于不同遥感数据的信息提取方法和研制其技术流程，以指标体系为基点将监测、评价和政策导向进行有机衔接，从而丰富土地资源综合监测、评价与规划理论与方法，为区域可持续利用规划和实施提供科学依据。

参考文献

艾伦，格兰杰. 1993. 沙漠化过程的特征及其评价. 白晓华译. 世界沙漠研究，(4)：18～22

摆万奇，赵士洞. 1997. 土地利用和土地覆盖变化研究模型综述. 自然资源学报，12 (2)：169～175

摆万奇. 2000. 深圳市土地利用动态趋势分析. 自然资源学报，15 (2)：112～116

蔡运龙. 2001. 土地利用/覆被变化研究：寻求新的综合途径. 地理研究，20 (6)：645～652

陈百明. 1997. 试论中国土地利用和土地利用/覆被变化及其人类驱动力研究. 自然资源，19 (2)：31～36

陈浮，陈刚，包浩生等. 2001. 城市边缘区土地利用/覆被变化及人文驱动力机制研究. 自然资源学报，16 (3)：204～210

陈浮，葛小平，陈刚等. 2001. 城市边缘区景观变化与人为影响的空间分异研究. 地理科学，21 (3)：210～216

陈述彭. 1997. 地球信息科学及其应用. 卫星应用，3：1～9

陈佑启，Peter H Verburg. 2000. 中国土地利用/覆被的多尺度空间分布特征分析. 地理科学，20 (3)：197～202

董玉祥，刘毅华. 1992. 国外沙漠化监测评价指标与分级标准. 干旱环境监测，6 (4)：234～241

冯毓逊. 1985. 沙漠化地图的编绘与表示方法. 中国沙漠，5 (2)：10～15

符素华，刘宝元. 2002. 土壤侵蚀量预报模型研究进展. 地球科学进展，17 (1)：78～84

符淙斌，温刚，周嗣松等. 1992. 我国大陆植被变化的气象卫星遥感. 科学通报，37 (16) 1486～1488

傅伯杰，郭旭东，陈利顶等. 2001. 土地利用/覆被变化与土壤养分的变化——以河北省遵化县为例. 生态学报，21 (6)：926～931

高尚武，王葆芳，朱灵益等. 1998. 中国沙质荒漠化土地监测评价指标体系研究. 林业科学，34 (2)：1～10

高志海. 2002. 基于3S技术的荒漠化监测技术系统研究. 遥感技术与应用，17 (6)：330～336

高志强，刘纪远，庄大方. 1999 基于遥感和GIS的中国土地利用/土地覆盖的现状研究. 遥感学报，3 (2)：134～138

顾朝林. 1999. 北京市土地利用/覆被变化机制研究. 自然资源学报，14 (4)：307～312

郭旭东，傅伯杰，陈利顶等. 2001. 低山丘陵区土地利用方式对土壤质量的影响——以河北省遵化市为例. 地理学报，56 (4)：447～455

国家林业局荒漠化监测中心. 2000. 中国荒漠化监测技术研究. 北京：中国林业出版社

何春阳，陈晋，陈云浩等. 2001. 土地利用/覆盖变化混合动态监测方法研究. 自然资源学报，16 (3)：255～262

侯英雨，何延波. 2001. 利用TM数据监测岩溶山区城市土地利用变化. 地理学与国土研究，17 (3)：22～25

胡良军等. 2000. 基于GIS的区域水土流失评价模型. 应用基础与工程科学学报，8 (1)：1～8

黄方，刘湘南，张养贞等. 2003. 基于遥感和GIS的松嫩沙地土地利用/覆被时空格局研究. 中国沙漠，23 (2)：136～141

黄福奎. 1998. 论遥感技术在土地利用动态监测中的应用. 中国土地科学，12 (3)：21～24

贾华，祝国瑞，左藤洋平. 1999. 土地利用/覆被变化研究中的细胞自动机与灰色局势决策. 武汉测绘科技大学学报，24 (2)：166～169

姜万勤，张新华. 1997. 川中丘陵区荒坡利用方式对水土流失影响的研究. 自然资源学报，12 (1)：17～19

康慕谊，江源，石瑞香. 2000. NECT样带1984～1996土地利用/覆被变化分析. 地理科学，20 (2)：115～120

李天宏，韩鹏. 2001. 厦门市土地利用/覆盖动态变化的遥感检测与分析. 地理科学，21 (6)：537～543

李秀彬. 1996. 全球环境变化研究的核心领域——土地利用/土地覆盖变化的国际研究动向. 地理学报，51 (6)：553～558

刘晶，彭补拙. 2001. 锡山市土地利用/覆被变化的社会驱动力分析. 土壤，33 (6)：295～299

刘彦随，陈百明. 2002. 中国可持续发展问题与土地利用/覆被变化研究. 地理研究，21 (3)：324～330

罗格平，周成虎，陈曦. 2003. 干旱区绿洲土地利用与覆被变化过程. 地理学报，58 (1)：63～72

罗湘华，倪晋仁. 2000. 土地利用/土地覆盖变化研究进展. 应用基础与工程科学学报，8 (3)：262～272

马蔼乃等．1997．遥感信息模型．北京：北京大学出版社
马世威．1997．沙漠/沙地与干旱地区相互包容的分类体系与异同特征．内蒙古林业科技，4：18～20
马晓微，杨勤科．2001．基于GIS的中国潜在水土流失评价指标研究．水土保持通报，21（2）：41～44
秦明周．1997．土地利用分类及其影响因素研究．地域研究与开发，16（1）：13～16
秦耀辰，牛树海．2003．生态占用法在区域可持续发展评价中的运用与改进．资源科学，25（1）：1～8
任美锷．1991．任美锷地理论文选．北京：商务印书馆
史培军，陈晋，潘耀忠．2000．深圳市土地利用/覆被变化机制分析．地理学报，55（2）：151～160
史培军，宫鹏，李晓兵等．2000．土地利用/覆被变化研究的方法与实际．北京：科学出版社
史培军，潘耀忠，陈晋等．1999．深圳市土地利用/覆盖变化与生态环境安全分析．自然资源学报，14（4）：293～299
史培军，袁艺，陈晋．2001．深圳市土地利用/覆被变化对流域径流的影响．生态学报，21（7）：1041～1049
史培军，周武光，方伟华．1999．土地利用/覆被变化对农业自然灾害灾情的影响机理．自然灾害学报，8（3）：22～29
史培军．2001．土地利用对流域降雨/径流关系的影响——SCS模型在深圳地区的应用．北京师范大学学报（自然科学版），37（1）：131～136
史文中．2005．空间数据于空间分析不确定性原理．北京：科学出版社
孙红雨，王长耀，牛铮等．1998．中国地表植被覆盖变化及其与气候因子关系．遥感学报，2（4）：285～291
唐俊梅，张树文．2002．大庆地区土地利用/覆被变化分析．国土与自然资源研究，(3)：29～31
汪东川，卢玉东．2004．国外土壤侵蚀模型发展概述．中国水土保持科学，2（2）：35～40
王波，唐志刚，濮励杰等．2001．区域土地利用动态变化及人文驱动力初步研究——以无锡马山区为例．土壤，(2)：86～91
王静爱，何春阳，董艳春等．2002．北京城乡过渡区土地利用/覆被变化驱动力分析．地球科学进展，17（2）：201～208
王静等．2003．环北京地区资源与生态环境遥感监测技术方法研究．中国土地科学，17（4）：25～30
王良健，刘伟，包浩生．1999．梧州市土地利用/覆被变化的驱动力研究．经济地理，19（4）：74～79
王龙喜等．1994．灰评估在水土流失评价中的应用．山西水土保持科技，8（3）：27～30
王涛等．1998．沙质荒漠化的遥感监测与评估．第四纪研究，(2)：108～117
王秀兰，包玉海．1999．土地利用动态变化研究方法探讨．地理科学进展，18（1）：81～87
乌兰图雅．2002．20世纪科尔沁的农业开发与土地利用/覆被变化．自然资源学报，17（2）：157～161
杨桂山．2001，长江三角洲近50年耕地数量变化的过程与驱动机制研究．自然资源学报，16（2）：121～127
杨庆媛．2000．土地利用与生态环境演化浅析．地域研究与开发，19（2）：7～11
于兴修，杨桂山．2002．中国土地利用/覆被变化研究的现状与问题．地理科学进展，21（1）：51～57
袁艺，史培军，刘颖慧等．2003．土地利用/覆被变化对城市洪涝灾害影响的研究．自然灾害学报，12（3）：6～13
章家恩，徐琪．1999．三峡库区秭归县土壤退化综合评价．生态农业研究，17（1）：32～35
张华国，黄韦艮，周长宝等．2003．利用IKONOS卫星数据和分形方法研究南麂岛土地覆盖状况．生态学报，23（8）：1539～1547
张惠远，赵昕奕，蔡运龙等．1999．喀斯特山区土地利用/覆被变化的人类驱动机制研究以贵州省为例．地理研究，18（2）：136～142
张明．1999．区域土地利用结构及其驱动因子的统计分析．自然资源学报，14（4）：381～384
张明．2001．以土地利用/覆被变化为中心的土地科学研究进展．地理科学进展，20（4）：297～304
张新时，周广胜，高琼等．1997．中国全球变化与陆地生态系统关系研究．地学前缘，4（2）：137～144
张永民，赵士洞．2003．近15年科尔沁沙地及其周围地区土地利用/覆被变化分析．自然资源学报，18（2）：174～181
赵庚星，李玉环，徐春达．2000．遥感和GIS支持的土地利用动态监测研究——以黄河三角洲垦利县为例．应用生态学报，11（4）：573～576

赵庚星，王人潮，尚建业. 1998. 黄河三角洲垦利县土地利用的系统动力学仿真模拟研究. 浙江农业大学学报，24（2）：141～147

周炳中，陈浮，包浩生等. 2002. 长江三角洲土地利用分类研究. 资源科学，24（2）：88～92

周成虎，骆剑承，杨晓梅等. 2001. 遥感影像地学理解与分析. 北京：科学出版社

周广胜，王玉辉. 1999. 土地利用/覆被变化对气候的反馈作用. 自然资源学报，14（4）：318～322

周海丽，史培军，徐小黎. 2003. 深圳市城市化过程与水环境质量研究. 北京师范大学学报（自然科学版），39（2）：273～279

朱会义，何书金，张明. 2001. 环渤海地区土地利用/覆被变化的驱动力分析. 地理研究，20（6）：669～678

朱会义，李秀彬，何书金等. 2001. 环渤海地区土地利用的时空变化分析. 地理学报，56（3）：253～260

朱震达，刘恕. 1984. 关于沙漠化概念及其发展程度的判断. 中国沙漠，4（3）：2～8

朱震达. 1998. 中国土地荒漠化的概念、成因与防治. 第四纪研究，（2）：145～155

Adejuwon J O，Ekanade O. 1988. A comparison of soil properties under different land use types in apart of the Nigerian cocoabelt. Catena，15：319～331

Anderson J R，Ernest E，Hardy J T et al. 1976. Land Use and Land Cover Classification System for Use With Remote Sensor Data. United States Government Printing Office，Washington

Antonio D G，Louisa J M，Jansen. 2000. Land cover classification system（LCCS）：Classification Concepts and User manual，FAO

Arnold J G，Willians J R，Nicks A D et al. 1990. SWRRB：AB as in scale simulation model for soil and water resources management. Texas：A & M University Press

Burgess R C，McTansh G H，Pitblado J R. 1989. An index of wind erosion in Australia. Aust. Geog. Stud.，（27）：98～110

Chabrillat S，Kaufmann H，Merz B et al. 2003. Land degradation studies using spectroscopic techniques. Geophysical Research Abstracts，5：12660

Chandra G，Surendra S. 1995. Developing land cover classification system for NOAA AVHRR applications in Asia. Proceeding of the 16th Asian Conference on Remote Sensing，11：20～24

Chen J. 2000. Study on the modeling of land use changes and their environmental impacts in China. Doctor dissertation of Kyushu University，Japan

Chepil W S，Woodruff N P. 1963. The physics of wind erosion and its control. Adv Agron，（15）：211～302

Cole G W，Lyles L，Hagen L J. 1983. Assimulation model of daily wind erosion soil loss. Trans Am Soc Agric Engrs，（36）：1758～1765

De Jong S M. 1994. Application of reflective remote sensing for land degradation studies in a Mediterranean environment. Netherlands Geographical Studies，KNAG，Utrecht. 240

Dehaan R L，Taylor G R. 2002. Field derived spectra of salinized soils and vegetation as indicators of irrigation induced soil salinization. Remote Sensing of Environment，80：406～417

Doran J W，Parkin T B. 1994. Defining and Assessing Soil Quality. In：Doran J W，Coleman D C，Bezdicek D F eds. Defining Soil Quality for Sustainable Environment. Soil Sci Soc Am Special Publication N. 35，Madison，Wisconsin，US，3～21

Dvorak K A. 1993. Economic Indicators. Draft working paper as part of a Sustainability Assessment Framework of the Agroforestry Subgroup of FAO. Rome.

Eva A，Michael L，Birgitta C. 2002. Global Land Cover 2000：Classification legend for "Scandinavian window". Report，No. M2001/04170. 4

FAO，UNEP. 1984. Provisional Methodology for Assessment and Mapping of Desertification. FAO. Rome

FAO. 1993. An international framework for evaluating sustainable land management

FAO. 1995. Planning for sustainable use of land resources，toward a new approach. Background paper to FAO's Task Managership for Chapter 10 of Agenda 21 of the United Nations Conference on Environment and Development (UNCED). FAO Land and Water Bulletin 2, Rome. 60

Flangan D C, Nearing M A. 1995. USDA Water Erosion Prediction Project: Hillslope Profile and Watershed Model Documentation. USDA-ARS, NSERL, Report No. 10 USDA ARS, West Lafayette, Indiana, USA

FLUCCS: Land Cover Classification System. Description of the Florida Land Use. 1994. Northwest Florida Water Management District, 9

Forster G R. 1980. Soil erosion modeling: special considerations for nutrient pollution evaluation of field sized area. In: Overcash M R, Davidson J M eds. Environment Impact of Nonpoint Source Pollution. Ann Arbor Science. 213～243

GRID-Tsukuba. 2003. Global Four minute Land Cover Data Set. http: //www-cger. nies. go. jp/grid-e/

Gregory P A et al. 2003. Imaging Spectroscopy for Desertification Studies: Comparing AVIRIS and EO-1 Hyperion in Argentina Drylands. IEEE transactions on geoscience and remote sensing, 41 (6): 1283～1296

Jackson R D. 1983. Spectral indices in n-space. Remote Sensing of Environment, 13: 409～421

Hamblin A. 1994. Guidelines for Land Quality Indicators in Agricultural and Resource Management Projects. Draft Report (Unpublished). World Bank, Washington D C. 38

Hansen M C, DeFries R S, Townshend J R G et al. 2000. Global land cover classification at 1km spatial resolution using a classification tree approach. International Journal of Remote Sensing, 21: 1331～1364

Hess G R, Lee C, Fiscus D A et al. 2000. A conceptual model and indicators for assessing the ecological condition of agricultural lands. J Environ Qual, 29: 728～737

Hill J, Schütt B. 2000. Mapping complex patterns of erosion and stability in dry Mediterranean ecosystems. Remote Sens. Environ, 74: 557～569

Huete A R. 1988. A soil-adjusted vegetation index (SAVI). Remote Sensing of Environment, 25: 295～309

Jose-Miguel D P, Sa′nchez J, Fernando Viscont. 2006. Combined use of GIS and environmental indicators for assessment of chemical, physical and biological soil degradation in a Spanish Mediterranean region. Journal of Environmental Management, 79 (2): 150～162

Kalluri S. 2002. Monitoring ecosystems vulnerable to climate change in: Proceedings international geoscience and remote sensing symposium (IGARSS). IEEE, 5: 2802～2804

Kitamura T, Kagatsume M, Hoshino S et al. 1997. A theoretical consideration on the land-use change model for the Japan case study area. IIASA Interim Report IR-97-064, Laxenburg

Knisel W G. 1980. CREAMS: A Field Scale Model for Chemicals, Runoff and Erosions from Agricultural Management System. USDA Conservation Research Report No. 26

Kuehl R O, Breckenridge R P, Pander M. 1994. Integrated response plot designs for indicators of desertification. Processing of the International Symposium and Workshop in Tucson, Arizona, VSA

Land Cover Classification Maps for the Phoenix, AZ Metropolitan Area. Geological Remote Sensing Laboratory. 2003. http: //elwood. la. asu. edu/grsl/lter/

Liu D S, Iverson L R, Brown S. 1993. Rates and patterns of deforestation in the Philippines: application of geographic information systems analysis. Forest Ecology and Management, 57: 1～16

Lopez-Bermudez F, Barbera G. G. 1998. Indicators of degradation in semiarid mediterranean agroecosystem of southeastern Spain, Proceedings of the International Seminar of Indicators for Assessing Desertification in the Mediterranean. Porto Torres, Italy

Menenti M, Azzali S, Boss M. 1999. "Early warning on desertification and land degradation". Report for the 3d meeting of theEC/MS expert group on desertification, Brussels, 7 Apr 99, The Netherlands

Mctansh G H, Lynch A W, Burgess R C. 1992. Wind erosion in eastern Australia. Australia Journal of Soil Research, (28): 323～339

Meyer W B, Turner B L. 1992. Human population growth and global land use/cover change. Annu Rev Ecol Syst, 23: 39～61

Michael P S. 2002. Temporal Land Use And Land Cover Mapping. U. S. Department of the Interior S. Geological Survey

Michigan Resource Inventory Program. 2002. Michigan Department of Natural Resources. 12. http: //www ciesin. Columbia. edu/IC/mdnr/

Minnesota Land Cover Classification System. 2003. Minnesota Department of Natural Resources MLCCS, 8

Mohamed C, Ferdinand B. 2005. A spectral index for land degradation mapping using ASTER data: application to a semi-arid Mediterranean catchment. International Journal of Applied Earth Observation

Morita H, Hoshino S, Kagatsume M et al. 1997. An application of the land-use change model for the Japan case study area. IIASA Interim Report IR-97-065, Laxenburg

Nasir M, Khan V V, Rastoskuev Y S et al. 2005. Assessment of hydrosaline land degradation by using a simple approach of remote sensing indicators. Agricultural Water Management, 77: 96～109

Okin G S, Murray B, Schlesinger W H. 2001. Degradation of sandy arid shrubland environments: observations, process modeling and management implications. Journal of Arid Environments, 47 (2) 123～144

Pieri C, Dumanski J, Hamblin Y A. 1995. Land Quality Indicators. World Bank Discussion Papers 315, World Bank, Washington D C

Ren X D, Mingjie H, Fengshan L. 1999. Community-based conservation: establishing of water-bird breeding area in Bojiwang village. Journal of Guizhou Normal University (Natural Science), 17 (4) : 43～49

Renard K G, Forster G R, Weesier G A et al. 1997. RUSLE A Guide to Conservation Planning with the Revised Universal Soil Loss Equation. USDA Agricultural Handbook, No. 703

Roose E, Arabi M, Brahima K et al. 1993. Erosion en nappe et ruissellement en montagne me'diterrane'enne alge'rienne. Re'duction des risques e'rosifs etintensification sur la production agricole par la GCES: synthe'sedes campagnes 1984～1995 sur un re'seau de 50 parcelles d'e'rosion Cahiers ORSTOM. Se'rie Pe'dologie 28: 289～308

Sara B, Sylvia P. 1998. Land cover in the Horqin Grasslands, North China. Detecting changes between 1975 and 1990 by means of remote sensing. IR-98-044. International Institute for Applied Systems Analysis

ShaoY P, Raupach M R, Leys J F. 1996. A model for prediction Aeolians and drift and dust entrainment on scales form paddocktoregion. Australia Journal of Soil Research, (34): 309～42

Snakin V V, Krechetov P P, Kuzovnikova T A et al. 1996. The system of assessment of soil degradation. Soil Techno. , 8: 331～343

Stern P, Young O, Druckman D. 1992. Global environmental change: understanding the human dimensions. Washington D C: National Academy Press

Sun Laixiang, Li Xiubin. 1997. Driving forces of arable land conversion in China. IR-97-076. International Institute for Applied Systems Analysis

Swinnen E, Herman E, Lissens G et al. 2001. Sub-pixel land-cover classification with SPOT-VEGETATION imagery Shaxson T F, Hudson N W, Sanders, D W, Roose E, Moldenhauer W C. 1989. Land Husbandry, A Framework for Soil and Water Conservation. Ankeny (USA). Soil & Water Cons, Soc. ISBN 0-935734-20-1. 64 The International Satellite Land Surface Climatology Project (ISLSCP)——Initiative II Data Collection

The Mid-Atlantic RESAC. 2003. Department of Geography, University of Maryland. Advances in Land Cover Classification for Applications10. 15

Tripathy G K et al. 1996. Monitoring of desertification process in Karnataka state of India using multi-temporal remote sensing and ancillary information using GIS. I. J. Remote Sensing, 17 (12): 2243～2257

Turner II B L, Skole D, Sanderson S. 1995. Land Use and Land Cover Change: Science/ Research Plan. IGBP Report No. 35, HDP Report No. 7, Stockholm and Geneva

UNEP-ISRIC. 1990. World map on status of human induced soil degradation scale 1: 10 000. 000. UNEP

Vagen Tor-G, Keith D, Shepherd et al. 2006. Sensing landscape level change in soil fertility following deforestation and conversion in the highlands of Madagascar using Vis-NIR spectroscopy. Geoderma, 133 (3): 281～294

Valle H F D et al. 1998. Status of desertification in the Patagonian region: assessment and mapping from satellite imagery. Arid Soil Research and Rehabilitation, (12): 95～122

Verburge P H, De Koning G H J, Kok K et al. 1999. A spatial explicit allocation procedure for modeling the pattern of land use change based upon actual land use. Ecological Modeling, 116: 45～61

Wagner L E. An overview of the wind erosion prediction system. http: //www. weru. ksu. edu/weps/docs/wepsoverview. pdf

Waser L, Zimmermann N, Keller M et al. 2003. Rapid Assessment of Land Cover in the European ALPS-Evaluation of MODIS MOD12 Data. WSL, http: //www. wsl. ch/staff/lars. waser/

Williams J R, Neitsch S L, Arnold J G. 1999. Soil and Water Assessment Tool User's Manual. Texas: Blackland Research Center, Agriculture Experiment Station

Wischmeier W H, Smith D D. 1978. Predicting Rainfall Erosion Losses. USDA Agricultural Handbook, No. 537

Wischmeier W H, Smith D D. 1965. Predicting rainfall erosion losses from cropland east of the Rocky Mountains. USDA Agricultural Handbook, No. 282

World Bank/CIAT. 1994. Land Quality Indicators for the Lowland Savannas and Hillsides of Tropical America. Workshop on Land Quality Indicators, 9—11 June, 1994, Cali, Colombia

Wu F, Webster C J. 1998. Simulation of land development through the integration of cellular automata and multicriteria evaluation. Environment and Planning B-Planning & Design, 25 (1): 103～126

第一篇　土地利用/覆被变化监测

第二章 全国土地利用/覆被分类体系研究

土地利用/覆被变化研究已成为全球变化研究的重要方面和热点之一（Turner et al.，1995；李秀彬，1996；Lambin et al.，1999；Antonio et al.，2000），土地利用/覆被信息是进行LUCC研究的基础，也是开展土地变化科学的重要方面，全面掌握土地利用/覆被信息是国土资源高效管理的需求。科学合理、实际可行的分类体系是LUCC信息得以存储、比较、应用与共享的前提，也是土地变化科学标准化建设的重要组成部分。各国组织和研究者在LUCC数据库建设和分类体系研究方面进行了大量的工作，取得了一定的成果，但至今为止，无论在国内还是国际范围内，都没有一个普遍接受的不同尺度的LUCC分类体系（王秀兰等，1999），这严重影响了各研究成果之间的可比性，影响了基础数据信息共享和应用的潜力。由于土地利用和土地覆被在概念内涵、信息获取方式、主要应用领域等方面的不同，本书基于不同分辨率的遥感数据，集土地覆被分类体系和土地利用分类体系为一体，探讨全国不同尺度的土地利用/覆被分类体系，以供大家探讨。

第一节 土地利用/覆被分类

一、土地利用与土地覆被

土地利用是指人类为实现特定目的而采取的作用于土地的各种安排、行动和投入（Antonio et al.，2000），它既包括地球表面上的土地使用状况，即土地的利用方式，还包括隐藏在利用方式之后的土地利用意图和目的。因此，广义来说土地利用的涵义是人类作用于土地行为的目的、方式和过程，它描述的是土地的社会、经济属性（王秀兰等，1999）。土地利用的目的是为了获取一定的经济、环境或社会利益，土地利用的方式可分为生产性和非生产性两种，但具体的土地利用目的和方式纷繁复杂，同一种土地利用目的所使用的土地利用方式未必相同，反之，同样的土地利用方式可能服务于不同的土地利用目的。这就决定了需按照不同的概括程度来划分土地利用类型，土地利用类型可以分成不同详尽程度。

关于土地覆被的概念较多，IGBP和IHDP将土地覆被定义为“地球陆地表层和近地面层的自然状态”（Turner et al.，1995）；美国全球环境变化委员会（USSGCR）将其定义为“覆盖着地球表面的植被及其他特质”；另有学者称土地覆被为“具有一定地形起伏的覆盖着植被、雪、冰川或水体，包括土壤层在内的陆地表层（Lars et al.，2003)”；FAO定义土地覆被是“可以被观测到的地球表面的（生物）物理覆盖，在绝对和严格意义上来说，它只指植被和人造地表特征；因此，裸岩和裸土的地球表面是土地本身而非土地覆被，同样，水面是否是土地覆被也受到争议；然而学术界把这些均描述为土地覆被”（Antonio et al.，2000）。无论是何种定义，土地覆被所描述的均是地球表层的自然属性和生物物理属性，具有视觉含义。综上所述，土地覆被的内涵可分为狭义和广义两种，狭义的土地覆被仅指覆盖着地表的、非土地本身的特质，只指植被和人造地表（如建筑）；广义的土地覆被是指地球表面的物理状态，即地球表层。目前主要采用土地覆被的广义概念。

土地覆被是在一定的自然条件背景下人类土地利用及相关活动的综合结果，土地利用与土地覆被的关系可看作是原因与结果、过程与表象的关系。一定特征的土地覆被决定着土地利用，全球不同区域土地覆被的性质取决于自然因素，但土地覆被状况则主要是人类对土地的利用和整治活动造成的（李秀彬，1996）。一定时段内的土地利用过程导致了土地覆被表象特征，但是，一旦某种土地覆被特征形成，在一定程度上决定了将来的土地利用方式和程度。此外，土地利用类型与土地覆被类型对同一目标特征，由于描述角度不同，所运用的术语也不同，“林地”是描述土地覆被的术语，而“林业土地”属于土地利用范畴，同一土地覆被类型可以是不同的利用类型，如草地覆被类型，其利用类型可以是牧场或球场等。土地利用与土地覆被是从不同角度描述土地属性，在概念内涵、信息获取方式、主要应用领域有所不同，二者容易混淆；但由于土地利用与土地覆被的密切联系，以及土地本身自然和社会经济的两重属性，这两个概念又是相互关联、密不可分的，需综合土地利用与土地覆被的分类。

二、土地利用/覆被分类体系

土地利用分类体系是根据人类土地利用行为的目的、方式等不同，将一定时期的土地利用行为分为若干种类型，由这些类型组成的有一定结构关系的系统框架。土地利用分类的标准可以是土地利用行为的目的或方式，或者是目的和方式分类标准的组合，并以土地利用方式为主，形成不同层次的多种类型；土地利用分类体系的层次结构基本上是分级结构。土地覆被分类可以按照两种思路进行，一是用预先明确定义的诊断标准将各个对象分成组或库，这种分类要求预先设定清晰、精确、尽可能定量化的类型判别标准，称之为演绎性分类。其类型均是标准化的，与区域和方法无关，一些特殊案例难以归入某一类型。另一种思路是归纳性分类，对不同案例的共性或个性进行聚类，以此定义类型。这种分类的优点在于有一定的可调节性，但难以定义普适的类型标准，其适用性受到限制。目前缺少一种标准化、涵盖面广的分类体系，按照演绎分类体系的思路，很难将预先确定的类型判别标准适用于不同区域；多数研究是按照归纳分类体系的思路建立分类体系，即特定区域的案例研究较多。

遥感数据分析的基本假设是地表每一个特征都在传感器上具有唯一的信号记录，因而能够识别地表不同目标，但不能将卫星数据可识别的地表的每一个特征都认为是单独一类。土地利用和土地覆被类型易被混淆，土地利用类型与土地覆被类型互相关联。因此，基于遥感数据进行土地覆被分类，在一定程度上无法分离土地利用分类。本书所建立的基于遥感数据的分类体系是土地利用/覆被分类体系的集合，对于中、低空间分辨率遥感数据，以土地覆被分类为主，对于高空间分辨率数据，采取两者相结合的分类体系。构建土地利用/覆被分类体系，其分类首先考虑尺度独立，即体系内各个尺度的类型均可适用于不同比例尺的制图精度需求，各个尺度的分类必须包括清晰的、精确的、尽可能定量化的、基于客观标准的类别界限，即定义明确的诊断标准——分类器，进行土地覆被分类（Antonio et al.，2000）。

一个完整的土地利用/覆被分类体系包含类型名称、识别标准、类型之间的联系等系统框架。不论是演绎性分类体系，还是归纳性分类体系，均采用分级结构。较高级别（即比较粗的分类）可满足宏观管理的需求，只需要较少的诊断标准；较低级别（即比较详细的分类）则需要小尺度详尽的数据支持和较多的诊断标准。土地利用/覆被分类的数据源有多种，包括卫星遥感数据、航空遥感数据、相关数据（如土地利用图、地形图、植被图、野外调查数据）等；但随着遥感技术的发展，遥感数据越来越成为土地利用/覆被分类的主要数据源。从理论上说，利用高分辨率数据获得若干子区域的土地利用/覆被分类数据，可将其归并为较大区域、概括性的分类数据，也可在较大尺度区域上，直接运用低空间分辨率的遥感数据获得此区域的分类结果。因此，在不同尺度区域，土地利用/覆被分类所运用的数据源是不同的，需要特别解决基于不同遥感数据获得同一区域分类结果的一致性问题。

三、土地利用/覆被分类标准与遥感监测指标的关系

基于遥感数据的土地利用/覆被分类体系的分类标准是土地利用方式和地表状态的地学特征差异。虽然遥感监测是地表特征获取的主要手段，但是不能将卫星数据可识别的地表每一个特征都认为是单独一类，而且并非所有的地表特征均能通过遥感数据反映出来。更为重要的是，作为土地覆被分类标准的地表特征是以地表指标（如水/陆环境、有/无植被、植被郁闭度等）来体现，或者说是根据地学标准来定义。而遥感技术对地表特征的反映是以遥感语言即遥感信息指标（如灰度、纹理等）来实现，必须通过对遥感数据的解译即遥感信息的“翻译”，才能获取其所反映的地表特征。前者称之为分类指标，后者为遥感监测指标。每一个分类指标都可以通过一定的手段来获取，这样分类体系才具有实际可应用性，也就是说每个分类指标都应该对应于一个或一些监测指标。但是遥感只是监测的一种方式，目前遥感监测还无法反映出所有的地学特征差异，也就说遥感监测指标对应于分类指标但还不能完全反映所有的分类指标。因此，遥感监测的指标体系可以看作是在一定的映射关系下分类指标体系的一个子集，这个映射关系即遥感技术对地表特征的反映方式和遥感信息解译方式。如对林地进一步细分的分类标准是树木高度和郁闭度，这是地学指标，属于分类指标体系；而遥感数据反映郁闭度的是叶面积指数（需通过一定的分析计算才能获取）、绿度指数或植被指数等，这些遥感信息指标属于遥感监测指标，但树木高度难以通过遥感数据来反映。

第二节 基于遥感数据的全国土地利用/覆被分类体系

一、遥感技术及主要遥感数据

目前，遥感信息的获取已经形成了从航空摄影到卫星遥感的立体对地观测系统，并实现了从局域观测跃进到全球准同步观测；从波谱上由可见光逐步延伸到红外、远红外乃至微波、超长波（周成虎等，1999）。高光谱分辨率遥感技术是自 20 世纪 80 年代开始发展起来的遥感前沿技术，特别是于 90 年代蓬勃兴起的高光谱技术中的成像光谱遥感技术，已经受到国际遥感学术界的普遍重视，代表了遥感定量化发展的研究方向。成像光谱数据具有高光谱分辨率的同时，也具有相当高的空间分辨率，这为解决以往土地利用动态监测中的小图斑识别和几何精度差的问题提供了有利的条件。本书分类体系的构建主要依据遥感数据，不同的遥感数据因为具有不同的分辨率、覆盖宽度、获取成本，因而适用于不同尺度、制图精度、研究目标的需要。当前的一些卫星遥感数据指标及其来源情况如表 2-1。

表 2-1 部分卫星遥感数据指标及其来源

国家	卫星（公司、计划）	传感器	数据类型（P/M）	空间分辨率/m	幅宽/km	重返周期/d
美国	EOS-TERRA	MODIS	M（36）	250、500、1000		1～2
		ASTER	M（14）	15、30、90	60	16
	EO-1	HYPERION	M（220）	30	7.7	16
	NOAA	AVHRR	M（5）	HRPT 1100、APT 4000	2700	0.5
	Landsat	TM1～5，7	M（7）	30	185	16
		TM6		120		
		ETM$^+$	P	15		
		RBV1～3	M	80		
		RBV	P	38		
		MSS1～7	M（8）	80		
		MSS8		240		
	Space Imaging	IKONOS	P	1	11	1～3
		IKONOS	M（5）	4		
	Orbview	Orbview-3	P	1		
			M（2）	2		
			M（4）	4		
			M（200）	8		
	Lewis	HIS	P	5		
			M（2）	30		
	Earlybird	PAN	P	3		
		MS	M（3）	15		
	Quickbird	PAN	P	0.61	16.5	4～5
		MS	M（4）	2.44		
	Eyeglass		P	1		
			M	8		

续表

国家	卫星（公司、计划）	传感器	数据类型（P/M）	空间分辨率/m	幅宽/km	重返周期/d
俄罗斯	SPIN-2		P	2、10		
	Kosmos	Tk-350 相机	P	10		
		KVR-1000 相机	P	2		
	Resource-F2	MK-4 相机	M（4）	8		
	EKOS	EKOS	M（8）	5～7		
	Kuban	Kuban 相机	P	3～4.5		
			M（4）	3～10		
法国	SPOT2	HRV	P	10	60	26
			M（3）	20		
	SPOT4		P	10		
			M（4）	20		
	SPOT5		P	2.5		
			M（4）	10		
日本	ADEOS	AVNIR	P	8	约 80	
			M（4）	16		
	ALOS	AVNIR-2	P	2.5		
			M（4）	10		
	JERS-1	VNR SWIR	M（4）	18×24	75	
印度	IRS-1C	PAN	P	5.8	70	24
		LISS-3	M（4）	23.5	141	
			M（4）	70	148	
		WIFs	M	188.3	810	
	IRS-P6	HR PAN	P	2.5		
韩国	KOMPSAT		P	6.6		
			M（4）	13		

注：P 为全色波段，M 为多光谱，括号中数字表示光谱数，表中空白表示未能查到相关数据。

当前用于土地资源监测的卫星数据主要是 NOAA/AVHRR、陆地卫星 TM/ETM^{+}、SPOT 以及 IKONOS 和 Quickbird 数据。在全球和洲际尺度，主要使用气象卫星 NOAA/AVHRR 数据监测土地利用/覆被变化，AVHRR 数据是美国国家海洋和大气管理部门发射卫星数据，这种数据的优点是覆盖宽度大，数据量少，时间周期短，因而获取没有云、雾等干扰的数据较容易；其最大的不足之处就是空间分辨率较低，难以满足高精度要求的监测和分类（The Mid-Atlantic RESAC，2003），较适合土地覆被变化的宏观评估和监测。TM 和 SPOT 均属于中空间分辨率卫星影像，利用 TM 影像进行土地覆被类型解译效果总体较好，但也存在一些较难解译的类型，需要其他数据的补充（黄家柱，2002）。SPOT 数据对土地覆被的识别有较高的精确度，一些研究表明城镇边界、建设用地边界较为清晰，SPOT 数据已成为土地利用动态监测的主要数据源之一。IKONOS 卫星多光谱图像可满足乡、镇土地利用调查精度要求，可识别地物边界、各等级道路、田埂、建筑物，全色波段图像在城市土地利用调查中可识别城市楼房排列方式、形态、林地内建筑物、单棵树及林地类型、单个地块及边界、城市护城河及堤坝（杨清华等，2001），因而是一种可以用于小尺度区域、满足高精度要求监测的数据源。

二、土地利用/覆被分类体系框架

借鉴国内外研究成果，建立基于遥感数据的全国土地利用/覆被分类体系应遵循以下原则：

（1）全面性

一个分类体系须在不同的尺度，针对不同的精度水平具有不同概括程度的土地利用/覆被类型，能够在全国、大区域、县域等不同尺度运用。

（2）唯一性

所有土地利用/覆被特征在分类体系中都能找到相应的类型，并且只能找到一种相应的类型，要求类型判别标准具有唯一性和排他性。

（3）兼容性

强调各层次的类型之间能进行向上的类型聚合和向下的类型细分。在实际运用中，使用者根据自己特定的需要将类型进行分组和重组，对不同类型可细分到不同级别，但是必须能向上归并到标准分类体系中的某一类型，才能实现不同研究之间的统一性。

（4）通用性

不同级别的土地利用/覆被类型在其次级区域尺度范围内能够通用，例如，全国尺度的类型应在任何案例中都能运用。同时还要求具有时间上的通用性，不同的分析者用不同季节的影像应该能达到精度范围内的同样结果。

（5）可操作性

通过遥感影像所反映的颜色、纹理等影像特征和分布特征，在遥感影像上能够明显区分。

将全国划分为国家尺度、区域尺度、县域尺度、乡域及以下四个空间尺度，土地利用/覆被分类体系框架由四级分类构成，第一级分类为七大类，即农业用地、林地、草地、建设用地、水域、湿地、裸地，第二级包括 27 个分类，第三级包括 43 个分类，各级别选用的遥感数据源、制图比例尺及分类体系框架如表 2-2。需要说明的是这里的数据源只是一个建议，一方面强调要能进行向上的类型聚合和向下的类型细分；另一方面分类体系的具体运用还需补充说明。

表 2-2　基于遥感数据的全国土地利用/覆被分类体系框架

一级分类（国家尺度）数据源 MODIS <1∶250 000	二级分类（区域尺度）数据源 TM/ETM^{+} 1∶100 000～1∶250 000	三级分类（县域尺度）数据源 SPOT2、4，Landsat ETM^{+} 1∶10 000～1∶100 000	四级分类（乡域及以下尺度）数据源 SPOT5，IKONOS >1∶10 000
1 农业用地（非（半）自然状态，有植被）	11 耕地	111 水田	农作物类型
		112 旱地	农作物类型
	12 园地	121 果园	果树类型
		122 桑园	桑园
		123 茶园	茶园
		124 橡胶园	橡胶园
		125 其他园地	其他园地
	13 改良与人工草地	131 高覆盖度人工草地	草种类型
	14 其他农业用地	140 其他农业用地	养殖场与畜牧场用地
			农业设施用地
			田埂
			其他
2 林地（（半）自然植被）	21 森林地	211 有林地	针叶林地
			阔叶林地
			针阔混交林地
		212 疏林地	郁闭的疏林地
			开阔的疏林地
	22 灌木林	221 郁闭的灌木林	树种类型
		222 开阔的灌木林	树种类型
	23 其他林地	230 其他林地	未成林造林地
			迹地
			苗圃
			农田防护林（田间林地）
			其他
3 草地（（半）自然植被）	31 高覆盖度草地	310 高覆盖度草地	草种类型
	32 中覆盖度草地	320 中覆盖度草地	草种类型
	33 低覆盖度草地	330 低覆盖度草地	草种类型
4 建设用地（人工地表）	41 居民点用地	411 城镇用地	居住、商业、公共设施用地
			工业用地
			城镇生态用地
			城镇交通用地
			其他城镇用地
		412 农村居民点用地	农村居住、公共用地
			乡镇企业用地
			其他农村居民点用地
	42 独立工矿用地	421 独立工业用地	独立工业用地
		422 矿业用地	露天矿
			采石场
	43 交通运输用地	431 铁路	铁路
		432 公路	高速公路
			国道
			公路
		433 民用机场	民用机场
		434 港口、码头	港口、码头
		435 其他交通运输用地	交通设施用地
			田间道路

续表

一级分类 （国家尺度） 数据源 MODIS <1∶250 000	二级分类 （区域尺度） 数据源 TM/ETM+ 1∶100 000～1∶250 000	三级分类 （县域尺度） 数据源 SPOT2、4，Landsat ETM+ 1∶10 000～1∶100 000	四级分类 （乡域及以下尺度） 数据源 SPOT5，IKONOS >1∶10 000
4 建设用地（人工地表）	44 水利设施用地	441 水库 442 其他水利设施用地	水库 水工建筑 沟渠 古迹保存用地与墓地
	45 其他建设用地	450 其他建设用地	军事用地 垃圾堆放场 废弃地 盐化地与盐田 其他
5 水域（无植被，自然状态，水体）	51 河流水面 52 湖泊水面 53 坑塘水面 54 冰川与永久积雪	510 河流水面 520 湖泊 530 坑塘水面 540 冰川与永久积雪	河流水面 湖泊 坑塘水面 冰川与永久积雪
6 湿地（有植被，（半）自然状态，水生或有规则泛滥）	61 森林湿地 62 非森林湿地	610 森林湿地 621 沼泽地 622 苇地 623 滩涂 624 其他非森林湿地	森林湿地 沼泽地 苇地 滩涂 其他非森林湿地
7 裸地（基本无植被，陆地，（半）自然状态）	71 盐碱地 72 沙地 73 裸岩 74 裸土 75 石砾地	710 盐碱地 720 沙地 730 裸岩 740 裸土 750 石砾地	盐碱地 沙地 裸岩 裸土 石砾地

三、土地利用/覆被分类体系诊断标准与特点

全国土地利用/覆被分类体系，其一级分类采用三个不同类型分类器定义，即植被的存在状态是有/无植被、地表条件是陆地环境/水生环境以及人造地表/自然植被。通过三个分类器的分级组合，定义了 7 类土地利用/覆被类型。在二级分类系统中，分类的诊断特征采用不同土地利用/覆被类型的组合特征进行分类，如树高和树冠覆盖度比例是区别林地和非林地、不同类型林地的指标。对水体的分类依赖于所用的遥感影像特征，识别水体有无在水中或浮现的植被，可区分水体和湿地类型（Eva et al.，2002）。

分类体系各类型诊断特征如下：

1 农业用地：为非（半）自然状态的植被，直接用于农业生产的土地，包括耕地、园地、改良与人工牧草地。

11 耕地：种植农作物，地面 80%以上是生产作物的土地。包括熟耕地、新开荒地、休闲地、轮歇地、草田轮作地；以种植农作物为主，间有零星果树、桑树或其他

树木的土地；平均每年能保证收获一季的已垦滩地和海涂。耕地还包括南方宽<1.0m、北方宽<2.0m的沟、渠、路和田埂。

12 园地：指种植采集果、叶、根茎等为主的集约经营的多年木本和草本作物（含苗圃），覆盖度<50%或每公顷有收益的株数达到合理株数70%的土地。

13 改良与人工草地：采用灌溉、排水、施肥、补植等措施进行改良的草地和人工种植牧草的草地，包括人工培植用于牧业的灌木。

14 其他农业用地：除耕地、园地、人工草地之外的农业用地。

2 林地：为（半）自然植被，指生长乔木、竹类、灌木、沿海红树林等林业用地。不包括居民点绿地，以及铁路、公路、河流、沟渠的护路、护岸林。

21 森林地：地面有草本或木本的林下叶层，树木郁闭度>20%、树高>2m的林业用地，树木可以是落叶或常绿树，以及树木郁闭度<20%、树高>2m的疏林地。

22 灌木林：指郁闭度>10%、高度在2m以下的矮林地和灌丛林地。

23 其他林地：指森林地和灌木林及疏林地以外的其他林地，包括未成林造林地、迹地、苗圃等。

3 草地：为（半）自然植被，指天然生长连续的草本植被的土地（包括改良草地），覆盖度在5%以上的各类草地，包括以牧为主的灌丛草地和郁蔽度在10%以下灌丛草地。

31 高覆盖度草地：指覆盖度在50%以上的天然草地。此类草地一般水分条件较好，草被生长茂盛。

32 中覆盖度草地：指覆盖度在20%～50%的天然草地。此类草地一般水分条件不足，草被较稀疏。

33 低覆盖度草地：指覆盖度在5%～20%的天然草地。此类草地水分缺乏，草被稀疏，牧业利用条件差。

4 建设用地：为人工地表，指建造建筑物、构筑物的土地，包括城镇的商业、工矿、仓储、公用设施、住宅等用地，以及居民点以外的特殊用地、农村居民点用地、交通、水利设施用地等。

41 居民点用地：指大、中、小城市及县镇以上建成区用地，不包括市、镇范围内用于农、林、牧、渔业生产用地和居民点以外的国防、名胜古迹、风景旅游、墓地、陵园等用地等，以及镇以下的农村居民点用地。

42 独立工矿用地：居民点以外独立的各种工矿企业、采石场、砖瓦窑、仓库及其他企事业单位的建设用地，不包括附属工矿、企事业单位的农副业生产基地。

43 交通运输用地：居民点以外的各种道路及其附属设施和民用机场用地，包括护路林。

44 水利设施用地：指用于水库、水工建筑的土地。

45 其他建设用地：居民点以外的国防、名胜古迹、风景旅游、墓地、陵园等用地，以及盐田等。

5 水域：为无植被处于自然状态的水体，指天然陆地水域。

51 河流水面：指天然形成常水位岸线以下的土地。

52 湖泊水面：指天然形成的积水区，常水位岸线以下的土地。

53 坑塘水面：指天然或人工形成的积水区，常水位岸线以下的土地。

54 冰川与永久积雪：指表面被冰雪常年覆盖的土地。

6 湿地：为有植被的（半）自然状态水生或有规则泛滥的水体，指一年中的大部分时间，地下水位接近或位于陆地表面的区域。

61 森林湿地：以木本植被覆盖为主的湿地类型。

62 非森林湿地：以草本植被和非植被覆盖为主的湿地类型。

7 裸地：为基本无植被的（半）自然状态的陆地，指只有极少或没有植被，植被生长潜力有限的土地区域。

71 盐碱地：指植被覆盖度＜5％，表层盐碱聚集，只生长天然耐盐植物的土地。

72 沙地：指表层为沙覆盖，基本无植物的土地或植被覆盖度＜5％的土地，包括沙漠，不包括水系中的沙滩。

73 裸岩：指表层为岩石，其覆盖面积＞70％的土地。

74 裸土：指表层为土质，基本无植被覆盖的土地。

75 石砾地：指表层为石砾，其覆盖面积＞70％的土地。

此分类体系针对不同空间尺度和所对应的遥感数据源，都具有其相应级别的分类系统，而且分类类型逐渐细化。如对于一级类型农业用地，在二级分类中，基于 TM/ETM^{+} 数据，可分为耕地、园地和改良与人工草地；在三级分类中，基于高空间分辨率的遥感数据 SPOT2 和 SPOT4 数据，耕地细分为水田和旱地，改良与人工草地根据覆盖程度细分为高、中、低覆盖度改良与人工草地，而农业用地中的零星用地如养殖场与畜牧场用地、农业设施用地、田埂等在三级分类系统无法反映，可在四级分类系统中反映零星用地类型；在四级分类系统中，旱地可反映其具体的作物类型，草地可反映其草种类型等。四级分类适用于较小尺度，在应用中具有区域性的特点，对某一特定的乡域，基本不可能拥有所有的四级土地利用/覆被类型。因此，分类体系更应强调按照统一的标准来命名和判别。同时，可以看出，此分类体系对于一级分类和二级分类，侧重于土地覆被的分类，即对于中、低空间分辨率遥感数据，以土地覆被分类为主，对于高空间分辨率数据所对应的三、四级分类体系，侧重于土地利用与土地覆被分类相结合。从分类标准的角度来看，一级和二级分类的标准主要是地表特征差异。在三级以下的分类中，土地利用方式的差异也成为主要的分类标准，在划分土地覆被特征基础上，根据土地利用方式特征作进一步划分。在具体运用中对数据源也产生相应的要求，进行越细致的分类则要求越高分辨率的遥感数据和相关土地利用数据辅助。此外，此分类体系具有一定的可扩展性，一方面作为面向全国的分类体系，在各区域、各尺度上都能运用，不具有区域的限制性，并且按照统一的分类也不会影响区域结果的比较；另一方面还具有纵向的尺度可扩展性，可利用高空间分辨率的遥感数据或细致的统计调查数据，进行更小区域尺度上的类型细分。需要说明的，水域、湿地等一级分类类型，基于土地管理的需求，分到二级分类已基本满足需求，勿需细分到次一级分类类型。因此，此两种地类的三级和四级分类类型与二级分类类型基本一致。

土地利用/覆被分类是土地变化科学和土地资源管理的基础性研究工作，需要继续不断地研究标准的、普遍运用的土地利用/覆被分类体系。因此，土地利用/覆被分类体系标准化研究和实践也是非常必需的。由于地理研究本身的区域性和复杂性，这一工作相当困难；另一方面，如果按照统一的标准体系进行分类，可能会分割和掩盖对特殊区域具有重大意义的地类变化，可能对某些特殊区域研究失去了实际意义。本书所建立的基于不同遥感数据的全国不同尺度，包括全国、区域、县域和乡级尺度的土地利用/覆被分类体系，是基于国内外相关研究的成果，虽在部分区域和县域已进行实践，但在全国大范围运用，其可行性尚需进行大量实践。

参考文献

黄家柱. 2002. 卫星遥感土地利用调查精度研究. 国土资源遥感，(3)：12～15

李秀彬. 1996. 全球环境变化研究的核心领域——土地利用/土地覆盖变化的国际研究动向. 地理学报，51 (6)：553～558

王秀兰，包玉海. 1999. 土地利用动态变化研究方法探讨. 地理科学进展，18 (1)：81～87

杨清华，齐建伟，孙永军. 2001. 高分辨率卫星遥感数据在土地利用动态监测中的应用研究. 国土资源遥感，(4)：20～27

周成虎，杨晓梅，骆剑承等. 1999. 遥感影像地学理解与分析. 北京：科学出版社

Antonio D G, Louisa J M, Jansen. 2000. Land cover classification system (LCCS). FAO, 7

Eva A, Michael L, Birgitta O. 2002. Global Land Cover 2000. Classification legend for "Scandinavian window". 8

Lambin E F, Baulies X, Bockstael N et al. 1999. Land Use and Land Cover Change, Implementations Strategy IGBP Report No. 48/IHDP Report No. 10. Stochkholm: IGBP

Lars W, Zimmermann N, Keller M et al. 2003. Rapid Assessment of Land Cover in the European ALPS-Evaluation of MODIS MOD12 Data. WSL, http: //www. wsl. ch/staff/lars. waser/

The Mid-Atlantic RESAC. 2003. Department of Geography, University of Maryland. Advances in Land Cover Classification for Applications

Turner II B L, Skole D, Sanderson S. 1995. Land Use and Land Cover Change: Science/ Research Plan. IGBP Report No. 35, HDP Report No. 7, Stockholm and Geneva

第三章　土地利用/覆被变化信息提取技术

遥感数据记录的是地表物质的波谱属性，可直接监测土地覆被变化以及以土地覆被变化为表征的土地利用变化，土地利用信息的提取可通过可视化解译和影像处理及空间模式分析技术，并综合土地覆被信息和其他辅助数据获取。土地利用/覆被监测主要包括分类制图与变化探测两个部分。

第一节　土地利用/覆被遥感分类技术

利用遥感手段获得土地利用/覆盖信息的一个重要环节就是分类。对土地利用/覆被的分类指依据土地利用/覆被的自然特征和人们对土地的开发使用活动，将同样或类似的空间现象划为一组。从遥感图像转变成土地利用/覆被类型数据，尽管图像上原有丰富数字信息丢失，但简化了空间细节，使土地利用/覆被类型一目了然。遥感影像分类的总目标是将图像中所有的像元根据其在不同波段的光谱亮度、空间结构特征或其他信息，按照某种规则或算法进行土地利用/覆被类型的分类。图像目视解译分类是最先出现的分类技术，运用了解译者的综合知识，对遥感图像进行分析、识别。图像解译者系统地分析了影像上各种地物的形状、大小、图案、色调、纹理、阴影、位置、布局及分辨率等基本特征，并参照地图和野外调查等辅助资料，对遥感图像做出判断，识别类型。目视解译的主要缺点是工作效率较低，工作量和劳动强度较大，无法保证精度；目视解译具有较大的主观性，解译的精度取决于解译者的素质，尽管利用相同的解译标志，但通常很难做到不同的解译人员解译出完全相同的结果，可重复性差；此外，目视解译对解译者的要求较高，不仅要对所研究的地物或现象有透彻的了解，还要具备地学背景知识，易出现片面解译的情况。

计算机遥感图像分类是计算机模式识别技术在遥感领域中的具体运用。与遥感影像的目视解译技术相比较，目的一致，但手段不同，目视解译是直接利用人类的自然识别智能，而计算机分类是利用计算机模拟人类的识别功能（孙家抦等，1997）。计算机遥感图像分类的依据是遥感图像像元的相似度，常使用距离和相关系数来衡量相似度，采用距离指标衡量相似度时，距离越小相似度越大；采用相关系数指标衡量相似度时，相关程度越大，相似度越大。图像分类的核心任务是确定不同地物类别间的判别界面和判别准则，可重复性好，定位准确，处理时间短。然而与其他的计算机模式识别不同的是，遥感影像数据类别多，不确定性大，尤其高精度的多类别分类识别具有较大难度。传统的计算机分类方法是基于像元光谱特性统计的硬分类，不善于提取空间信息，易出现同物异谱、异物同谱、混合像元等问题，造成土地利用/覆被类型的错分、漏分现象，分类精度不高。

一、遥感影像计算机自动分类方法的划分

通常将遥感影像计算机自动分类方法分为非监督（unsupervised）分类和监督（supervised）分类两种，是根据是否事先提供已知类别及其训练样本并对计算机分类器进行训练和监督来划分的。根据图像数据本身的特征，不需对计算机的分类器进行监督和训练，即根据遥感数据所代表地物辐射特征（光谱特征）的相似性和相异性来分类，称为非监督分类，常见的非监督分类法有迭代自组织数据分析技术（iterative self-organizing data analysis techniques algorithm，ISODATA）、K-均值（K-means）等。监督分类需事先知道地物类别，并以各类别的样本对计算机的分类器进行监督和训练，然后对图像进行分类。在分类之前，需对每种地物类型在实地或已知专业图上选择几块有代表性的训练区，将其分布范围输入计算机或图像处理系统，计算机自动统计每种地物类型光谱特征，如平均值、标准差、协方差矩阵等，以训练样本的统计特征为标准，按照图像上各点的数值与训练样本的相似或相异程度，把图像各点分别归入已知的各种地物类别。经典的监督分类法有最大似然法（maximum likelihood classifier，MLC）、最小距离法（nearest-mean classifier）、光谱角分类法（spectral angle classifier）等。

有时也将计算机自动分类方法分为参数型（parametric classification）和非参数型（nonparametric classification）两种，参数型分类器假设数据呈概率分布（一般都是假设呈正态分布），最常见的就是最大似然法。而非参数型分类器则不对数据分布做任何假设，常见的非参数型分类器有平行六面体法（parallelepiped classifier）、最邻近法（nearest-neighbors classifier）等。

硬分类（hard classification）和软分类（soft classification）是对分类方法的又一种划分。它是根据一个像元被分到一类还是多类来划分的。图像像元只能被分到一类的分类方法称为硬分类。传统的方法均是硬分类。混合像元的存在使硬分类不合理，有些像元可能同时具有两类或多类的性质。图像像元可同时被分到两类或两类以上的类别，称为软分类。因此，一个图像像元在不同的两类或多类中具有“类成员”的概率（“class membership” probability）或“份额成员”值（“partial membership” value），较好地解决了硬分类不合理的问题。模糊分类或模糊集分类属于典型的软分类，混合像元的分解和人工神经网络分类均属于软分类（模糊分类）（曾志远，2004）。

（一）非监督分类方法

1. K-均值聚类法

K-均值算法的聚类准则是，使每一类中多模式点到该类别中心距离的平方和最小。其基本思想是通过迭代，逐次移动各类的中心，直至得到最好的聚类结果为止。其算法框图如图 3-1 所示。

假设图像上的目标要分为 m 类别，m 为已知数。K-均值聚类法具体步骤如下：

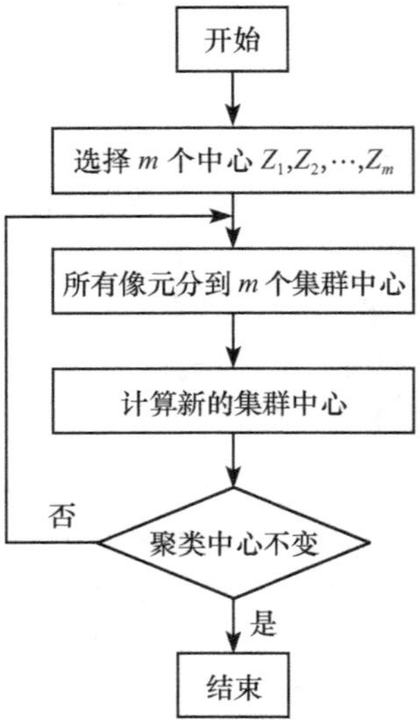

图 3-1　K-均值算法框图

第一步　适当地选取 m 个类的初始中心 $\boldsymbol{Z}_1^{(1)}$，$\boldsymbol{Z}_2^{(1)}$，…，$\boldsymbol{Z}_m^{(1)}$，初始中心的选择对聚类结果有一定的影响，初始中心的选择一般有如下两种方法：一是根据经验确定类别数 m，从数据中找出从直观上看来比较适合的 m 个类的初始中心；二是将全部数据随机地分为 m 个类别，计算每类的重心，将这些重心作为 m 个类的初始中心。

第二步　在第 k 次迭代中，对任一样本 $\boldsymbol{X}$ 按如下的方法把它调整到 m 个类别中的某一类别中去。对于所有的 $\boldsymbol{i}\neq \boldsymbol{j}$，$\boldsymbol{i}=1, 2, \cdots, m$，如果 $\|\boldsymbol{X}-\boldsymbol{Z}_j^{(k)}\| < \|\boldsymbol{X}-\boldsymbol{Z}_i^{(k)}\|$，则 $\boldsymbol{X}\in \boldsymbol{S}_j^{(k)}$，其中 $\boldsymbol{S}_j^{(k)}$ 是以 $\boldsymbol{Z}_j^{(k)}$ 为中心的类。

第三步　由第二步得到 $S_j^{(k)}$ 类新的中心 $Z_j^{(k+1)}$，$Z_j^{(k+1)}=$

$$\frac{1}{N_j}\sum_{X\in S_j^{(k)}} X \tag{3-1}$$

式中：N_j 为 $S_j^{(k)}$ 类中的样本数。$Z_j^{(k+1)}$ 是按照使 J 最小的原则确定，J 的表达式为

$$J=\sum_{j=1}^{m}\sum_{X\in S_j^{(k)}} \| X - Z_i^{(k+1)} \|^2 \tag{3-2}$$

第四步　对于所有的 $i=1, 2, \cdots, m$，如果 $Z_j^{(k+1)}=Z_j^{(k)}$，则迭代结束，否则转到第二步继续进行迭代。

此算法的结果受所选聚类中心的数目和其初始位置，以及模式分布的几何性质和读入次序等因素的影响，并且在迭代过程中没有调整类数的措施。因此，不同的初始分类可能得到不同的分类结果。可通过聚类中心试探方法如最大或最小距离定位法，找出初始中心，提高分类效果（孙家抦，2003）。

2. ISODATA 算法

ISODATA 算法在数理统计上称动态聚类分析（dynamic clustering analysis），为较常用的非监督分类算法，因而在 ERDAS、ENVI 等图像处理软件中均包括此算法。ISODATA 算法的实质是预先给出一个并不一定正确的初始分类，用某种原则反复修改和调整分类，以逐步逼近一个正确的分类（曾志远，2004）。ISODATA 算法与 K-均值算法有两点不同，第一，它不是每调整一个样本的类别就重新计算一次各类样本的均值，而是每次把所有样本都调整完毕之后，再重新计算各类样本的均值，前者称为逐个样本修正法，后者称为成批样本修正法；第二，ISODATA 算法不仅可通过调整样本所属类别进行样本聚类分析，而且可自动进行类别的“合并”和“分裂”，以达到合理的聚类结果。

一般 ISODATA 需要分析者定义：第一是最大的集群组数量 $C_{\max}$（如 40 个），通常这个数量都应该比最后的分类图中的类别多；第二是最大类别不变的像元百分比，当达到此值时，ISODATA 停止计算，但对有些图像，此值无法达到，因此需要其他参数来中断计算；第三是计算的最长的时间，当 ISODATA 算法执行的时间达到此最大值，ISODATA 算法中断；第四是每个集群串中最小的像元数量、最大的标准方差；第五是

最小的集群均值间距离，如果两个集群之间距离小于此值，则两组合并；第六是集群分散值，这个值通常为 0（赵英时等，2003）。ISODATA 算法是个循环过程，随机在整幅图像的特征空间选择初始的集群组 C_{max}，其基本步骤为：①初始随机选择 C_{max} 中心；②计算其他像元离这些中心的距离，按照最小距离规则划分到其对应的集群中；③重新计算每个集群的均值，按照前面定义的参数合并或分开集群组。重复上述过程，达到最大不变像元百分比或者最长运算时间。

ISODATA 算法得到的集群组是一些自然光谱组，需要分析者将每个集群组归到其对应的类别中，这个过程需要参考其他信息，如航片以及其他有关专题图件。有时一些自然组可能混合，不一定对应于一个类别，因此，在实际应用中，通过 ISODATA 算法，首先将易于识别的组进行归类，进行图像掩膜，对难以归类的残余图像重新运行 ISODATA 算法，直到所有的集群组归类。

（二）监督分类方法

1. 最小距离法

最小距离监督分类是一种相对简化的分类方法，其前提是假定图像中各类地物波谱信息呈多元正态分布，每一个类在 N 维特征空间中形成一个椭球状的点群，依据像元距各类别中心距离的远近决定其归属。假设 N 维空间存在 M 个类别，用公式表示为

$$d_{xM_i} = \min d_{xM_j} \rightarrow \omega_i \qquad i,j = 1,2,\cdots,m \tag{3-3}$$

式中：i，j 为类别序号；d_{xM_i} 是待分像元到类中心距离，常用的有欧氏距离和马氏距离等。

设有 n 个像元 p 个波段的数据：

$$x_i = (x_{i1}, x_{i2}, \cdots, x_{ip})^{\mathrm{T}} \tag{3-4}$$

每个像元可看成 p 维空间的一个点，n 个像元组成 p 维空间的 n 个点，用各点之间的距离衡量各像元之间的相似程度。设 $d(x_i, x_j)$ 是样品 x_i，x_j 之间的距离，一般要求满足下列条件：

$d(x_i, x_j) \geqslant 0$，且 $d(x_i, x_j)=0$，仅当 $x_i=x_j$；

$d(x_i, x_j)=d(x_j, x_i)$；

$d(x_i, x_j) \leqslant d(x_i, x_k)+d(x_k, x_j)$。

在实际分析中，有时定义的距离并不满足第 3 条。在聚类分析中常用的距离包括：

欧氏（Euclidean）距离

$$d(x_i, x_j) = [\sum_{k=1}^{p}(x_{ik} - x_{jk})^2]^{1/2} \tag{3-5}$$

绝对距离

$$d(x_i, x_j) = \sum_{k=1}^{p} | x_{ik} - x_{jk} | \tag{3-6}$$

Minkowski 距离

$$d(x_i, x_j) = [\sum_{k=1}^{p} | x_{ik} - x_{jk} |^m]^{1/m} \quad (m \geqslant 1) \tag{3-7}$$

当 $m=1$ 时，为绝对距离；$m=2$ 时，为欧氏距离。

在实际应用时需分析两像元之间的相对距离，这时需要对数据进行标准化处理，计算公式如下

$$x_{ik}^{*}=\frac{x_{ik}-\bar{x}_k}{s_k} \qquad i=1,2,\cdots,n \qquad k=1,2,\cdots,p \tag{3-8}$$

其中，

$$\bar{x}_k=\frac{1}{n}\sum_{i=1}^{n}x_{ik},s_k^2=\frac{1}{n-1}\sum_{i=1}^{n}(x_{ik}-\bar{x}_k)^2 \tag{3-9}$$

马氏（Mahalanobis）距离

$$d(x_i,x_j)=[(x_i-x_j)^{\mathrm{T}}S^{-1}(x_i-x_j)]^{1/2} \tag{3-10}$$

式中：S 为像元 x_1，x_2，…，x_n 的协方差矩阵

$$S=\frac{1}{n-1}\sum_{i=1}^{n}(x_i-\bar{x})(x_i-\bar{x})^{\mathrm{T}}$$

其中，

$$\bar{x}=\frac{1}{n}\sum_{i=1}^{n}x_i$$

根据距离类型和分类类型数目，对训练样本确定类中心，判别每个像元的归属。可以看出，最小距离监督分类与非监督分类的聚类分析在统计量和分类原理方面是一致的。所不同的是，监督分类是通过训练样本的方式事先确定类别数和类别中心，然后再进行分类。因此，分类精度取决于训练样本的准确与否。

最小距离监督分类具体步骤如下（彭望琭等，2002）：

（1）选择训练区

通过对图像判读分析，根据光谱特征选择典型图斑，作为某一类的“训练区”，比如在不同的水浇地上，种植作物与耕作方式不一样，在分类时需根据光谱特征划分各种“光谱类别”。假定 m 个类别，分别为 ω_1，ω_2，…，ω_m，则需训练 m 个类别的样本。对于每一个类别 $\omega_i(i=1,2,\cdots,m)$，计算每个类别训练样本的平均值，以此作为类别中心。

（2）分类

计算待判像元 x 与每一个类别中心的距离，将 m 个距离作比较，将其划归距离最小的一类。

（3）分类后处理

包括精度检验、单点滤波和光谱类别归并，如三种水浇地的光谱归并成一类。可以看出，最小距离监督分类的因子是各个类的均值，未考虑方差（同一类内的离散度），因此，在若干先决条件下简化的分类，自然会产生一些错判和漏判，但是此方法简单、实用性强。

2. 线性判别分析法

线性判别分析方法是在多波段遥感数据形成的多维特征空间里，通过降维方法简化

分类的过程。即通过投影变换把多维空间不易区分的目标转到低维空间，应用投影排序进行区分，利用线性判别函数实现分类。

以图 3-2 为例，设有两类地物波谱信息在二维空间形成 ω_1 和 ω_2 两个点群，无论在 x_1 轴还是在 x_2 轴均存在部分重叠和交叉，通过投影变换，使 ω_1 和 ω_2 两个点群达到图中所示效果：两类中心 M_1 和 M_2 在 R 直线上的投影点间的距离最长，即提高了两类的可分性。此时通过 M_1 和 M_2 在 R 直线上投影点的线段中点引垂线 V，直线 V 较好区分 ω_1 和 ω_2 两类点群，直线 V 即为两类判别的边界线。

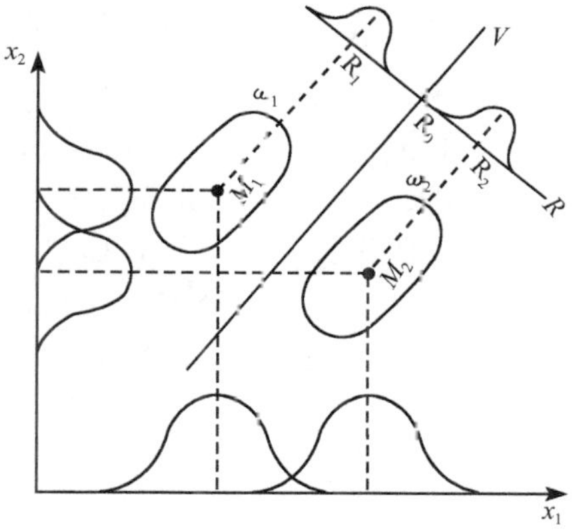

图 3-2　二维线性判别示意图

设待分图像可分为 $m(\omega_1, \omega_2, \cdots, \omega_m)$ 个类别，选择 m 个类别的训练样本，用训练区像元数据通过线性方程组计算判别函数

$$g_i(x) = \sum_{k=1}^{N} A_k x_k + \theta_i \tag{3-11}$$

式中：A_k 为权系数；θ_i 为常数；$g_i(x)$ 为判别函数，$i=1, 2, \cdots, m$。共有 m 个类，因此要求出 m 个 $g_i(x)$，经比较后，取其最小者所代表类别为待判像元归属。

3. 最大似然比分类法

最大似然比分类方法是建立在贝叶斯准则基础上，分类错误概率最小的一种非线性分类，也是应用比较广泛、比较成熟的一种监督分类方法。

设 $g_i(x)$ 为判别函数，用 x 出现在 ω_i 类的最大概率 $p(\omega_i/x)$ 表示

$$g_i(x) = p(\omega_i/x) \tag{3-12}$$

$p(\omega_i/x)$ 又称后验概率，根据贝叶斯公式，有

$$g_i(x) = p(\omega_i/x) = p(x/\omega_i)p(\omega_i)/p(x) \tag{3-13}$$

式中：$p(x/\omega_i)$ 为 ω_i 观测 x 的条件概率；$p(\omega_i)$ 为类别 ω_i 的先验概率；$p(x)$ 为变量 x 与类别无关出现的概率。当待分类图像存在 m 个类别时，需要计算并比较 m 个 $p(\omega_i/x)$，根据贝叶斯准则，取其中最大者所代表的类别为待判像元的归属类别。可以看出，在计算并比较 m 个 $p(\omega_i/x)$ 过程中，$p(x)$ 是若干计算式中都出现的公共项，为简单起见可以省略。$p(\omega_i/x)$ 可通过选择合适的训练区来计算。

由于假定训练区地物光谱特征服从正态分布（对于非正态分布可通过变换方法使其变为正态分布），上式可表示为

$$g_i(x) = p(x/\omega_i)p(\omega_i) = \frac{p(\omega_i)}{(2\pi)^{N/2} \left|\sum_i\right|^{1/2}} \exp\left[-\frac{1}{2}(x-\mu_i)^T \sum_i^{-1}(x-\mu_i)\right] \tag{3-14}$$

最终判别函数为

$$g_i(x) = \ln p(\omega_i) - \frac{1}{2}\ln\left|\sum_i\right| - \frac{1}{2}(x-\mu_i)^T \sum_i^{-1}(x-\mu_i) \tag{3-15}$$

上两式中：$i=1, 2, \cdots, m$，为组类序号，共 m 组；N 为参加分类波段数；$\sum_i$ 为第 i 类的协方差矩阵；μ_i 为第 i 类的均值向量。具体计算时用训练样本的协方差和均值代替$\sum_i$ 和 μ_i。

分类过程主要分为两个阶段：一是“训练”过程，通过人机对话选择典型样本，一般训练样本像元数应 10 倍于波段数 N，使用 100 倍于波段数 N 的训练样本像元数比较合理。根据训练样本计算各类判别函数，确定相关参数；二是分类过程，这一过程一般是程序自动完成无须干涉，如果分类结果不符合要求，可根据情况返回不同起始点（图 3-3）。此外，如果参加分类的波段相关性较强，则方差、协方差的逆矩阵可能不存在或不稳定，因此，分类之前要考虑波段选择问题。

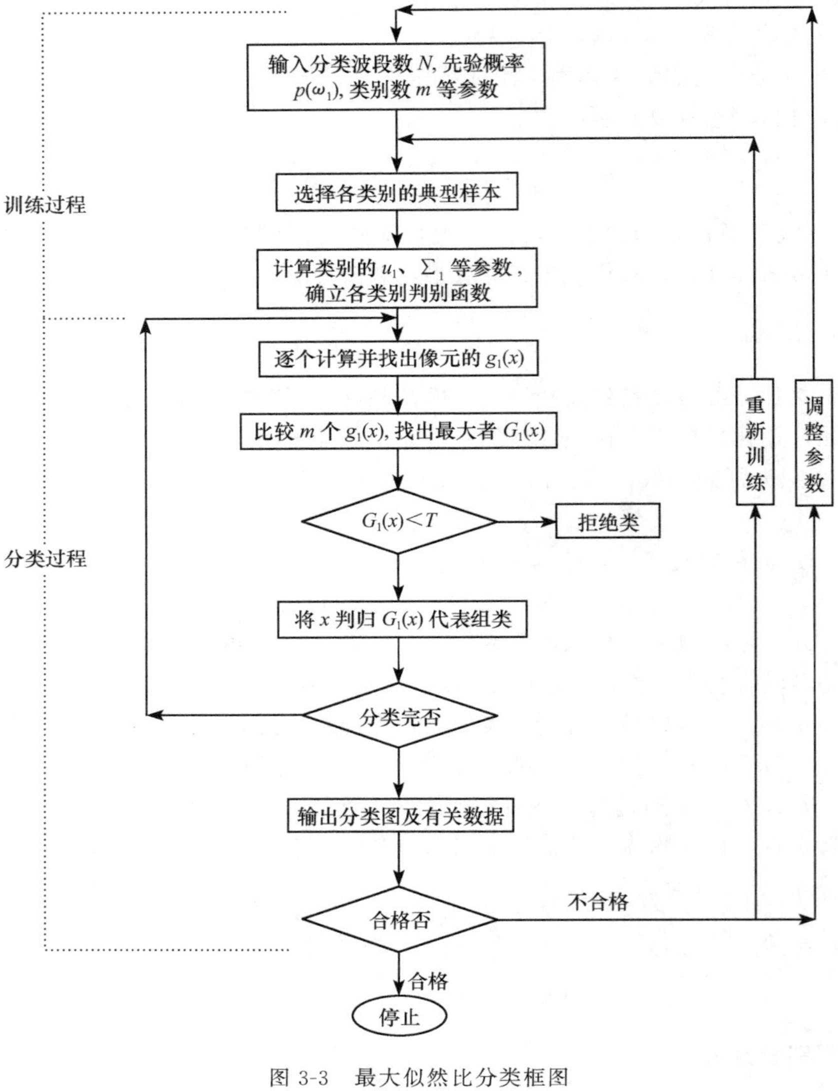

图 3-3　最大似然比分类框图

4. 光谱角制图分类法

光谱角制图（spectral angle mapping，SAM）是在 N 维空间中比较光谱向量与参考光谱向量间的夹角，评价两者的相似程度（小的夹角对应相似的波谱），并将相似的光谱向量合并成特定的类别。根据使用的 N 维空间的不同，该方法可分别在原始图像上和在确定的特征空间中进行。在原始图像上进行的光谱角制图的步骤与在特征空间中进行的光谱角制图的步骤有所不同，图 3-4 为光谱角制图的处理流程图。

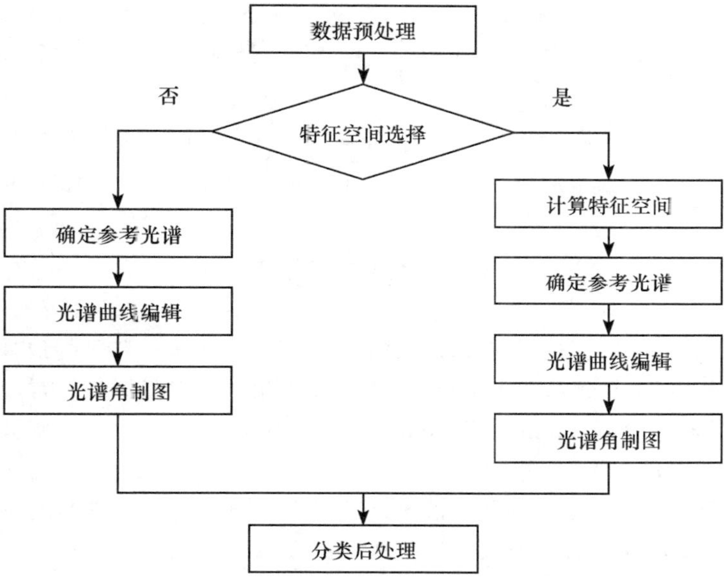

图 3-4　光谱角制图分类流程图

5. 平行六面体分类法

每一类别训练集反射值的取值范围可由每个波段的最高与最低反射值确定，其取值范围在二通道散点图上表现为一个矩形窗口，如图 3-5。平行六面体分类法即依据此类别取值范围或判定区来对未知像元分类，假如像元在类别取值范围之内，则可将其归入所在的类别；如果像元是在所有类别取值范围之外，则规定为“未知”像元；推广到三维（或更多维）特征空间中，图 3-6 中所示每类形成的矩形窗口为一个平行六面体（或多面体）。当两类存在相关性情况下，会影响该方法的分类效果，造成平行六面体分类法的混乱。如图 3-5 中把像元划到干草类，而不是玉米类。为了减少类似问题，可采用将各判定区的单一矩形拆成一系列矩形，利用矩形的多级界线精确地描述各类别的分布（Thomas et al.，2003），如图 3-6。

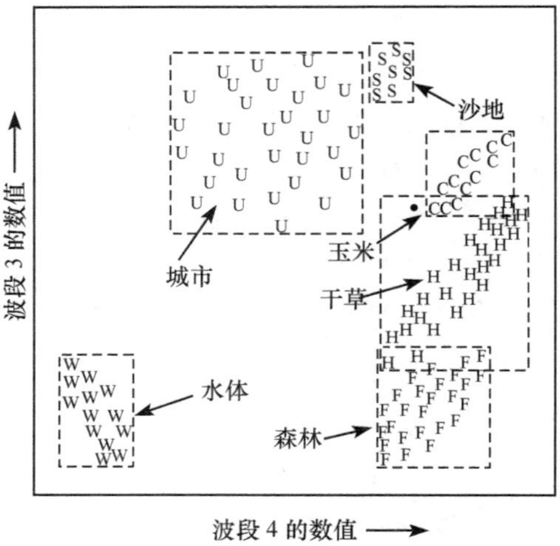

图 3-5　平行六面体分类法

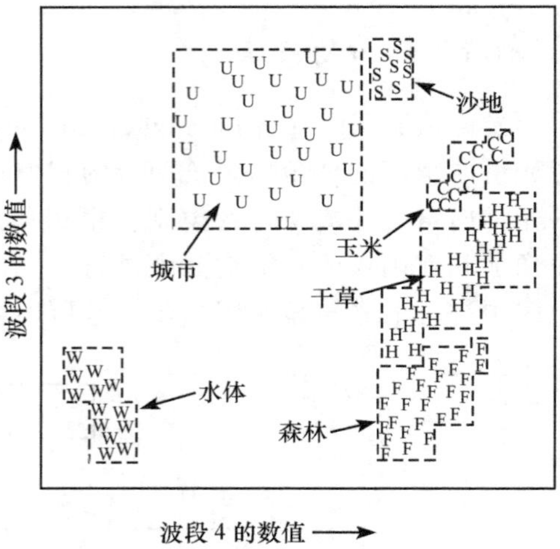

图 3-6　应用多线判定区界线的平行六面体分类法

二、光谱维特征提取技术

光谱维特征提取和特征选择或波段选择是完全不同的概念。特征提取是对若干个原特征或原波段图像施以某种运算，产生数目相等或数目较少的特征图像。常用的光谱维特征提取方法包括主成分分析（principal components analysis，PCA）、典范变量分析（canonical variate analysis，CVA）、最小噪声变换（minimum noise fraction，MNF）等。

主成分分析（PCA）是一种除去波段之间多余信息，将多波段的图像信息压缩到比原波段更有效的少数几个转换波段，它把相关的多波段信息通过数学转换成不相关的信息。其主要思路是寻找一个新的特征空间，使原始空间中的 n 维向量 $\boldsymbol{X}$ 能够用新空间中的 $m(m<n)$ 维近似表示，并且能在误差最小的情况下表示原向量的信息。典范变量分析（CVA）是将较多的变量转化为较少的几个典范变量，通过较少的典范变量间的相关性来描述多元随机变量之间关系的一种数学方法。对两个分别为 p、q 维的随机向量，计算其典范相关系数（即特征根），提取 k 个（$k<p$，q）典范相关系数进行分析，达到特征提取的目的。当两个随机向量的 k 对典范变量关系紧密（反映在对应的特征根中）时，表明两个向量可能属于相同的类别（浦瑞良等，2000）。最小噪声变换（MNF）是一种分离图像数据噪声的处理方法，也是一种图像特征空间变换的处理手段。MNF 变换的处理过程由两部分组成：第一部分以噪声协方差的估计矩阵为基础，第二部分为主成分变换。

三、其他分类方法

（一）基于知识的决策树分类法

决策树分类法（decision tree classifier，DTC）是模拟人工分类过程，对整个数据集从上往下逐级细分的一种分类方法，其算法原理是在预先已知类别样本数据的情况下，根据各类别的相似程度逐级往上聚类，每一次聚类形成一个树节点，在该节点处选择对其往下细分的有效特征，依次往上发展到根节点，完成对各级各类组的特征选择。决策树在成长过程中所有训练数据应被完全正确分类，为防止由于训练数据误差而导致的分类误差，常利用另一组不同的数据对决策树进行修剪，删除多余叶节点，优化分类树结构。最终生成的决策树从树的根节点沿着每一条路径可到叶节点，其中每一个条件组合即是对应叶节点所属类别的分类规则，通过条件语句描述分类规则，可变成能被计算机识别的分类语句。DTC是非参数型的，具有灵活、直观、清晰、强健、运算效率高等特点，在分类数目较大时，DTC较为优越。

决策树分类过程是把一个数据集划分到越来越小的子集，一组中间节点和一组末段节点组成一个决策树。决策树中的节点只有一个父节点和两个或者多个子节点，各个节点采用不同的算法和特征。因此，决策树可划分为若干层，每一层可以采用不同的波段组合。

面向土地利用/覆被类型的多级分层决策树分类技术是在波段选择基础上，针对土地利用/覆被分类而设计的方法。其基本原则是充分考虑土地利用/覆被分类在波谱上的物理反映，从地物地面光谱分析入手，进行光谱特征的优化和构造具有排他性的光谱特征参量。对于分层分类方法，重要的是寻找对分类有益的数据或信息，需根据不同的图像数据的特点选择分层分类方法所采用的指标和分类方法。对实验数据，应用分层分类方法有两种形式：第一种形式以土地利用/覆被类型为依据，以水体和植被覆盖为出发点，通过将图像分为水体、有植被覆盖的土地利用/覆被类型和无植被覆盖的土地利用/覆被类型三大类，并在各个类型内部进行细分，最终对土地利用/覆被类型进行分类。第二种形式以图像为依据，以不同土地利用/覆被类型的图像特征为出发点，通过寻找影像特征进行分类。

基于土地利用/覆被的多级决策树分类，每一步分类操作均是在地物光谱特性分析基础上的光谱参量设计或光谱相似度分析，其决策树对象均是一个非0/1的决策参量，通过专家知识调节参量，来决定类型的空间分布，此种方法体现了利用光谱数据波谱信息的特点，优于常规分类方法。基于分层控制思想下的土地利用/覆被分类流程如图3-7。

(二) 基于特征频率的上下文土地利用分类法

上下文分类方法是指在对某一像元进行土地利用分类时，不仅考虑本像元的特征，而且考虑其邻近像元的信息。土地利用类型与土地覆被类型有着复杂的对应关系，并不能简单地由土地覆被类型归并得到土地利用类型，例如，草地在公园和林地中均可出现，但各种土地覆被类型出现的比例随土地利用类型的不同而有差别。不同土地覆被类型在同一土地利用类型中所占比例相对一致，而在不同土地利用类型中有所不同，这一特征为上下文分类方法的决策准则。在进行土地利用分类时，用一个待分类像元为中心的方形像元邻域（如5×5、9×9等）从左上角自左向右、自上而下滑动，经过每个待分类像元时，统计各种特征量在邻域中出现的频率（像元个数），得到不同特征量的频率表。利用此频率表与每个土地利用类型的标准土地覆被类型出现频率进行比较，进行土地利用类型的划分，标准的土地利用类型对应的特征量频率表可从训练样区中的特征量进行统计。

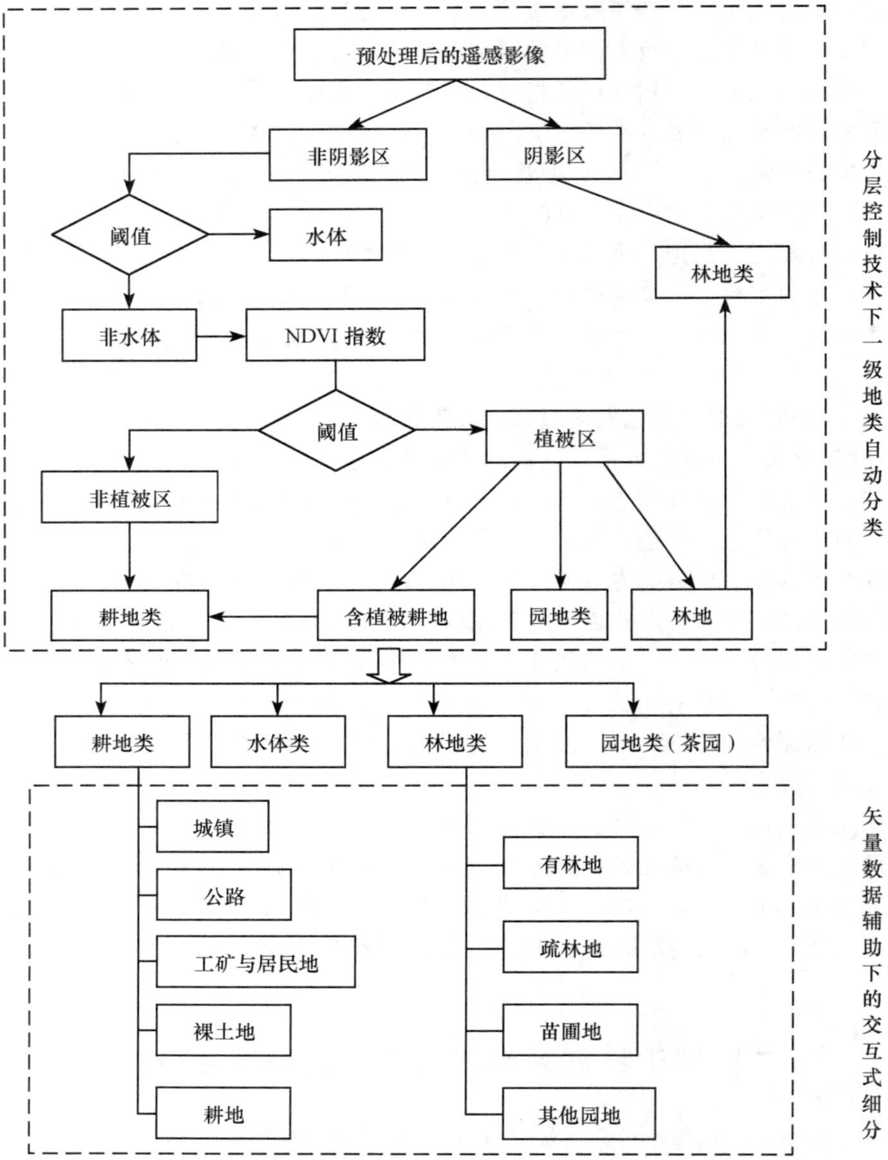

图 3-7　基于分层控制思想下的遥感影像土地利用/覆被分类流程图

在进行土地利用分类时，两种土地利用单元的边界处最容易出现误分。为了减少误分，在比较待分类像元频率与土地利用类型标准频率时，设立一个相似度阈值，当相似度低于该阈值时，对此像元不进行分类，未被划分类的像元将经过进一步的边缘增长处理进行分类（图 3-8）（史培军等，2000）。

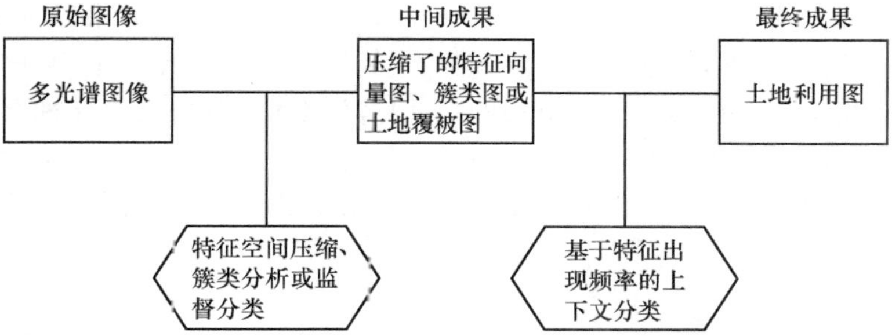

图 3-8　基于特征频率的上下文土地利用分类法流程

（三）地统计学分类法

地统计学分类法是一种邻域分类法，也是一种纹理分析方法。它考虑空间数据的统计特征，其核心是分析空间数据的连续性，即分析空间一个点的特定数值与给定的邻域或区域数值的似然性，利用二阶统计值方差和半方差图来测量图像数据的空间连续性。因此，此方法辨析的是空间数据的纹理特性。指示器克吕格法首先是确定分类对象的关键波段及其波段数值的上界和下界；其次是将选定的波段图像变换为指示器变量，并估计块区内变量分布；再次是综合每一波段的上述估计值（概率值）在块区内的比例或者像元属于一种类型的概率；最后利用平均比例或概率值按照分类者确定的阈值进行分类。联合克吕格法估计未采样区的类别时，不仅考虑采样区的数据，而且考虑其他相关区域的数据，其分类精度更高。

（四）模糊聚类分类法

上述各种分类方法均是假设每个像元只能被归入一个类型中，像元和类型之间只能是一对一的关系。事实上，由于遥感图像分辨率及其他因素的影响，图像中的像元所对应的地面实体并不只是一个类别，而是两个或两个以上类别的混合体。例如，TM 数据为 30m×30m 的像元，所对应的居住区许多是由房屋、草地、道路组成的，将其归到单一的房屋、草地或道路明显会引起分类误差。

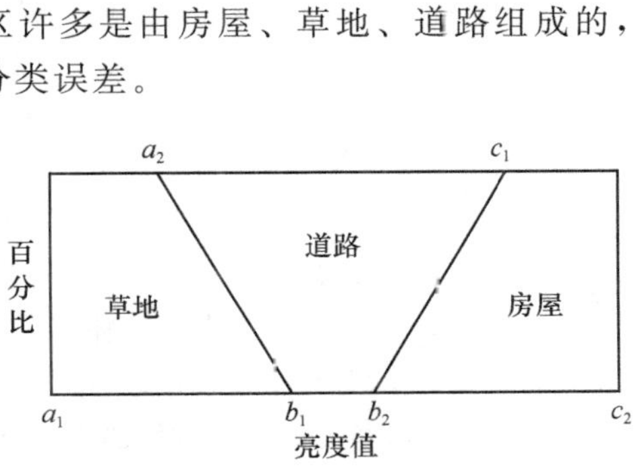

图 3-9　模糊分类中各成分百分比函数

模糊分类是允许根据混合类型的百分比，将一个像元归到几个类型。如果一个像元 50％是草地、20％是房屋、30％是道路，则在模糊分类中，这个像元属于这三种类型的成分分别为 0.5、0.2 和 0.3，而在传统的分类中，这个像元往往被归为草地。一般像元所对应的各类型百分比是由一个各类型百分比函数决定，如图 3-9 是一个简单的三种类型示意图。横轴代表像元亮度值，纵轴代表各类型的百分比。如果像元亮度值在 a_1 和 a_2 间，则被划到草地类，在 b_1 和 b_2 间则归为道路，在 c_1 和 c_2 间则归为房屋，这与传统分类法相似。但在其他亮度范围的像元则按照其百分比划到几种类型中。模糊分类的原理被广泛地应用于许多领域，在遥感图像分类中尤其重要，从理论上，模糊分类提高了图像分类的精度，但在实际应用中，分类精度的提高因情况而异（赵英时等，2003）。

（五）空间结构纹理分类

单纯的光谱分类器仅考虑图像的光谱特征，由于地物具有一定空间结构特征，如城市的居住区是由树木、草地、道路、房屋、停车场等组成的。因此，利用其空间特征纹理的差异可区分不同类型。人类眼睛具有较好地区分不同空间特征的能力，对高精度图像利用不同的定量化方法计算其空间特征用于分类，利用空间结构特征进行城市土地利用分类尤其重要。

空间结构分类器由空间纹理结构函数构成，利用一定的窗口测量像元与其周边像元之间的关系，如计算 5×5 个像元窗口内像元之间的方差、空间相关系数等，将此类信息叠加到原始图像光谱层中，对混合图像进行分类。利用较多的邻接像元（如 32×32 个像元）进行空间纹理结构计算，其分类精度提高比较明显，但大量邻接像元的使用会混合不同类型边缘像元的数量，较大的窗口也会降低图像的分辨率。

（六）神经元网络方法

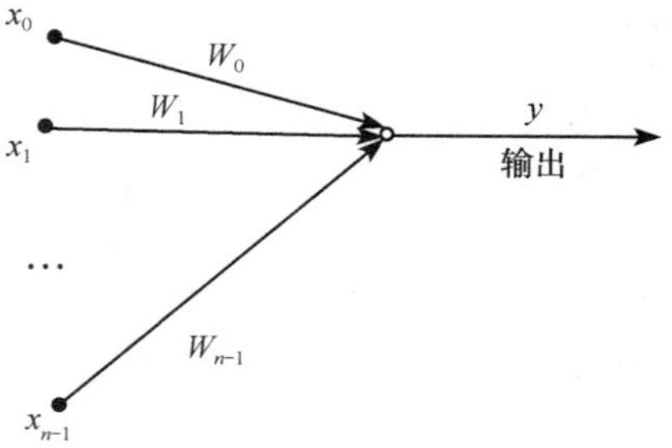

图 3-10　一个人工神经元的输入及输出

人工神经网络中的处理单元是人类大脑神经元的简化。如图 3-10 所示，一个处理单元（人工神经元），将输入信息 x_0，x_1，…，x_{n-1}，通过用 W_1，W_2，…，W_{n-1} 表示其互联强度，将输入与设定的阈值 θ 作比较，经函数 f 转换，可得到该处理单元的输出 y。

函数 f 常用的一种被称为 Sigmoid 型，简称 S 型。处理单元的输入和输出关系式如

$$y = f\left(\sum_{i=0}^{n-1} W_i x_i - \theta\right)$$

式中：x_i 为第 i 个输入元素；W_i 为从第 i 个输入与处理单元间的互联权重；θ 为处理单元的内部阈值；y 为处理单元的输出值。

现已研制出较多神经元网络模型及表征该模型动态过程的算法，如 BP（反向传播）算法、Hopfield 算法等。神经元网络分类器工作原理如图 3-11 所示。

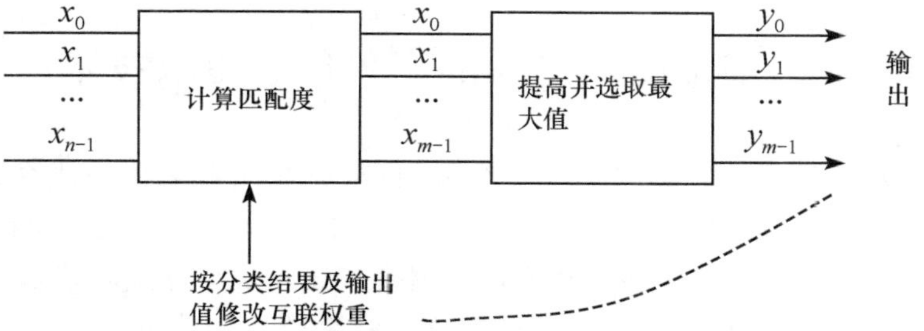

图 3-11　神经网络分类器

n 个样本输入，神经元网络第一级计算匹配度，平行地通过 m 条输出线到第二级，在第二级中，各类均有一个输出，并表现为仅有一个输出的强度为“高”，而其余均为“低”。当得到正确的分类结果后，分类器的输出可反馈到分类器的第一级，并用一种学习算法修正权重。当后续的测试样本与曾训练的样本十分相似时，分类器就会做出正确地响应。

第二节　土地利用/覆被变化信息提取方法

土地利用/覆被变化信息提取（检测）一般是通过两期影像（或一期影像与土地利用/覆被图）精确配准进行，目前已发展了多种方法变化信息检测方法（刘鹰等，2000；MAS，1999；Daniel et al.，2001，2002），常用的方法主要有图像差值法、主成分分析法、光谱特征变异法、假彩色合成法、分类比较法、波段替换法、变化矢量分析法、波段交叉相关分析以及混合检测法等。实践表明，各种变化信息检测方法各有特色，但没有一种方法被公认为是有效的，普遍存在自动化定量化程度低、精度与可靠性不足、处理速度与效率低等问题，在实际应用中还较多地依赖人机交互式的目视判读。究其原因，土地利用/覆被变化信息的提取是一个多因素、多环节交织的复杂过程，所提取的变化要素不仅包括发生变化的空间位置和范围，还包括变化的类型和大小等信息，有些信息（例如变化的位置和分布）的提取具有较高的自动化、定量化，有些信息的提取则往往需要知识或人的辅助来完成，因此，单纯采用一种方法难以获得理想结果。鉴于此，本书按照变化信息的内涵将变化信息提取过程分解为不同的环节，按照构建的技术流程通过不同环节的协同完成对变化信息的完整提取，以提高变化信息提取的自动化、定量化和可靠性，更好地发挥计算机自动处理与人机协同的整体优势。

土地利用/覆被变化信息是指在确定的时间段内，土地利用和土地覆被发生变化的位置、分布、范围、类型等信息。根据变化信息内容的构成和特点，考虑遥感数据处理技术的现状和水平，土地利用/覆被变化信息提取技术流程是新旧时期遥感影像（或土地利用/覆被专题图）在经过几何纠正配准和融合处理后，变化信息的提取由变化位置自动发现、变化区域提取、变化类型确定以及变化信息表示四个步骤完成，每一步骤采用相应不同处理方法获得特定的信息内容，实现对变化信息的完整提取。

一、基于图斑单元的变化信息提取技术

已有许多关于利用遥感数据进行土地利用/覆被变化自动检测研究的方法介绍，但没有一种方法被认为是普适有效的。常用的土地利用/覆被变化自动检测方法可分为两类：分类后结果比较法和多时相光谱数据直接比较法。分类后结果比较法对各时相的数据进行土地利用/覆被分类，通过各分类结果的比较检测变化信息，在发现变化的同时能直接给出变化的定量信息和变化类型的转化信息（如地类属性），不受大气变化、物候状况差异，甚至不同传感器差异的影响，不仅适用于拥有新旧时期影像的情况，也可用于基期仅有土地利用/覆被数据而另一时期拥有遥感影像数据的情况，但此方法工作量大，自动化程度低，可靠性差，判读困难，遗漏图斑多，精度受各时相分类精度的制约。事实上，对于变化检测来说，不发生变化的信息占主流，因此，T_1 时期的数据上含有大量与 T_2 时期数据相一致的土地利用/覆被类型信息，如果利用计算机对可利用信息进行挖掘，建立以统计信息为主体的各类型土地利用/覆被遥感信息知识库，则可通过知识引导实现自动化与定量化的变化信息检测，通过对地物的波谱指纹进行定量识别，可有效地发现同一图斑单元单一地类变异情况及变化范围（图 3-12）。

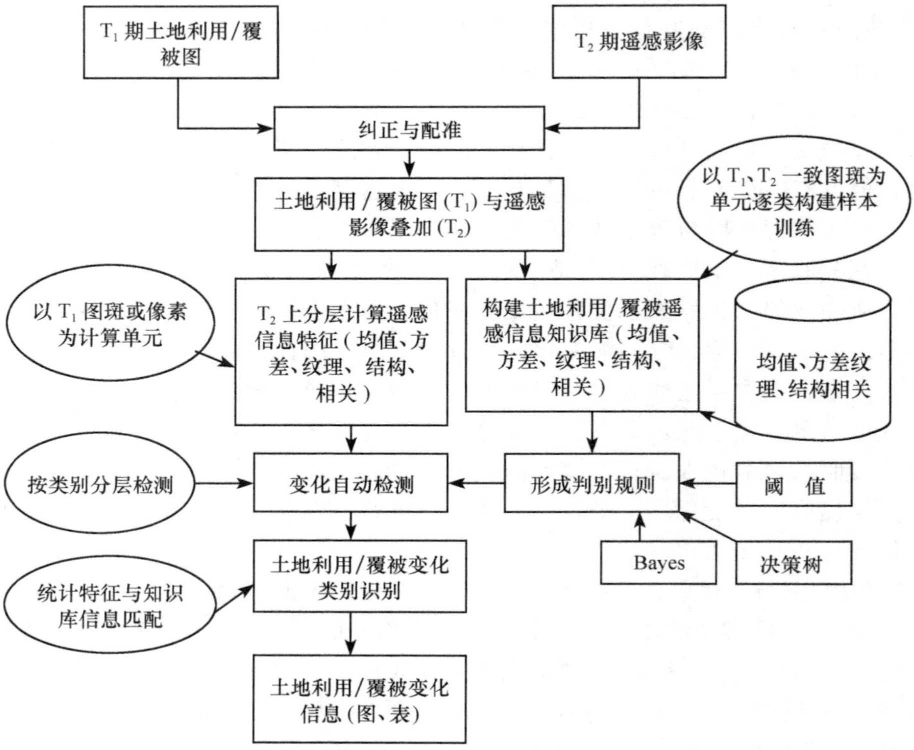

图 3-12　基于单一时相图斑单元变化的信息提取技术流程

单一时相的基于图斑单元变化的变化信息提取技术流程首先是建立土地利用/覆被类型遥感信息知识库，利用知识库信息和变化检测实时计算的各统计量和特征值，构建多种判别规则用于自动检测土地利用/覆被的变化。所用方法包括距离最小规则、贝叶斯（Bayes）法则、多重判据法则、决策树判别模型等。按照设定的判别规则，与知识库中特征值进行比较判断，即可自动检测出变化的区域。变化类型识别是在自动检测出变化的同时，利用计算的影像特征值，按照相应的决策规则，利用建立的知识库中与变化图斑的影像特征信息进行自动匹配识别，得出图斑的土地利用/覆被类型。在类型数目较多时，由于“同谱异物”和“同物异谱”现象的存在，有可能出现类型识别错误，一个有效的解决方法是利用层次决策方法，多重判别和决策树方法是层次决策方法的有效途径。

二、基于影像的变化信息提取技术

多时相光谱数据直接比较法是对不同时相遥感数据进行运算，比较发现变化区域，主要包括：

1. 影像差值法

影像差值法是对两个时相几何配准影像进行相减，相减影像既可以是辐射校正的原始影像，也可以是变换后的各种 NDVI 影像。差值影像集中了两时相影像中绝大部分的变化信息，滤除了影像中相同的背景部分。

2. 差异主成分法

两个时相的影像经纠正、配准融合及精确的空间叠置后，利用差值运算的绝对值得到差值影像。对差值影像作主成分变换（PC 变换），变换结果的第一分量集中影像的主要信息，即原两时相影像的主要差异信息，而其他分量反映了波段的差异信息。

3. 多波段主成分变换

地物属性发生变化，所导致的影像特征变化，表现为波段灰度值发生变化，分析两时相影像中相同波段灰度值的差别及范围，可发现土地利用/覆被变化信息。首先将两时相的影像各波段进行组合形成一个两倍于原影像波段数的新影像，对该影像作主成分变换，由于变换结果前几个分量上集中了两个影像的主要信息，而后几个分量则反映出了两影像的差别信息，因此利用后几个分量进行波段组合提取变化信息。

4. 主成分差异法

本方法和差异主成分法所不同之处在于影像作 PC 变换与差值处理的顺序不一样。首先对两时相的影像分别作 PC 变换，然后对变换结果作差值，取差值的绝对值为处理结果。由于在对两影像分别作 PC 变换时，前面的分量集中了影像里的主要信息，因此，在作影像差值时，前面分量对应之差即反映了原始影像中对应的变化信息，利用差值分量进行波段组合可发现不同时相影像的变化。

5. 乘积融合法

乘积融合法是通过将两个时相遥感影像对应波段分别进行乘积运算，实现信息的融合，乘积融合结果反映差异信息，即变化图斑的波谱曲线与未变化同类图斑的波谱曲线存在较大的差异，如新增建设占用耕地的波谱曲线总体亮度介于建设用地与耕地之间，波谱曲线形状与耕地相似。为了保持光谱整体亮度不变，将两个时相成像光谱数据亮度范围调整一致，进行乘积运算后再作开方运算。

6. 变化向量法

在像元光谱的直接比较方法中，变化向量法不仅可避免分类后比较法多次分类、误差累积并出现不合理变化类型（如城市变为水田）的缺陷，而且与其他像元光谱的直接比较方法相比，可利用较多甚至全部的波段来探测变化像元，提供变化像元的类型信息。因此，变化向量分析方法被认为是一种非常具有潜力的分析方法。

另外，光谱特征变异法是通过两时相数据直接融合运算发现变化，变化区域反映在融合后合成影像光谱发生突变的位置。假彩色合成法是利用两个甚至三个时相的同一波段数据按照红、绿、蓝合成发现变化。波段替换法是利用 T_2 时相的数据替换 T_1 时相合成影像的某一波段来发现变化。

为克服单一变化自动检测方法在可靠性等方面的局限，分别利用两种变化检测方法融合印证来形成发现结果（彩图 1），或者发展组合法或混合变化检测方法。例如，利用差值法获得变化模板，与分类法相结合，仅对变化模板指示变化的位置进行分类。此外，还发展了基于知识辅助的变化自动发现方法，如基于规则的决策树方法。

在变化自动检测中，基期仅拥有土地利用/覆被专题数据的变化自动发现方法在土地利用基础图件更新和土地资源生态环境调查监测方面具有广阔的应用前景。目前有效的方法是基于基期的土地利用/覆被类型和分布信息，综合另一时期遥感数据进行可利用信息的挖掘，建立各类土地利用/覆被类型样本知识库，在此基础上形成判别规则（彩图 2），通过两个时相数据精确配准叠加下的自动点对点运算，或基于土地利用/覆被类型单元的计算自动发现变化信息。

三、基于光谱参数的变化信息提取技术

光谱角填图法、光谱特征拟合法（spectral feature fitting，SFF）、光谱匹配滤波法（matched filtering，MF）等是检测土地利用/覆被变化图斑及变化类型常用的方法。

1. 光谱角填图法

光谱角填图法是一种基于自身波谱的分类方法，此方法将图像波谱与参照波谱在 n 维空间进行匹配。SAM 利用的参照终端单元波谱可引用已有 ASCII 文件、波谱库、统

计文件或直接从图像中抽取（如 ROI 平均波谱）。SAM 将终端单元波谱（被认为是一个 n 维向量）之间的角度与 n 维空间中的每个像元向量进行比较。角度越小，表示和与之匹配的参照波谱越接近。此技术用于校准数据时，对反照率的影响相对不敏感。其执行流程分为 5 步：第一是从光谱数据库中选择感兴趣的“最终成分光谱”；第二是对“最终成分光谱”重采样，因为图像光谱分辨率通常要低于地面测量的光谱分辨率，使两者光谱分辨率一致；第三是分别对光谱数据库的“最终成分光谱”和图像提取像元光谱求 n 阶导数，如果必要，先对原始光谱曲线作低通平滑处理；第四是计算“最终成分光谱”与图像像元光谱两个光谱向量之间的角度（广义夹角余弦），以评价两个光谱向量的相似性；最后是计算影像光谱图上每个像元光谱与最终成分光谱，实现对图像光谱的匹配和分类。

2. 光谱特征拟合法

光谱特征拟合法首先对遥感影像光谱数据集进行辐射重建等预处理，提取波谱曲线特征值，包括吸收峰谱段、吸收深度等，并与已知地物或变化类型的波谱特征参数进行匹配，结果以匹配程度表示，1 表示 100％匹配，0 表示不匹配，通过选择合适的匹配阈值，实现地物或变化类型的提取。

3. 光谱匹配滤波法

光谱匹配滤波法通过计算土地利用/覆被变化类型与已知变化类型波谱曲线的相关系数，实现研究区范围内变化类型的检测，最终结果以相关系数表示，1 表示高度相关，0 表示不存在相关关系，通过选择合适的相关系数，实现地物或变化类型的提取。

四、变化区域提取

变化信息自动发现能够检测出两个时相土地利用/覆被发生变化的具体位置和分布，但土地利用/覆被变化的具体范围、边界位置并不一定完整，如出现不连续的线状目标，或检测的面状目标不完整，需从影像上准确提取变化区域各目标的准确范围、形状和边界。提取变化区域可采用自动化或半自动化的方法，包括阈值法、区域生长法、聚类法以及人机交互描绘法。

阈值法能有效使用经图像差值法、PCA 分析、交叉相关分析等处理后的影像，其关键在于从变化自动发现后的影像自适应获取变化阈值，有时需要多个阈值分层提取各种变化。区域生长法较适用于经光谱特征变异法、波段替换法、假彩色合成法处理后的影像，种子点的选取往往需要人机交互确定，通过区域生长提取变化范围时，除采用影像本身的光谱或灰度相似性外，挖掘纹理、结构等复合信息综合提取变化范围，有助于提高结果的可靠性与准确性。聚类法是综合利用了两时相影像合成后的多谱段影像信息。人机交互描绘法适合于上述方法失效的复杂情况，需要人机交互逐一提取各变化处的区域范围，难以分层成批处理，工作量大，自动化程度不高。在逐一提取各变化图斑时，也可同时利用区域生长法、阈值法提高自动化程度。

五、变化类型的确定

土地利用/覆被变化类型的确定只对发生变化的影像区域，可用人机交互解译、自动分类识别以及模板匹配等方法。在这一过程中，充分利用已拥有的多源信息具有重要的意义，不同时相的遥感影像、变化影像、土地利用/覆被数据可构成特征空间自动分类识别的基础，可构建各类型的判别知识库，在知识库引导下的类别识别。

变化模板匹配实质上属知识引导下的类别识别方法，利用两个时相影像建立各土地利用/覆被类型知识库（如土地利用/覆被类别在各波段的均值、方差以及其纹理、形状等），按照设定的匹配规则（如最小距离），调用知识库数据匹配确定变化前后的土地利用/覆被类型（图 3-13）。

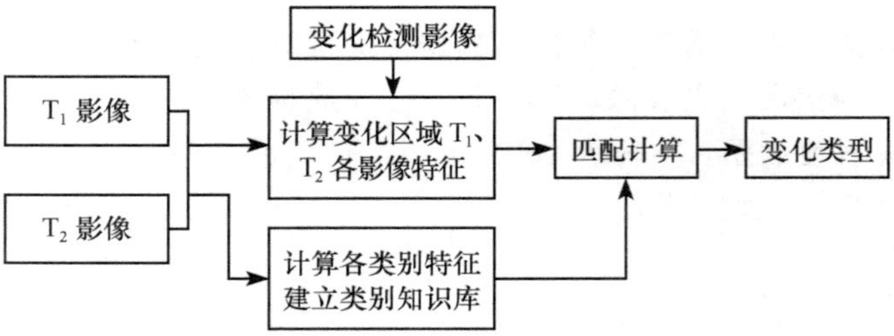

图 3-13　模板匹配法类别识别

六、变化信息表示

变化信息的表示包括对单图斑的量算以及对各类图斑的统计和表达，一般可采用统计报表和以影像为背景的专题图形式表达（彩图 3）。

土地利用/覆被变化信息的提取是一个多因素、多环节相互交织的复杂过程，本书从变化信息的内涵出发，对变化信息提取的各环节进行分解，构建了利用遥感技术提取土地利用/覆被变化信息的技术流程。这一流程已通过逐年开展的国土资源部全国土地利用遥感动态监测工程得到验证。总之，一个完整的土地利用/覆被变化信息提取过程是一个由自动化、定量化和人机协同半自动化高度集成的综合体，需要随着科学与技术的进步不断改进与完善。

参考文献

"成像光谱技术在土地动态监测中的应用"课题组. 2005. 成像光谱技术在土地动态监测中的应用. 北京：地质出版社

刘鹰，张继贤，柳健. 2000. 面向地形辅助导航的地形信息分析. 遥感信息，2：31～36

彭望琭，白振平，刘湘南等. 2002. 遥感概论. 北京：高等教育出版社

浦瑞良，宫鹏. 2000. 高光谱遥感及其应用. 北京：高等教育出版社

史培军，宫鹏，李晓兵等．2000．土地利用/覆盖变化研究的方法与实践．北京：科学出版社
孙家炳，舒宁，关泽群．1997．遥感原理、方法和应用．北京：测绘出版社
孙家炳．2003．遥感原理与应用．武汉：武汉大学出版社
曾志远．2004．卫星遥感图像计算机分类与地学应用研究．北京：科学出版社
赵英时等．2003．遥感应用分析原理与方法．北京：科学出版社
Daniel J H, Steven A S. 2001. Comparison of change-detection techniques for monitoring tropical forest clearing and vegetation regrowth in a time series. Photogrammetric Engineering & Remote Sensing, 67 (9): 1067～1075
Daniel L C et al. 2002. A comparison of land use and land cover change detection methods. 2002 ASPRS～ACSM Annual Conference and FIG XXII Congress, April 22～26
Mas J F. 1999. Monitoring land cover changes: a comparison of change detection techniques. Int. J. Remote Sensing, 20 (1): 139～152
Thomas M L, Ralph W K. 2003. 遥感与图像解译（第四版）．彭望琭，余先川，周涛等译．北京：电子工业出版社

第二篇　土地退化遥感监测与评价

第四章 基于遥感数据的土地退化监测与评价指标体系

日益严重的土地退化问题引起了世界的高度关注，1977 年在肯尼亚内罗毕召开的“联合国荒漠化大会”（UNCOD）把荒漠化评价与监测研究提上议事日程。1992 年召开的“联合国环境与发展大会”（UNCED）通过了《21 世纪议程》，荒漠化作为影响人类社会持续发展的重要问题被列入其中，1994 年通过了《联合国关于在发生严重干旱和/或荒漠化的国家特别是在非洲防治荒漠化的公约》，我国于 1994 年签署了此公约。随着土地退化与荒漠化在全球范围内的扩大和加剧，土地退化监测与评价的研究日趋重要。

第一节 土地退化与土地荒漠化

一、土地退化、土地荒漠化与土壤退化概念界定

地表景观处于变化过程中，对于自然的变化过程，自然界自身可恢复或平衡，当自然退化过程严重超过自然界的自身恢复能力时将产生不可逆的退化过程。土地退化是指由于使用土地或由于一种营力或数种营力结合致使干旱、半干旱和亚湿润干旱地区雨浇地、水浇地或草原、牧场、森林和林地的生物或经济生产力复杂性下降或丧失，其中包括风蚀和水蚀造成的土壤物质流失，以及土壤的物理、化学和生物特性或经济特性退化及自然植被长期丧失。土地荒漠化通常被看作是土地退化的后期阶段。土地荒漠化定义为在亚湿润、半干旱和干旱区，主要由于人类活动的影响而造成的土地退化（Oldeman et al.，1990；Nicholas，1997，1992；FAO et al.，1984）。许多因素加速土地退化和荒漠化进程，这些因素包括人口和动物数量的增加、城市化水平提高、技术的不合理应用等。

“荒漠化”（desertification）一词最早出现在 1927 年 Lavauden 的一篇科学论文中，文中用“荒漠化”描述 Sahara 地区低产草地的景观，指出这一地区的荒漠化完全是人为因素造成的。1949 年法国植物地理学家 Aubreville 在研究非洲西部湿润区土壤侵蚀时，用“荒漠化”描述土壤侵蚀状况，将由于滥伐和盲目烧荒造成的非洲热带森林向热带草原演化的过程称为“荒漠化”，此阶段所描述的荒漠化过程主要表现为植被退化和干旱地区的过度放牧。直到 1977 年的 UNCOD 会议，将土地荒漠化定义为土地生物生产力破坏和降低的过程，其概念扩展到风蚀、水蚀、盐渍化、水涝以及土壤的重金属污染，认为荒漠化是干旱区的一个严重问题，但未明确限定在干旱地区。自此，世界各国均开始关注干旱区土地退化问题，到 20 世纪 80 年代初“荒漠化”一词已为大多数学者

所接受，但由于各个学者的专业背景与所强调的内容不同，对荒漠化的解释与定义有不同的理解，累计超过 100 多个定义（Glantz et al.，1983）。UNEP 认为土地荒漠化是土地退化的集合体，包括植被退化、水蚀、风蚀、盐渍化、土壤板结以及土壤肥力下降。有学者认为风蚀是荒漠化的唯一过程，有学者认为水蚀是土地退化的唯一过程，有部分学者还认为是草地的丧失。Mainguet 和许多瑞典科学家认为真正的土地荒漠化是不可逆的土地退化，土地荒漠化即类似荒漠的土地广泛分布，即土地退化的最后阶段。水蚀、风蚀可引起不可逆的土地退化，盐渍化和土壤板结较少是不可逆的过程，在干旱气候条件下，植被退化被认为是不可逆的。

直到 1992 年在巴西里约热内卢召开的“联合国环境与发展大会”才提出为世界各国所公认的荒漠化定义，该定义经过 1993 和 1994 年“国际荒漠化公约政府间谈判委员会”（INCD）的多次讨论，在正式通过的《联合国关于在发生严重干旱和/或荒漠化的国家特别是在非洲防治荒漠化的公约》中被叙述为：“土地荒漠化是指在气候变异和人为活动在内的种种因素作用下，干旱、半干旱和亚湿润地区的土地退化”，土地退化被定义为土地生物生产力的降低和破坏。干旱、半干旱和亚湿润气候类型区的划分采用 Thornthwaite 湿润指数确定，规定荒漠化的发生范围为湿润指数＞0.05 和＜0.65 的地区，即干旱区、半干旱区和亚湿润干旱区，＞0.65 和＜0.05 的区域为两个极区，不属于荒漠化的发生范围。1997 年慈龙骏应用《国际防治荒漠化公约》所指定的湿润指数法进行了我国荒漠化气候类型的划分，具体为湿润指数＜0.05 为极干旱区；0.05～0.20 之间为干旱区；0.21～0.50 之间为半干旱区；0.51～0.65 之间为亚湿润干旱区；湿润指数＞0.65 为湿润区。

国内荒漠化的定义以狭义荒漠化为主。朱震达等（1984）将荒漠化定义为“人类不合理经济活动和脆弱生态环境相互作用造成土地生产力下降，土地资源丧失，地表呈现类似荒漠景观的土地退化过程”。我国关于荒漠化的定义与《公约》中的荒漠化定义在内涵上达到了统一，但在外延上关于荒漠化发生的地理区域和荒漠化发生的成因仍存在差异。田亚平（2001）认为对于荒漠化的时间尺度和生态基准的回避，造成了对荒漠化概念认识上长期以来的分歧及其评价指标体系的混乱，建议对荒漠化定义进行“度”的规定，将荒漠化描述为“自然因素与人类活动共同作用所造成的以地表出现类似荒漠景观为标志的严重土地退化”。

土壤是土地的最主要组成部分，FAO 将土壤退化界定为在现在和将来土壤生产食物和服务的能力下降的过程（FAO et al.，1984）。土壤退化是指在各种自然，特别是人为因素影响下所发生的导致土壤的农业生产能力或土地利用和环境调控潜力，即土壤质量及其可持续性下降（包括暂时性的和永久性的）甚至完全丧失其物理的、化学的和生物学特征的过程，包括过去的、现在的和将来的退化过程。土壤退化是土地退化的核心部分（赵其国等，1997）。土壤退化和土地退化均强调了土壤的外动力侵蚀和土壤理化性质恶化等的退化状态及其表征；不同点在于土壤退化强调土壤的生态自然因素（即环境属性）及其生态功能的衰减，如根际土壤对水分、养分及污染物质的过滤、缓冲、储藏和转化等功能的退化，以及气候、水文、地形地貌、岩石、植被等外在因素对土壤退化过程的影响等；而土地退化则着眼于地表人为生态系统中，土地系统的土壤、植被、气候、岩石、地形地貌等各大组成要素的生产、生态及其服务性能的下降甚至丧失。二者外延上属于包含与被包含的关系，而土地退化在内涵上自然比土壤退化宽泛。

二、土地退化类型及分布

土地退化可分为风蚀、水蚀、土地盐渍化等类型。风蚀土地指人类不合理经济活动，叠加以空气动力为主的自然营力所造成的土地退化过程，干旱多风和沙源丰富的沙质地表是产生风蚀的条件和物质基础；水蚀土地即狭义的水土流失，指人类不合理经济活动，叠加以降水和重力作用为自然营力的土地退化，水蚀类型具体可分为片蚀、细沟侵蚀、沟蚀等类型；土壤盐渍化是在干旱、半干旱条件下由于不合理灌溉和管理措施不当产生的可溶性盐类在地表的累积而造成的土地退化过程。为了便于土地退化监测与评价，可从土地退化发生的气候类型、土地利用类型、土地退化的外营力、地表组成物质、发展方向和退化程度上对土地退化类型进行分类，并采用多层次复合命名法对土地退化类型进行划分（表 4-1）（丁国栋等，2004）。BBAA 代表“半干旱区草场风蚀沙质土地”类型；CBBA 代表“亚湿润区草场水蚀沙质土地”类型，以此类推。

表 4-1　土地退化类型划分及代码

划分因子	气候	土地利用类型	主导外营力	地表发展方向	程度
类型及代码	干旱区（A）	耕地（A）	风蚀（A）	沙质（A）砾质（B）	轻度（A）
	半干旱区（B）	草地（B）	水蚀（B）	石质（C）盐质（D）	中度（B）
	亚湿润区（C）	林地（C）	盐渍化（C）	面蚀（E）沟蚀（F）	重度（C）
	未定义（*）	未定义（*）	未定义（*）	植被退化（G）未定义（*）	未定义（*）

我国地域辽阔，气候类型和地貌类型多样，从而形成了风蚀、水蚀、土壤盐渍化、冻融侵蚀等多种退化类型。在干旱地区，风蚀土地主要分布在内蒙古狼山以西，腾格里沙漠和龙首山以北包括河西走廊西部以北、柴达木盆地及其以北、以西至西北部的大片土地。此外在准噶尔盆地和塔里木盆地及天山以南、孔雀河以北广大地区也有分布。在半干旱地区，风蚀土地主要分布在狼山以东向南，向西纵贯河西走廊中东部呈连续大片分布。从行政区划上看主要分布在内蒙古东部西侧，在藏北高原为斑块状分布。在亚湿润干旱区，风蚀土地主要分布在从毛乌素沙地东部至内蒙古东部（东北西部）大体呈东北西南向带状分布，其带宽约为 50～125km，而在 106°E 以西以及从青海到西藏北部主要为斑块状分布。水蚀土地主要分布在干旱、半干旱和亚湿润干旱区，呈不连续的局部集中分布。主要分布在黄土高原北部的无定河、窟野河、秃尾河流域，泾河上游、清水河、祖厉河的中上游，湟水河下游及永定河的上游；在东北西部，主要分布在西辽河的中上游及大凌河的上游；此外，在新疆的伊犁河、额尔齐斯河及昆仑山北麓地带也有较大的连续分布。盐渍化土地比较集中连片分布的地区有塔里木盆地周边绿洲以及天山北麓山前冲积平原地带、河套平原、银川平原、华北平原及黄河三角洲。行政区划上，我国退化土地主要分布在 18 个省区的 471 个县（旗），其中新疆占 40%，内蒙古占 20%，西藏占 16%，青海占 8%，甘肃占 7%，宁夏、山西、陕西、河北分别占 1%，此 9 省区占退化土地总面积的 95%。

第二节　土地退化监测与评价的时空尺度

土地退化是一个全球性的问题，土地退化过程受全球气候变化的影响，并更多地逐渐受到人类活动的影响。因此，土地退化过程在每一地区又有其特殊性，它的发展在时间和空间上是不连续的。土地退化从一个地区某一孤立的点开始，如果没有得到及时的治理，这些点的退化就会扩张并最后在这一地区合并。干旱时期土地退化将会变得更加明显，而在多雨时期退化减弱或消失。土地退化的不连续特性意味着，定点调查虽然能够快速揭示点位的土地退化，但难以评价一个地区土地退化整体状况和程度。土地退化的不连续性表明，唯一可以准确评价土地退化的方法是实施长期的土地退化监测与评价工作。

土地退化监测与评价，即是对干旱、半干旱和半湿润干旱地区的退化土地进行一个或几个时期土地退化类型的划分与程度分级，或者说是对退化土地进行质与量的界定，建立土地退化指数，并进行变化分析。土地退化监测与评价内容包括土地退化程度评价（现状评价）、土地退化发展速率评价、土地退化脆弱度评价（恢复力评价）和土地退化危险度评价（土地退化综合评价）（孙武等，2000）。目前进行的土地退化评价大部分是土地退化程度（现状）的评价，即在特定时间和地域条件下，界定评价单元的土地质量远离未退化或“基线”状态的程度。土地退化发展速率评价是指土地退化向同一方向发展的快慢速度，即反映土地退化发展的快慢程度。土地退化脆弱度评价主要是描述土地生态系统对于干扰的敏感程度，建立干扰与由此产生的生态系统的应变之间的函数关系，适用于中小尺度的土地退化评价。土地退化危险性评价是在前三类评价的基础上，在土地退化目前现状和发展速率的基础上，考虑自然条件的脆弱性、环境压力等，对土地退化进行综合评价。土地退化监测与评价的目的是围绕着人类自身利益，考虑土地资源的价值、土地退化造成环境危害和影响以及退化土地生态系统偏离基准生态系统的程度等（丁国栋等，2004），根据土地退化监测与评价目的，确定监测评价对象、内容、基准、指标体系和监测评价方法。

一、时空尺度的确定

尺度通常是指观测和研究物体或过程的空间分辨率和时间单位。从生态学的角度来说，空间尺度是指研究对象、生态系统的面积大小，时间尺度是指所研究生态系统动态变化的时间间隔。土地退化过程发生在不同的时间、空间尺度，土地退化监测与评价的技术方法和数据必须与退化过程发生的时空尺度相对应。对于人为作用引起的农业土地退化过程，根据土地退化监测与评价精度要求和可操作性，借鉴前人经验，其空间尺度等级划分见表 4-2。关于土地退化监测与评价时间尺度目前还很少有人提出，有些学者提出小尺度土地退化监测与评价以 3～5 年为宜，大尺度宜 10 年左右。土地退化发展速率评价至少应该进行 3～4 次土地退化现状评价，才能确定其发展的速度和趋势（刘玉平，1998）。不同的风蚀和水蚀时空尺度，其治理过程与措施也不同。对于风蚀和水蚀过程都有两个相对的时间尺度，一种是针对单次降雨或风暴的土壤侵蚀的治理，另一种是针对长期土壤侵蚀的保护措施与规划。针对不同的空间尺度，其治理措施有所不同（Stroosnijder，2005），如表 4-3。

表 4-2　土地退化监测与评价的空间尺度及遥感数据

尺度等级	空间尺度范围	空间分辨率	时间分辨率	数据源和调查方法
全球尺度		1°～10°	年际，月际	降雨量，NDVI
国家尺度	>100 000km²	1～8km	年际，月际	AVHRR 等监测
区域尺度	1000 ～100 000km²	10～80m	月际，日际	Landsat 等，地面调查
小区域尺度	100～1000km²	1～10m	16～18d	SPOT 等，地面调查
小流域尺度	1～100km²	0.6～1m		IKONOS 等，定位观测
田块尺度	100 ～10 000m²			定位观测
斑块尺度	1 ～100m²			定位观测
点位尺度	0.1 ～1m²			定位观测

表 4-3　不同空间尺度的水蚀监测评价与治理

空间尺度	水蚀评价	科学研究	区域内保护与治理	沿线保护与治理	预测法术	制订政策
点位尺度		√	√		√	
斑块尺度		√	√		√	
田块尺度	√	√	√	√	√	
小流域尺度	√	√	√	√	√	√

我国幅员辽阔，自然和社会经济条件复杂，土地退化面积大、范围广、种类多。因此，土地退化监测与评价应针对不同的地区采用不同的土地退化监测与评价指标体系和方法，即分区分类地进行土地退化的监测与评价。不同地带、不同生态区土地退化监测与评价的指标体系与标准不同（孙武等，1999）。如土地退化的生物性指标如植被盖度、土地生产力、NDVI，从湿润地区向极端干旱区降低，而风蚀风积地所占比例、沙丘密度与高度却逐渐增高。同级别的退化土地在不同的地带度量指标应有不同，半干旱半湿润地区的科尔沁草原和干旱区的阿拉善草原，如果用一个指标来度量退化土地，就可能造成东部土地退化范围和等级偏小，西部地区范围扩大、程度加重的现象。我国土地退化监测与评价指标体系应在生物气候地带分异的基础上，将亚湿润和半干旱地区划为东部地带，干旱地区划为西部地带，青藏地区由于地理环境的独特性而专划独立的一级地带，分三个地带单独建立。

二、基准确定

土地退化是环境变化的一种类型，土地退化评价必须基于一个确定的评价基准，不同的评价才有可比性。理论上的基准是存在的，但是实际应用中基准很难确定，因为很难找到一个未被人类活动影响的“基准”生态系统，历史资料中也缺乏相关的详细记载。土地退化程度划分实质上就是从生态系统能流物流的角度确定土地退化基准面和退化顶级。在土地退化基础理论中，生态基准的恢复与确定是建立科学规范指标体系的关键。理论基准面包括退化的初始面与终极面，初始面是退化前土地同气候相适应的景观，终极面是受人类和气候影响下的最终状态。确定了初始面和终极面即确定了非退化土地与轻度退化、中度退化、重度退化和极重度退化之间的量化界线。目前，基准的确定一般采用以下几种方法：其一是有些学者认为土地退化评价的理论基准应该是自然环境条件下植被气候顶级群落，因为从生态学的角度来看，植被类型及其变化是土地退化最为直接的反映（Grainger，1992）。FAO 和 UNEP 在其确定的土地退化评价方法中，将 Dyksterhuis 的数量顶级群落作为评价植被退化的基准（FAO et al.，1984）。其二是由于受气候变异和人为活动的影响，大多数旱地植被群落早已远离其植被群落，因此有关学者建议，最好的选择是确定一个基于时间的相对基准，在我国考虑到数据源和土地退化防治的历史，评价基准可选择 20 世纪 50 年代，即新中国成立初期。其三是以研究区域中保存最完好的、认为是未退化的土地作为相对的评价“基准”，进行横向比较。其四是以某一次详查的、普查或调查的结果为“基准”，进行纵向的比较（丁国栋等，2004）。其五是利用土地退化资料详细的某个年代或现在某一时段的生物气候平均状况近似的代替退化理论基准（孙武等，2000）。

三、土地退化程度分级

土地退化是一个过程，其基准水平不同，对评价土地退化发展状况结果也不同。FAO、UNEP 于 1984 年在《土地退化评价和制图暂行方法》中提出了轻、中、重、极重 4 级划分法。1987 年由 UNEP 会同国际土壤学会（ISSS）及 FAO 启动了全球土壤退化评价专项计划，于 1990 年和 1992 年资助了 Oldeman 等开展全球土壤退化评价（GLASOD），并在 1991 年由国际土壤参比信息中心（ISRIC）、FAO 和 UNEP 三家联合编绘出版了 1∶1000万的人为土地退化全球评价图（Oldeman et al.，1990；Nicholas，1992，1997），随后的几年当中先后形成了三种土地退化评价理论，即全球人为作用下的土地绝对退化评价，以指标体系为基础的绝对退化评价理论，以 GLASOD 为代表；南亚及东南亚人为作用下土地相对退化评价，以生产力与经营水平相结合的相对退化理论（ASSOD）；以及俄罗斯科学院的综合土地退化评价，以生态系统中植被土壤地形差异退化为依据的多样性理论（RUSSIA）（孙武等，1999）。全球人为作用下的土地绝对退化评价将土地退化划分为轻、中、重、极重 4 级，ASSOD 分为 5 级，RUSSIA 分为 6 级。三种代表性模式特点比较见表 4-4。

表 4-4　GLASOD、ASSOD 和 RUSSIA 土地退化评价研究模式比较（孙武等，1999）

	GLASOD	ASSOD	RUSSIA
退化评价区域	全球	南亚及东南亚	咸海地区
退化营力类型	风、水、理化、生物活性	同 GLASOD	龟裂、沙漠化、盐渍化、劣地化
退化状态评价	退化程度＋分级范围	生产力变化＋退化范围	多样化程度＋限制因素
退化程度分级	4 级	5 级	6 级
关键词	指标体系	退化程度	多样化程度
退化评价思想	绝对退化	相对退化	差异退化

根据荒漠的成因和国际防治荒漠化公约对荒漠化的定义，荒漠是土地荒漠化过程的最终可能结果，是一个稳定的生态系统。荒漠即是土地荒漠化程度的顶级，按照荒漠化逆过程发展，将各类土地与荒漠比较，逐次确定重度、中度和轻度荒漠化等级。1998

年，国家林业局制定的《全国土地荒漠化监测主要技术规定》中沿用联合国的划分方法将土地退化程度分为轻度、中度、重度、极重度 4 级，并据此进行了全国第二次土地退化调查。这也是国际上以及我国常用的荒漠化程度等级划分方法。因此，结合野外调查数据，采用土地退化程度分级的 4 级制。

第三节　土壤与植被的光谱特征

土地退化是导致土壤退化和土壤质量下降的一个最直接、最主要的途径。土壤退化最主要表现形式为土壤风蚀和水蚀所导致的表层剥离，土壤有机质、土壤有机碳、氮、矿物质含量等下降，土壤质地变粗与土壤结构破坏，土壤表层盐分富集的土壤次生盐渍化，以及土壤生物多样性衰减及生物活性下降等。这些物理的、化学的和生物学的土壤退化过程会减少土壤现有的和潜在的生产物质能力，导致和加剧土壤质量下降。土壤退化最直接影响的是植被覆盖状况与植被恢复能力，导致植被退化。植被结构及其动态变化是土地退化过程的重要标志，植被和土壤条件的准确判别是土地退化动态监测的关键所在。

成像光谱遥感技术是 20 世纪 80 年代开始发展起来的高光谱遥感前沿技术，成像光谱遥感图像精细的光谱线构成了独特的超多维光谱空间，通过识别地物光谱的诊断特征可确定地球表层物质的类型和成分（Hill et al.，1998，2000），使得精细光谱特征分析和土地退化指标定量反演成为可能（Ben-Dor et al.，1994；Leone et al.，2000）。基于高光谱遥感数据开展土地退化监测与评价，需要深入分析高光谱数据所能监测的土壤退化指标和植被退化指标，研究土壤与植被退化的光谱特征。

一、土壤光谱特征

土壤光谱是由土壤矿物质、有机质、水分、盐分以及土壤结构、土壤颜色等决定的（图 4-1）。

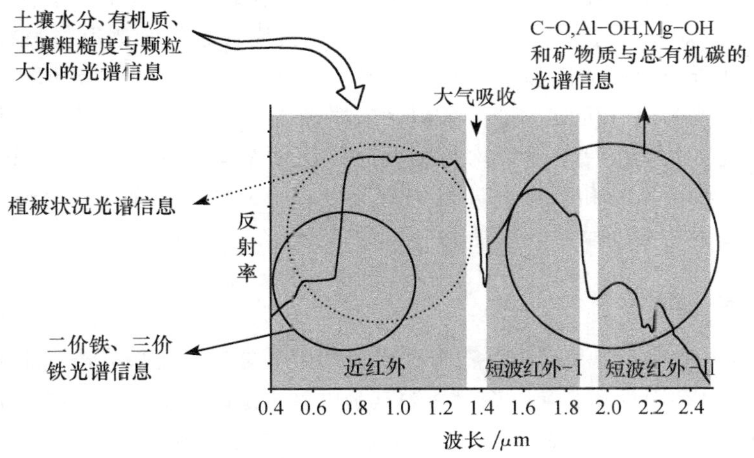

图 4-1　土壤生物地球化学参数的高光谱特征

1. 土壤形成过程与土壤矿物质

土壤光谱反射特性是土地退化指标定量反演的物理基础，各种土壤光谱性质取决于 Fe^{2+} 和 Fe^{3+} 等吸收离子及腐殖质中有机碳的吸收状况（Mustard，1993）。土壤的二向性反射光谱曲线形状和吸收峰与土壤有机质和铁氧化物的含量密切相关，土壤侵蚀剧烈时，伴随着铁氧化物增加而有机物质减少。有机物为主的土壤光谱特征与蒙脱石矿物有关，而铁氧化物为主的土壤光谱特征与高岭石矿物有关（Stoner et al.，1981）。分析不同土壤的光谱吸收特征可鉴别土壤类型，板结与无板结土壤在 SWIR 和 NIR 上反射率有所差别（Jong，1992）。土壤形成过程包括由大颗粒物风化形成黏土颗粒、黏土矿物转变、铁质成分的淋滤和聚积以及表层土壤随着动植物的腐烂分解有机物质不断增加等过程。土壤退化过程主要表现为地表物质如风成沙丘、冰碛物等以一定速率增加或表层土壤侵蚀抑制了土壤的形成过程。土壤的进化和退化过程都能引起土壤表面一定程度的光谱特征变化。

2. 土壤有机质

土壤有机质含量和有机质的组成对土壤反射率有着强烈影响。土壤有机质对土壤反射率的影响在视觉上表现为暗黑色的土壤比亮色土壤有机质含量更高，这表明了土壤有机质与可见光反射率之间的关系。已经有许多学者研究了土壤有机质含量与土壤反射率的关系。对比去除有机质前后土壤的反射率表明，土壤在去除有机质后，反射率明显增加（徐彬彬等，1987）。Bower 等（1965）发现有机质的氧化作用增强了土壤的光谱反射率。Baumgardner 等（1985）在研究印度土壤时发现当土壤有机质含量超过 2%时，有机质就有可能掩盖其他因素对土壤光谱特征的影响；小于 2%时，随着有机质含量的降低，由于其掩盖其他成分（如铁、猛）的能力变弱，对土壤光谱的影响变小。胡敏酸的反射率很低，模糊了土壤反射率、土壤颜色等信息（Galvao et al.，1998）。Karnieli 等（1998）发现土壤有机质吸收特征主要表现在 1720nm、2180nm 和 2309nm 处。Stoner 等（1981）指出，受高氧化铁（大于 4%）控制的土壤光谱反射率曲线能够掩盖有机质的影响。Swain 等也曾指出，在研究土壤有机质含量与光谱反射特征关系时，必须考虑到该土壤所处的气候区和土壤本身的排水条件，在热带和温带地区，氧化铁含量与反射率之间的关系比有机质含量更密切（朱振福等，1981）。Al-Abbas 等（1972）研究表明土壤有机质含量及黏土含量均与土壤光谱反射率呈负相关。Krishnan 等（1980）认为土壤有机质在可见光和近红外波段没有吸收峰，623.6nm 和 564.4nm 处是有机质的敏感波段，并用这两处取对数后的差分预测了土壤有机质含量。

3. 土壤水分与土壤盐分

土壤湿度是气象学、水文学和生态学重要环境变量之一。土壤光谱受土壤母质、有机质、水分等多种复杂因素的影响。在母质等其余因素固定的情况下，土壤含水量对土壤光谱反射率有着重要影响，特别是在水汽吸收峰处尤为明显。潮湿土壤在 1400nm 和 1900nm 附近有明显的吸收峰，在 970nm、1200nm 和 1770nm 处有弱吸收峰。普杜大学在对三个水分吸收谱段 1430～1450nm、1620～1650nm 和 1920～1940nm 分析结果表明，应用反射率能确定土壤水分含量。许多学者研究表明，土壤含水量的提高，土壤光谱反射率会相应降低，干燥的土壤具有较高的反射率（Ångström，1925；Bedidi et al.，1992；Bowers et al.，1965；Hoffer et al.，1969；郭德友等，1986）。然而，对反射率影响最大的是土壤类型，沙质土比壤质土的反射率大。当土壤从干燥态转变为风干态时，土壤反射率几乎不产生变化，增加土壤含水量到田间持水量时，反射率下降；超过田间持水量，反射率又重新增加，这是因为土壤颗粒表面形成薄水层，增加镜面反射所致（Irons et al.，1989；Peterson et al.，1979）。Stoner 等（1980）研究认为土壤含水量和 2080～2320nm 波段的土壤反射率呈现较高的相关性。朱永豪等（1984）认为，同一土壤随含水量增加，在各波长或波段上的光谱反射率并非是简单的线性变化，而是遵循二次回归方程。研究者发现土壤水分含量>5%时，随土壤水分含量的增加反射率呈指数下降趋势（田国良，1991）。不同湿度土壤的光谱反射率与土壤湿度具有良好的相关关系（朱永豪等，1984；Liu et al.，2002）。通过 NDVI 与降水量及土壤湿度的关系研究表明，NDVI 与土壤水分之间存在较显著的相关（Hielkema et al.，1986）。盐碱化土壤在 325～2500nm 范围内有较高的反射特性，高盐分含量的土壤的平均光谱反射率高于低盐分含量的土壤。

4. 土壤质地与土壤结构

土壤质地影响土壤的光谱反射率，一方面是由于土壤颗粒大小本身的影响，另一方面是由于土壤质地影响土壤持水能力、热传输、孔隙度、容重而产生的间接影响（Irons et al.，1989）。对于中等到细质地的土壤由于黏粒含量较高，增加了土壤的含水量和有机质含量，导致反射率降低（Stoner et al.，1980）；对黏土来说，砂粒增加，土壤反射率也增加。1500～1730nm 的波长范围是表层土壤黏土含量制图的最佳波段（Beck，1976），淤土中精细颗粒的含量对 520～620nm 范围的反射率影响最为显著。

此外，一些土壤物理参数也可通过光谱数据间接获取，如土地物理属性反照率（albedo）是地表能量平衡的重要参数，由地表结构和光学特征决定，地表阴影、植被单元空间分布、植被-土壤对比度、植冠单元的光学特征决定着土地物理属性反照率的高低。陆地表明温度（LST）是重要的环境变量，是地表能量平衡和温室效应的有效指标，反照率、土壤湿度、土壤物理特性以及植被均具有空间的非均匀性，导致陆地表明温度的时空变化非常快。

二、植被光谱特征

植被在可见光波段（0.4～1.2μm）反射率低，在近红外波段（0.7～1.2μm）反射率高。由于植物体内叶绿素的吸收作用影响，植被反射光谱在红外到近红外区（660～770nm），出现一个陡峭的爬升脊，习惯上称为“红边”。在“红边”研究中，采用“红边”斜率和“红边”位置描述“红边”特性。“红边”特性与传统的植被指数具有较大的相关性，在植被生长过程中由于叶绿素含量的不同，“红边”的位置和斜率也会发生相应变化。“红边”斜率主要与植被覆盖度或叶面积指数有关，覆盖度越高或叶面积指数越大，“红边”斜率越大。“红边”位置则主要与叶片叶绿素含量有关，当植被中叶绿素b含量减少时，“红边”位置将向短波方向偏移，通常称之为“蓝移”。当植被因缺水而发生叶子枯萎时，“红边”位置将向长波方向偏移。

植被指数是根据植被反射波段的特性来反映地表植被生长与覆盖、生物量和植被结构的间接指标。由于受环境、土壤、大气等影响，植被指数有40余种算法。在有土壤背景影响情况下，选择改进性土壤调节植被指数（MSAVI），将土壤背景的影响降至最低，增强对植被的敏感性。植被覆盖度是植物群落覆盖地表状况的综合量化指标，是描述植物群落及生态系统的重要参数，同时，又是影响土壤侵蚀的主要因子。对航空AVIRIS成像光谱数据和航天Hyperion成像光谱数据进行了对比研究，结果表明Hyperion数据对于监测大范围区域内的绿色植被（PV）、枯萎植被（NPV）和裸露土壤三个组分的结构变化能够准确反映土地退化程度（Gregory et al.，2003）。利用地面采集的光谱数据和Hymap成像光谱数据对由灌溉引起的土地盐渍化进行研究发现，几种耐盐碱植物具有特有的诊断性吸收光谱特征，可用于土地盐渍化评价（Dehaan et al.，2002）。

第四节　土地退化监测与评价指标体系构建

一、基于遥感数据的土地退化监测与评价框架

建立土地退化监测与评价指标体系的关键是指标的设置，选取指标要符合以下原则：

（1）主导性原则

影响土地退化的因素较多，指标选取时应注意考虑对土地退化类型具有重大影响的因素，选择主要指标，突出主导因素的作用。

（2）地带性原则

由于区域状况不同，土地退化类型与退化原因存在差异，在具体选取指标时还应当注意不同地带、不同区域实际情况，选择能够反映区域的土地退化监测与评价指标。

（3）易操作性原则

由于土地退化监测与评价基于多源遥感与非遥感数据和利用多种调查监测技术，多时间序列指标信息的准确获取是监测与评价的关键，因此，在注重指标科学性的同时，还要重视指标的易获取性和可操作性。

（4）多因子综合性原则

土地退化是多种因子共同作用的结果，对其的评价应遵循多因子综合评价原则，多因子指标具有不同层次的互补性。

由于遥感影像是土地退化瞬间状态的载体，同一期影像的地物或斑块是静态的，多

时相的遥感影像类似于胶片电影，能够呈现出土地退化的形式、形态、程度、频率和趋势等时空动态特征。因此，土地退化评价不仅考虑植被退化和土壤退化，而且要考虑土地自然条件的脆弱性、人类活动的压力等因素，土地退化评价指标包括土地退化的静态指标和动态指标。土地退化本身是一个过程，不仅要考虑土地退化现状，还需对土地退化的发展过程进行综合评价，即评价土地退化是发展还是"改善"，以及发展的速率。在综合分析国内外研究成果基础上，提出了土地退化指数（LDI）概念模型，即对土地退化状态进行综合评价。模型表示为

$$\mathrm{LDI} = \mathrm{SD} + \mathrm{CD} + \mathrm{IHD} + \mathrm{AP} \tag{4-1}$$

式中：LDI为土地退化指数；SD为土壤退化程度（光谱指标）；CD为植被退化程度（光谱指标）；IHD为土地退化内在危险性，包括气候、地形地貌等自然条件；AP为人为压力因素，包括人口压力、牲畜压力、土地利用方式与农户行为。

土地退化状态评价是应用遥感影像光谱特征，确定土壤退化程度和植被退化程度光谱指标，直接或间接提取土壤退化和植被退化信息；以基础地理信息为基础，通过地面调查、农户访谈和社会、经济统计等手段，整合土地的自然、社会、经济状况信息，建立土地退化指数，获取土地退化现状分布信息。

评价土地退化速率首先对土地退化和土地改善进行分类，然后评价土地退化向同一方向发展的速度，反映土地退化发展的快慢程度。因此，土地退化速率评价一般不能用简单的两期评价结果比较，应该通过3～4期监测评价结果比较获得。土地退化速率评价模型表示为

$$\mathrm{LDR} = \begin{cases} \sum\limits_{i=0}^{n} (\mathrm{LDI}_i - \mathrm{LDI}_j)/N, & \mathrm{LDI}_j < \mathrm{LDI}_i \\ \sum\limits_{i=0}^{n} (\mathrm{LDI}_j - \mathrm{LDI}_i)/N, & \mathrm{LDI}_j > \mathrm{LDI}_i \\ 0, & \mathrm{LDI}_j = \mathrm{LDI}_i \end{cases} \tag{4-2}$$

式中：LDR为土地退化速率；n为评价单元数目；N为从第i时期到第j时期的年数；LDI_i为第n个评价单元在第i时期的土地退化指数；LDI_j为第n个评价单元在第j时期的土地退化指数。

区域土地退化监测与评价单元选取是以全国生态分区为基础，同时考虑区域经济活动和土地开发利用方式，以不同生态区进行土地退化监测与评价。在不同生态区，所选取的土地退化监测与评价指标体系与评价标准和权重有所不同。

二、基于高光谱遥感数据的土地退化指数构建

按照土地退化综合评价模型提出的土地退化指数框架，根据高光谱数据精细的光谱特征所能反映的土地退化指标，在相关研究基础上，本书提出了基于高光谱数据的土地退化指数。土地退化指数由土壤退化光谱指标、植被退化光谱指标、土地退化内在危险性指标和人为压力因素指标构成（表4-5）。

表 4-5　基于高光谱数据的土地退化监测与评价指标体系框架

指标类型	国家尺度	流域或区域尺度	小区域尺度	小流域及以下尺度
数据源	AVIRIS，MODIS	MODIS，HYPMAP，HYPERIAN	HYPMAP，HYPERIAN	HFIS
比例尺	<1∶250 000	1∶100 000～1∶250 000	1∶10 000～1∶100 000	>1∶10 000
土壤退化光谱指标	陆地表面温度（LST） 土壤湿度（TVDI） 土地物理属性反照率（Albedo） NDVI 和地表亮度温度 T_S 比值（T_S/NDVI）	LST TVDI Albedo T_S/NDVI 地表形态	土壤水分 土壤有机质 土壤质地 土壤盐分 T_S/NDVI 沟壑密度 地表形态	土壤水分 土壤有机质 土壤质地 土壤盐分 T_S/NDVI 沟壑密度 地表形态
植被退化光谱指标	归一化植被指数（NDVI）（或改进性土壤调节植被指数（MSAVI），植被覆盖度（FVC））	NDVI（或 MSAVI，FVC）绿色植被（PV）＋干植被（NPV）裸地（沙地）百分比（或裸地（沙地）破碎指数）	NDVI（或 MSAVI，FVC）PV＋NPV 裸地（沙地）百分比（或裸地（沙地）破碎指数）	NDVI（或 MSAVI，FVC）PV＋NPV 裸地（沙地）百分比（或裸地（沙地）破碎指数）植被类型
土地退化内在危险性指标	降水量（降水量/蒸发量） 风力 地貌类型 土壤类型抗退化能力	降水量（降水量/蒸发量） 风力 地貌类型 土壤类型抗退化能力	坡度，坡长（或土壤潜在湿度指数） 土壤类型抗退化能力	坡度，坡长（或土壤潜在湿度指数） 土壤类型抗退化能力
人为压力因素指标	人口密度	人口、牲畜超载程度生态退耕工程实施程度 农用地转变为沙地、盐碱地、荒地百分比	人口、牲畜超载程度 有效灌溉面积比例 地均投入水平 生态退耕工程实施程度 农用地转变为沙地盐碱地、荒地百分比 农业工程措施实施程度	人口、牲畜超载程度 有效灌溉面积比例 地均投入水平 生态退耕工程实施程度 农用地转变为沙地盐碱地、荒地百分比 农业工程措施实施程度劳动力距离

在国家尺度或区域尺度选择可通过光谱数据直接计算或间接获取的土壤物理参数作为土壤退化的光谱指标，如土地物理属性反照率（albedo）、陆地表面温度和土壤湿度，上述指标与植被覆盖度和改进性土壤调节植被指数（MSAVI）可显著提高土地退化程度的分类精度。为直接反映土地裸露与植被覆盖状况，选择 NDVI 和地表亮度温度 T_S 比值（T_S/NDVI）指标，植被覆盖越低，地表温度越高，T_S/NDVI 比值越大；植被覆盖越高，地表温度越低，T_S/NDVI 比值越小。在县域以下尺度，根据高光谱数据的土壤反射光谱特征，选择土壤理化指标如土壤水分、土壤有机质、土壤质地、土壤盐分等直接反映土壤退化状况。在进行风蚀与水蚀程度评价时，选择沟壑密度和地表形态指标参与评价。

植被退化指标选择归一化植被指数或植被覆盖度，在有土壤背景影响情况下，选择改进性土壤调节植被指数（MSAVI），将土壤背景的影响降至最低，增强对植被的敏感性。在区域尺度以下，尤其在干旱半干旱地区，选择绿色植被（PV）、枯萎植被

(NPV) 和裸露土壤覆盖度定量反映土地退化程度，枯萎植被减少和裸露土壤增加在干旱半干旱地区是有效反映土地退化的指标，绿色植被与枯萎植被覆盖程度与土壤有机碳和氮具有较好的空间相关关系。在县级与县级以下尺度，选择植被类型或植被结构可提高植被退化评价的准确度。

在大尺度评价中，选择反映区域差异的降水量、蒸发量、风力和地貌类型等气候、地形地貌自然条件指标作为土地退化内在危险性指标。在小尺度评价中，选择坡度、坡长、土层厚度作为自然条件指标，选择土壤类型抗退化能力指标作为土地退化内在危险性指标之一。选择人口超载程度和牲畜超载程度反映人口压力、牲畜压力状况作为人为压力指标，选择有效灌溉面积比例、燃料供应程度、地均投入水平、生态退耕工程实施程度、农用地转变为沙地盐碱地和荒地百分比，以及农业工程措施实施程度指标反映区域土地利用方式、土地投入与农户行为。在大区域评价尺度，选择人口密度间接反映人口压力和土地利用行为。

利用高光谱技术也存在一些不容忽视的问题。遥感影像是反映地表的外在特征，土地退化的发生和分布与区域气候、地形、地貌、土壤质地、水文状况等密切相关。因此，进行详实的外业调查和充分分析这些自然要素信息，有助于认识土地退化的发展和分布规律。有关植被退化与土壤退化的监测指标可反映地表的反射特征和植被覆盖，但这些指标对大气的状态、光照条件和对遥感探测器的需求比较敏感，在有效利用高光谱遥感技术的同时，需注意地物覆盖光谱特性的时空性。大量实验表明，地表、植物的光谱响应随时间和空间变化比较大，在整个植物生长周期内，不同植被覆盖的地物光谱特性在不同时间内会发生不同变化。因此，充分掌握地物光谱特征变化规律，加强地物光谱特性研究是利用高光谱技术的首要条件。

三、基于多光谱遥感数据的土地退化指数构建

多光谱遥感数据如 MSS、TM/ETM$^+$、SPOT、IKONOS 等主要陆地卫星数据，数据的空间分辨率、光谱分辨率和时间分辨率都较高，对于土地利用/覆被与土地退化遥感监测而言，是一种经济实用的数据源。多光谱数据虽然只是在几个离散的波段以不同的波段宽度（常为 100～200nm 量级）来获取图像，不能获得高精度的定量反演结果。但各个波段对植被、土壤特性具有敏感性，ETM$^+$ 数据各波段的主要用途如表4-6。不同类型退化土地其光谱曲线有所不同，因此可通过波段之间组合计算植被指数，并运用影像的光谱特征（如色调或色彩）和空间几何特征（形状、大小、阴影、纹理、图形、位置和布局）构建土地退化遥感监测与评价指标；以此构建基于多光谱遥感数据的土地退化指数。

按照土地退化综合评价模型提出的土地退化指数理论框架，根据多光谱遥感数据所能反映的土地退化指标，在相关研究基础上，提出了基于多光谱遥感数据的土地退化指数。土地退化指数由土壤退化遥感监测指标、植被遥感监测指标、土地退化内在危险性指标和人为压力指标构成。其中土地退化内在危险性指标和人为压力指标与基于高光谱遥感数据建立的指标相同（表 4-7）。

表 4-6 ETM$^+$ 数据波段用途表

波　段	用　　途
B1	由于其对叶绿素及胡萝卜素敏感，可区分土壤、植被，区分针叶林、落叶林，也可以对沿海水域制图
B2	对健康植物的绿色光反射敏感
B3	由于叶绿素吸收差异，可鉴别植物种属
B4	利用健康植物红外及红光区的反射率作生物量测定
B5	植物含水量测定，区分雪云
B6	热制图
B7	植物含水量测定，某些含有氢氧离子的矿物的地质制图
B8	与其他波段融合使用，提高空间和光谱分辨率

在国家尺度或区域尺度选择可通过多光谱数据直接计算或间接获取的土壤退化遥感监测指标，来直接反映土地裸露与植被覆盖状况，如土地物理属性反照率（albedo）、陆地表面温度（LST）、土壤湿度和 NDVI 与地表亮度温度 T_S 比值（T_S/NDVI）。在县域与县域以下尺度，选择直接反映土地裸露与植被覆盖状况的土壤湿度和 T_S/NDVI 作为监测指标。植被退化指标选择归一化植被指数或植被覆盖度，在有土壤背景影响情况下，选择改进性土壤调节植被指数（MSAVI）。

表 4-7 基于多光谱遥感数据的土地退化监测与评价指标体系框架

指标类型	退化类型	国家尺度	区域尺度	县域尺度	乡域及以下尺度
数据源		NOAA-AVHRR，MODIS，MSS	MSS，TM/ETM$^+$	SPOT2、4，TM/ETM$^+$	SPOT5，IKONOS，QUICKBIRD
成图比例尺		<1∶250 000	1∶100 000～1∶250 000	1∶10 000～1∶100 000	>1∶100 000
土壤退化光谱指标	共性指标	LST TVDI albedo T_s/NDVI	LST TVDI albedo T_s/NDVI	TVDI T_S/NDVI	TVDI T_S/NDVI
	风蚀	裸地（沙地）百分比（或裸地（沙地）破碎指数）	裸地（沙地）百分比（或裸地（沙地）破碎指数）	裸地（沙地）百分比（或裸地（沙地）破碎指数）	裸地（沙地）百分比（或裸地（沙地）破碎指数）
	水蚀		有明显的侵蚀沟占地百分比	有明显的侵蚀沟占地百分比	有明显的侵蚀沟占地百分比
	盐渍化		明显盐碱斑（或水渍地）且占地百分比	明显盐碱斑（或水渍地）且占地百分比	明显盐碱斑（或水渍地）且占地百分比
植被退化光谱指标	共性指标	NDVI（或 MSAVI，FVC）	NDVI（或 MSAVI，FVC）	NDVI（或 MSAVI，FVC）	NDVI（或 MSAVI，FVC）植被类型结构
	风蚀			退化指示植被比例	退化指示植被比例
	水蚀				
	盐渍化			耐盐指示植被比例	耐盐指示植被比例
土地退化内在危险性指标	共性指标	地貌类型 土壤类型抗退化能力	土壤类型抗退化能力 土壤质地 土壤有机质	土壤类型抗退化能力 土壤质地 土壤有机质	土壤类型抗退化能力 土壤质地 土壤有机质

续表

指标类型	退化类型	国家尺度	区域尺度	县域尺度	乡域及以下尺度
	风蚀	降水量/蒸发量 风速 大风频数	降水量/蒸发量 风速 大风频数	沙丘形态 风速	沙丘形态
	水蚀			坡度，坡长（或土壤潜在湿度指数） 土壤侵蚀模数	坡度，坡长（或土壤潜在湿度指数） 土壤侵蚀模数
	盐渍化			土壤含盐量	土壤含盐量
人为压力因素指标		人口密度	人口、牲畜超载程度 生态退耕工程实施程度 农用地转变为沙地盐碱地、荒地百分比	人口、牲畜超载程度 有效灌溉面积比例地均投入水平 生态退耕工程实施程度 农用地转变为沙地盐碱地、荒地百分比 农业工程措施实施程度	人口、牲畜超载程度 有效灌溉面积比例 地均投入水平 生态退耕工程实施程度，农用地转变为沙地盐碱地、荒地百分比 农业工程措施实施程度 劳动力距离

在不同空间尺度，针对不同土地退化类型所确定的监测指标不同。除共性指标外，还选择了特性指标。风蚀土地受多种因素的影响，植被覆盖度和土壤类型是风蚀过程的主要影响因素，选择裸地（沙地）百分比（或裸地（沙地）破碎指数）、裸地（沙地）连接度、退化指示植被百分比作为监测指标。水蚀严重区域有大量冲沟分布，影响水蚀的重要因素有坡长、土壤类型、植被覆盖度和降水强度。因此，水蚀土地评价选择有明显的侵蚀沟占地百分比、坡度、坡长（或土壤潜在湿度指数）和土壤侵蚀模数作为监测指标。旱地和水浇地的盐渍化成点状分布，选择明显盐碱斑（或水渍地）且占地百分比和耐盐指示植被百分比作为盐渍化土地评价指标。

值得注意是，不同地带、不同生态区土地退化监测与评价的指标体系与标准不同。如植被退化指标植被覆盖度和NDVI，从湿润地区向极端干旱区降低，反过来，风蚀风积地形所占的比例、沙丘的密度与高度却逐渐增高，同样土壤含盐量从湿润、半湿润区向干旱、半干旱区逐渐增高。同级别的退化土地在不同的地带指标标准不同（表 4-8 ）。

表 4-8　不同退化类型评价指标标准的差异

退化类型	土地退化监测与评价指标	区域	指标分级			
			轻度	中度	强度	极强度
风蚀土地	植被覆盖度	半湿润、半干旱区	50～70	30～50	10～30	<10
		干旱、半干旱区	30～50	15～30	5～15	<5
	风蚀、风积地占地率	半湿润、半干旱区	<5	5～15	15～30	>30
		干旱、半干旱区	<10	10～20	20～40	>40
盐渍化耕地	土壤含盐量/%	湿润、半湿润区	0.1～0.3	0.3～0.7	0.7～1.0	>1.0
		干旱、半干旱区	0.5～1.0	1.0～1.5	1.5～2.0	>2.0

基于遥感数据建立的土地退化指数是一个指导性框架，为土地退化监测与评价提出

了较完整的思路，由于“多指标集合度量法”所用的概念和模型不同，所选用指标有较大差异。就一个区域讲，完全可能同时存在两个或两个以上的基于不同方法的土地退化监测与评价指标集。因此，不同区域在具体应用时，可根据不同区域土地退化与土地利用特点及自然、社会、经济条件，制定适合本区域土地退化监测与评价指标体系。此外，基于遥感数据建立的土地退化指数由土壤退化光谱指标、植被退化光谱指标、土地退化内在危险性指标和人为压力指标构成，涉及遥感影像、数字高程、土地利用与土壤调查数字产品、地面点位调查与监测、农户访谈和社会经济统计数据等多种数据，在评价中还应注意将评价单元的栅格数据、矢量数据和属性数据进行多源数据集成，有机结合宏观监测数据与微观调查数据。

四、基于遥感数据的土地退化监测与评价方法

土地退化监测与评价的过程是一个指标数据获取和处理的过程，指标数据获取手段包括监测网络、遥感解译、野外调查、实测估算、统计分析等。多光谱遥感数据是当前土地退化监测与评价中主要应用的数据源，利用多光谱遥感影像和 GPS 的数据，在 GIS 支持下辅以常规野外调查数据来进行不同尺度土地退化的监测与评价，其技术流程如图 4-2。

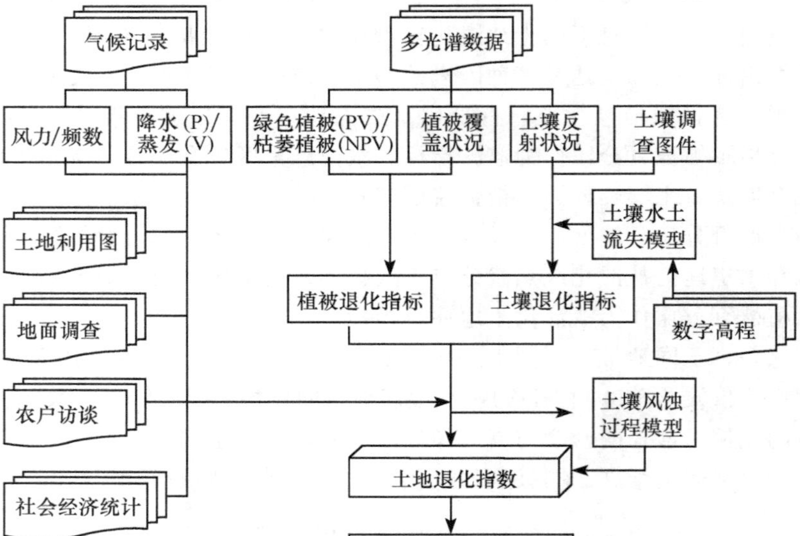

图 4-2　基于多光谱遥感数据的土地退化监测与定量评价方法技术流程

利用高光谱数据进行土地退化监测评价技术流程如图 4-3。具体过程是首先开展野外土壤、植被、不同类型退化土地的地物光谱采集与土壤样品采集，利用 GPS 确定采集样地的中心位置。土壤样品经烘干后，在实验室分析其理化性质。采用野外光谱仪测定野外地物反射光谱，剔除 1350～1416nm、1796～1970nm、2470～2500nm 三个水汽吸收峰影响严重的波段区域，若有必要，可采用野外光谱仪在室内进行了土壤光谱测

定。其次，根据不同类型土壤由于其理化成分的差异形成可诊断的典型光谱吸收特征的原理，分析不同退化类型、不同养分水平、不同土地利用类型的土壤光谱吸收特征，寻求土壤指标如土壤有机质、阳离子代换量、速效N、速效P、速效K、土壤水分、土壤铁氧化物的差异等可能形成的光谱吸收特征差异。对有明显吸收特征差异的理化指标，选择其吸收峰位置的中心波段作为此项指标的高光谱敏感波段。对无明显吸收特征差异的理化指标，采用地物反射光谱的原始光谱和光谱的倒数、对数、一阶微分等各种形式，分析土壤光谱反射特性与其理化性状之间的相关关系，选择与地物光谱反射率相关性较大的土壤理化指标作为高光谱数据可监测的土壤退化评价指标，选择此项指标的高光谱敏感波段，并对敏感波段进行数据质量评价。最后，根据所确定的敏感波段中心位置的光谱反射率数据与土壤理化指标值，建立多元统计回归模型，建立土壤退化指标参数与敏感波段光谱反射率的反演模型，并验证模型。对成像光谱影像进行辐射校正、几何纠正、噪声去除等，根据上述过程确定的敏感波段中心位置和建立的反演模型，合成新影像，形成研究区土壤退化指标参数图，经验证后，实现土壤退化指标信息的快速、定量获取。

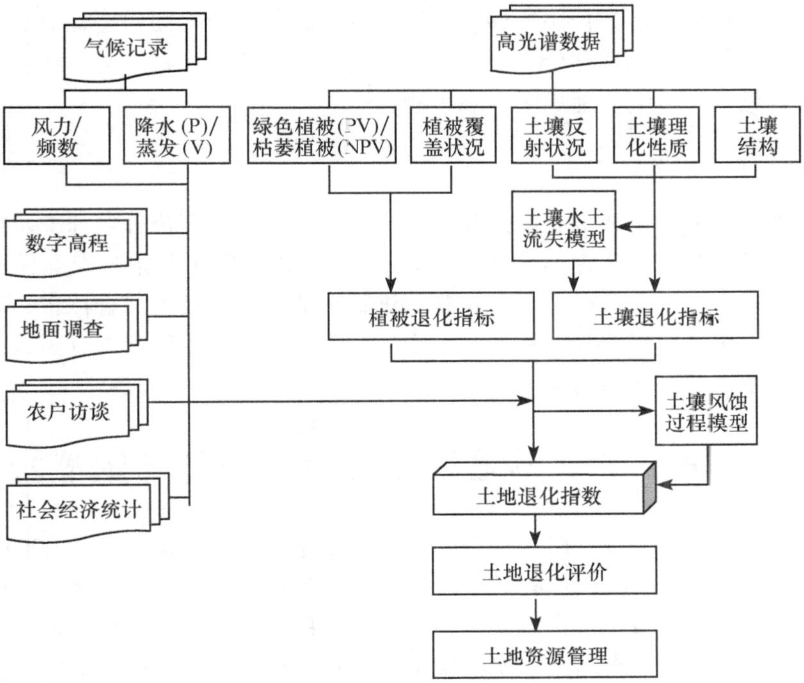

图 4-3 基于高光谱数据的土地退化综合评价技术流程

基于遥感数据的土地退化评价方法包括：

1. 综合指数评价方法

综合指数评价法即通过消除量纲的影响，使各指标在阈值区间内具有同等效用，能够统一度量，对各个指标赋予不同权重，通过加法模型或乘法模型得到综合评价指标值，比较评价起点与评价终点在综合指标值上的变化。评价步骤包括选取评价指标，根据评价指标阈值和标准值，对评价指标进行土地退化程度分级并赋值，根据所确定的指标权重，计算综合评价值。所用模型为

$$\text{加法模型} \qquad P = \sum W_i P_i \tag{4-3}$$

$$\text{乘法模型} \qquad P = \prod W_i P_i \tag{4-4}$$

$$\text{代数模型} \qquad P = P_j \sum W_i P_i \tag{4-5}$$

评价指标阈值或标准值根据区域性本底背景、科学研究的判定标准和野外实地调查直接获取。评价指标权重通过特尔斐法、层次分析法和回归分析法确定。一般条件下，采用了特尔斐方法确定各指标的权重，特尔斐方法可客观地综合多数专家经验和主观判断，是将定性与定量因素进行量化的决策分析方法。

2. 单指标多角度评价法

单指标多角度评价法即根据评价指标阈值和标准值，分别对评价指标进行土地退化程度分级。单指标多角度评价法能够反映被评价系统存在的不同问题，但是对整体退化状况把握不够。因此在选取评价方法时，可以把两种方法结合在一起，或在不同层次上交叉使用，以做到全面真实地反映客观事物。

3. 神经网络评价方法

神经网络评价方法需要对土壤退化与植被退化指标建立评价分级标准，根据人工神经网络建模原理，利用分级标准数据和野外调查 GPS 定位样本作为训练样本，通过人工神经网络学习与训练，进行模拟和建模，进行土地退化程度的综合评价。利用人工神经网络进行指标预测可以选择多种网络模型，一般选择最常用而且具有函数逼近、模式识别、分类和预测等多功能的 BP 网络模型。

第五节　干旱、半干旱地区土地退化特征与遥感技术应用

常规的多波段遥感（如 TM、SPOT 等）影像是在几个离散的波段以不同的波段宽度（常为 100～200nm 量级）获取图像，在较大程度上滤除了地表光谱反射特征和地物理化性质的反射特征（Smith et al.，1990），导致很难获得高精度的定量反演结果。在干旱、半干旱地区利用常规遥感技术监测土地退化具有一定困难。植被覆盖度减少和植被种群的变化是此地区土地退化的敏感指标，目前植被遥感监测的基础是基于湿润区和半湿润区植被的特征，而干旱、半干旱地区植被对水分和热反应具有特殊的适应过程，干旱、半干旱地区植被的行为表现与湿润、半湿润地区植被不同，导致干旱、半干旱地区植被叶面积指数的测量比较复杂；并且干旱、半干旱地区的湿季一年生植被在短暂的生长期变得较绿，通常监测的植被覆盖度会呈现大幅度的增加，而此期间测量的植被覆盖度会混淆多年生植被的退化。更重要的是，这些一年生植被会成为正经历退化区域的

主导类型。相反，干季植被则很难通过遥感技术从土壤背景中辨别出来，土壤背景对分布稀疏的干旱区植被的影响，造成在遥感影像上反映的植被量更少。因此，对干旱、半干旱区植被覆盖的监测需要设计特殊的植被指数，需要革新遥感技术来进行土地退化监测（Ray，1995；Pickup et al.，1994）。由于沙漠植被生长期很短，并与暴风雨或季节降水联系密切。Landsat 和其他已有卫星传感器的低时间分辨率不能满足对沙漠植被短暂而至关重要的生长期的监测。

一、干旱、半干旱地区植被光谱特征影响因子

植被对土地退化过程具有一定的抑制作用。在干旱、半干旱地区植被的轻微变化均可能引起风蚀，植被覆盖度减少和植被种群变化是土地退化的敏感指标，植被反映了干旱半干旱地区的水文情况。400～1000nm 的光谱范围具有绿色植被的“红边”特征，一些沙漠植被在 2000～2500nm 光谱范围的光谱特征与叶冠有关。目前遥感监测所设计的植被指数是基于湿润区植被的有关特征，其植被叶面积大，冠层连续，叶绿素含量多，并包含细小透明的叶子。然而，干旱、半干旱地区植被对水分和热应力有种特殊的适应过程，其植被不能通过蒸发来调节温度，为降低叶片温度，其叶片细小和冠层开放。小叶片减少了干旱半干旱地区植被的叶面积数量，透过开放的冠层可看到大量的土壤。为避免正午阳光的直射，干旱、半干旱地区植被的叶片均呈垂直方向分布，将导致干旱、半干旱地区植被叶面积指数测量比较复杂。而遥感观测为了获得最强的光照和最少的阴影分布，一般在正午进行，因此在遥感影像上原本植被就少的干旱半干旱地区显示出的植被量就更少。许多干旱半干旱地区植被长有叶毛和叶衣，它们改变了叶片的光谱特征，而且其叶绿素密度比湿润植被低。

（一）干季与湿季

干旱、半干旱地区的干季和湿季有较大不同，干旱、半干旱地区植被的行为表现与湿润地区植被有所不同。

1. 干季

在干旱季节，植被叶绿素和其他吸收性色素的缺乏会进一步增加可见光范围的反射量，同时叶片上的盐分会反射更多光线，造成叶绿素不能吸收光线，进入叶片的少量光线会强烈增加可见光的反射。并且大量的叶毛增强了 750～1000nm 范围内的光反射，减弱了 500～750nm 范围内的反射，但对 1000～2500nm 范围内的光反射没有影响。由于大部分干旱、半干旱区的灌木和草组织液较少，除了叶面具有防止光线进入叶片的特性外，由于含水量低，这些植物比湿润地区植物的叶片对可见光的反射强度要大。传统植被指数的设计，由于植被“红边”的原因会导致对干旱、半干旱地区植被盖度的低估，使得在干旱季节这些植被很难通过遥感技术从土壤背景中辨别出来。

2. 湿季

在降水季节来临时，干旱、半干旱地区植被会发生根本变化。较多一年生植物利用水分充足时期尽可能完成其生命周期，这些植物必须尽可能快地进行光合作用。许多一年生植被会通过转动叶片来获取更多的太阳辐射，由于水分充足，这些植被的叶片就不必为阻止蒸发而变小。多年生植被也会改变叶子的朝向来充分利用水分，一些植被的叶子中含有大量的原叶绿素，可迅速地转化为叶绿素。因此，干旱、半干旱地区植被在湿季由于植被的增多会呈现更绿，但这并不仅仅是植被生物量的增加所致。植被也改变其特征以更好的截取和吸收太阳辐射，导致可见光吸收和近红外反射的增强。植被已有的生物量和新增加的生物量均调整方向以截取最多的阳光，即使去除由于降水增加而生长短暂的植物，通常遥感技术所监测到的植被在湿季其植被覆盖也会呈现大幅度的增加。

（二）背景对分布稀疏的干旱区植被的影响

干旱、半干旱地区植被，尤其是沙漠灌木丛一般都稀疏分布，其开放的植被冠层使得土壤背景成为光谱的重要反射部分。对比干旱区和湿润区，由于穿过叶片的光线数量差异较大，因此土壤背景（部分是因为光谱的非线性混合造成的）不同。干旱、半干旱地区植被光谱的非线性混合即使在遥感影像一个像元大小范围内的小比例变化，也会影响植被覆盖的监测。为提取植被变化信息，必须将植被各个组成部分的光谱与该区土壤光谱进行结合，建立植被冠层和土壤间的光散射模型。

（三）一年生和多年生植被

对植被生长季节的监测，可通过多年生植被的覆盖变化来提取一年生的植被。许多一年生植被在其短暂的生长期内变得很绿，在此期间测量的植被覆盖度会混淆多年生植被退化。更重要的是，一年生植被是土地退化区域的标志植被。因此，通过区分一年生和多年生植被，可确认哪些是土地退化区域。在两种灌木类型主导的区域，需要设计两个互为补充的植被指数，一个是不易受植被类型变化影响的指数，提供植被覆盖的总量估计；另一个植被指数应对这两种不同类型的植被均较敏感，它与前一个指数结合能够确定观测区域植被种类百分比的变化。反映叶绿素聚集区 550nm 两侧反射率差异的窄波段，以及在红光和近红外的一些窄波段可以满足第一个植被指数的需求。

（四）干旱、半干旱地区土地退化监测对传感器的需求

土地退化监测所用的卫星传感器必须非常标准，其空间分辨率至少在 50～200m 范围内，时间分辨率至少是一周。高光谱成像光谱仪提供了 450、475、500、550、

590、615、675、750和850nm处的窄波段，可监测干旱、半干旱区植被特征。SeaWIFs和OCTS传感器提供了400～1000nm的窄波段，但是其空间分辨率太低，不过SeaWIFs和OCTS提供的波段可建立遥感植被指数。AVNIR（ADEOS）被设计用于监测陆地表面，其多光谱波段的空间分辨率是16m，但是该仪器的光谱分辨率较低。MODIS的光谱分辨率较高，但其空间分辨率较低，因此不适合于干旱、半干旱区植被监测。

二、土地退化特征与遥感技术应用

（一）过度放牧和生境带

在荒漠草原为给牲畜提供饮用水挖掘水井，使得水井周围过度放牧比较严重，造成水井周围土地退化。在水井周围地区，水不再是牲畜存活的限制性因素，过度放牧导致草地植被无法恢复，地表径流增加，土壤暴露，大部分地区由于过度放牧而又遭受风蚀的影响。牲畜对草料也有一定的选择性，这对植被种类分布有一定影响。在遥感影像中，水井区域与周围区域相比，放牧区呈现出一个以水源为中心反射率反常的圆形。因此，应及时监测过度放牧区域的变化特征，可反映土地退化的状况。Kwarteng和Al-Ajmi（1997）利用两期TM影像（1985年和1993年）进行了科威特过度放牧变化监测。表4-9列出了现存的多光谱传感器，具有一个红波段和近红外波段，可用于植被退化的监测。

表4-9　用以监测植被“红边”的传感器

	传感器	分辨率/m	发射时间
高空间分辨率的多光谱传感器	MOMS-02	14.0	1996
	QUICKBIRD	3.3	1998
	IKONOS-1	4.0	1998
	IKONOS-2	4.0	1998
	OREVIEW-3	4.0	1998
	ASTER	15.0	1998
	HRG	10.0	1999
	AVNIR-2	10.0	2001
中分辨率的多光谱传感器	HRV	20.0	1986
	AVNIR	16.0	1996
	CCD	20.0	1997
	ASTER	30.0	1998
中低空间分辨率的多光谱传感器	MSU-SK/R	160	1988
	MISR	240	1998
	AATSR	500	1999
低空间分辨率的多光谱传感器	ATSR	1 000	1991
	ATSR-2	1 000	1995

（二）土壤板结和土壤结皮

土壤板结和土壤结皮与中度颗粒和微粒结构的土壤有关，由人类活动导致的土壤板结在微粒结构的水浇地和中度至粗粒结构的干旱区土壤中比较常见。土壤结皮发生在水浇地、旱地和牧场的土壤，牲畜的践踏会导致地表不易渗水，从而增加径流的发生，使得这些地区发生沟蚀。利用 SPOT-HRV 的三个波段（绿、红和近红外）建立了一个可以模拟具有不同土壤粗糙度的土壤双向反射的模型。

旱地土壤蒸发量大于降雨量，需要地下深层水补充土壤水分，这就导致水中许多可溶性的物质在土壤上层集结。干旱、半干旱区的少雨特征经常需要人工灌溉，灌溉水中的可溶盐类运送到土壤剖面的下层，但碳酸盐类聚集在土壤表层。因此，旱地和水浇地的盐渍化成点状分布。胶质黏土颗粒被灌溉水带到土壤下层，在相对渗透性较差的钙化层上聚集，从而形成一个更加不易渗透的土壤层，土壤表面水分的蒸发导致近土壤表面发生盐渍化。TM 图像的所有波段（除了 B3）都适用于研究土壤颜色、粗糙度、黏沙比和结皮。B6（10 400～12 500nm）更适合于含盐量的监测，热红外波段对盐渍化监测较适用。表 4-10 为具有相同波段的中、低空间分辨率的传感器。

表 4-10 具有 10 000～12 500nm 的低空间分辨率传感器

传感器	分辨率/km	发射时间
MSS	0.237	1972
TM	0.120	1982
IR-MSS	0.160	1996
MSU-SK/P	0.210	1996
TMS	0.160	1997
ETM^+	0.060	1998
ASTER	0.090	1998

（三）风　　蚀

干旱、半干旱区的沙质土壤被风吹或被水冲刷时，将暴露相对渗透性较慢的土壤。沙地植被覆盖的破坏导致风蚀的发生和土壤肥力下降。风蚀土地容易通过遥感技术进行监测，但在降雨量丰富时期，风蚀土地减弱或消失，当干旱再次发生的时候，相同地区的风蚀会重新活跃，并会比以前的活动范围更大。利用 MSS 和 TM 数据，可获取植被覆盖度空间变化和土壤粗糙度影像与反射率信息，生成风蚀指数影像。风蚀程度受多种因素的影响，植被覆盖度和土壤类型是至关重要的因素。用卫星多光谱数据可建立简单的模型，强调具有低植被覆盖度和高反射率土壤的区域图像。Karnieli 等（1998）在实验室用光谱仪测量了内盖夫沙漠北部的干燥和湿润的藻青菌土壤结皮，这些生物体影响着土壤的稳定性、土壤形成过程和土壤肥力以及土壤水组成，土壤结皮阻止了风对土壤颗粒的侵蚀。在 580nm 波段是藻红蛋白导致的吸收峰，在 630nm 有藻青蛋白的吸收峰，并在430nm的蓝波段反射率最大，因此这个波段对蓝质体土壤结皮监测比较有价值。Landsat、MOMS、SeaWIFs 和 MODIS 等仪器均具有监测蓝波段反射率的能力（表4-11）。Karnieli（1997）提出利用土壤结皮指数进行沙丘分类的方法，利用藻青菌在蓝色光谱区域（450～520nm）反射率高的特点，区分活动沙丘、固定沙丘等。

表 4-11　具有蓝波段的传感器

	传感器	分辨率/m	发射时间
高空间分辨率的多光谱传感器	MK-4	10.0	1989
	MOMS-02	14.0	1996
	HRMSI	0.0	1998
	QUICKBIRD	3.3	1998
	IKCNOS-1	4.0	1998
	IKCNOS-2	4.0	1998
	ORBVIEW-3	40	1998
	AVNIR-2	10.0	2001
中空间分辨率的多光谱传感器	TM	30.0	1982
	LISS-1	72.5	1989
	LISS-2	36.2	1994
	MSU-V	50.0	1996
	CCD	20.0	1997
	ETM+	30.0	1998
	ALI	30.0	1999
中低空间分辨率的多光谱传感器	MOS-IRS	500	1994
	MISR	240	1998
	MODIS	500	1998
	MERIS	250	1999
低空间分辨率的多光谱传感器	CZCS	825	1978
	MOS-PRI	650	1996
	OCTS	700	1996
	POLDER	6 000	1996
	SEAWIFS	1 130	1997
	VEGETATION	1 150	1998
	MSV&IR-2	1 100	

（四）水　　蚀

通常水蚀严重区域有大量冲沟分布，影响水蚀的重要因素有坡长、土壤类型、植被覆盖度和降水强度。水流快速通过裸露的土壤会将其表面的颗粒冲到下方，植被可以使水流速度减慢。因为植被的存在，土壤会具有更好的渗透性，植被可降低通过坡面的水流量。坡长越长，水流对坡面土壤的冲刷力度越大。对不同的土壤类型和植被覆盖，坡长的影响也不相同。利用遥感技术可建立数字高程模型，提取沟道分布，估计植被类型和覆盖度。将这些信息集成，并结合土壤图，可进行水蚀预测。航空照片通常被用于水蚀研究与流域制图，辨认细沟、冲沟和区域面蚀。随着传感器空间分辨率的不断提高

（表 4-12），结合全色波段和多光谱遥感图像，上述特征提取精度将会不断增加。

表 4-12　用于水蚀监测的高空间分辨率传感器

传感器	空间分辨率/m	光谱分辨率/m	发射时间
KVR-1000	2.0	2.0	1966
KFA-3000	2.0	—	1989
EYEGLASS TM	1.0	—	1996
MOMS-02	5.0	14.0	1996
QUICKBIRD	0.8	3.3	1998
IKONOS-1	1.0	4.0	1998
IKONOS-2	1.0	4.0	1998
ORBVIEW-3	1.0	4.0	1998
HRMSI	5.0	10.0	1998
HRG	5.0	10.0	1999
AVNIR-2	2.5	10.0	2001

参 考 文 献

丁国栋，赵廷宁．2004．荒漠化评价指标体系研究现状述评．北京林业大学学报，26（1）：92～96

郭德友等．1986．土壤多光谱反射比的研究和应用．北京：科学出版社

刘玉平．1998．荒漠化评价的理论框架．干旱区资源与环境，12（3）：74～81

孙武，李保生．1999．荒漠化分类分级理论的初步探讨．地理研究，18（3）：225～230

孙武，李森．2000．土地退化评价与监测技术路线的研究．地理科学，20（1）：92～96

田国良．1991．土壤水分的遥感监测方法．环境遥感，6（2）：89～98

田亚平．2001．荒漠化评价研究进展．衡阳师范学报（自然科学），22（3）：99～104

徐彬彬，季耿善．1987．土壤光谱反射特性研究及其应用．土壤学进展，15（1）：1～9

赵其国，孙波，张桃林．1997．土壤质量的定义及评价方法．土壤，（3）：113～120

朱永豪，邓仁达，卢亚非等．1984．不同湿度条件下黄棕壤光谱反射率的变化特征及其遥感意义．土壤学报，21（2）：194～202

朱震达，刘恕．1984．关于沙漠化概念及其发展程度的判断．中国沙漠，4（3）

Ångström A. 1925. The albedo of various surfaces of ground. Geography Ann.，7：323～342

Al-Abbas et al. 1972. Relating organic matter and clay content to multispectral radiance of soils. Soil Sci.，114：477～485

Bedidi A，Cervelle B，Madeira J et al. 1992. Moisture effects on visible spectral charateristics of lateritic soils. Soil Sci.，(153)：129～141

Baumgardner M F，Stoner E R，Silva L F et al. 1985. Reflective Properties of Soils. In：Brady N ed. Advances in Agronomy，38. New York：Academic Press. 1～44

Beck M B. 1976. Dynamic modeling and control applications in water quality management. Water Research，10（7）：575～595

Ben-Dor E，Banin A. 1994. Visible and near infrared（0.4～1.1 μm）analysis of arid and semiarid soil. Remote Sens. Environ.，41：10～124

Bowers S A，Hanks R J，1965. Reflection of radiant energy from soils. Soil Science，100（3）：130～138

De Jong S M. 1994. Application of reflective remote sensing for land degradation studies in a Mediterranean environment. Netherlands Geographical Studies，KNAG，Utrecht. 240

Dehaan R L，Taylor G R. 2002. Field derived spectra of salinized soils and vegetation as indicators of irrigation induced soil salinization. Remote Sensing of Environment, 80: 406～417

FAO, UNEP. 1984. Provisional Methodology for Assessment and Mapping of Desertification. Rome

Galvao L S, Vitorello I. 1998. Role of organic matter in obliterating the effects of iron on spectral reflectance and color of Brazilian tropical soils. International Journal of Remote Sensing, 19: 1969～1979

Glantz M H, Orlovsky N S. 1983. Desertification: a review of the concept. Desertification Control Bulletin, 9: 15～22

Grainger A. 1992. Characterization and assessment of desertification processes In: Chapman G P. Desertification Grasslands: Their Biology and Management. London: Academic Press. 17～33

Gregory P A et al. 2003. Imaging spectroscopy for desertification studies: comparing AVIRIS and EO-1 Hyperion in argentina drylands. IEEE Transactions on Geoscience and Remote Sensing, 41 (6): 1283～1296

Hielkema J U et al. 1986. Rainfall and vegetation monitoring in the Savanna Zone of the Democratic Republic of Sudan Using the NOAA Advanced Very High Resolution Radiometer. International Journal of Remote Sensing, 7 (11): 1499～1513

Hill J, Udelhoven J T, Schütt A Y. 1998. Differentiating biological soil crusts in a sandy arid ecosystem based on hyperspectral data acquired with DAIS-7915. Proc. 1st EARSeL Workshop on Imaging Spectrometry, EARSeL. 427～436

Hill J, Schütt B. 2000. Mapping complex patterns of erosion and stability in dry Mediterranean ecosystems. Remote Sens. Environ., 74: 557～569

Hoffer R M, Johannsen C J. 1969. Ecological potential in spectral signatures analysis, Remote Sensing in Ecology. University of Georgia, Athens (Georgia), 1～16

Irons J R, Weismiller R A, Petersen G W. 1989. Soil Reflectance. In: (Asrar Ged) Theory and Applications of Optical Remote Sensing. New York: John Wiley and Sons. 66～106

Jong S D M. 1992. The analysis of spectroscopical data to map soil types and soil crusts of Mediterranean eroded soils. Soil Technology, 5: 199～211

Karnieli A, Verchovsky I, Hall J K et al. 1998. Geographic information system for semi-detailed mapping of soils in semi-arid region. Geocarto International, 13 (3): 29～43

Karnieli A. 1997. Development and implementation of spectral crust index over dune sands. International Journal of Remote Sensing, 18 (6): 1207～1220

Krishnan P, Alexander J D, Butler B J et al. 1980. Reflectance technique for predicting soil organic matter. Soil Sci. Soc. Am. J., 44: 1282～1285

Kwarteng A Y, Al-Ajmi D. 1997. Satellite remote sensing application in the State of Kuwait. Kuwait Institute for Scientific Research, Kuwait

Liu Weidong L, Baret F, Kingfa G et al. 2002. Relating soil surface moisture to reflectance. Remote Sens Environ, 81: 238～246

Leone A P, Sommer S. 2000. Multivariate analysis of laboratory spectra for the assessment of soil development and soil degradation in the Southern Apennines (Italy). Remote Sens. Environ., 72: 346～359

Mustard J F. 1993. Relationships of soil, grass, and bedrock over the Kaweah Serpentinite Melange through spectral mixture analysis of AVIRIS data. Remote Sens. Environ., 44: 293～308

Narasimha Rao et al. 1993. Relation between root zone soil moisture and normalized difference vegetation index of vegetation fields. International Journal of Remote Sensing, 14 (3): 441～449

Nicholas J M, David S G Thomas. 1997. World Atlas of Desertification (second edition). London: Arnold

Nicholas J M, David S G Thomas. 1992. World Atlas of Desertification. London: Arnold

Oldeman L R, Hakkeling R T A, Sombroek W G. 1990. World Map of the Status of Human induced Soil Degradation: An Explanatory Note. 2nd revised edn. ISRIC, Wageningen, The Netherlands

Peterson J B, Robison B F, Beck R H. 1979. Predictability of change in soil reflectance on wetting machine processing of remotely sensed data. Proc. Purdue University. West Lafayeffe Ind，264～274

Pickup G et al. 1994. A grazing gradient approach to land degradation assessment in arid areas from remotely sensed data. INT J Remote Sensing，15 (3)：597～617

Ray T W. 1995. Remote monitoring of land degradation in arid/semiarid regions. Ph. D. Thesis，California Institute of Technology，Pasadena，CA

Smith M O，Ustin S L，Adams J B et al. 1990. Vegetation in deserts：I. A regional measure of abundance from multispectral images，Remote Sens. Environ，31：1～26

Stone E R，Baumgardner M F. 1981. Characteristic variations in reflectance of surface soils. Soil Sci Soc，45：1161～1165

Stroosnijder L. 2005. Measurement of erosion：Is it possible? Catena，64：162～173

Swain P H，Davis S M. 1984. 遥感定量方法. 朱振福等译. 北京：科学出版社

第五章　基于高光谱遥感技术的土地退化信息提取

基于高光谱遥感数据的土地退化信息提取包括三个方面研究内容：一是退化土地光谱反射特性的研究，二是利用高光谱数据进行土地退化指标信息挖掘，三是开展高光谱遥感数据的土地退化分类与土地退化程度评价。目前，基于土壤光谱反射特性的土地退化指标信息挖掘主要集中在土壤有机质、土壤水分和土壤质地等方面。

第一节　数据源与研究方法

一、研究区域

选择江苏宜兴和陕西横山为研究区域。宜兴试验区主要进行基于高光谱数据的土地质量指标的信息挖掘，横山试验区主要进行基于高光谱数据的风蚀、水蚀土壤光谱分析与信息挖掘，以及土地退化制图。宜兴试验区成像光谱数据覆盖的十条航线范围面积约 $1000km^2$，位于 119°32′～119°45′E、31°20′～32°00′N。宜兴试验区属中亚热带北缘过渡地区，成土母质较复杂，据全国第二次土壤普查时，土壤有机质平均水平为 2.10%，土壤有机含量大于 3%的面积占 12.80%。横山试验区面积 $400km^2$，位于 109°14′～109°30′E、37°41′～38°10′N，位于黄土高原北缘与毛乌素沙地南缘的交汇处，具有风沙地貌和黄土丘陵侵蚀地貌过渡的特点。据全国第二次土壤普查，研究区域内的主要土壤有绵沙土、风沙土和黄绵土。主要发育黄土状母质，土壤生物作用微弱，土壤发育程度较低，以物理性砂粒为绝对主导成分。全县耕地土壤耕层的有机质平均水平为 0.68%，坝地平均为 0.54%，梯田为 0.38%，山地为 0.38%。

二、成像光谱数据获取

宜兴试验区采用中国科学院上海技术物理研究所研制的成像光谱仪（operative modelar imaging spectrometer，OMIS-I）进行试验区成像光谱数据获取。该型号光谱仪在可见/近红外/短波红外/热红外 0.46～12.5μm 的所有大气窗口上设置了 128 个光谱波段，是一套具有当前国际先进水平的机载高光谱遥感数据获取系统。飞行时间为 2002 年 5 月 19 日，飞行高度为 2200m。对 OMIS-I 成像光谱数据进行边缘辐射畸变纠正，结合地面实测光谱数据，利用经验线性法对 OMIS-I 机载成像光谱仪遥感数据进行辐射定标。以经过精确纠正的空间分辨率 10m 的宜兴地区 SPOT 影像为基准图件，采用二次方多项式对各航带进行粗纠正，每条航带采地面控制点 120 个，灰度重采样采用双曲线法。地图投影方式为高斯-克吕格投影，采用克拉索夫地球参考模型，纠正精度在 2 个像元左右，粗纠正后的遥感图像与 SPOT 图像基本吻合，只是在局部区域还残余较大变形。

横山试验区的 Hyperion 数据由美国地球观察卫星 EO-1 搭载的成像光谱仪获取，共有 220 个波段，光谱分辨率 10nm，光谱范围 400～2500nm，地面分辨率 30m，机上标定系统的绝对辐射标定精度达到 6%。其主要技术参数如表 5-1 所示。

表 5-1 Hyperion 数据的技术特性

波段数目	光谱范围/μm	波段宽度/nm	地面分辨率/m	幅宽/km	辐射精度/%	量化等级/bit	仪器质量/kg
220	0.40～2.50	10	30	7.5	6	12	49

通过对 Hyperion 数据 220 个波段各种特征的综合分析评价，无信号波段为 1～7 和 58～76；有坏线的波段为 94、99、116、119、190、200 和 203；信噪比差的波段为 8～10、57、77～81、97～98、120～132、165～181 和 185～186；通过分析野外实测光谱曲线和借鉴相关文献的结论（Palacios，1996；Price，1998），剔除了水汽吸收峰影响严重的波段，如 184～191（1991.9～2062.5nm）。通过对 Hyperion 数据 220 个波段各种特征的综合分析，81 个波段被剔除，最后保留了 139 个波段，大大减少了数据的存储空间。利用 2002 年横山县 ETM^+ 正射影像图对 Hyperion 影像进行几何校正，采用二次多项式校正方法选取地面控制点，在图像的四角和对角线交点处选取，然后逐渐加密，均匀分布，控制点均选择特征地物（如道路，山脉）和固定地物的交叉点（如河流的交叉点，道路的交叉点），采用最近邻域法重采样，纠正后图像经 RMS 检验误差低于 1 个像元。采用经验线性拟合法对影像进行辐射校正，以水体为暗光谱目标，晒谷场为亮光谱目标，实测定标点的地面反射率光谱值，并计算图像上对应像元点的平均辐射光谱，利用线性回归建立反射光谱与辐射光谱间的相关关系

$$DN = kR + b$$

通过暗、亮两目标的地物反射率 R 及光谱辐射亮度值 DN，求解出系数 k，b，得出 DN 值与反射率之间的关系式，从而来进行像元灰度值与反射率的转换。

三、地物光谱数据获取

选择地势较为平坦、土壤裸露的地区作为土壤样品采集样区，同时考虑各种不同的土地利用/覆被类型、土地退化类型和土壤类型，每个样区选择具有代表性的测点 4～5 个，每个测点采集一个土壤样品，采集 0～10cm 表层土作为土壤样品，在采集土壤样品前进行 5 次光谱测量。光谱测量采用 ASD FieldSpec FR 野外光谱仪，用 3°视场角探头垂直对目标进行观测。ASD FieldSpec FR 光谱仪测量的波长范围为 350～2500nm，其中 350～1000nm 之间的光谱分辨率为 3nm，1000～2500nm 之间的光谱分辨率为 10nm（David，1999）。宜兴试验区采集了 43 个土壤样品，横山试验区采集 132 个土壤样品。对于采集的土壤样品还进行了实验室光谱测量。在一台能够提供平行光的 1000W 卤光灯光照射下，用 ASD FieldSpec FR 地物光谱仪，对土壤样品进行光谱测量。光源离土壤样品约 50cm，采用 3°视

场角的探头，探测器头部垂直对准样品，距离约为 20cm，探测面积直径约为 2cm(2×20cm×tan3°)，以保证土壤样品充满整个视场。对一条光谱曲线的扫描时间设定为 5s，每个土壤样品的光谱测量重复 4 次，最后取平均得出土壤样品的光谱反射率。

四、土壤相似光谱分离与挖掘方法

地面光谱数据波段间具有较高的相关性和冗余度，应用土壤线、主成分分析和典范分析等光谱维和空间维的特征提取方法可对高光谱数据进行有效地分类或特征提取。土壤线是土壤光谱相对反射率在红-近红外二维光谱空间分布的趋势线，表现为近于原点的直线。红-近红外两个波谱段的间隔越大，反射值之间的相关性越小，信息的冗余度越低，土壤线截距的绝对值便越大。由于室内土壤反射光谱是由土壤颜色、湿度、粗糙度、有机质、含铁量、光照条件及阴影等因素复合作用的结果，土壤线参数与土壤理化特征指标具有一定的关联性。主成分分析（PCA）是把多个原始变量转化为少数几个相互独立综合变量的一种分析技术，将大部分方差集中在前面少数几个主成分中。分析主成分与土壤理化特征指标之间的关系，以揭示影响土壤光谱的主要土壤理化特征。同样，典范分析也是将多个变量转化为少数几个典范变量，通过典范变量之间的相关性可综合描述两个多元随机变量之间关系，从而达到分类的目的。

五、光谱吸收峰特征参数

光谱吸收峰特征参数包括吸收波段波长位置、深度、宽度、对称度、面积和光谱绝对反射值。吸收波段位置是吸收峰反射率最小值处的波长；吸收深度为吸收谷点到两个肩部端点所组成的“非吸收基线”的距离；宽度指最大吸收深度一半处的光谱带宽；对称度可定义为垂直于吸收位置的直线，其右边区域面积与左边区域面积比值；吸收面积为宽度和深度的综合参数。

一般采用“包络线消除法”来提取这些光谱吸收特征参数。从直观上看，包络线相当于光谱曲线的“外壳”。进行包络线消除后的反射率归一化到 0～1.0，光谱的吸收特征也被归一化到一个一致的光谱背景上，可以和其他光谱的吸收特征进行数值比较和光谱间的匹配分析（图 5-1）。

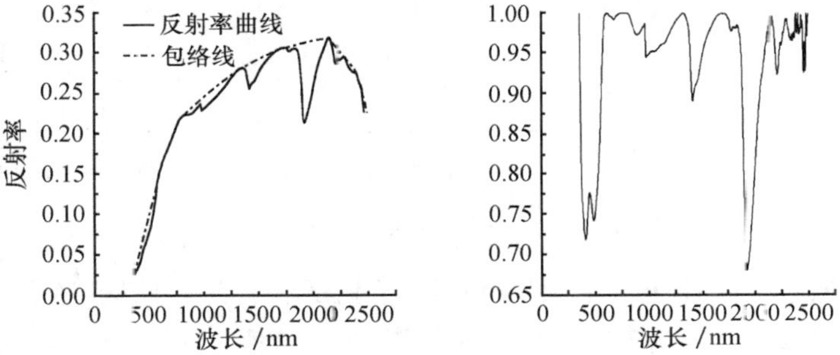

图 5-1　包络线消除前后光谱曲线的对比

六、光谱分析方法

微分光谱技术是遥感数据处理具有应用前景的分析方法。不同阶数的微分（差分）值可以帮助人们迅速确定光谱的拐点及最大最小反射率的波长位置。Cloutis（1996）的研究表明，光谱的低阶微分处理对噪声影响敏感性较低，因而在实际应用中较有效。在实际计算中，一般用光谱的差分作为微分的有限近似，计算公式如下：

$$R'(\lambda_i) = [R(\lambda_i) - R(\lambda_{i-1})]/2\Delta\lambda \tag{5-1}$$

$$\begin{aligned} R''(\lambda_i) &= [R'(\lambda_i) - R'(\lambda_{i-1})]/2\Delta\lambda \\ &= [R(\lambda_{i+1}) - 2R(\lambda_i) + R(\lambda_{i-1})]/\Delta\lambda^2 \end{aligned} \tag{5-2}$$

式中：λ_i 为每个波段的波长；$R'(\lambda_i)$ 和 $R''(\lambda_i)$ 分别为波长 λ_i 的一阶和二阶微分光谱；$\Delta\lambda$ 是波长 λ_{i-1} 到 λ_i 的间隔，视波段波长而定。随着 $\Delta\lambda$ 的增加，光谱微分曲线趋向于平滑，可能导致滤除许多细微光谱特征的后果（图 5-2），本书研究中取 $\Delta\lambda=10$。

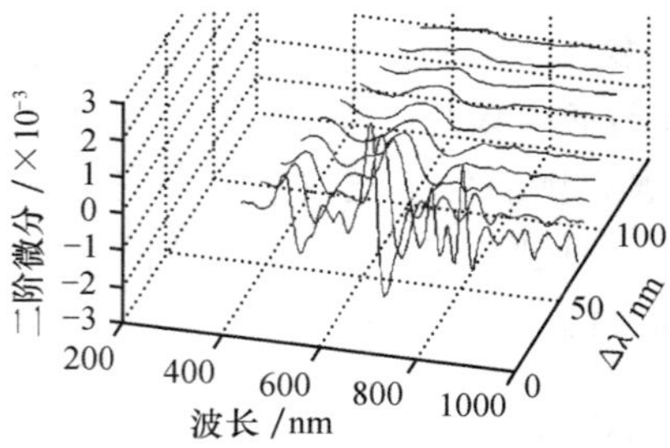

图 5-2　不同波长间隔的二阶微分光谱（Fuan et al.，1998）

除微分光谱技术外，还可对光谱进行其他形式变换，如对数变换、倒数变换等。土壤光谱反射率经对数变换后，不仅趋向于增强可见光区的光谱差异（可见光区的原始光谱值一般偏低），而且趋向于减少因光照条件变化引起的乘性因素影响。微分光谱有助于限制低频噪声对目标光谱的影响。本书对反射率进行了 14 种变换，并运用统计分析技术来评价与比较，从中寻找对土壤理化指标敏感的光谱指标。14 种变换分别是：反射率的倒数 $1/R$、反射率的对数 $\lg R$、反射率对数的倒数 $1/\lg R$、反射率的平方根 $\sqrt{R}$、反射率的一阶微分 R'、倒数的一阶微分 $(1/R)'$、反射率对数的一阶微分 $(\lg R)'$、对数的倒数的一阶微分 $(1/\lg R)'$、平方根的一阶微分 $\sqrt{R}'$、反射率的二阶微分 R''、倒数的二阶微分 $(1/R)''$、反射率对数的二阶微分 $(\lg R)''$、对数的倒数的二阶微分 $(1/\lg R)''$、平方根的二阶微分 $\sqrt{R}''$。

对每个土壤样品理化指标与经平滑处理后 350～2500nm 光谱范围的反射率数据（剔除水吸收峰波段）进行相关分析，以土壤有机质为例，相关系数 r 计算公式如下：

$$r_i = \frac{\mathrm{Cov}(R,OM)}{\sqrt{D(R)}\ \sqrt{D(OM)}} = \frac{\sum_{n=1}^{N}(R_{ni}-\overline{R_i})(OM_n-\overline{OM})}{\sqrt{\sum_{n=1}^{N}(R_{ni}-\overline{R_i})^2\sum_{n=1}^{N}(OM_n-\overline{OM})^2}} \tag{5-3}$$

式中：r_i 为土壤有机质含量 OM 与光谱反射率或其变换形式（都用 R 表示）的单相关系数；i 为波段序号；R_{ni} 为第 n 个土壤样本第 i 波段的光谱反射率值（或其变换形式的值）；$\overline{R_i}$ 为 N 个土壤样本在 i 波段光谱反射率（或其变换形式）的平均值；OM_n 为第 n 个土壤样品的有机质含量；$\overline{OM}$ 为实测的 N 个土壤样品的有机质含量平均值；N 为土壤样品的总个数。

逐步回归分析是多元线性回归模型中选择回归变量的一种常用数学方法。判定系数 R^2 又称复相关系数或曲线的拟合度，R^2 是数据 $Y_i(i=1, 2, \cdots, n)$ 与 Y_i 的估计值 $\hat{Y}_i(i=1, 2, \cdots, n)$ 之间的相关系数的平方，R^2 体现了回归模型所能解释的因变量变异的百分比，但 R^2 的值随着进入回归方程的自变量的个数 n（或样本容量的大小）的增加而增大。因此，引进了经调整的判定系数。调整判定系数的公式为

$$R_{\text{Ad.}}^2 = 1 - \frac{\sum_{i=1}^{n}(Y_i - \hat{Y}_i)^2/(n-k-1)}{\sum_{i=1}^{n}(Y_i - \bar{Y})^2/(n-1)} \tag{5-4}$$

式中：k 为自变量个数（入选波段数）；n 为观测量数目（样本数）。可以看出，自变量数大于 1 时，其值小于判定系数。自变量越多，与判定系数的差值越大。采用方差分析方法对回归方程进行检验。

预测方程的精度用总均方根差（RMSE）来评价

$$\text{RMSE} = \sqrt{\frac{1}{n-k-1}\sum_{i=1}^{n}(Y_i - \hat{Y}_i)^2} \tag{5-5}$$

式中：Y_i 和 $\hat{Y}_i$ 分别为测定值和预测值；n 为样本数；k 为入选波段数。

逐步回归分析方法简单明了，但存在以下两方面的不足：首先在建立回归模型时存在“过度拟合”现象，这种现象主要发生在当样本数比波段数小时，这时波段反射值可能并未与某种化学成分相关，但其噪声模式可能与某种因子相关，这种危险性随着波段数的增加而提高；其次是波段之间的高度相关性，逐步回归方法的一个重要假设是在多元回归中的一些输入变量对于输出没有重要的影响。如果这个假设成立，则可以方便地对模型进行简化，只保留那些统计意义显著的项。而实际上，输入变量间具有多重交互作用，输入变量不仅与输出相关，而且彼此相关。在这种情况下，模型中一个输入变量可能会“屏蔽”其他变量对结果的影响。总之，逐步回归作为一个固定的运算过程，对使用者来说是有风险的，因为回归的结果与初始模型和变量的选入策略是密切相关的。鉴于逐步回归分析方法的上述不足，本书采用单相关分析，从中选取相关系数高且相互之间的相关性弱的波段作为回归变量用于逐步回归分析，减少输入的波段数，以避免“过度拟合”现象的发生；另一方面，在输入变量选择时，并不是完全根据相关系数的大小选择波段，而是在去除水汽吸收峰后被分割为三段的数据中每一段各取 1 个极值，因此，入选波段之间相隔比较远，彼此之间的相关性就低，从而有效防止“入选变量间的高度相关”的情况发生。

七、光谱角填图法

光谱角填图法（SAM）是基于光谱相似性的一种分类方法。光谱角填图法是通过计算一个像元光谱与一个参考光谱之间的“夹角”来确定它们两者之间的相似性，参考光谱可以是实验室光谱或野外测定光谱或影像上提取的像元光谱。此方法的前提假设是所有暗辐射和路径辐射偏差已经消除，即影像数据被缩减到“视反射率”。参考光谱和像元光谱

（测试光谱）可考虑在二维空间中是两个光谱点，连到原点可以代表不同反射率的物质。反射率越低的像元离原点越近。由于两个向量之间的角度不受向量本身长度的影响，故这种两个光谱之间相似性度量并不受增益因素的影响。因此，在光谱分类上可以减弱地形对反射率的影响。SAM 通过下式确定像元光谱与参考光谱的相似性

$$\theta = \arccos\left(\frac{\vec{t} \cdot \vec{r}}{\|\vec{t}\| \cdot \|\vec{r}\|}\right) \tag{5-6}$$

式中：θ 为广义夹角，角度差别越小，相似性越高；$\vec{t}$ 代表像元光谱矢量；$\vec{r}$ 为参考光谱矢量。参考光谱矢量的基本条件是能够更好地代表田间真实情况。在此基于实验室光谱测量数据的统计分析结果，确定参考光谱矢量，将端元光谱信号分为轻度退化、中度退化和重度退化三类。

八、土壤线土地退化指数

土地退化程度分为轻度退化、中度退化和高度退化三种。轻度退化土地即部分表土被搬运，受地面径流和片蚀影响，如种植农作物的黄土洼川坝地及果园地等；中度退化土地即大部分表土被运移，植被稀疏，主要受细沟侵蚀，也有受地面径流和片蚀影响，如牧草地和灌木覆盖较高的墚峁坡；重度退化土地即全部表土和部分亚表土或底土被搬移，表面受细沟、冲沟和塌堤等侵蚀影响，如植被覆盖度低的肋型墚顶和峁顶及植被覆盖度较低（<5%）的沙土地。

在近红外与红外（NIR～R）通道的二维坐标中，土壤光谱变化表现为近于原点的直线，称为“土壤线”，可表达为

$$R_{NIR} = A + B \times R_R \tag{5-7}$$

式中：R_{NIR} 为土壤在近红外的相对反射率；R_R 为土壤在红外的相对反射率。

土壤线是土壤光谱相对反射率在红-近红外二维光谱空间分布的趋势线，在红-近红外二维光谱空间中土壤线上方为绿色植被分布区域，下方为非植被分布区域。因此，土壤线是一种特殊的植被指数。由于土壤反射光谱是由土壤颜色、湿度、粗糙度、有机质、含铁量、光照条件及阴影等因素复合作用的结果，不同退化程度的土地，其土壤线参数不同，可以有效地利用成像光谱数据具有的光谱分辨能力进行土地退化程度信息提取。

基于土壤线的概念，利用 SAM 分类方法原理，在二维光谱波段空间中，重度退化土地的土壤线和轻度退化土地的土壤线之间有任意点 P（图 5-3），计算点 P 与重度退化土壤线间的距离（DP）和重度退化土壤线与轻度退化土壤线之间的距离（DE）的比率（Ferdinand et al，2005），不局限于光谱波段选择，定义为土壤线土地退化指数（land degradation index，LDI）。以 $\tan\alpha$、$\tan\beta$ 测算距离 DE 和 DP，点 I 为两线的交点（图5-3），以说明任意点对于给定分类的贡献。二维空间土壤线土地退化指数计算公式为

$$\mathrm{LDI} = \frac{\tan\alpha}{\tan\beta} = \frac{\cos\beta}{\cos\alpha} \times \sqrt{\frac{1-\cos^2\alpha}{1-\cos^2\beta}} \tag{5-8}$$

可以表达为

$$\mathrm{LDI} = \frac{DP}{DE} = \frac{\tan\alpha}{\tan\beta} \tag{5-9}$$

采用 n 维空间确定土壤线土地退化指数。本书通过红波段到近红外波段来确定高度退化土地的土壤线和轻度退化土地的土壤线，并且选择一个单波段作为参考波段。

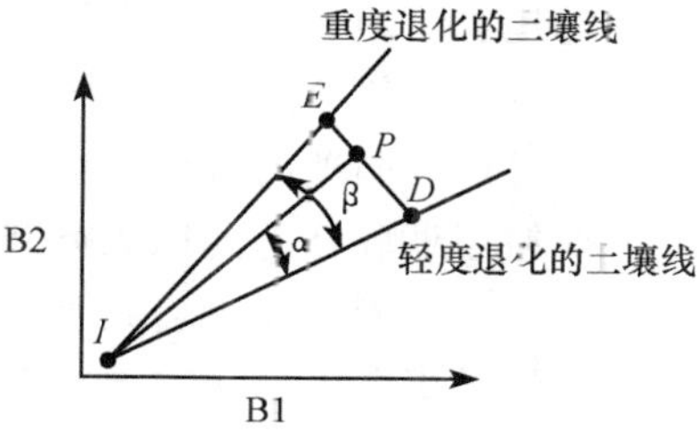

图 5-3　二维空间土地退化指数法的概念模型

九、精度评价方法

误差矩阵和 Kappa 系数是两个最常用的精度评定指标参数。误差矩阵，也称混淆矩阵是一个用于表示分为某一类别的像素个数与地面检验为该类别数的比较阵列。遥感影像分类不确定性常用误差矩阵描述。为了使分类精度的描述具有代表性，还应同时考虑样本大小及采样模式。误差矩阵中计算的误差指标，除可描述某一类或整体分类的精度外，还可以表示出包含与丢失两种误差。Kappa 系数提供了两幅图观测协议的不同量度，而协议是由几率形成的（Congalton et al.，1983，1991）。造成土地退化空间差异的因素（如坡度、岩性和土壤属性等）通常可检验不同程度土地退化的分布。土地退化评价结果通常采用误差矩阵进行 KHAT 统计，计算出 Kappa 系数检验其一致性及评价其精度。Kappa 系数表达为

$$\hat{K} = \frac{N\sum_{i=1}^{r} x_{ii} - \sum_{i=1}^{r}(x_{i+} \times x_{+i})}{N^2 - \sum_{i=1}^{r}(x_{i+} \times x_{+i})} \tag{5-10}$$

式中：r 为矩阵行数；x_{ii} 为 i 行 i 列的观测值；x_{i+} 和 x_{+i} 分别为 i 行和 i 列的边际总量；N 为观测值的数量。

Kappa 系数的变异系数（$\hat{\sigma}^2$）可对不同分类方法的精度和效率进行评价，表达为

$$\hat{\sigma}^2(\hat{K}) = \frac{\alpha_1(1-\alpha_1)}{N(1-\alpha_2)^2} + \frac{2(1-\alpha_1)(2\alpha_1\alpha_2-\omega_1)}{(1-\alpha_2)^3} + \frac{(1-\alpha_1)^2(\omega_2-4\alpha_2^2)}{(1-\alpha_2)^4} \tag{5-11}$$

式中：

$$\omega_1 = \sum_{i=1}^{r} x_{ii}(x_{i+} \times x_{+i}), \qquad \omega_2 = \sum_{i=1}^{r}\sum_{i=1}^{r} x_{ij}(x_{j+} \times x_{+j}) \tag{5-12}$$

$$\alpha_1 = \sum_{i=1}^{r} x_{ii}, \qquad \alpha_2 = \sum_{i=1}^{r} x_{i+} \times x_{+i}, \qquad x_{ij} = \frac{x_{i+} \times x_{+i}}{N} \tag{5-13}$$

第二节　退化土地光谱响应

一、土壤理化性质分析

对宜兴试验区不同土地利用类型土壤理化指标平均值进行比较，翻耕地、耕地、荒草地、林地、园地五种土地利用类型土壤阳离子代换量、有机质、全氮、总铁、亚铁各项指标平均值具有较大差别。耕地与翻耕地有机质水平、阳离子代换量与全氮高于荒草

地、林地、园地，总铁、亚铁则是荒草地和园地比较高（表 5-2），这与耕种制度和土壤类型分布规律一致。对不同土地利用类型土壤理化性质均值两两比较分析，耕地与荒草地和林地、园地的有机质水平差异显著。

对横山试验区不同退化类型与程度的耕地、草地、林地土壤理化指标平均值进行比较（表 5-3），草地土壤有机质、全氮、速效钾平均含量都随退化程度的加强而下降，并且差异显著。无退化耕地土壤有机质、全氮、速效钾、全铁、容积水平均值大于退化土壤，并且差异显著。林地土壤有机质、全氮平均含量都随退化程度的加强而下降，无退化土壤平均速效钾、速效磷含量大于退化土壤，并且差异显著。

表 5-2　宜兴试验区不同土地利用类型土壤理化性质平均值比较

土地利用类型	代换量/(cmol/kg)	含盐量/(mg/kg)	pH	有机质/%	全氮/%	总铁/(mg/kg)
翻耕地	19.31a	0.13	6.93	3.21a	0.20a	26 765.45a
耕地	19.80a	0.14	6.69	3.33a	0.20a	28 179.00a
荒草地	12.04b	0.07	7.30	0.54b	0.07b	38 773.00b
林地	13.95c	0.15	6.97	2.89c	0.17c	24 018.64c
园地	12.85c	0.15	6.69	2.46c	0.15c	30 210.83d
显著性水平	<0.001	不显著	不显著	<0.05	<0.01	<0.001

注：a、b、c、d 不同字母表示均值比较具有显著差异。

表 5-3　横山试验区不同程度退化土地与无退化土地土壤理化性质比较

土地利用类型	退化程度	全铁/(mg/kg)	有机质/%	全氮/%	容积水/%	CEC/(cmol/kg)	速钾/(mg/kg)	速磷/(mg/kg)
草地	轻度风蚀	18 850.00	0.75	0.05	11.93	7.50	95.59	6.30
	重度风蚀	16 071.00	0.12	0.02	8.83	8.31	37.48	2.34
	轻度水蚀	23 902.40	0.76	0.04	10.06	9.60	106.83	3.70
	中度水蚀	22 290.50	0.57	0.04	10.90	11.56	78.02	2.51
	重度水蚀	22 074.50	0.43	0.04	11.87	13.25	75.90	13.58
	无退化	24 923.00	0.80	0.04	8.80	17.00	111.92	2.44
	显著性水平	不显著	<0.001	<0.05	不显著	<0.05	<0.05	不显著
耕地	中度风蚀	19 397.78	0.35	0.02	8.38	10.55	47.67	2.81
	重度风蚀	18 232.20	0.37	0.02	6.92	8.70	63.19	7.41
	轻度水蚀	23 474.42	0.62	0.07	7.96	11.84	72.47	4.31
	中度水蚀	24 115.53	0.61	0.04	8.28	10.51	86.66	4.03
	重度水蚀	21 611.67	0.45	0.04	8.07	8.98	79.69	6.84
	无退化	23 452.84	0.90	0.05	19.64	12.05	92.91	4.71
	显著性水平	<0.001	<0.001	<0.001	<0.05	不显著	<0.05	不显著
林地	中度风蚀	11 815.00	0.18	0.01	6.50	6.69	31.55	2.24
	重度风蚀	11 409.37	0.14	0.01	7.75	6.08	48.98	2.86
	轻度水蚀	20 658.83	0.73	0.05	8.25	10.54	79.00	4.21
	中度水蚀	22 078.67	0.72	0.03	8.86	10.74	82.26	6.16
	重度水蚀	20 682.67	0.37	0.03	7.97	10.87	63.70	4.13
	无退化	21 500.00	0.65	0.04	10.97	10.23	107.59	6.08
	显著性水平	不显著	<0.05	<0.001	不显著	不显著	<0.05	<0.05
弃耕地	风蚀	16 708.50	0.59	0.04	8.65	9.62	102.17	2.44
湿地	无退化	21 568.00	1.00	0.04	38.74	13.67	106.02	3.21
退耕地	水蚀	21 866.00	0.67	0.05	18.07	11.74	71.90	4.12

二、退化土地光谱分析

地物光谱反射率是地物表层理化特性的综合反映，土壤的反射光谱取决于土壤水分、有机质、质地、矿物成分等的差异和地表植被生长状况和产量，以及土壤颗粒的水分附着状况。分析不同有机质水平土壤光谱和不同程度风蚀土地和水蚀土地光谱，以及不同植被覆盖度下土壤光谱在不同波段光谱反射特性差异，有助于土地退化信息的挖掘与提取。

分析宜兴不同有机质水平土壤的野外光谱曲线，并去除野外地物光谱在 1400nm 和 1900nm 水汽吸收峰，有机质含量越高的土壤，其土壤的光谱发射率越低（图 5-4）。分析横山不同有机质水平土壤的实验室光谱，其土壤光谱反射率与有机质水平成反比。前人研究证明实验室去除有机质后土壤光谱反射率明显增加（Stone et al.，1981），以及土壤有机质含量与整个可见光波段的反射率、620～660nm 的反射率等高度负相关（徐彬彬等，1986），与前人结果一致。土壤有机质水平高低决定着植被生长状况。分析横山县不同植被覆盖度下土壤的实验室光谱（图 5-5），可以看到其土壤光谱反射率与土壤的植被覆盖程度成反比，与不同有机质水平光谱曲线分布规律一致。

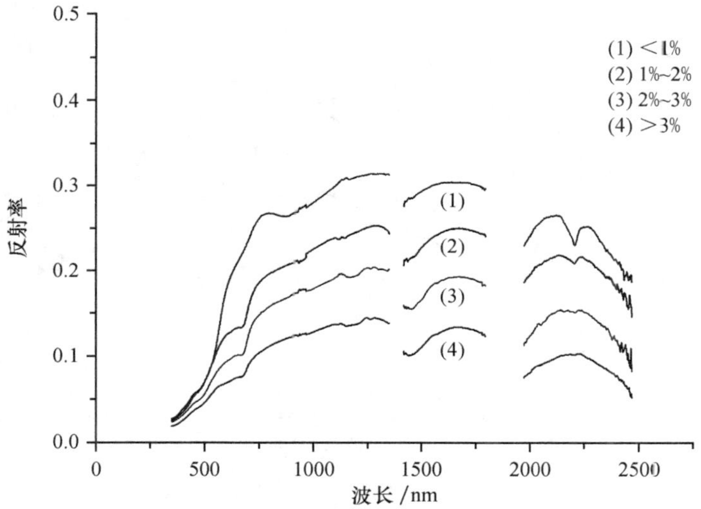

图 5-4　宜兴不同有机质水平土壤野外光谱曲线

分析横山县无风蚀、轻度风蚀、中度风蚀和重度风蚀土地的实验室土壤光谱曲线（图 5-6），重度风蚀草地零星分布有沙蒿，盖度不足 10%，重度风蚀耕地种植西瓜、绿豆、土豆、高粱，作物株树 1～3 株，裸地百分比达 90%，其土壤实验室光谱曲线显示出较高的光谱反射，无风蚀土地与轻度风蚀土地实验室光谱显示较明显的一致性。由于测量时间较短，环境参数变化较小，分析光谱曲线变化可反映沙化程度的变化，可以看出光谱反射率出现明显变异在波段区 1400～2300nm。Stone 和 Baumgardner（1981）研究认为土壤吸附水和羟基在 1400nm 和 1900nm 处有吸收特征，土壤水分子亦对波长＞2200nm 的反射率起下降作用。从不同风蚀程度各类土壤理化特性分析，重度风蚀土地

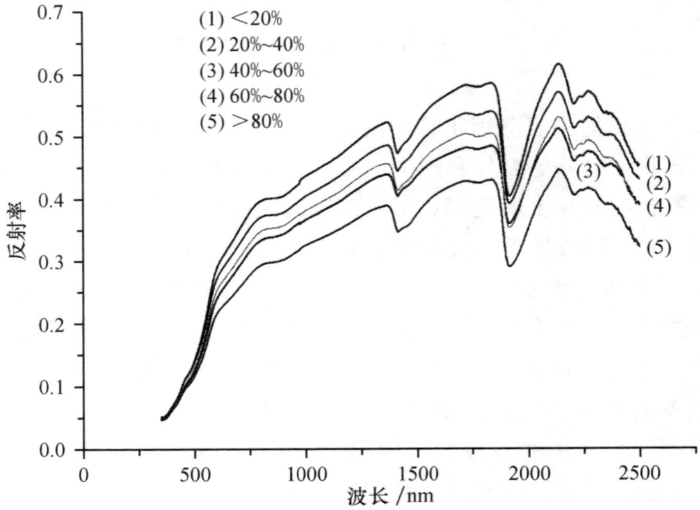

图 5-5　横山不同植被覆盖土壤实验室光谱曲线

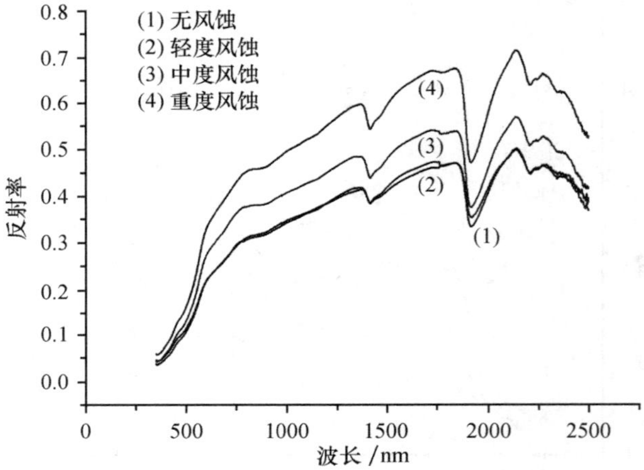

图 5-6　横山不同风蚀程度土壤实验室光谱曲线

平均容积水与有机质含量明显低于中度、轻度风蚀土地，各类风蚀土地平均容积水与有机质含量明显低于无退化土地，与不同程度风蚀土地实验室土壤光谱曲线的差异一致。

分析横山县四类不同水蚀程度的耕地、草地和林地实验室土壤光谱曲线（图 5-7），重度水蚀草地分布有苜蓿、苦菜，盖度不足 10％，重度水蚀耕地主要种植土豆，平均株数为三四株，裸地百分比达到 80％以上，其土壤显示出较高的光谱反射，中度水蚀土地与轻度水蚀和无退化土地实验室光谱曲线无明显差异。从不同水蚀程度各类土壤理化特性分析，重度水蚀土地平均有机质含量明显低于中度、轻度水蚀土地和无退化土地，而各类水蚀土壤与无退化土壤平均容积水含量等其他理化性质均无差异。

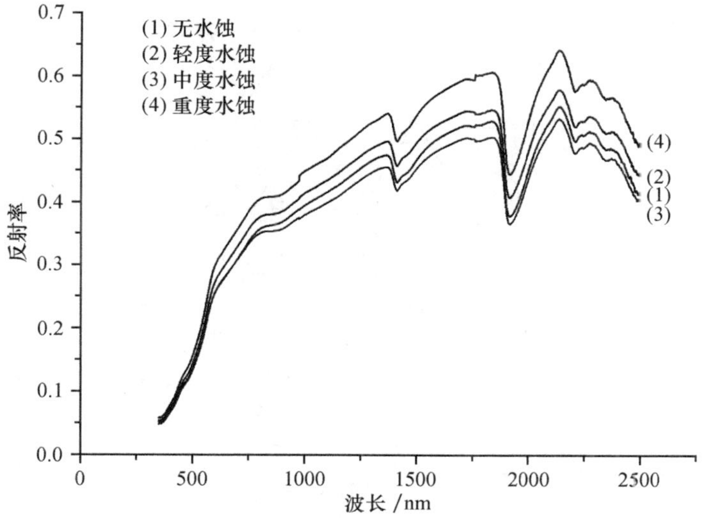

图 5-7　横山不同水蚀程度土壤实验室光谱曲线

第三节　土壤光谱的可分离性与信息挖掘

受气候和成土母质的影响，横山土壤地域分异性微弱，土壤室内光谱的形态相似，难以区分。因此，应用空间维和光谱维的信息提取技术，结合土壤样品的理化特征值，来探讨相似土壤光谱分离的可能性、可行性及其分离程度，为土壤信息有效提取提供方法与技术支持。

一、土壤质地分类及其光谱特征

土壤质地分类具有稳定性，根据土壤质地的国际制分类标准（黏粒＜2μm、粉砂2～20μm、砂粒 20～2000μm)，对土壤样品进行土壤质地三角图制作。由图 5-8 可知，土壤样品机械组分分布相对集中，其中以粉砂为主，含量在 87. 5％以上，其次是砂粒(62. 5％以上)，黏粒含量最低（37. 5％以下)。据此可将土壤分为砂壤土、壤砂土和砂土三类。分析土壤理化性质（表 5-4)，横山土壤总体特征为：土壤弱碱性，无结构，土壤质地以砂粒为主，养分含量很低，土壤水主要是空隙水，易于蒸发和渗漏。土壤有机质、全氮、全铁、土壤水、全磷、CEC 含量在土壤中排列顺序均为砂壤土＞壤砂土＞砂土。这与土壤黏粒含量有关，一般黏土矿物含量愈高，对水分和养分的吸附能力愈强。但是全钾含量的排列顺序为砂壤土＜ 壤砂土＜砂土，速效钾含量的排列顺序为砂土＜ 砂壤土＜ 壤砂土，这可能是因为砂土中矿物态钾含量较高，速效钾易于流失而较低的缘故。

分析不同土壤类型的土壤光谱曲线（图 5-9)，砂壤土、壤砂土、砂土的室内光谱曲线极为相似，总体光谱反射值排序为砂土＞砂壤土＞壤砂土。

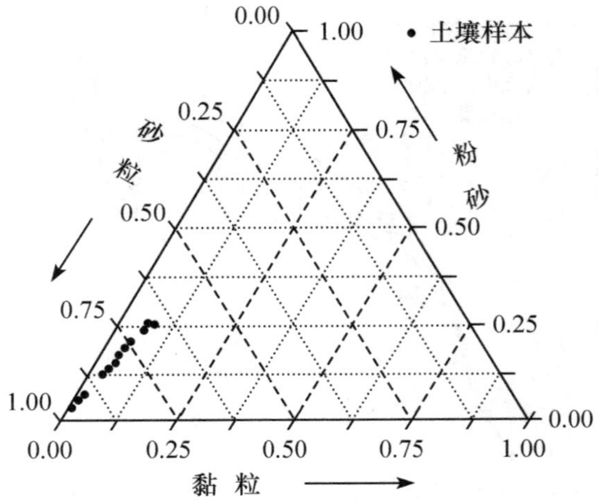

图 5-8　土壤质地三角图

表 5-4　横山土壤的理化属性汇总表

土壤类型	黏粒/%	粉砂/%	砂粒/%	全铁/(mg/kg)	有机质/%	全氮/%	土壤水分/%
壤砂土	3.269	9.572	87.159	22 393	0.674	0.035	10.82
砂土	1.180	3.855	94.965	16 094	0.342	0.022	7.48
砂壤土	4.847	16.365	78.788	23 195	0.69	0.048	12.23
土壤类型	全钾/(mg/kg)	全磷/(mg/kg)	CEC/(cmol/kg)	速氮/(mg/kg)	速钾/(mg/kg)	速磷/(mg/kg)	pH
壤砂土	19 694	580.75	10.69	93.2	90.19	4.35	7.61
砂土	21 321	455.32	8.34	45.73	57.63	4.52	7.6
砂壤土	19 115	630.48	11.51	89.42	85.09	4.64	7.46

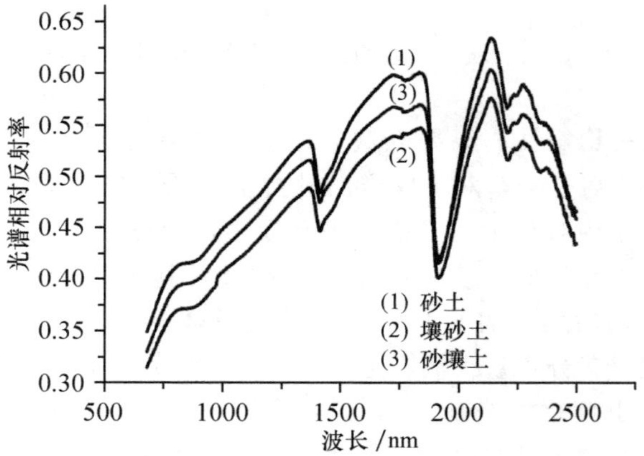

图 5-9　土壤光谱曲线

二、土壤线参数

参考 TM3、TM4 的通道范围，即 R（630～690nm）、NIR（760～900nm）选取地

物光谱相应反射值数列，对反射值数列进行三次移动平均迭代计算，线性模拟土壤线参数（图 5-10）。

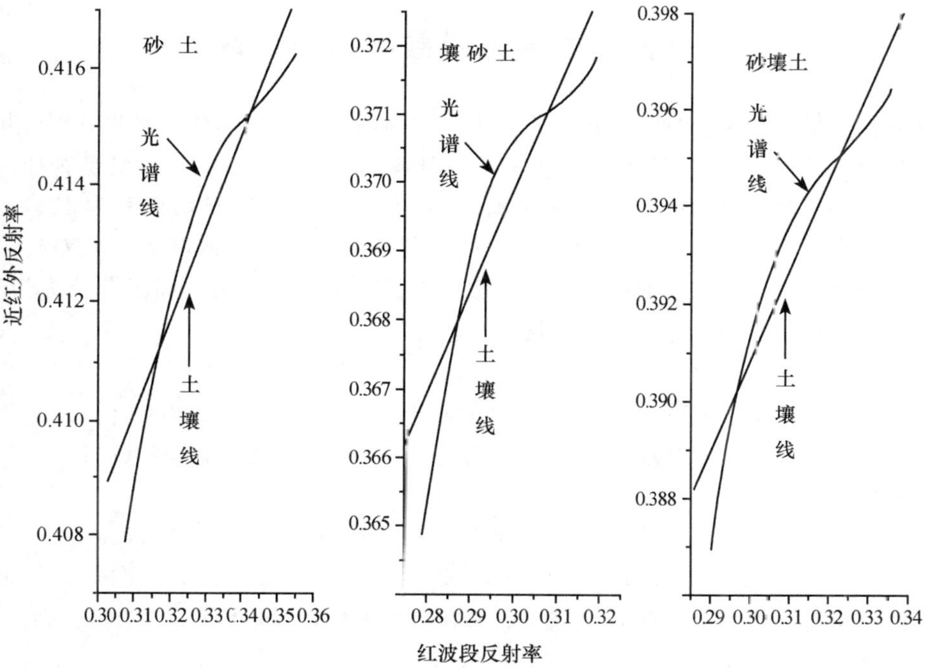

图 5-10　土壤线及其线性模拟图

结果表明（表 5-5），土壤线截距（A）：砂土（0.36）＞砂壤土（0.34）＞壤砂土（0.33），土壤线截距取决于 NIR，因此截距长短与土壤湿度有关。土壤线斜率（B）：砂壤土（0.19）＞砂土（0.16）＞壤砂土（0.15），斜率大小与土壤有机质呈正相关。可见，室内光谱总体反射值的排序（砂土＞砂壤土＞壤砂土）可能主要与土壤含水量、土壤有机质含量有关。土壤线虽然不能直接用于区分土壤类型，但可以在大样本条件下建立土壤线参数与土壤湿度、土壤有机质等理化特征之间的定量关系，为土壤理化特征指数的反演或植被指数修正提供依据。

表 5-5　土壤参数汇总表

土壤	土壤参数	参数值	残差	相关系数	标准差	样本数	显著性检验
砂土	A	0.36	0.001 97	0.9497	7.243 57E-4	81	＜0.0001
	B	0.16	0.005 92				
壤砂土	A	0.33	0.002 03	0.924 65	7.064 12E-4		
	B	0.15	0.006 77				
砂壤土	A	0.34	0.002 09	0.952 88	7.797 68E-4		
	B	0.19	0.006 65				

三、典范分析

(一) 建立典范函数与判别函数

根据自变量对判别贡献的大小，采用逐步选择法建立判别函数。逐步判别分析的每一步均是 Wilk 的 λ 统计量最小的变量进入判别函数，F 值概率决定变量是否加入或被剔除函数，进入判别函数的变量其 F 值概率为 5%，剔除变量 F 值概率为 10%。逐步判别分析过程的每一步均是对任意两类之间进行方差分析，F 值越大，方差检验值越小，区分效果越好。结果表明，砂壤土、壤砂土、砂土任意两类之间区分能力为：(砂壤土、砂土)>(壤砂土、砂土)>(砂壤土、壤砂土)。

标准化的典范函数

$$Y_1 = 2.647 \times 粉砂粒 + 3.446 \times 砂粒 - 0.472 \times 全铁 + 0.393 \times \text{pH} \tag{5-14}$$

$$Y_2 = 8.206 \times 粉砂粒 + 7.701 \times 砂粒 - 0.701 \times 全铁 - 0.152 \times \text{pH} \tag{5-15}$$

非标准化的典范函数

$$y_1 = 0.912 \times 粉砂粒 + 0.937 \times 砂粒 + 2.015 \times \text{pH} - 101.172 \tag{5-16}$$

$$y_2 = 2.827 \times 粉砂粒 + 2.094 \times 砂粒 - 0.778 \times \text{pH} - 199.483 \tag{5-17}$$

以两个典范函数为坐标轴，判别函数值在平面上的点表示为 (f_1，f_2)，则砂壤土、壤砂土、砂土函数的类中心分别为 (-1.310，0.151)、(0.793，-1.443)、(3.926，0.341)，即非典范函数的组中值。

对砂壤土、壤砂土、砂土理化性状进行判别分析，砂壤土、壤砂土、砂土的先验概率分别为 0.679、0.119、0.202，$P<0.1$ 不计，由分类函数相关系数计算土壤类型的费雪线性判别函数为

$$\begin{aligned} 砂壤土\ f_1 = {} & 1077.615 \times 粉砂粒 + 850.774 \times 砂粒 - 3.114\text{e}^{-0.2} \\ & \times 全铁 + 415.987 \times \text{pH} - 43\,523.252 \end{aligned} \tag{5-18}$$

$$\begin{aligned} 壤砂土\ f_2 = {} & 1075.026 \times 粉砂粒 + 849.406 \times 砂粒 - 3.110\text{e}^{-0.2} \\ & \times 全铁 + 421.465 \times \text{pH} - 43\,420.211 \end{aligned} \tag{5-19}$$

$$\begin{aligned} 砂土\ f_3 = {} & 1082.925 \times 粉砂粒 + 856.078 \times 砂粒 - 3.208\text{e}^{-0.2} \\ & \times 全铁 + 426.391 \times \text{pH} - 44\,098.823 \end{aligned} \tag{5-20}$$

(二) 分类精度评价

通过逐步判别回代，原始类和预测类对比检验的总体判断正确率为 94.0%。其中，原观测量中 57 个砂壤土有两个错判为壤砂土，错判率为 3.5%；10 个壤砂土中有 1 个错判为砂壤土，错判率为 10%；17 个砂土中有两个判为壤砂土，判错率为 11.8%。交互校验的总体判断正确率为 92.9%。其中，10 个壤砂土中有两个错判为砂壤土，错判率为 20%，其他分类的判别精度同原始观测量的检验结果一致。可见，样本大小影响

分类精度。

由上述的典范分析可知，本研究区土壤理化特征变量对于土壤类型判别的贡献大小顺序为粉砂粒＞砂粒＞pH＞全铁。在此还可以将土壤样品的个体光谱值（如样品不同波谱段反射率的平均值）纳入判别变量当中，如果能够被选入典范函数，使得典范分析用于遥感定量反演成为可能。

四、主成分分析

主成分分析用于区分具有相似光谱特征的土壤，实验室测量土壤光谱反射数据能够区分属于同一土种的两种土壤和与该土种相关的第三种不同土壤。由于各波段之间的相关系数在85.6%以上，相关性极为显著。为了减少偏差，研究过程中采用了方差矩阵进行分析计算（表5-6）。

表5-6　土壤光谱主成分分析总方差分解表

主成分序号		特征值			因子载荷的平方和			旋转后的因子载荷的平方和		
		特征值	变量所占百分数/%	累计百分数/%	特征值	变量所占百分数/%	累计百分数/%	特征值	变量所占百分数/%	累计百分数/%
调整前	1	2.674	72.444	72.444	2.674	72.444	72.444	2.233	60.482	60.482
	2	1.003	27.167	99.611	1.003	27.167	99.611	1.444	39.128	99.611
调整后	1	2.674	72.444	72.444	70.010	95.904	95.904	49.203	67.401	67.401
	2	1.003	27.167	99.611	2.294	3.142	99.046	23.101	31.645	99.046

对总方差进行分解可以看出，只有前两个主成分的特征值＞1，特征值的累计百分数为99.611%，采用主成分法最终提取了两项主成分。其中，第一主成分特征值为2.674，占原始变量总方差的72.444%；第二主成分的特征值为1.003，占原始变量总方差的27.167%。从成分矩阵中可知，对第一主成分贡献率大于第二主成分的波段（＞0.8的载荷由大到小）包括1869nm、2142nm、2095nm、2173nm、1877nm、1809nm等波段；对第二主成分贡献率大于第一主成分的波段（＞0.8的载荷由大到小）为381nm、413nm、414nm、415nm，旋转后的主成分变量更多地偏向于第一主成分。

五、简单相关与偏相关分析

横山土壤样本的理化特征变量基本符合正态分布。对第一、二主成分与土壤样品的理化特征变量进行相关与偏相关分析，第一主成分分值与土壤含水量（相关系数为－0.747）、有机质（相关系数为－0.443）、黏粒含量（相关系数为－0.409）、粉砂粒含量（相关系数为－0.398）、全铁（相关系数为－0.316）等呈负相关，与砂粒含量呈正相关（0.402），不相关的概率 $P<0.01$。从偏相关分析结果可看出，第一主成分与土壤含水量呈显著负相关，相关系数为－0.713，显著性水平在千分之一以下（$P=0.000$）；其次是全铁，相关系数－0.228，假设成立的概率为6.1%；有机质的相关系数0.153，不相关的概率为21.4%；与土壤的物理机械组成不存在线性关系。第二主成分与全氮的相关系数为0.248（$P=0.043$）；全钾0.236（$P=0.054$），速氮0.237（$P=0.051$），

速磷－0.227（P＝0.062），与质地不存在线性关系。

由于个别土壤样品存在土壤水分的极值，剔除后分析结果表明，第一主成分（Fac1）与土壤理化属性之间的 Pearson 相关性水平 P＜0.01 的相关系数分别为：土壤水（－0.650）、全铁（－0.425）、全磷（－0.328）、黏粒（－0.299）、速磷（－0.298）、速钾（－0.298）。偏相关系数：土壤水为－0.696（P＝0.000），全铁－0.389（P＝0.002），全磷 0.093（P＝0.478），速磷 0.067（P＝0.611），速钾 0.041（P＝0.756），（n＝59）。第二主成分（Fac2）与速磷－0.224（P＝8.5%），全氮 0.229（P＝7.8%），速氮 0.186（P＝0.156），全钾 0.257（P＝0.048）；与质地没有线性关系。

尽管简单相关分析和偏相关分析存在较大区别，但这两方面的相关分析结论是一致的，即研究区域的土壤室内光谱的第一主成分主要反映了土壤水和全铁的影响，而全钾、全氮、速磷主要贡献于第二主成分。通过图形比较分析和统计量的对比分析判断得出最佳模型为二次模型，即

$$\text{Fac1} = 0.56 - 0.13 \times W - 0.02 \times W^2 \tag{5-21}$$

式中：W 为土壤含水量；复相关系数 R^2＝0.672，模型的修正 R^2＝0.436，方差分析的 F 值为 29.21，概率 P＜0.0001。

综上所述，特征光谱维和空间维的信息挖掘技术可应用于土壤相似性光谱的分离，及其与土壤理化特征关系研究。研究结果初步探明横山研究区的土壤线斜率主要受土壤有机质的影响；截距大小受土壤含水量的限制；土壤线对于区域差异显著的土壤类型判别更为有效。典型判别分析和主成分分析方法可对理化特征和光谱特征极为相似的土壤进行有效区分和辨识，横山的土壤室内光谱特征值通过主成分分析，第一主成分占总体特征值的 72%，第二主成分占 27%；第一主成分的贡献者主要是土壤含水量，其次是土壤全铁含量；在此基础上建立了第一主成分分值与土壤含水量的一元二次模型。应用主成分分析的结果建立主成分与土壤特征之间的关联模型，以期为成像光谱定量反演提供科学依据。

第四节　土壤有机质光谱信息提取

土壤有机质是土壤重要组成物质之一，是植物营养的仓库，它的损失直接影响土壤生产力。土壤有机质不仅持续缓慢地提供植物生长所需的养分，而且能改善土壤的物理状况，促进团粒结构的形成，从而改善土壤的水分及通气状况，并且随着有机质含量的增多，土壤颜色加深，有利于增加土壤温度。土壤有机质含量多少，在一定限度内可说明土壤的肥沃程度，是土壤肥力的重要指标之一。一般有机质含量＞2.5%是比较肥沃的土壤，1%～2.5%为中度肥沃，＜1%则较贫瘠，但这也不是绝对的。因为有机质的有效性需具备微生物的条件，如东北黑土有机质含量高，但温度低，分解慢；暖温带某些土壤有机质含量少，但分解快，有效化程度高，也有一定肥力。总的来说，土壤有机质是土壤肥力和作物丰产的基础。基于光谱技术的有机质含量反演方法较多，但这些方法具有一定的局限性，针对不同的研究区域、应用于不同土壤类型时会出现较大的误差，目前尚没有通用的模型。本书旨在分析土壤光谱反射率与有机质含量的关系，评价

高光谱遥感技术在可见光和近红外谱段监测土壤有机质的潜力，探测对有机质敏感的光谱指标并建立相应的土壤有机质与反射率反演模型。

一、土壤有机质与土壤光谱相关分析

分析土壤光谱反射率及其各种变换形式与土壤有机质含量的相关系数在不同波段的变化，有机质含量与光谱反射率呈负相关关系，剔除水汽吸收波段后，将光谱数据截成三段，各段光谱数据与有机质含量相关系数的峰值分别为－0.718 87（675nm 处）、－0.703 41（1501nm 处）和－0.724 12（2137nm 处），据此认为这三个波段为对有机质含量敏感的波段，以此作为逐步回归分析选择的输入变量。

反射率的倒数与有机质含量之间呈正相关，相关系数的变化趋势与上述相似，相关系数峰值处所在的波长也是一致的（1971～2469nm 有所差别，其余两段基本一致）。但是，反射率经过倒数变换后，其相关系数的绝对值有所提高，达到 0.828 97（674nm 处）。可见，反射率经过倒数变换后，与有机质之间的相关性总体有所提高（表 5-7）。可以看出，无论是倒数变换还是对数变换，都显著地增强了反射率与有机质含量之间的相关性，相关系数的绝对值平均增大了 0.1 左右。在 675nm、2149nm 和 2277nm 附近的相关系数都在 0.8 以上，为高度相关，表明这三个区域的反射率与有机质具有较好的相关关系（表 5-7）。

反射率经过微分变换后，与有机质含量之间的关系不再是单一的负相关或是正相关，相关系数变化起伏波动较大，缺乏规律性。微分变化后最显著的结果是个别波段相关性得到增强，如 2187nm 处反射率对数的一阶微分与有机质含量的相关系数为 0.892 83；863nm 处反射率倒数的一阶微分与有机质含量的相关系数为－0.870 61。而原始反射率与有机质的相关系数在这些波段均不显著，表明某些在原始光谱数据中比较隐晦的信息，经过微分变换的放大，其相关性有所提高，可借助微分光谱技术这一优势来提取对有机质敏感的光谱指标。

表 5-7　不同变换形式与有机质相关系数的峰值及其所在波段位置

变换形式	位置/nm	相关系数	变换形式	位置/nm	相关系数	变换形式	位置/nm	相关系数
	675	－0.718 87		849	0.866 96		846	0.780 61
反射率	1501	－0.703 41	反射率	1543	0.670 34	反射率	1538	0.452 33
	2137	－0.724 12	对数的	2187	0.892 83	平方根	2180	0.886 24
反射率	674	0.828 97	一阶微	574	－0.818 41	的一阶	574	－0.871 14
的倒数	1728	0.790 06	分	1681	－0.830 46	微分	1685	－0.8509
	2277	0.815 26		2266	－0.859 65		2265	－0.8534
反射率	590	0.661 65	反射率	587	0.813 01	反射率	587	0.8732
对数的	1418	0.517 61	对数的	1726	0.629 48	的平方	1725	0.726 42
倒数	1971	0.514 09	二阶微	2271	0.5318	根二阶	2153	0.613 82
反射率	674	－0.817	分	905	－0.7318	微分	905	－0.752
的对数	1504	－0.7965		1744	－0.657 85		1744	－0.637 77
	2149	－0.834 75		2219	－0.545 28		2199	－0.633 54

续表

变换形式	位置/nm	相关系数	变换形式	位置/nm	相关系数	变换形式	位置/nm	相关系数
反射率	675	−0.775 61	反射率	574	0.680 56	反射率	845	0.608 24
的平方	1499	−0.759 15	对倒的	1423	0.393 16	的一阶	1521	0.022 53
根	2137	−0.788 98	一阶微	1973	0.352 03	微分	2180	0.794 75
反射率	1145	0.606	分	843	−0.297 63		575	−0.791 79
倒数的	1718	0.719 28		1742	−0.092 58		1701	−0.809 16
一阶微	2266	0.7482		2332	−0.256 18		2037	−0.760 32
分	863	−0.870 61	反射率	416	0.757 08	反射率	587	0.817 04
	1582	−0.688 89	对倒的	1473	0.244 31	的二阶	1725	0.749 59
	2165	−0.6433	二阶微	2345	0.234 99	微分	2152	0.636 63
反射率	715	0.711 61	分	573	−0.814 25		529	−0.794 11
的倒数	1740	0.561 68		1439	−0.387 93		1745	−0.590 05
的二阶	2222	0.652 83		2375	−0.227 87		2208	−0.689 13
微分	672	−0.661 35						
	1780	−0.420 13						
	2270	−0.422 51						

二、土壤有机质回归模型的建立

根据单相关分析的结果，在每种变换形式中选择具有较高相关系数值的波段用于逐步回归分析，建立预测方程。土壤样本被随机分成两组，一组用于建立回归预测模型（称建模样本集，共 134 个，占总数 77%），另一组用于验证已建立的回归模型（称测试样本集，共 40 个，占总数的 23%）。

利用反射率进行逐步回归分析时，输入变量为 675nm、1501nm 和 2137nm 三个波段，最后剔除了 675nm 波段，构成由剩下的两个波段组成的预测方程

$$Y = 1.990 - 20.949X_{2137} + 22.318X_{1501} \tag{5-22}$$

式中：X 为反射率，该方程调整后的判定系数为 0.679，模型的总均方根差 RMSE 为 0.608。图 5-11 显示了实测的有机质含量与由上式预测的有机质含量的散点图。

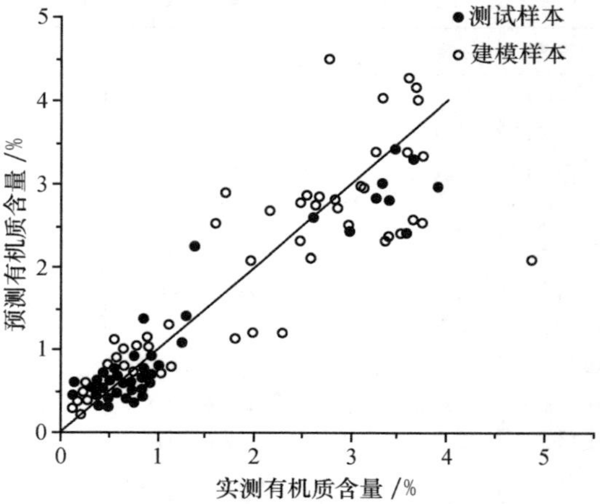

图 5-11　根据反射率预测的有机质含量与实测值的比较

反射率对数的一阶微分对土壤有机质含量最为敏感，逐步回归时输入 849nm、1543nm、2187nm、574nm、1681nm 和 2266nm 等 6 个变量，最后得到由 3 个波段构成的回归方程，该方程调整后的判定系数为 0.885，RMSE 为 0.36。

$$Y = 1.772 + 1004.071X_{2187} + 2893.272X_{849} - 1682.915X_{1681} \tag{5-23}$$

式中：$X=(\lg R)'$，实测的有机质含量与由上式预测的有机质含量的散点图如图 5-12。

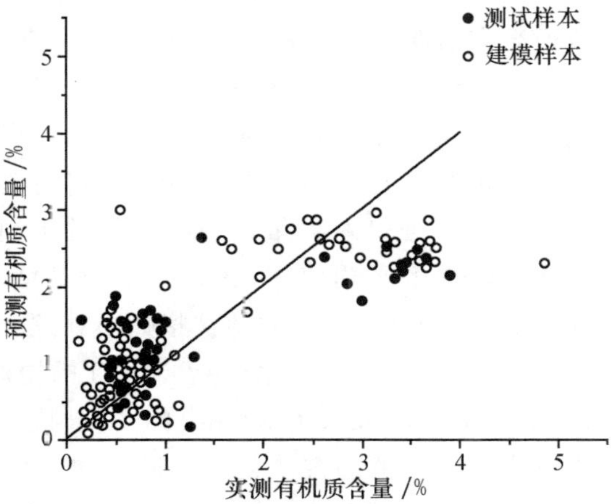

图 5-12　根据反射率对数的一阶微分预测的有机质含量与实测值的比较

表 5-8 为由土壤光谱反射率不同变换形式预测土壤有机质含量的回归方程，表中所有方程均通过显著性水平为 0.001 的 F 检验。可见，在所有变换形式中，反射率的对数的一阶微分对有机质的预测能力较强，由 3 个波段构成的回归方程的判定系数达到 0.888，为所有回归方程中的最大值。

表 5-8　反射率不同变换形式与土壤有机质含量的逐步回归分析结果（$n=134$）

变换形式	回归方程	R^2	$R^2_{\text{Ad.}}$	RMSE
$X = R$	$Y = 1.990 - 20.949X_{2137} + 22.318X_{1501}$	0.684	0.679	0.608
$X = \sqrt{R}$	$Y = 2.386 - 24.938X_{2137} + 24.689X_{1499}$	0.802	0.799	0.480
$X = 1/R$	$Y = 0.053 + 0.307X_{2277}$	0.789	0.787	0.486
$X = \lg R$	$Y = 1.029 - 12.359X_{2149} + 10.878X_{1504}$	0.851	0.849	0.417
$X = (1/R)'$	$Y = 0.581 - 362.003X_{863} + 64.580X_{1145}$	0.840	0.837	0.432
$X = (1/R)''$	$Y = 0.626 + 1308.365X_{2222} + 2027.007X_{1740} - 135.885X_{672}$	0.706	0.699	0.586
$X = (\lg R)'$	$Y = 1.772 + 1004.071X_{2187} + 2893.272X_{849} - 1682.915X_{1681}$	0.888	0.885	0.360
$X = (\lg R)''$	$Y = 2.451 + 21\,952.91X_{587} - 47\,995.4X_{905} - 4577.994X_{2219} + 13\,138.39X_{1726}$	0.839	0.833	0.431
$X = \sqrt{R}'$	$Y = 1.971 + 1399.130X_{2180} + 4260.033X_{846} - 2459.097X_{1685}$	0.861	0.858	0.403
$X = \sqrt{R}''$	$Y = 2.661 + 38\,552.87X_{587} - 40\,731.4X_{905} + 33\,733.12X_{1725} - 6072.362X_{2199}$	0.842	0.837	0.432
$X = R'$	$Y = 1.891 + 5024.556X_{845} - 941.121X_{2037} + 576.462X_{2180} + 615.901X_{1521}$	0.789	0.782	0.500
$X = R''$	$Y = 2.305 + 13\,830.69X_{587} + 52\,867.66X_{1725} - 35\,305.5X_{529}$	0.754	0.748	0.537

三、基于成像光谱数据的有机质参数成图

参数成图，即给每个像元赋具体参数值。土地退化指标的参数成图可借助波段值或其变换形式（如前文所述的微分变换、对数变换、波段线性或非线性组合如植被指数等）与土壤生物理化参数的半经验关系建立预测模型，利用成像光谱图像的反射率图像，通过预测模型计算成像光谱图像上每个像元的单参数预测值，采用聚类或密度分割的方法将单参数预测图分成若干级（类）（浦瑞良等，2000）。

由于上述建立的模型是针对纯土壤而言，参数成图时最理想的情况是地面没有植被，因此，只能选择尽量大片的裸土地带进行参数成图，利用植被指数 NDVI 进行植被与非植被的分离。Price（1993）通过对大量实验室测得的土壤样品光谱研究结果表明，土壤的归一化植被指数 NDVI 的平均值为 0.207，变化幅度为±0.1。由此，在本书研究中取 NDVI 在 0.1～0.3 之间为土壤，对植被指数不在这一范围的像元作掩膜处理（NDVI>0.3 为植被；NDVI<0.1 主要为水体）。NDVI 的构建红波段取中心波长为 652nm 的 17 波段，近红外波段取中心波长为 833nm 的 33 波段。利用上述模型进行土壤有机质参数成图，利用三次样条插值的方法得到所需要的三个波段 2187nm、849nm 和 1681nm，其波长间隔 10nm 用于计算微分 $\Delta\lambda=10$nm。土壤有机质参数图如彩图 4。

对土壤有机质参数成图进行实测点验证，基本反映样点之间的相对差异。需要特别说明的，由于所建立的反演模型是基于多元统计技术，利用成像光谱数据进行土壤有机质参数成图，图中所反映的是试验区域土壤有机质在空间上的相对水平与差异，而不是指标的绝对水平。根据土壤有机质在空间上的相对差异，进行参数分级，与以往土壤普查数据进行对比分析，可进行本区域由于肥力下降造成的土地退化评价。

综上所述，有机质在研究的 350～2500nm 波长范围内并不存在吸收峰，但在这一波长范围内，光谱反射率与有机质含量呈负相关关系，在 675nm 附近的相关性最强。一阶微分处理能去除部分线性或接近线性的背景、噪声光谱对目标光谱的影响。在进行微分变换以前，可见光波段的有机质含量探测能力要比近红外波段强，最敏感的区域在 675nm 附近；光谱微分变换以后，近红外波段要更敏感一些，反射率对数的一阶微分在 2187nm 处与有机质的相关性可达 0.89。预测有机质含量的最佳模型是以在 849nm、1681nm 和 2187nm 3 个波段的反射率对数的一阶微分为自变量构成的回归方程。虽然该模型与 Krishnan 等（1980）得出的有机质预测模型大相径庭，入选波段也完全不同，但它们本质上都是选用光谱反射率的对数的差分变换形式作为自变量。对反射率作各种变换后进行统计回归分析一方面为了去噪声的需要，如一阶微分变换能去除部分线性或接近线性的背景、噪声光谱对目标光谱的（必须为非线性）的影响，对数变换可以减少因光照条件变化的乘性因素的影响等；另一方面，其实是变非线性关系为线性关系，因为反射率（自变量）与有机质含量（因变量）之间的关系不是线性关系，对反射率作各种变换后再与有机质含量值之间进行线性回归，本质上是将非线性关系线性化。

第五节　土壤水分光谱信息提取

土壤水分是土壤重要的组成部分，也是反映土地退化状况的一个重要指标，土壤水分含量的高低对热量平衡、土壤温度、农业墒情均有重要意义。土壤水分不仅在土壤形成过程中起着重要的作用，而且它在很大程度上参与了土壤内进行的许多物质转化过程：如矿物质的风化、有机化合物的合成与分解等（黄昌勇，2001）。

遥感技术具有快速、广域、现势性强等传统的土壤水分测量方法无法比拟的优点，国内外众多研究人员尝试利用各种遥感技术来进行土壤水分含量的监测。由于土壤水分受多种因素的影响，土壤水分遥感监测是一项难度较大的研究课题，目前的各种监测方式均不能直接获取土壤水分信息，而是通过建立遥感数据与土壤水分含量的定量关系间接获取土壤水分含量。目前，土壤水分遥感监测主要采用四类研究方法，即土壤水分光谱法、热红外方法（热惯量方法）、微波方法和植被指数法（Blanchard et al.，1974；Engman，1991；Hielkema et al.，1986；Narasimha et al.，1993；Schmugge et al.，1980）。对于高植被覆盖地区，采用植被（作物）缺水系数法，从植被（作物）蒸腾的角度间接推算土壤水分含量，也可利用热红外方法。利用机载微波辐射计遥感土壤湿度的研究已取得较大进展，由于技术原因，目前还不可能在卫星上安装监测土壤湿度的仪器。机载微波遥感由于成本高，目前较多采用气象卫星热红外遥感的热惯量方法。

一、土壤水分与光谱反射率相关分析

对土壤光谱反射率进行对数变换和微分变换，与土壤水分含量之间进行相关分析，相关分析结果如图 5-13。可以看出，微分变换前的土壤光谱反射率与土壤含水量之间的相关性很弱，在 1935nm 处相关系数最大值为－0.524 82。进行微分变换后，相关性普遍得到增强，尤其是反射率对数的一阶微分，相关系数的最大值为－0.900 68（1423nm 处），而且相关

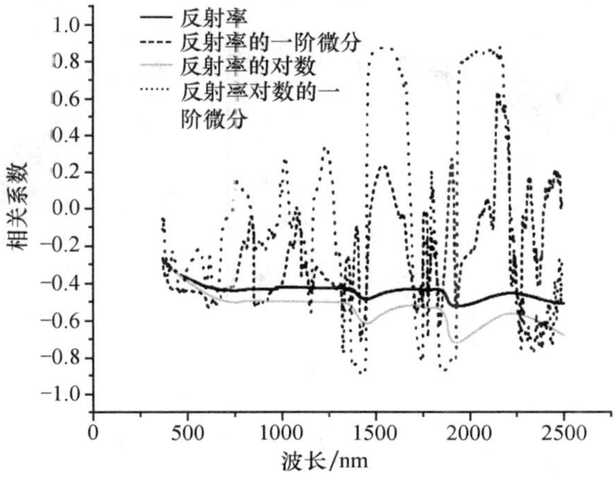

图 5-13　若干光谱指标与土壤含水量相关系数之比较

系数的几处峰值都是与 1450nm 和 1925nm 附近的水吸收带吻合。

表 5-9 为土壤光谱反射率对数的一阶微分与土壤含水量之间相关系数的峰值位置以及相关系数，利用逐步回归分析方法建立回归方程，入选 1423nm、2158nm 和 1746nm 3 个波段构成回归方程

$$Y = 28.365 - 15\,611.8X_{1423} + 20\,512.77X_{2158} + 16\,146.26X_{1746} \tag{5-24}$$

式中：Y 为土壤含水量；X 为 $(\lg R)'$。该式 $R^2_{\mathrm{Ad.}}=0.836$，RMSE=2.64，上式通过显著性水平为 0.001 的 F 检验。

表 5-9　相关系数峰值处的几个波段及其峰值

峰值位置	470	659	757	1020	1151	1235	1423	1524	1746	1795	1849	2158
相关系数	−0.45	−0.44	0.151	0.276	−0.562	0.338	−0.901	0.875	−0.828	0.211	−0.877	0.882

二、土壤水分与水吸收峰特征值相关分析

对土壤光谱反射率曲线进行 9 点移动平均等预处理，图 5-14 为消除包络线后，土壤样品在 1450nm 附近和 1925nm 附近的光谱反射率曲线。通过分析各土壤样品的水分含量可以发现，土壤含水量越高，吸收峰的深度越深，吸收峰面积越大，而且 1450nm 附近的水吸收峰的波段位置随着土壤样品水分含量的增加有向右（红外方向）偏移的迹象，1925nm 附近的吸收峰此现象不明显。从各吸收特征参数与土壤样品水分含量的相关分析结果看出，1450nm 附近的吸收峰位置与土壤水分含量高度相关，相关系数为 0.862，而 1925nm 附近的吸收峰对应的相关系数只有 0.640，相关性不如前者显著（表 5-10、表 5-11）。结果表明，1450nm 附近的水吸收峰比 1925nm 附近的吸收峰更为有效，这一方面是由于 1450nm 附近的光谱反射率吸收峰仅反映土壤水分的吸收作用，而 1925nm 附近的光谱反射率吸收峰除了受水分含量影响外，还受其他因素的影响，如有机质中的腐殖酸、纤维素、淀粉等；另一方面 1925nm 附近的光谱数据的信噪比普遍比 1450nm 附近的低。

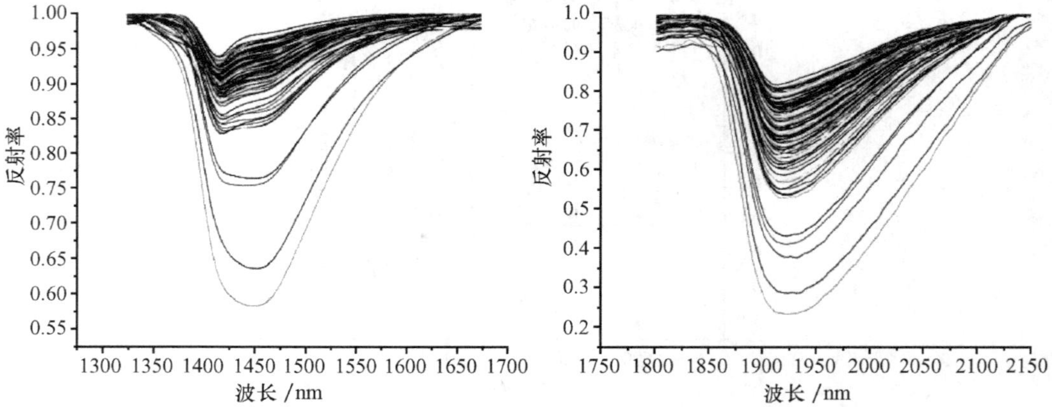

图 5-14　土壤样品的两个最大的水吸收峰（消除包络线后）

表 5-10　土壤含水量与 1450nm 水吸收峰特征参数的相关系数

	土壤含水量	吸收峰面积	吸收峰位置	吸收峰宽度	吸收峰深度
土壤含水量	1				
吸收峰面积	0.863 527	1			
吸收峰位置	0.862 231	0.905 032	1		
吸收峰宽度	0.571 836	0.763 849	0.590 559	1	
吸收峰深度	0.862 825	0.993 519	0.907 475	0.723 036	1

将土壤含水量与 1450nm 处实验室光谱吸收特征峰深度、位置和面积分别建立线性回归方程：

$$Y = -1.998 + 107.820X \tag{5-25}$$

式中：X 为吸收峰深度；Y 为土壤含水量。$R^2_{\text{Ad.}}=0.742$，RMSE=3.31。

$$Y = -1261.729 + 0.898X \tag{5-26}$$

式中：X 为吸收峰位置；Y 为土壤含水量。$R^2_{\text{Ad.}}=0.741$，RMSE=3.32。

$$Y = 1.099 + 0.670X \tag{5-27}$$

式中：X 为吸收峰面积；Y 为土壤含水量。$R^2_{\text{Ad.}}=0.744$，RMSE=3.30。

表 5-11　土壤样品含水量与 1925nm 附近吸收峰各特征参数的相关系数矩阵

	土壤含水量	吸收峰面积	吸收峰位置	吸收峰宽度	吸收峰深度
土壤含水量	1				
吸收峰面积	0.833 450	1			
吸收峰位置	0.640 321	0.725 723	1		
吸收峰宽度	0.838 374	0.970 747	0.722 847	1	
吸收峰深度	0.785 327	0.990 835	0.738 198	0.941 751	1

1925nm 处光谱吸收特征峰面积、宽度和深度与土壤含水量建立的线性回归方程分别为

$$Y = -3.252 + 0.309X \tag{5-28}$$

式中：X 为吸收峰面积；Y 为土壤含水量。$R^2_{\text{Ad.}}=0.692$，RMSE=3.62。

$$Y = -59.634 + 0.558X \tag{5-29}$$

式中：X 为吸收峰宽度；Y 为土壤含水量。$R^2_{\text{Ad.}}=0.701$，RMSE=3.57。

$$Y = -6.128 + 51.238X \tag{5-30}$$

式中：X 为吸收峰深度；Y 为土壤含水量。$R^2_{\text{Ad.}}= 0.614$，RMSE=4.06。上述回归方程均通过显著性水平为 0.001 的 F 检验。

三、基于成像光谱数据的土壤水分参数成图

由于上述建立的模型是对纯土壤而言的，因此，参数成图时，利用植被指数 NDVI 进行植被与非植被的分离。本书研究取 NDVI 在 0.1～0.3 之间为土壤，对植被指数不在这一范围的像元进行掩膜处理（NDVI＞0.3 为植被；NDVI＜0.1 主要为水体）。利

用上面建立的模型进行土壤水分参数成图，土壤水分参数图如彩图5。

对土壤水分参数成图进行实测点验证，基本反映样点之间的相对差异。需要特别说明的，图中所反映的是试验区域土壤水分在空间上的相对水平与差异，而不是指标的绝对水平。根据土壤水分在空间上的相对差异，进行参数分级，可辅助进行土地退化评价。

综上所述，反射率对数的一阶微分变换形式能大幅度增强土壤实验室光谱数据与土壤含水量之间的相关性，土壤水分与光谱反射率相关系数较大的波段分别为1423nm、1524nm、1746nm和1849nm；建立反射率对数的一阶微分与土壤含水量的回归模型，1423nm、2158nm和1746nm 3个波段构成回归方程的自变量；分析水吸收峰特征参数与土壤含水量的关系，1450nm吸收峰比1925吸收峰有效，1450nm的吸收峰位置与含水量高度相关，土壤1450nm附近的反射率受土壤水分含量影响较大，而1925nm的吸收峰除受土壤水分影响外，土壤有机质的主体——腐殖酸、纤维素、淀粉、蛋白质等影响其吸收峰特征参数。土壤含水量与1450nm处的光谱吸收特征峰面积、位置和深度存在良好的线性回归关系，说明利用地物光谱仪直接测量土壤光谱，从而对土壤表层含水量进行测定是可能的，可考虑将地物光谱仪进行改造，建立一种新型的专门用于测定土壤表层含水量测定仪器，有望达到野外实时、实地、全天候、大面积快速测量的目的。如仅考虑用1450nm附近的土壤水吸收特征峰，可考虑仅用一个宽波段，将地物光谱仪改进为内光源设置，并将光谱吸收特征参量的归一化定量分析技术和本研究成果编程为一个处理程序，固化在一个芯片上，实现野外土壤表层含水量的野外实测。

此外，除了模型本身的精度影响土壤理化性质反演结果外，还有以下因素对参数成图结果具有决定意义：一是飞行季节和试验区的选择对成图的精度影响很大，由于我们的模型是针对裸土而言的，而OMIS数据获取时试验区还存在植被覆盖，很难找大片的裸地，由于植被干扰较大，将直接影响反演的结果。二是OMIS影像质量对反演的结果也有影响，如果所需波段的信噪比比较低，成图结果就比较模糊，直接影响成图的效果与精度。三是光谱重建精度直接决定成图的精度。同时，利用成像光谱技术也存在一些不容忽视的问题，应注意地物覆盖光谱特性的时空性，充分掌握地物光谱特征变化规律，加强地物光谱特性研究是利用成像光谱技术的首要条件。此外，利用高光谱技术所建立的土地退化指标的反演模型是一经验模型，由于野外光谱测量与土壤样品采集的数量限制，以及线形模型的局限性，反演模型的推广与应用具有一定局限性。

第六节　基于土地覆被分类的土地退化信息提取

本书旨在利用高光谱Hyperion数据建立和评价土地退化评价方法，分析比较Hyperion影像的监督分类与非监督分类相结合的混合分类方法、光谱角制图方法、混合调制匹配滤波（MTMF）方法等三种土地覆被分类方法，提出基于Hyperion数据土地覆被分类的土地退化程度评价方法（LDD），为土地退化监测与评价提供较为有效的方法。

一、基于 Hyperion 数据土地覆被分类

（一）混合分类方法

高光谱数据波段多，数据量大，为了减少数据特征维，对 Hyperion 数据进行主成分变换（PCA），其方差和特征值都集中在前面 4 个组分，选择前 4 个分量作为特征维，采用非监督分类与监督分类相结合的方法，进行土地利用/覆被分类。Congalton 等（1983）证明该方法比常规的监督分类法明显提高分类精度，关元秀等（2001）采用此种方法，在平原地区提取盐碱地信息，取得了较高的精度。实验证明，混合分类方法能够较好地解决分类中存在的同物异谱现象，特别是明显提高了坡耕地与林草地训练样本的选取精度，减少了类别间的混分现象。混合分类方法即利用非监督分类 ISODATA 方法对 PCA 的前 4 个波段进行分类，获取 9 个类别。通过实地调查，结合相关的影像数据与资料，确定每个类别的实际属性，删除不能正确识别的类别，增补遗漏的样本，并且对相同的类别样本进行合并，得到新的训练样本，再进行监督分类。经过反复调整，结合横山地处农牧交错地带的地理特征，最终确定沙地、裸地、林草地、水体和耕地 5 种训练样本。采用最小距离法对影像进行监督分类，对分类结果进行重新编码，合并类别，去除细小图斑，得到最终分类结果，分类精度如表 5-12。

表 5-12　三种分类方法精度比较

	制图精度/%	用户精度/%	错分精度/%	漏分精度/%
沙　地*	100.00	87.34	12.66	0.00
	100.00	71.68	28.32	0.00
	74.00	81.32	18.68	26.00
耕　地	62.50	83.89	16.11	37.50
	61.50	71.10	28.90	38.50
	76.00	65.80	34.20	24.00
水　体	56.50	100.00	0.00	43.50
	31.00	89.86	10.14	69.00
	51.00	64.15	35.85	49.00
林草地	90.50	53.08	16.92	9.50
	61.00	75.78	24.22	39.00
	88.00	65.19	34.81	12.00
裸　地	73.50	87.50	12.50	26.50
	63.00	40.26	59.74	37.00
	35.50	52.99	37.01	24.50
总体精度：	76.6%			Kappa 系数＝0.71
	63.3%			0.54
	68.9%			0.60

* 每格中从上到下代表的数值依次为混合分类、SAM 和 MTMF 分类法。

（二）光谱角制图方法

光谱角制图方法整个处理的过程如下（图 5-15）。

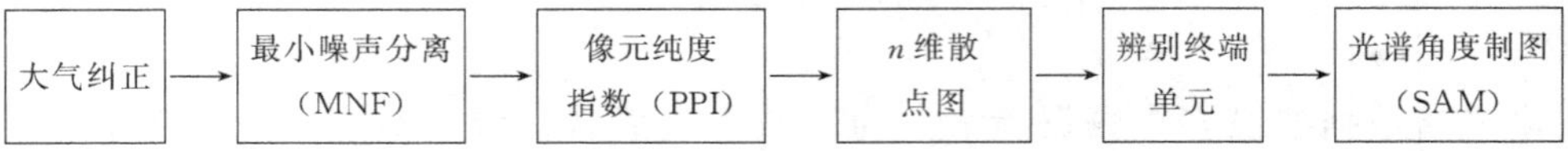

图 5-15　光谱角制图整个处理过程

对 Hyperion 影像做 MNF 变换，影像绝大部分有用信息集中在前 6 个组分，选择特征值大的前 6 个组分进行 PPI 处理，选取合适的阈值剔除“不纯”像元，提高选取终端端元的质量（阈值选取 3）。将感兴趣区域进行离散点分布分析，选取不同的点集群定义为终端端元。通过反复实验，最终确定出沙地、裸地、林草地、水体和耕地 5 种最终光谱单元。保存感兴趣区域，提取 5 种终端端元的波谱曲线（图 5-16），进行光谱角制图分类（选取阈值为 0.3 个弧度），分类精度见表 5-12。

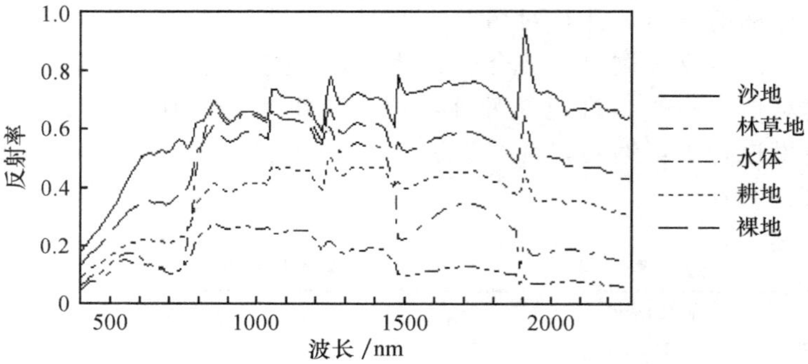

图 5-16　提取的 5 种终端端元的波谱曲线

（三）混合调制匹配滤波方法

混合调制匹配滤波方法与光谱角制图方法在实现过程上具有相似之处。利用 SAM 中提取的 5 种终端端元对影像进行 MTMF 处理，分析 5 种最终光谱单元的匹配影像（MF）与不可行性影像，选取 MF 数值高，不可行性数值低的像素点定义为新的感兴趣区域（彩图 6）。依次定义五种终端端元新的样本点；在 MTMF 匹配影像的基础上，利用最新定义的感兴趣区域再次进行 SAM 制图，得到最终的分类结果，分类精度见表 5-12。

二、基于土地覆被分类的土地退化程度评价

混合分类方法、光谱角制图方法、混合调制匹配滤波方法均未考虑混合像元问题，

Hyperion 影像的空间分辨率为 30m，在一个像元内有可能包含有多种土地利用/覆被类型。基于土地覆被分类的土地退化程度评价是在已有分类结果基础上，利用分类过程中提取的训练样本进行线性波谱分离，得到分离影像和误差影像，反复运行线性波谱分离算法得到新的终端端元，采取神经网络法进行二次分类，在掩膜处理基础上，根据不同覆被类型所划分的土地退化程度，进行土地退化程度评价。

对上述分类方法的土地覆被分类精度进行比较，选择混合分类方法中的训练样本（Kappa 系数最高）进行线性波谱分离，得到 5 种端元的分离图像（丰度影像）和 RMS 误差图像。在通常情况下，ENVI 软件使用的是无约束的分离算法，也就是说，如果没有选择正确的端元，计算结果将发生错误。如果任意一个端元出现负丰度值，或者相同像素所有端元丰度值的数量和大于 1，分离失去意义。通过在 RMS 影像中寻找误差大的区域，提取该区域的波谱，重新设置新的端元，反复运行线性波谱分离算法，直至 RMS 误差影像中无较高误差，且丰度影像像素值非负，其总和小于等于 1 时，最后得到新的训练样本。

土地退化程度评价即把土地覆被类型按照土地退化程度分为轻度退化、中度退化和高度退化土地三种类型，利用混合分类方法提取出五种训练样本。根据土地退化的绝对退化理论，假设退化评价的基准为原始时期，区域所有土地均为原始时期植被覆盖茂密的土地。定义高度退化土地即全部表土和部分亚表土或底土被搬移，表面受细沟、冲沟和塌堤等侵蚀影响，如植被覆盖度低的肋型墚顶和峁顶，及植被覆盖度较低（<5%）的沙地；中度退化土地即大部分表土被运移，植被稀疏，主要受细沟侵蚀，也有受地面径流和片蚀影响，如墚峁坡植被覆盖低的林地、草地与坡耕地；轻度退化土地即部分表土被搬运，受地面径流和片蚀影响，植被覆盖中等的林地、草地与坡耕地(图 5-17)，水体、水田属于无退化土地。水体、水田、道路等属于无退化土地，在制图前先对其作掩膜处理。接着进行线性波谱分离（linear spectral unmixing），得到这三种退化类型的波谱分离图像。为了消除噪声同时减少分类时产生孤立像元，对图像作 3×3 的中值滤波处理。再结合地面采样点及相关的影像资料重新定义出五种终端端元的样本点。为拉伸不同退化程度土地像元值，对不同退化程度土地影像进行合成，设计土地退化程度值（LDD）计算公式

LDD=0.55×高度退化土地+0.35×中度退化土地+0.10×轻度退化土地

图 5-17　不同程度退化土地

结合新的训练样本利用 BP（back propagation）神经网络法对 LDD 值图像进行分类。人工神经网络（artifical neural network，ANN）应用最广泛的是误差反向传递神经网络模型，简称 BP 模型，它是多层前馈神经网络，由于权值的调整采用反向传播的学习算法，因此称为 BP 网络。在应用神经网络法对 LDD 值图像进行分类的过程中

(图 5-18)，在网络学习的初期（训练次数<200），收敛速度很快。随后进入网络结构调整的震荡期，网络的权系数矩阵仅发生轻微变化，当反复训练的次数达到一定数量时(600 次)，均方根误差 E(w)<0.1，BP 神经网络结构也已处于稳定状态。

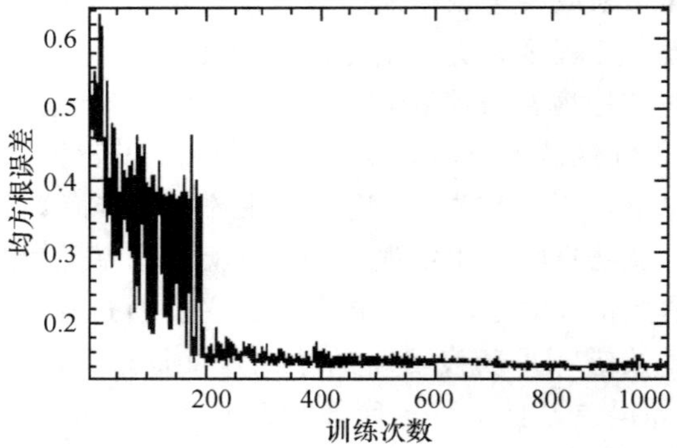

图 5-18　神经网络法均方根误差变化过程

三、土地退化程度精度评价

彩图 7 为采用混合分类方法、光谱角制图方法、混合调制匹配滤波得到的分类影像图。利用 ENVI 的随机采样工具对每个类别各采集 200 个样本点，然后与地面实际采样数据以及原有资料及影像进行对比，作为精度评价的依据。精度评价结果如表 5-12。可以发现，SAM 方法水体的漏分率高达 69%，有相当一部分水体被误分为耕地，而裸地的错分精度达到 59.74%，较大一部分的裸地被误分为沙地。MTMF 方法可看成是 SAM 方法的一种“改进”方法，在 SAM 分类的基础上经过 MTMF 变换，然后再对终端端元进行第二次的“提纯”，得到“更纯净”的像元，MTMF 总体精度为 68.9%，SAM 总体精度为 63.3%，MTMF 分类精度比 SAM 有了显著的提高，水体的漏分精度降低为 49%，裸地的错分精度降低到 37.01%。从表 5-13 中可以得出三种方法当中，混合分类方法的精度最高，达到 76.6%；混合分类方法把无定河中游东南方向部分的沙地划分为裸地，沙地错分精度为 12.66%。因此，土地退化程度 LDD 的分析是在混合分类的基础上进行（彩图 8、表 5-13）。

表 5-13　基于土地覆被分类的土地退化程度评价（LDD 方法）精度表

	制图精度/%	用户精度/%	错分精度/%	漏分精度/%
高度退化	90.00	100.00	0.00	10.00
中度退化	100.00	91.74	8.26	0.00
轻度退化	85.00	93.92	6.08	15.00
无退化	93.25	90.25	9.76	6.75

SAM 方法与 MTMF 方法分类精度不高的主要原因可能是混合像元问题，Hyperion 遥感图像的空间分辨率为 30m，影像中的一个像元在地面上相当于 30m×30m 的空间范围，一个像元包含有多种土地利用/覆被类型，如果把这样的像元笼统的归在某一种确定的类型，势必带来分类误差，导致分类精度下降。基于土地覆被分类的土地退化程

度评价是在混合分类的基础上做了较大的改进，利用混合分类提取的训练样本进行线性波谱分离，分别得到高度退化、中度退化和轻度退化三类分离影像；通过波谱运算得到LDD数值图像，采取神经网络法进行二次分类。LDD方法对土地退化程度的分类，其总体精度达到92.30%，Kappa系数为0.90。LDD方法对于土地退化制图具有较好的效果，把LDD方法应用于土地退化的动态监测，具有十分广阔的应用前景。

同时可以看到，光谱角制图方法对最终光谱单元的选择十分重要，它直接影响分类结果的精度。对于空间分辨率较低的影像，应当采用图像融合的手段（比如与高分辨率影像融合）提高其空间分辨率，空间分辨率的提高可以减少混合像元出现的几率，从而能够找到较“纯净”的像元，提高终端端元的质量，减小分类误差，提高分类精度。但是混合像元依然是“绝对”的，而纯净像元只是“相对”的。LDD方法仍然有许多需要改进的地方，在今后的研究当中，应尝试在分类中引入其他相关基础地理信息，如DEM数据、坡度信息、土壤信息以及其他社会、经济数据，消除地形等自然因素和土地利用方式等人为因素对分类的影响，增加对土地退化信息的敏感度，进一步解决同物异谱、异物同谱现象；同时也应当运用图像融合等手段提高影像本身的质量，增强其有用信息，消除其噪声，从而提高分类精度，满足土地退化信息动态监测的需求。

第七节　基于土壤线方法的土地退化信息提取

本节基于土壤线的概念和光谱匹配的原理尝试提出一个直接反映土地退化程度指数，旨在为土地退化评价提供一个新的简单快捷的高光谱指数，并比较光谱角填图和土壤线土地退化指数的土地退化信息提取方法。

土壤质地具有稳定性，根据土壤质地的国际制分类标准（黏粒<2μm、粉砂2～20μm、砂粒20～2000μm）将采样土壤分为砂壤土、壤砂土和砂土三类。根据地面侵蚀特征，将影像上的砂土采样点定义为重度退化土地，该土壤总体特征为土壤弱碱性，无结构，土壤质地以砂粒（平均95%）为主，养分含量很低（有机质平均0.342），土壤含水量低（7.48%），以空隙水为主，强光谱反射，彩色合成影像上为白色。将砂壤土采样点定义为轻度退化土地，该类土壤弱结构，全铁、有机质和土壤水含量较高，光谱反射较弱，假彩色合成影像上为棕灰色。

分析影像上的裸土光谱特征，可以看出，反射率随波长增加而逐步加强。与地面光谱进行对比分析，从重采样后的影像获取轻度退化土壤与重度退化土壤（图5-19、图5-20）。轻度退化的土壤光谱由于反射率低、在2200nm处有一显著的黏土吸收波段而易于识别。重度退化的土壤光谱反射率高，且在VIS-NIR处光谱坡度陡。土壤表面条件的变化改变着土壤反射光谱的形状。因此，通过这些光谱数据的多元统计分析能够更好地区分不同的土壤退化水平（Chikhaoui et al.，2001）。根据土壤线的概念，对上述两组裸露土壤光谱，制作VIS-NIR二维散点图（图5-21、图5-22）。二维散点图说明利用土壤线区分不同表面条件的土壤光谱是有效的。选择轻度退化矢量和重度退化矢量，轻度退化土壤线组的采样波段6对于不同退化程度土壤的区分效果较好。因此，以采样波段6为参考光谱矢量分别完成光谱角填图和土壤线土地退化光谱指数的计算。

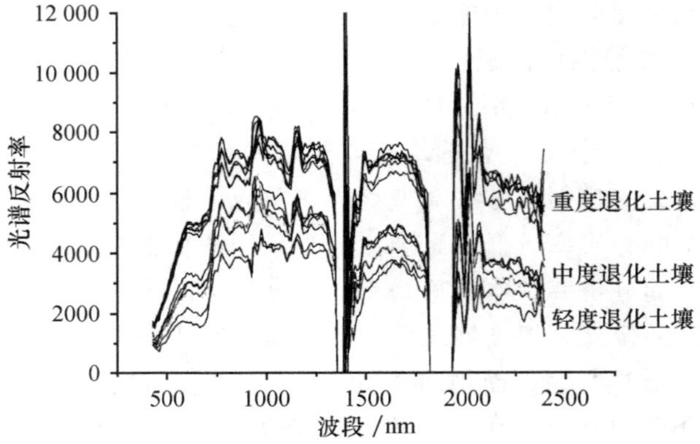

图 5-19　Hypersion 影像裸露土壤光谱特征

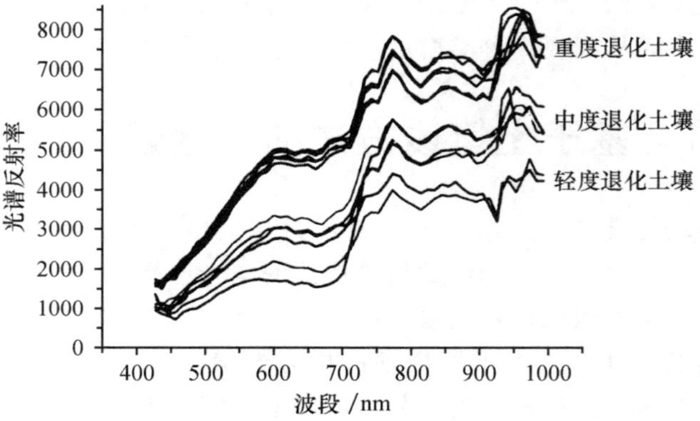

图 5-20　不同程度退化土壤光谱重采样

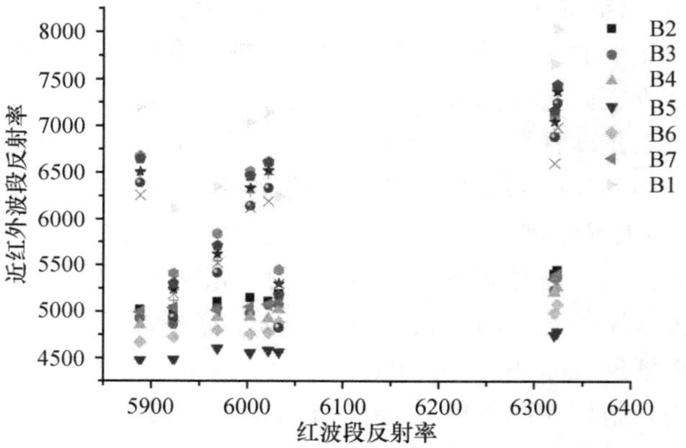

图 5-21　Hypersion 影像重度退化的土壤线

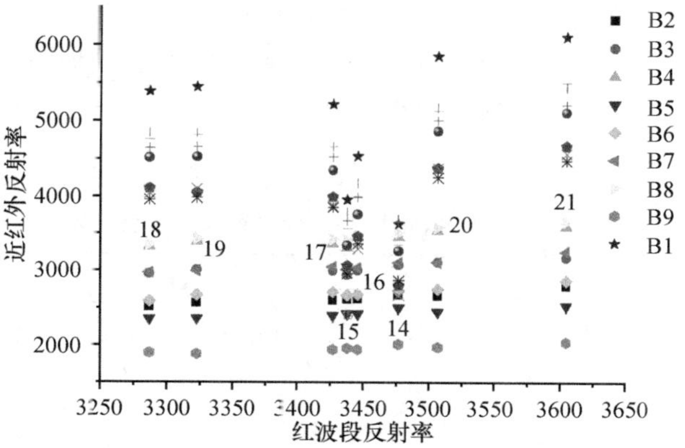

图 5-22 Hypersion 影像轻度退化的土壤线

光谱角填图方法采用的参考光谱是基于光谱测量统计分析的结果，光谱角填图分类结果图中每个像元代表影像矢量和参考光谱矢量的最小夹角值，其最大值界定为 0.10，对不同退化程度进行分类，结果如彩图 9。

根据土壤线土地退化指数模型和分类规则，计算每个像元的土地退化指数，利用 3×3窗口进行中值滤波获得同质类型，减少孤岛像元。土地退化指数最大值为 0.89，最小值为 0.16，平均 0.52，标准偏差为 0.2134（图 5-23）。

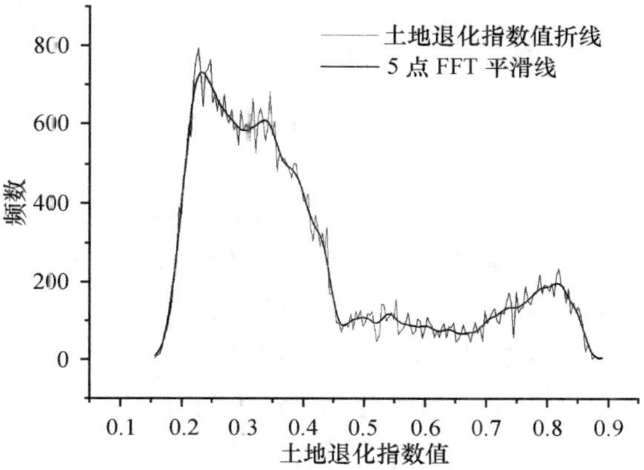

图 5-23 土地退化指数分布直方图

利用独立数据非监督分类进行土地退化指数分类，设定类型数为 3，最大迭代次数为 5，变化阈值为 3%，每类需要的最少像元数为 9，最大分类标准差为 1，类均值之间的最小距离为 5，合并成对的最多数为 2。分类结果表明，重度退化的土地退化指数高于 0.625，轻度退化的土地退化指数小于 0.30（彩图 10）。

根据先验知识，参照彩色合成影像的目视判读效果，在分类影像上采集不同退化程度的感兴趣区域作为实测像元，分别对光谱角填图法和土壤线土地退化指数分类法的分类结果进行精度评价。精度评价结果表明，基于 LDI 分类的总体精度为 80.76%，Kappa 系数为 0.7443，高于 SAM 分类法的精度评价结果。从分类结果的混淆矩阵可以看出，两种方法对于中度和轻度退化土地的错分率均较高，其中 SAM 方法高于 LDI 方法；中度退化土地的漏分率较高（表 5-14）。两种方法的用户精度略高于制图精度，其中 SAM 方法对于重度退化类型的用户精度高，LDI 方法对于轻度退化类型的用户精度高（表 5-15）。

表 5-14 基于 SAM 和 LDI 分类结果的混淆矩阵

退化程度		实际（像元数）				合计	漏分率/%	总本精度/%	Kappa 系数
		轻度退化	中度退化	重度退化	未分类				
SAM	轻度退化	469	18	11	102	636	20.6	67.16	0.6109
	中度退化	175	413	44	4	600	37.17		
	强度退化	0	0	603	0	603	0		
	未分类	0	128	0	956	1084	11.81		
	合计	644	559	658	1062	2923			
	错分率/%	37.31	35.35	8.36	9.98				
LDI	轻度退化	432	16	2	12	462	6.49	80.76	0.7443
	中度退化	200	379	65	14	658	42.4		
	重度退化	12	100	517	37	666	22.37		
	未分类	0	0	0	595	595	0		
	合计	644	495	584	658	2381			
	错分率/%	32.92	23.43	11.47	9.57				

表 5-15 基于 LDI 分类的精度评价结果

退化程度	SAM		LDI	
	制图精度	用户精度	制图精度	用户精度
轻度退化	67.17	74.96	67.08	93.51
中度退化	53.22	63.36	76.57	57.6
重度退化	91.64	100	88.53	77.63
未分类	65.01	88.19	90.43	100

分析不同退化程度土壤的物理化学性质，以及在不同坡度的分布（表 5-16）。重度退化土地分布在坡度较陡的区域，其砂粒含量较高，粉沙粒和黏粒含量较低，有机质与速效磷含量低于轻度退化与中度退化土壤，不同退化程度土地的空间分布与土壤理化性质分布一致，进一步验证了土地退化程度评价结果的可靠性。

表 5-16 基于 SAM 法的退化土地评价结果统计

退化程度	平均坡度/(°)	黏粒/%	粉沙/%	砂粒/%	有机质/%	全磷/(mg/kg)	速效磷/(mg/kg)
轻度退化	15	0.046	54.563	45.391	0.699	814.44	16.4
中度退化	19	0.047	49.479	50.474	0.765	1152.7	8.46
重度退化	23	0.047	42.314	57.639	0.214	1291.3	3.45

综上所述，LDI 方法分类精度高于 SAM 方法，两种分类方法的分类结果与退化土地的空间分布基本一致，同时说明基于土壤类型的分类方法较稳定。在利用ISODATA 非监督分类中，模型参数的阈限对分类结果影响较大，不适当的阈值会产生大量的未分类像元和少量目标分类。此外，土壤光谱信号受基底的影响较大。重度退化土地为典型的沙地，其实验室土壤侵蚀因子值为 0.44，说明受侵蚀的风险性较高。同时，我们认

为，比较土壤线土地退化光谱指数法和 SAM 法，应用 Hypersion 数据进行我国干旱半干旱地区土地退化评价的潜力还需进一步挖掘。

参考文献

关元秀等．2001．黄河三角洲盐碱地遥感调查研究．遥感学报，5（1）：46～52

黄昌勇．2001．土壤学．北京：中国农业出版社

浦瑞良，宫鹏．2000．高光谱遥感及其应用．北京：高等教育出版社

徐彬彬等．1986．土壤光谱反射特性与理化性状的相关分析．土壤专报，41：66～76

Blanchard M B，Grealey R，Goettelman R. 1974. Use of visible，near-infrared，and thermal infrared remote sensing to study soil moisture，Proceedings of the Ninth International Symposium on Remote Sensing of Envionment. Ann Arbor Mich，1：693～900

Chikhaoui M，Bonn F，Merzouk A et al. 2001. Diagnostic de l'e'tat de de'gradation du sol a` partir de l'analyse statistique des donne'es spectrals：cas d' un petit basin du Rif marocain. In：Symposium International -Faculte' des Sciences，Marrakech，12～15

Cloutis E A. 1996. Hyperspectral geological remote sensing：evaluation of analytical techniques. Int. J. Remote Sensing，17（12）：2215～2242

Congalton R G，Oderwald R G，Mead R A. 1983. Assessing Landsat classification accuracy using discrete multivariate analysis statistical techniques. Photogrammetric Engineering and Remote Sensing，49：1671～1678

Congalton R G. 1991. A review assessing the accuracy of classifications of remotely sensed data. Rem. Sens. Environ，37：35～46

David C Hatchell. 1999. Analytical Spectral Devices，Inc.（ASD）Technical Guide（3rd Ed.），ASD

Engman E T. 1991. Application of microwave remote sensing of soil moisture for water resources and agriculture. Rem. Sens. Environ.，35：213～226

Ferdinand B，Amadou I B，Abdelaziz M. 2005. A spectral index for land degradation mapping using ASTER data：application to a semi-arid Mediterranean catchment Mohamed Chikhaoui. International Journal of Applied Earth Observation and Geoinformation，7：140～153

Fuan T，William P. 1998. Derivative analysis of hyperspectral data. Remote Sensing of Environment，66：41～51

Hielkema J U et al. 1986. Rainfall and vegetation monitoring in the savanna zone of the democratic republic of sudan using the NOAA advanced very high resolution radiometer. International Journal of Remote Sensing，7（11）：1499～1513

Krishnan P，Alexander J D，Butler B J et al. 1980. Reflectance technique for predicting soil organic matter. Soil Sci. Soc. Am. J.，44：1282～1285

Narasimha Rao P V et al. 1993. Relation between root zone soil moisture and normalized difference vegetation index of vegetation fields. International Journal of Remote Sensing，14（3）：441～449

Palacios，Orueta A P，Ustin S L. 1996. Multivariate statistical classification of soil spectra. Remote Sensing of Environment，57（2）：108～118

Price J C. 1993. Estimating leaf area index from satellite data. IEEE Trans. Geosci. Remote Sensing，31（3）：727～734

Price J C. 1998. An approach for analysis of reflectance spectra. Remote Sensing of Environment，64：316～330

Schmugge T J，Jackson T J，McKim H L. 1980. Survey of methods for soil moisture determination. Water Resour. Res.，16（6）：961～979

Stone E R，Baumgardner M F. 1981. Characteristic variations in reflectance of surface soils. Soil Sci. Soc.，45：1161～1165

第六章　基于 TM/ETM$^+$ 数据的土地退化信息提取

土地退化监测与评价过程是一个指标信息获取与处理的过程，评价指标信息获取可通过监测网络、遥感解译、专家调查、实测估算、统计数据和历史数据获得。其中多光谱遥感数据是当前土地退化监测与评价中最常用的数据源，即利用多光谱遥感影像和GPS 数据，在 GIS 支持下辅以常规野外调查数据，可进行不同尺度的土地退化监测与评价。土地退化类型主要包括风蚀、水蚀、盐渍化。风蚀土地即沙化土地，其信息提取方法大致可分为传统的目视判读法、多端元光谱混合分析法和风蚀土地光谱特征指数方法三种。国内常用的方法以目视解译为多，工作量大而且由于判读人员的经验与知识不同，存在着许多不确定性。水蚀评价也是土地退化监测与评价的最主要内容之一。水蚀评价大多是基于水土流失模型进行定量反演。RUSLE 模型是一个改良的土壤侵蚀评价模型，适于计算机处理技术和大量数据整合，由半定量模型发展到定量和过程模拟，能更好地反映出野外的真实条件。由于数据源、计量单位和评价精度不同，RUSLE 模型因子测算方法千差万别。本章一方面旨在县级尺度，在地面相对反射率反演研究基础上，分析比较沙化特征指数、线性光谱混合模型、短波红外植被指数提取风蚀土地信息的技术方法，并利用多源信息和 BP 神经网络发展风蚀程度评价方法。另一方面则针对RUSLE 模型各参数因子计算方法，分析、筛选适合黄土丘陵区水土流失特点的因子算法，基于 RUSLE 模型对县级尺度水土流失进行定量反演。

第一节　研究区域与数据源

研究区横山县处于 108°39′～110°02′E、37°22′～38°44′N，位于陕西省北部，榆林市中南部，毛乌素沙漠南缘，无定河的中游。其东临榆阳区、米脂县，南接子洲县和延安市的子长县，西与靖边接壤，北靠内蒙古自治区乌审旗。全县土地面积 4430km^2，地势西南高东北低，西南部一般海拔 1200～1400m，东北部一般海拔 1000～1200m。长城沿线为毛乌素沙漠南缘风沙区，连绵起伏的荒沙漫无边际，无定河中游贯穿其北部，水泊、滩、湿地星罗棋布。南部为丘陵沟壑区，地形破碎，墚峁、沟壑纵横，水土流失严重，约占全县总面积的 2/3。横山县在大地构造上属鄂尔多斯地台南缘，大地貌属黄土高原。地势从东北向西南逐渐升高，海拔高度在 980～1534.9m 之间。地貌类型可分为两大部分，芦河以西、无定河以北是毛乌素沙漠东南延伸，故为风成地貌。芦河以东、无定河以南为横山山脉，为黄土丘陵山区。横山县地处大陆深部，属温带大陆性季风半干旱草原气候。年平均降雨量 390mm 左右，且多集中在 7、8、9 三个月。其风沙大于

5m/s 风速出现的年平均次数高达 281 次，风蚀情况严重。横山县土壤水平分布规律，由北而南这样分布：芦河以西、无定河以北，以风沙土类为主；芦河以东、无定河以南以黄土性土壤为主，零星出现红土类、黑垆土类和风沙土类。

研究区采用了四个时相的多波段遥感数据，获取时间分别为 1990 年 8 月 29 日和 1991 年 6 月 29 日（Landsat5 TM），以及 2001 年 5 月 31 日和 2002 年 9 月 23 日（Landsat7 ETM^+），遥感影像的空间分辨率均为 30m。产品校正水平为系统校正，地图投影为 Gauss Kruger 19，地球椭圆体为 Krasovsky 1940。

第二节　地面相对反射率反演

利用遥感技术获取地物目标特征信息是现代地学及其相关科学研究的重要手段。随着遥感科学的发展和遥感应用的深入，遥感定量测算地物目标及其变化已成为相关应用领域研究的热点。由于遥感器本身的光电系统特征、太阳高度、地形、大气等引起光谱亮度失真，因此从遥感器得到的地物目标辐射或反射的电磁能量观测值与地物目标本身的光谱反射率或光谱辐射亮度等物理量是不一致的，需要消除此类失真才能正确反演地物反射特征。目前所提供的常规产品遥感数据仅消除了遥感器的系统误差，而大气、太阳高度、地形等因素造成的影像辐射失真等随机误差仍然存在，尤其是大气条件。因此，大气辐射校正是遥感数字图像预处理的关键。虽然国内外关于大气辐射校正已积累了许多研究成果，但许多方法难以实现，局限性较大。目前国内外大气辐射校正可总结出以下处理方法：一是辐射传输方程求解法，该法中的大气传输系数难以获取，Landsat 早期的遥感平台上没有同时装载大气参数测量装置，大气校正不能纳入系统处理。值得一提的是在 2000 年升空的 EO-1 卫星上，除载有一台 222 通道的高光谱成像仪、一套与 ETM^+ 相似的遥感器之外，另有一套大气参数测量装置，为大气辐射精校正提供了必需；二是地面波谱实测数据回归校正法，实测数据代价较高，适用范围有限；三是多波段分析法，即以红外图像作为无散射影响的标准图像，对可见光波段的图像进行校正。该法简便易行，应用广泛（赵英时，2003）。本章采用 Chavez（1988、1996）提出的完全基于图像的大气纠正 DOS（dark-object subtraction）模型改进版-COST 模型，实现多波段多时相的 TM/ETM^+ 遥感数据地表相对反射率反演，并与地面实测光谱波段对比分析，校正和反演结果基本满足一般研究和应用，实用性较强。

一、基于 TM/ETM^+ 遥感数据的 COST 模型

遥感图像辐射值受大气层影响，就被动传感器而言，一方面大气层的吸收和散射使来自地物目标的辐射能量在到达传感器之前因衰减而降低；另一方面，大气反射和散射形成的路径辐射和地物目标辐射一起进入遥感探测器，导致遥感辐射量失真。因此，大气校正是遥感数据预处理的基础。尽管大气辐射传输原理是相同的，但由于传感器本身性能和参数的不同，不同传感器获得的遥感数据在大气校正的具体方法上有所差别，就

Landsat5 和 Landsat7（6 波段除外）数据而言，目前国内外学者在大气校正时应用较多的是黑体消除法，其中 Chavez（1988）就黑体消除法提出了各自行之有效的模型和算法。假设研究区具有相同的黑体背景，利用 TC（tasseled cap）变换的第四成分作为黑体辐射指标，以此去除黑体辐射。传统的黑体消除方法认为近红外辐射不存在散射影响，因此近红外波段上测得的任何洁净深水体或阴影面积辐射值大于零均被认为是大气散射和路径辐射的结果，即近红外波段的灰度值可以近似于大气层辐射值，以此来推算其他波段的大气层辐射值和有关的大气性质参数，这种黑体去除常常会矫枉过正，不适于黑体不存在的影像（Chavez，1996）。鉴于此，COST 模型基于以下的理论假设：一是每一波段均存在反射率为 1% 的黑体辐射，黑体辐射值取决于大气顶层的太阳辐照度；二是大气性质是均一的，传感器每一波段的最小辐射亮度值除黑体辐射影响外，主要还有大气分子的瑞利散射，气溶胶的米氏散射和反射作用的影响。其概念模型概括为以下四个步骤：一是将遥感器记录的 DN 值转换为遥感器的光谱辐射值，即根据遥感器的增益与偏移进行遥感器定标；二是遥感器的光谱辐射值转换为遥感器的相对反射值；三是消除因大气吸收和散射造成的大气影响，即大气纠正；四是计算地球表面像元相对反射率（图 6-1）。

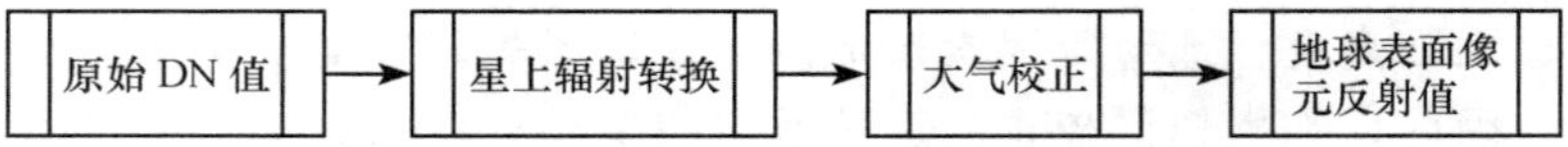

图 6-1　COST 大气纠正概念模型

根据太阳辐射和大气传输原理与过程，TM/ETM$^+$ 数据地面反射率反演的数学模型（Chavez，1996）可综合表达为

$$\rho = \pi \times D^2 \times (LsatI - LhazeI)/ESUNI \times \cos^2(SZ) \tag{6-1}$$

式中：ρ 为地面反射率；D 为日地天文单位距离；$LsatI$ 为传感器光谱辐射值，即大气顶层的辐射能量；$LhazeI$ 为大气层辐射值；$ESUNI$ 为大气顶层的太阳平均光谱辐射，即大气顶层太阳辐照度；SZ 为太阳天顶角。

二、模 型 参 数

（一）模型参数确定

COST 模型相关参数可以通过不同途径获得。其中日地天文单位距离 D 为 $1-0.01674\cos(0.9856\times(JD-4)\times\pi/180)$；JD 为遥感成像的儒略日（Julian Day），可通过儒略日算法模块获得；太阳天顶角为 90°减去太阳高度角；太阳高度角可以从遥感数据的头文件中获得；大气顶层太阳辐照度从遥感权威单位定期测定并公布的信息中获取。研究区遥感数据技术参数见表 6-1。

表 6-1 遥感数据技术参数 [单位：W/(cm² · ster · μm)]

数据类型	成像时间	太阳高度角	太阳天顶角	儒略日	日地距离
L5 TM	19900829	51.4603°	38.5397°	2 448 132.5	1.015 221 64 D
	19910629	61.0057°	28.9943°	2 448 436.5	1.001 467 96 D
L7 ETM+	20010531	65.0000°	25.0000°	2 452 060.5	0.993 417 55 D
	20020923	47.5000°	42.5000°	2 452 540.5	1.016 739 99 D

数据类型	TM1	TM2	TM3	TM4	TM5	TM7
L5 TM	195.7	182.9	155.7	104.7	21.93	7.452
L7 ETM+	196.9	184	155.1	104.4	22.57	8.207

注：JD-http：//wise-obs. tau. ac. il/～eran/Wise/Util/Julian _ Day. html

（二）传感器光谱辐射定标

由传感器灵敏特征引起的辐射畸变主要由其光学系统或光电转换系统形成，光电转换系统灵敏性特征引起的辐射畸变具有重复性，一般可通过定期的地面测定值进行校正。Landsat5 和 Landsat 7 系列的传感器是通过飞行前实地测量，预先测出各个波段的辐射值和记录值之间的校正增益系数和校正偏置量。传感器光谱辐射定标采用以下光谱辐射 L_λ［单位为 W/(cm² · ster · μm)］转换算式

$$L_\lambda = Bias + (Gain \times DN) \tag{6-2}$$

式中：*Bias* 为偏置；*Gain* 为增益；*DN* 为像元值。

从头文件中获取的偏置和增益值如表 6-2。

表 6-2 L5 和 L7 各波段光谱通道的增益和偏置

[单位：W/(cm² · ster · μm)]

波段	L5 TM1990/1991		L7 ETM+ 2001/2002	
	增益	偏置	增益	偏置
B1	0.999 92	−0.010 00	1.180 708 71	−7.380 708 52
B2	2.424 30	−0.023 20	1.209 842 50	−7.609 842 59
B3	1.363 44	−0.007 80	0.942 519 66	−5.942 519 66
B4	2.629 01	−0.019 30	0.969 291 36	−6.069 291 27
B5	0.587 71	−0.008 00	0.191 220 47	−1.191 220 47
B6	3.201 07	0.259 94		
B7	0.386 74	−0.004 00	0.066 496 07	−0.416 496 06

（三）大气校正

任何一种依赖大气物理模型的大气校正方法都需要先进行遥感器的辐射校准。Chavez（1996）提出了基于图像的大气参数估计方法 COST 模型：

$$LI_{\text{haze}} = LI_{\min} - LI_{1\%} \tag{6-3}$$

式中：LI_{haze} 为大气层光谱辐射值；$LI_{\min}$ 为遥感器每一波段最小光谱辐射值；$LI_{1\%}$ 为反射率为 1%的黑体辐射值。

遥感器的最小光谱辐射值 $LI_{\min}$ 的转换算式为

$$LI_{\min} = LMINI + QCAL \times (LMAXI - LMINI)/QCALMAX \tag{6-4}$$

式中：$QCAL$ 为每一波段最小 DN 值（亮度值）；$QCALMAX$ 为 255；$LMAXI$、$LMINI$ 为常数，指传感器光谱辐射值的上限和下限，从遥感数据的头文件或权威部门定期公布信息中获取。

黑体辐射值 $LI_{1\%}$ 的转换算式为

$$LI_{1\%} = 0.01 \times ESUNI \times \cos^2(SZ)/(\pi \times D^2) \tag{6-5}$$

式中：$LI_{1\%}$ 为假设黑体反射率为 1%各波段的黑体辐射值（Chavez，1996；Moran et al.，1992）。

将各项参数代入式（6-3）、式（6-4）、式（6-5）分别计算得出遥感器 1、2、3、4、5、7 波段的最小光谱辐射值、黑体辐射值和大气辐射定标值（表 6-3）；将式（6-2）、式（6-3）的计算结果及其他相应参数代入式（6-1）便获得 TM/ETM$^+$ 遥感数据的地面反射率。

表 6-3　遥感器光谱辐射范围及其大气辐射定标值

波段	$LMINI/LMAXI$		LI_{haze}			
	L5 TM1990/1991	L7 ETM$^+$ 2001/2002	L5 TM1990	L5 TM1991	L7 ETM$^+$ 2001	L7 ETM$^+$ 2002
B1	−0.01/253.9697	−7.3807/292.5483	57.1181	−4.1157	4.4576	12.4341
B2	−0.0232/615.7491	−7.6098/299.7200	48.7808	−2.3765	1.2163	2.3936
B3	−0.0078/346.3060	−5.9425/233.4808	23.4753	−2.7087	−3.0283	−3.2058
B4	−0.0193/667.7493	−6.0693/240.1545	15.8378	−0.1300	−4.0374	−4.4553
B5	−0.008/149.2704	−1.1912/47.3835	2.4009	0.0057	−1.2060	−1.3146
B6	0.2599/813.3307					
B7	−0.004/98.2280	−0.4165/16.4751	0.7486	0.3618	−0.2983	−0.2435

波段	$LI_{\min}$				$LI_{1\%}$			
	L5 TM1990	L5 TM1991	L7 ETM$^+$ 2001	L7 ETM$^+$ 2002	L5 TM1990	L5 TM1991	L7 ETM$^+$ 2001	L7 ETM$^+$ 2002
B1	61.7419	0.9860	7.9098	18.4955	4.6239	5.1017	3.4522	6.0614
B2	53.1023	2.3916	4.4423	8.0580	4.3214	4.7681	3.2260	5.6643
B3	27.1541	1.3503	−0.3090	1.5688	3.6788	4.0590	2.7193	4.7746
B4	18.3116	2.5994	−2.2070	−1.2414	2.4738	2.7294	1.8304	3.2139
B5	2.9190	0.5774	−0.8102	−0.6198	0.5181	0.5717	0.3957	0.6948
B6	386.0700	3.4485						
B7	0.7664	0.3812	−0.2840	−0.2178	0.0179	0.0195	0.0143	0.0257

三、相对反射率反演分析

（一）波段相关性对比分析与验证

分别在 1990 年的 TM 遥感数据 DN 值影像和反射值影像上取 60×60 像元样本，求各波段间的相关系数。结果表明，反演后各波段地表相对反射率的相关系数总体上均大于遥感影像各波段 DN 值的相关系数（表 6-4）。其中较为独立的第四波段与其他波段的反射率相关性显著提高，其次是第 7、第 5 波段。可见 COST 模型校正效果是显著的。另外，将 ASD-FieldSpec-FRTM 光谱仪野外实测的 34 个裸土样点的波谱按 Landsat5、

7 的波谱范围汇总其反射值，进行波段间的相关性分析。结果发现，地面光谱仪实测波段反射率之间的相关性与 TM、ETM⁺ 反射率反演后的波段相关性具有较高的一致性，尤其是 1、2、3 波段之间（表 6-5）。这可能是因为大气层的选择性散射强度与波长有关，波长越长，大气层中由分子引起的瑞利散射减弱，由气溶胶引起的米氏散射增强。一般气候条件下，瑞利散射起主导作用。因此，从波段相关性对比分析角度讲，COST 模型对大气层散射作用校正的效果还是较为突出的。

表 6-4　1990 年 TM 遥感影像各波段的泊松相关系数

波　段	B1	B2	B3	B4	B5	B7
B1	1	0.9888**	0.9898**	0.7739**	0.9546**	0.9719**
B2	0.9036**	1	0.9922**	0.7515**	0.9507**	0.9643**
B3	0.9219**	0.9376**	1	0.7303**	0.9529**	0.9742**
B4	0.0689*	0.2742*	0.0480*	1	0.8256**	0.7407**
B5	0.8069**	0.8384**	0.7574**	0.4011*	1	0.9853**
B7	0.8779**	0.8763**	0.8563**	0.2012*	0.9540**	1

** 显著性水平<0.01。

* 显著性水平<0.05。

对角线左下方为 DN 值的相关系数；对角线右上方为反射率的相关系数。

表 6-5　地面光谱仪实测波谱反射率各波段相关系数

波　段	B1	B2	B3	B4	B5	B7
B1	1					
B2	0.9884	1				
B3	0.9842	0.9867	1			
B4	0.8302	0.8612	0.7937	1		
B5	0.8701	0.8650	0.8995	0.7944	1	
B7	0.8555	0.8221	0.8945	0.6003	0.9421	1

注：显著性水平<0.01。

（二）影像特征值的对比分析

标准差反映出影像像元值的分散程度，存在黑体的影像（如山体阴影），像元值的分散度高，COST 模型能够消除这种黑体，剔除像元极值，降低分散度。分别在四个时相的 DN 值和反射率影像上相同位置取 60×60 样点，汇总分析各波段影像样点的像元值标准差。从分析结果看出：各波段反射值标准差远远小于 DN 值标准差（表 6-6）。可见，COST 大气校正能够收敛像元值域，起到消除黑体的作用。

表 6-6　TM/ETM⁺ 影像 DN 值与反射率的标准差

波　段	类　型	1990 年 8 月	1991 年 6 月	2001 年 5 月	2002 年 9 月	平　均
B1	DN 值	12.47	11.35	16.91	34.99	18.93
	反射率	1.65	7.7	3.55	6.82	4.93
B2	DN 值	11.37	9.81	21.07	37.08	19.83
	反射率	3.15	9.21	4.84	7.93	6 28

续表

波　段	类　型	1990年8月	1991年6月	2001年5月	2002年9月	平　均
B3	DN值	22.87	20.05	24.83	37.62	26.34
	反射率	5.05	11.37	5.26	7.42	7.28
B4	DN值	15.12	12.85	25.02	37.67	22.67
	反射率	5.05	16.15	8.08	11.37	10.06
B5	DN值	33.76	31.02	37.07	39.16	35.25
	反射率	7.22	17.46	10.92	10.78	11.6
B7	DN值	24.39	23.74	38.51	39.73	31.59
	反射率	7.32	15.31	10.82	10.46	10.98

（三）光谱特征对比分析与验证

对DN值影像和反射率影像进行水田、旱地、林地、水域、居民点和沙地的光谱样点采集，每种地类的样点数为30，对四个时相不同地类的光谱进行分析，可以看出，1、3波段为植物叶绿素吸收带，水田、旱地和林地光谱吸收谷明显；2、4波段为植物低反射区和高反射区，水田、旱地光谱反射峰较为显著；5波段反映出植物和土壤水分状况，沙地、旱地、林地含水量依次降低，反射率依次升高；7波段对地表岩性和特定黏土矿物敏感，研究区土壤发育于黄土母质，成土作用微弱，其性状与母质相似，黏土矿物以水云母为主，表土多为粉砂轻壤质，粒状或不稳定的团粒结构，有机质含量低，采样区的旱地、林地发育在此类土壤上，与7波段的光谱特征趋向一致。沙地区域土壤是由风成沙母质发育的，黏土矿物微弱，表土多为砂质或砾质，粒状结构，有机质含量低，其光谱反射率较高；研究区水田多分布在河套川地，是长期利用富含泥沙的河水灌溉、淤积和耕作施肥交替作用下形成的，水云母含量高，表土多为中壤质，有机质含量高，团粒结构稳定，光谱反射率低。

此外，针对2003年7月地物光谱仪采集的84个土壤野外采样点，按实际估测的覆盖度进行混合像元光谱拟合，按Landsat5、7的波谱范围计算其反射值，以此为参考验证反演的地表反射率。考虑到研究区季节变化，以1991年6月29日的反射率影像为验证对象。分析结果显示旱地、林地、水体的光谱特征十分吻合。比较水体光谱DN值与反射值，其波段的平均离差为3.8，进一步说明COST模型的反演结果较为满意，能够满足应用研究要求。

（四）反射率反演结果

COST模型所需参数易于获取，计算过程简单明了，便于操作，计算结果精度完全能够满足一般研究和应用的要求；由于几何校正的重采样会影响原始像元值，因此几何校正之前进行大气校正，反演结果更加切合实际。利用COST模型反演地表反射率，结果如彩图11。

四、亮温图像生成

地表温度是地表物质的热红外辐射的综合定量形式，它是由物质的热特性及几何结构共同决定的，同时，它还受到土壤物理参数（土壤水分、组分、结构、类型、表面粗糙度）、环境（高度、坡度、坡向、植被种类、水分状况）等的影响。Landsat5 TM、Landsat 7 ETM$^+$ 影像的红外波段（10.4～12.5μm）接收的是与地表温度相对应的热红外辐射强度。因此，通过利用热红外亮温计算模式，可得到图像数值和下垫面亮温数值的定量关系，进而研究沙地与其他地物在红外波段上的差异。

利用 TM、ETM$^+$ 的第 6 波段即红外波段（10.4～12.5μm）计算亮温公式

$$L_\lambda = \left(\frac{LMAX_\lambda - LMIN_\lambda}{Q_{cal\max}}\right)Q_{cal} + LMIN_\lambda \tag{6-6}$$

式中：L_λ 为图像红外波段的光谱辐射值：Q_{cal} 为图像红外波段的 DN 值；$Q_{cal\max}$ 为 255；$LMIN_\lambda$ 为 1.2378W/(m^2 · sr · μm)；$LMAX_\lambda$ 为 15.303W/(m^2 · sr · μm)。

由红外波段的辐射值转换到温度值：

$$T = \frac{K_2}{\ln\left(\frac{K_1}{L_\lambda} + 1\right)} \tag{6-7}$$

式中：K_2 为 1260.56K；K_1 为 607.76W/(m^2 · sr · μm)；L_λ 为图像红外波段的光谱辐射值；T 为温度；把 T 拉伸到 0～255 范围，生成温度图像。

第三节 风蚀土地信息定量提取

一、风蚀土地信息提取

本书中所指的风蚀土地包括风蚀耕地、风蚀林地、风蚀草地。通过对多种波段组合进行分析，波段组合 RGB（743）有利于风蚀土地信息的提取，耕地作物茂盛，影像上成亮绿色、浅绿色；高覆盖的林地一般呈浅绿色或褐绿色，纹理细腻；牧草地呈棕色等，片状分布；风蚀土地呈灰白色，中度风蚀呈粉红色，大多是片状分布；裸地呈暗红色或深紫色斑块。风蚀土地与其他地物类型存在着明显的光谱差异，风蚀土地特殊的光谱特征为应用遥感影像进行风蚀土地信息提取提供了坚实的基础。依据横山地区的地形地貌特征，综合参考地形图、土地利用现状图、DEM 等资料以及野外实地的采样调查，建立各种地物类型的光谱特征图斑和风蚀土地 TM 影像的判别参考信息（表 6-7）。

表 6-7 风蚀土地监测影像的判别特征

	划分标准	分布范围及判别信息
沙地	表层为沙覆盖，基本无植被的土地，包括沙漠，不包括水系的沙滩	灰白色，呈网纹或条纹或波状或蜂窝状，色调较亮、明晰

续表

划分标准		分布范围及判别信息
风蚀耕地	风蚀、风积地占有率＞20%，土壤质地为壤砂土、砂土和砾质土的耕地	呈片状、斑状分布。水浇地多分布在绿洲边缘且形状规则，旱地多在农牧交错区，形状不规则。小片状、斑状分布的耕地与草地镶嵌或被草地包围，边界明晰，形状不规则
风蚀林地	植被覆盖度＜50%、土壤质地为壤砂土、砂土和砾质土的灌木林	片状分布，并加有少量灰白色裸沙斑点，纹理粗糙，边界不明显；沙化严重者有明显沙丘波状纹理，零星分布的黄绿林斑可见，边界不明显
风蚀草地	植被覆盖度＜50%、土壤质地为壤砂土、砂土和砾质土的灌木林	片状分布，有明显的点状灰白色、粉红色裸沙地分布，色调不均匀，边界清晰。沙化严重的白色或灰白色的沙地占主要成分，有明显的沙丘纹理，或常呈灰白相间的条纹分布，或呈均匀的灰白色

本书研究了沙化特征指数、混合光谱线性分类、短波红外植被指数三种风蚀土地的提取方法，分别对两期遥感影像进行风蚀土地信息提取。在提取风蚀土地信息基础上，分析其影响因子，选择土壤类型、土地利用/覆被类型、沙地面积比、修正土壤植被指数、地表湿度五个影响因子，确定出土地沙化程度的分区阈值，构建风蚀土地程度评价的多源地学信息复合模型。并与 BP 神经网络法评价风蚀程度方法进行比较。

（一）沙化特征指数方法提取风蚀土地

在风蚀、风积等作用下形成的地物类型中，长石、石英类矿物及岩屑、晶屑成分所占比例决定着该类型地物反射率。风蚀土壤颗粒较小，其中的含铁氧化物、有机质的含量都比较低；风蚀土地上零星生长着一些稀疏的沙生植物，其植被覆盖率很低，而且土壤湿度较低，因此风蚀土地的反射率远远高于耕地、林地、草地。风蚀土地的反射率与风蚀程度有关，轻度风蚀土地与非风蚀土地较难区分，中度与重度风蚀土地的反射率远高于非风蚀土地反射率。

通过不同地类光谱信息特征分析，可知在 0.6～0.7μm 波段范围，反射率随地表植被覆盖度的增加而减少；在 0.8～1.1μm 波段范围，草地反射率极高；严重风蚀土地在 2.2～2.4μm 波段范围有极强的反射率。图 6-2～图 6-5 分别列出了 1990 年、2002 年灰度影像和反射率影像中不同地类光谱的剖面图，可以看出，灰度值影像中风蚀土地在各波段的灰度值都比较高，且各波段间起伏不大；而反射率影像中风蚀土地各波段的数值总体上都明显高于其他地类，而且其各波段间差异明显。风蚀土地的第一波段较其他波段数值低，在第 5 波段较其他数值大，1、5 波段的差异很明显；风蚀土地各个波段的反射率都比其他地类的高得多，特别在第 5 和第 6 波段。根据风蚀土地光谱反射在不同波段间的变化和与其他地类反射率光谱特征差异，建立适当的光谱特征指数来区分风蚀土地和非风蚀土地。在此，建立沙化特征指数（sandy feature index，SFI）来提取遥感影像中的风蚀土地信息：

$$\mathrm{SFI} = \frac{\rho_5 - \rho_1}{200 - \rho_5 - \rho_7} \tag{6-8}$$

式中：ρ_7代表 ETM^+ 中反射率影像中第 7 波段的值；ρ_5代表 ETM^+ 中反射率影像中第 5 波段的值；ρ_1代表 ETM^+ 中反射率影像中第 1 波段的值。

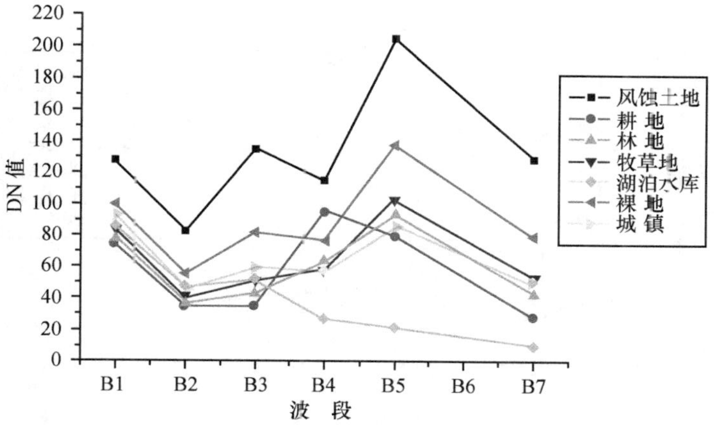

图 6-2　1990 年灰度值影像不同地类光谱的剖面图

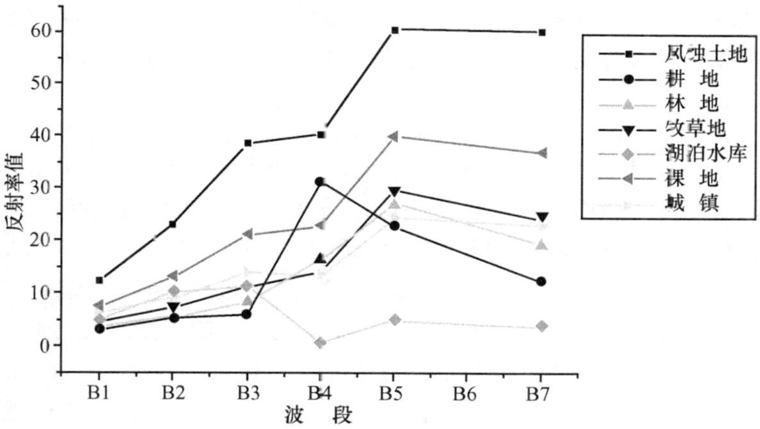

图 6-3　1990 年反射率影像不同地类光谱的剖面图

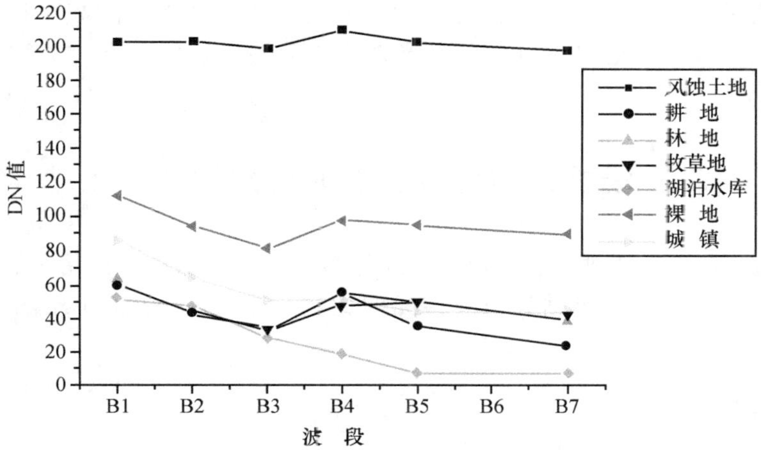

图 6-4　2002 年灰度值影像不同地类光谱的剖面图

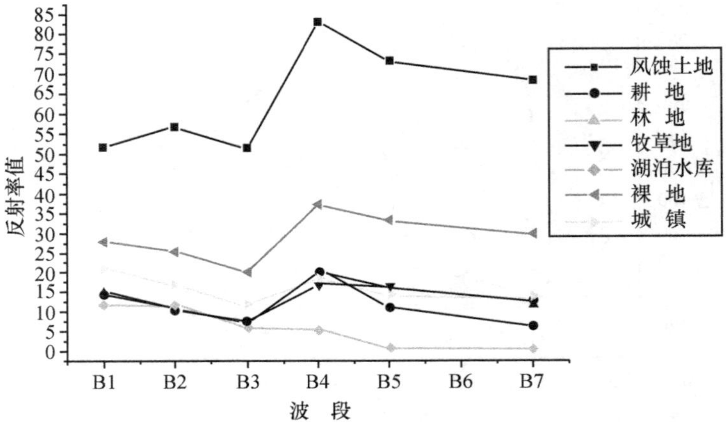

图 6-5　2002 年反射率影像不同地类光谱的剖面图

利用 ERDAS 的 MODLER 模块实现 SFI 指数运算，然后对生成的 SFI 图像进行图像拉伸。对指数图像进行线形变换，将图像值调整到 0～255。线形变换公式为

$$D_{ij} = \frac{d_{ij} - d_{\min}}{d_{\max} - d_{\min}} \times 255 \tag{6-9}$$

式中：下标 i、j 代表第 i 行、第 j 列的像元；D_{ij} 为线形变换后输出的像元灰度值；$d_{\max}$、$d_{\min}$ 分别为原 SFI 指数的最大、最小值；d_{ij} 为原图像像元的灰度值。

通过上述的 SFI 指数运算及线形变换公式生成 SFI 图像（数值 0～255）。将 SFI 图像与假彩色影像（ETM^+ 7，4，3 的 RGB 组合）比较，可以发现，水体及阴影的 SFI 值最低，草地和农田的 SFI 值中等，风蚀土地 SFI 值最高。通过该指数对照原始影像，有效地将风蚀土地与非风蚀土地分开。因此，SFI 是一个比较适合风蚀土地信息提取的指数。利用 SFI 方法对横山县 1990 年和 2002 年的遥感影像进行风蚀土地信息提取，1990 年风蚀土地面积为 591.08km^2，2002 年的风蚀土地面积为 306.79km^2。

随机采集风蚀土地与非风蚀土地各 200 个点进行精度评价。结果表明，利用沙化特征指数方法提取风蚀土地，1990 年遥感影像正确分类率达到 98%，2002 年影像达到 97.5%。

（二）线性光谱混合模型方法提取风蚀土地

在监测区，存在风蚀耕地、风蚀林草地等多种土地类型并存的情况。为解决此问题，利用线性光谱混合模型估算出亚像元的比例，分类后得到的风蚀土地类型更为精确。

1. 线性光谱混合模型

遥感影像上的像元是地表一定范围内地物光谱特征的综合反映，地物光谱往往以混

合像元的形式表现，光谱混合分析的目的主要是分离混合像元中的不同地物成分。线性光谱混合模型是光谱混合分析的常用方法，其定义为像元的光谱亮度值是由构成像元的基本组分（endmember）的光谱亮度值以其所占像元面积比例为系数的线性组合。可用下式表达

$$R_{i\lambda} = \sum_{k=1}^{n} f_{ki} C_{k\lambda} + \varepsilon_{i\lambda} \tag{6-10}$$

$$\sum_{k=1}^{n} f_{ki} = 1 \qquad k = 1,2,3,\cdots,n \tag{6-11}$$

$$\mathrm{RMS} = \left| \sum_{k=1}^{n} (\varepsilon_{i\lambda})^2 / n \right|^{1/2} \tag{6-12}$$

式中：$R_{i\lambda}$ 为第 λ 波段第 i 像元的光谱亮度值；n 为基本组分的数目，需满足 $n \leqslant m+1$，m 为波段数；f_{ki} 为对应 i 像元的第 k 个基本组分所占的分量值；$C_{k\lambda}$ 为第 k 个基本组分所在 λ 波段的光谱亮度值；$\varepsilon_{i\lambda}$ 为第 λ 波段第 i 个像元对应的误差值；RMS 为均方根误差。

在应用线性光谱混合模型分析时，基本组分选择的好坏是决定混合像元分解的关键。通常采用以下标准来衡量和评价基本组分选择的好坏：①剩余误差 RMS 应当尽可能地小；②像元分解后的分量值 f_{ki} 应当满足 $0 \leqslant f_{ki} \leqslant 1$；③基本组分应当具有代表性，是影像所对应区域内的大多数像元的一个有效组成成分。

2. 线性光谱混合模型方法提取风蚀土地

横山县处于农牧交错带，选择风蚀土地为主要研究对象，以此确定风蚀土地、耕地、林草地、裸地、滩涂五种基本组分。在确定像元基本组分时，采用主成分分析（PCA）方法压缩数据维数，有利于信息的集中和噪声的去除，6 个波段的 TM 有用信息主要集中于第一（PC1）和第二（PC2）主成分分量上。在 PC1 和 PC2 主成分的散度分布图上，不同地物类别明显地集中于不同的区域。在散度分布图勾绘出明显集中的区域，对应 7、4、3 波段组合的影像，为五种基本组分选择各 30～40 个样本点，以样本的均值作为基本组分在各波段的取值（表 6-8、图 6-6、表 6-9、图 6-7）。

表 6-8　1990 年 LSMM 分析的基本组分各波段 DN 取值表

波　段	风蚀土地	耕　地	林草地	裸　地	滩　涂
B1	131.195	87.226	76.820	94.118	100.750
B2	84.491	45.419	34.767	50.088	54.281
B3	138.484	58.710	40.430	71.941	73.406
B4	114.030	86.387	70.657	69.824	66.000
B5	208.129	112.452	97.233	121.471	98.219
B7	132.773	55.290	43.273	71.147	47.594

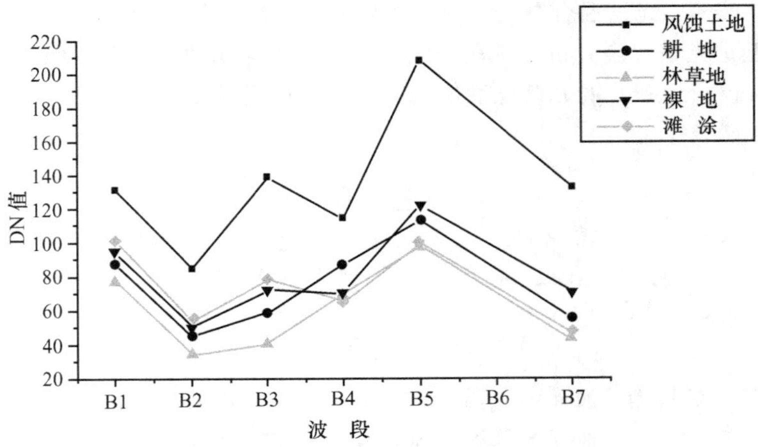

图 6-6 1990 年 LSMM 分析的基本组分各波段 DN 取值图

表 6-9 2002 年 LSMM 分析的基本组分各波段 *DN* 取值表

波 段	风蚀土地	耕 地	林草地	裸 地	滩 涂
B1	212.548	74.903	60.875	99.469	104.563
B2	214.484	57.323	42.125	82.531	88.500
B3	212.258	41.065	30.188	70.375	75.938
B4	221.645	84.323	52.375	81.813	75.563
B5	217.903	50.161	47.375	81.938	64.625
B7	215.129	35.484	36.031	77.781	52.500

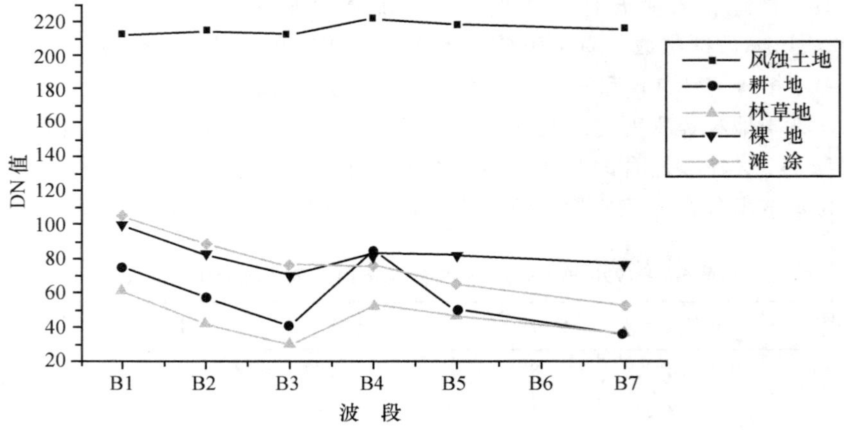

图 6-7 2002 年 LSMM 分析的基本组分各波段 DN 取值图

为了减少线性光谱混合模型求解的变量，需要去除影像中的水体信息部分。用 TM2/TM5 法，选取合适的阈值提取水体信息，对水体掩膜，直接对其他部分进行混合模型分解。利用线性混合光谱模型分别对 1990 年和 2002 年的图像（除第 6 波段外）进行混合像元分解，得到耕地、林草地、风蚀土地、裸地、滩涂地五幅基本组分分量图像和 RMS 误差图像。以五幅影像中像元的最大值作为分类标准，对影像进行分类，可得出分类结果。1990 年风蚀土地面积为 553.51km²，2002 年风蚀土地面积为 203.60km²。

表 6-10 和表 6-11 为研究区分类精度评价表。可以看出，1990 年和 2002 年对风蚀土地分类的制图精度较高，分别达到 96.5%、97.5%，漏分误差分别是 3.5%、2.5%，错分精度分别为 10.65%、0%。耕地和裸地的分类精度偏低一些。总体分类效果比较好，分类总精度达到了 90%以上。

表 6-10　基于线性光谱混合模型分类精度评价表（1990 年 8 月影像）

土地利用类型	制图精度/%	漏分误差/%	用户精度/%	错分精度/%
风蚀土地	96.5	3.5	89.35	10.65
耕　地	100	0	94.34	5.66
林草地	95	5	83.33	16.67
裸　地	70	30	95.89	4.11
滩　涂	98.5	1.5	99.49	0.51

表 6-11　基于线性光谱混合模型分类精度评价表（2002 年 9 月影像）

土地利用类型	制图精度/%	漏分误差/%	用户精度/%	错分精度/%
风蚀土地	97.5	2.5	100	0
耕　地	76	24	100	0
林草地	98.5	1.5	68.8	31.22
裸　地	74.5	25.5	91.98	8.02
滩　涂	99.5	0.5	97.07	2.93

（三）温度植被指数方法提取风蚀土地

对于风蚀土地，其表面植被覆盖率很低，风蚀土地的土壤水分含量低，土质干燥，风蚀土地的冠层温度较其他土地类型高，可考虑用代表冠层温度与植被指数构建温度植被指数（T_S/NDVI）来区分风蚀土地与非风蚀土地。参照彩图 12、彩图 13，发现 T_s/NDVI 图像中的部分水体、裸地与风蚀土地难以区分；用阈值法直接提取风蚀土地，势必会造成部分水体、裸地错误地归类到风蚀土地中。由于水体、裸地的植被覆盖很少或没有植被覆盖，其 MSAVI 值较小，被错误分类为风蚀土地。利用 T_s/NDVI 指数对横山县 1990 年和 2002 年遥感影像进行风蚀土地信息提取，1990 年的风蚀土地面积为 713.65km²，2002 年的风蚀土地面积为 340.24km²。评价结果如表 6-12 与表 6-13。

表 6-12　基于 T_s/MSAVI 提取风蚀土地的精度评价（1990 年 8 月影像）

土地类型	风蚀土地	非风蚀土地	总和
风蚀土地	108	34	142
非风蚀土地	92	166	258

土地类型	制图精度/%	漏分误差/%	用户精度/%	错分精度/%
风蚀土地	54	46	76.06	23.94
非风蚀土地	83	17	64.34	35.66

注：总体精度＝68.5000%；Kappa 系数 ＝ 0.3700。

表 6-13 基于 T_s/NDVI 提取风蚀土地的精度评价（2002 年 9 月影像）

土地类型	实际土地类型		
	风蚀土地	非风蚀土地	总和
风蚀土地	149	11	160
非风蚀土地	51	188	239

土地类型	制图精度/%	漏分误差/%	用户精度/%	错分精度/%
风蚀土地	74.5	25.5	93.13	6.88
非风蚀土地	94	6	78.66	21.34

注：总体精度=84.2500%；Kappa 系数= 0.6858。

（四）三种风蚀土地信息提取方法比较

采用沙化特征指数、线性光谱混合模型、温度植被指数三种方法进行风蚀土地信息的提取结果如表 6-14。可以看出，基于温度植被指数法提取的风蚀土地面积最多，沙化特征指数方法次之，线性光谱混合模型法最少。其结果与三种提取方法特点有关。温度植被指数方法容易造成裸地被错误地分为风蚀土地，故提取风蚀土地面积要大于实际的风蚀土地面积。线性光谱混合模型在选取基本组分样点时，风蚀土地这一基本组分为较纯净的沙地，会使一些植被覆盖度较高的风蚀耕地、风蚀林地、风蚀草地未能归入风蚀土地，故其提取的风蚀土地面积较低；而沙化特征指数方法是基于风蚀土地与非风蚀土地反射率光谱特征的明显差异设计，它扩大了风蚀土地与非风蚀土地的差异，简便有效地区分开风蚀土地和其他地物类型，因而较之前两种方法更适合于风蚀土地专题信息的提取。因此，本书采用了沙化特征指数法作为风蚀土地信息的提取方法，如图 6-8 和图6-9所示，白色的为横山县内的风蚀土地。

表 6-14 三种方法提取风蚀土地的结果 （单位：km^2）

风蚀土地提取方法	风蚀土地面积	
	1990 年	2002 年
SFI	591.08	306.79
LSMM	553.51	203.6
T_s/MSAVI	713.65	340.24

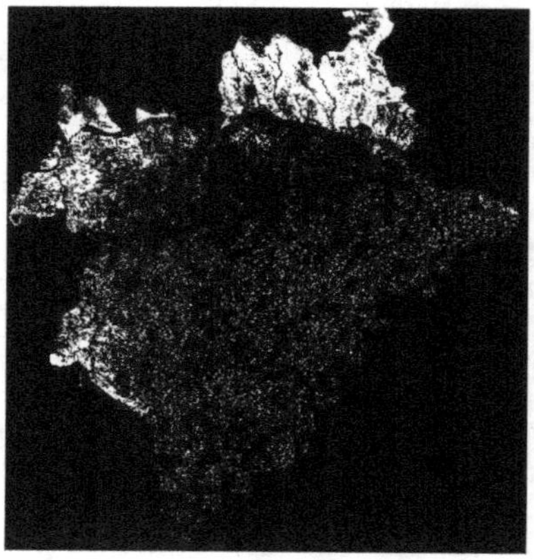

图 6-8 1990 年横山县风蚀土地分布

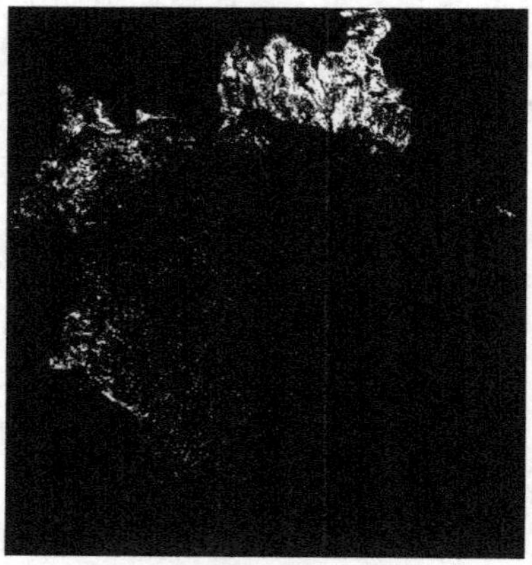

图 6-9 2002 年横山县风蚀土地分布

二、风蚀程度评价

目前，国内外对风蚀程度评估方法主要有两种：一种是应用图像处理软件，通过监督和非监督分类，直接划分出风蚀土地的类型或程度；另一种是选择基于多源信息的监测指标，给定不同权重进行综合评价。

（一）多源信息综合评价风蚀程度

1. 风蚀程度影响因子分析

风蚀土地是多种因素综合发生作用的结果，仅仅利用单一表征（如风蚀面积百分比、植被覆盖度等）来反映土地风蚀程度，只能从统计意义上反映土地风蚀现状，不能从风蚀土地发生的动力机制和动力过程等多个方面上进行分析。导致土壤风蚀的原因有内因和外因两种，内因包括地形和土壤性质，土壤性质分为土壤物理因素和土壤化学因素，其中以土壤物理因素为主。外因指大风、植被覆盖和土地利用方式等。根据横山县处于毛乌素地区沙漠的南缘，选取土壤类型、土地利用/覆被方式、风蚀土地占像元面积百分比、植被覆盖、土壤湿度评价因子，利用层次分析法确定各评价因子权重，对风蚀程度进行综合评价。

（1）土壤类型

不同的土壤类型由于自身的性质（比如粒径、表土结构）不同，反映的土壤抗风蚀能力具有差异。通常而言影响土壤抗风蚀能力因素有粒径、表土结构、土壤质地、有机质含量等。对于粒径而言，不同粒径的土壤颗粒具有不同的抗剪切力，粗质地土壤颗粒粒径大，透水性好，抗风蚀性差；细质地土壤颗粒粒径小，比表面积大，土壤黏性大，透水性差，抗风蚀能力强。对于土壤质地而言，相同条件下，砂质土壤的风蚀速率大于壤质土壤的风蚀速率，同时砾质结构的土壤和戈壁土壤的风蚀速率小于沙地土壤的侵蚀速率。有机质含量与表土层稳固性有关，有机质含量高，表土稳固性强，增强了土壤抗蚀力。

本章附表为不同土地利用类型采样点的有机质及养分含量和机械组成，根据这些参数分析不同土壤类型的抗风蚀能力。表 6-15 列出了研究区主要土壤类型抗风力侵蚀性编码表，数值越大表明该土壤类型抗风蚀能力越差。

表 6-15 横山县主要土壤类型（TS）编码表

土壤类型	土壤亚类型	土壤种类	风力侵蚀性编码	土壤受风力侵蚀程度
风沙土	流动风沙土	流动风沙土	100	极重
	半固定风沙土	半固定风沙土	85	重度
	固定风沙土	固定风沙土	70	重度

续表

土壤类型	土壤亚类型	土壤种类	风力侵蚀性编码	土壤受风力侵蚀程度
黄土性土壤	绵沙土	绵沙土	50	中度
		川台绵沙土	30	轻度
		沙盖绵沙土	60	中度
		黄绵盖绵沙土	20	轻度
	黄绵土	黄绵土	60	中度
		川台黄绵土	30	轻度
沼泽土	沼泽土	草甸沼泽土	10	轻度
		盐化草甸沼泽土	10	轻度
淤沙土	淤沙土	淤泥沼泽土	10	轻度
红土类	红色土	硬红土	40	中度
潮土类	潮土	沙质潮土	10	轻度

(2) 土地利用/覆被方式

依据不同的土地用途和利用方式，结合植被覆盖对风蚀程度的影响，按照影响力从大到小对不同土地利用类型重新编码（表 6-16）。编码值越大，说明该土地利用类型容易受风力侵蚀的影响，土地被风蚀可能性越大。

表 6-16　土地利用方式和植被覆盖编码表

LULC 编码	土地利用类型	风蚀程度	原　因
11	耕地	50	土地利用强度大，对土表破坏大，耕作大多是靠天吃饭
12	园地	20	果树，菜地的耕作较精细
21	森林地	20	林木根系对水土保持的能力较强
22	灌木林	40	植被覆盖适中，受风蚀影响较小
23	其他林地	60	植被覆盖较低，受风蚀影响较大
31	高覆盖度草地	20	草地的覆盖较高，易于防止地表裸露，抗风蚀能力强
32	中覆盖度草地	50	草地的覆盖中等，地表裸露较轻，抗风蚀能力一般
33	低覆盖度草地	75	植被稀疏，土地退化严重，受风蚀影响较大
41	居民点用地	40	地表一般多为坚固的建筑物
42	独立工矿用地	80	植被破坏严重
44	水利设施用地	10	灌溉方便，一般周围的土壤湿度较大
51	河流水面	0	非土地
52	湖泊水面	0	非土地
61	非森林湿地	10	土壤湿度大，抗风沙能力强
72	沙地	95	植被覆盖很少，受风蚀影响严重

(3) 风蚀面积占像元面积之比

利用线性混合光谱模型得到的风蚀土地类型分量可当作像素单元内风蚀土地所占面积数据。对风蚀土地类型分量影像进行线性变换，得到的图像称为风蚀面积占像元面积之比（sandy area ratio in a pixel，SARP）。风蚀面积占像元面积比例大，表明像元中植被覆盖面积比例小，受风力侵蚀的影响也较大，土地风蚀程度深。

(4) 反向改进型土壤调整植被指数

植被指数是反映地表植被生长状况、覆盖情况、生物量和植被种植特征的间接指标。地表植被对土壤具有水土保持作用，可减弱或抑制土壤风蚀。目前，已经发展了 40 多个植被指数，但各有优势和局限性（田庆久等，1998）。MSAVI（modified soil-adjusted vegetation index）为改进型土壤调节植被指数（Qi et al.，1994），MSAVI 可消除土壤背景的影响，不需人为确定参数。本书选择反向 MSAVI 作为风蚀程度评价指标。

(5) 反向土壤湿度

地表土壤含水量是影响风力对土壤颗粒搬运的重要因素。降雨量少，气温偏高，土壤会变得干燥，粉尘物质易被带入空中。土壤表层含水量增加可减弱直至抑制风蚀过程。TM 图像两个中红外波段（第 5、7 波段）对水分较敏感，是探测地面湿度状况的重要波段。可见光至红外 6 个波段数据蕴含着植被土壤信息，经过缨帽变换（即 K-T 变换）的前三个分量主要反映土壤的亮度、绿度、湿度特征。对于 TM/ETM+ 数据，湿度计算公式如下：

$$\begin{aligned} WI = & 0.1446TM1 + 0.1761TM2 + 0.3322TM3 + 0.3396TM4 \\ & - 0.6210TM5 - 0.4186TM7 \end{aligned} \tag{6-13}$$

2. 层次分析法确定评价指标的权重

对土壤类型、土地利用/覆被方式、风蚀面积占像元面积之比、反向 MSAVI、反向土壤湿度五个指标因子进行两两比较，构造土地风蚀程度评价指标的判断矩阵，确定各个指标权重。

用下述函数描述因子两两之间的相对重要性：

$$a_{ij} = \begin{cases} 1 & u_i \text{与} u_j \text{同等重要} \\ 3 & u_i \text{比} u_j \text{稍微重要} \\ 5 & u_i \text{比} u_j \text{明显重要} \\ 7 & u_i \text{比} u_j \text{重要得多} \\ 9 & u_i \text{比} u_j \text{绝对重要} \end{cases} \quad (i \leqslant j) a_{ji} = 1/a_{ij}, \quad i,j = 1,2,\cdots,n$$

a_{ij} 还可分别取中间值 2、4、6、8，理论上还可以取值更精细。结合 MSAVI、风蚀面积比、WI 的直方图和 RGB（321）组合影像，得到土地风蚀程度评价指标判断矩阵表（表 6-17）。

表 6-17　风蚀土地程度评价的指标的判断矩阵表

	Ts	LULC	SARP	MSAVI	WI
Ts	1	1/2	1/3	1/3	1/3
LULC	2	1	1/3	1/3	1/3
SARP	3	3	1	1	2
MSAVI	3	3	1	1	2
WI	3	3	1/2	1/2	1

计算结果为

$$W_{\lambda_{\max}} = [0.158\,02, 0.209\,15, 0.615\,99, 0.615\,99, 0.415\,22]^{T}$$

$W_{\lambda_{\max}}$ 经归一化后，T_s、LULC、MSAVI、SARP、WI 五个因子的权重分别为 0.08、0.10、0.31、0.31、0.2。

3. 多源信息复合方法评估土地风蚀程度

采用综合指数模型，对各指标因子进行加权和运算。以 SI 代表土地风蚀程度指数：

$$\mathrm{SI} = \sum_{i=1}^{n} \omega_i A_i \qquad i = 1,2,3,4,5 \tag{6-14}$$

SI 值越大，说明土地风蚀越严重。结合遥感影像和实地调查确定土地风蚀程度等级划分阈值，评价结果如彩图 14 和彩图 15，表 6-18 为研究区 1990 年与 2002 年土地风蚀状况。

表 6-18　1990 年、2002 年土地风蚀状况　　（单位：km^2）

	极重度风蚀土地	重度风蚀土地	中度风蚀土地	轻度风蚀土地	风蚀土地合计	占全县面积比/%
1990 年	145.8018	189.9666	170.3826	84.9222	591.0732	13.30
2002 年	85.822 65	103.3524	78.063 525	39.552 975	306.791 55	6.90
面积变化量	59.979 15	86.6142	92.319 075	45.369 225	284.281 65	

（二）BP 人工神经网络法评价风蚀程度

人工神经元网络是由大量神经元通过极其丰富和完善的连接而构成的网络，具有非线性、快速、并行处理、自学习、自组织、自适应、高度的容错性和鲁棒性等特征。人工神经网络技术发展至今，已经建立了多种神经网络模型及其响应的学习算法其中应用最广泛的是误差反向传递神经网络模型，简称 BP 模型。BP 模型在模式识别、遥感图像分类和遥感数据参数反演等方面已有广泛应用。

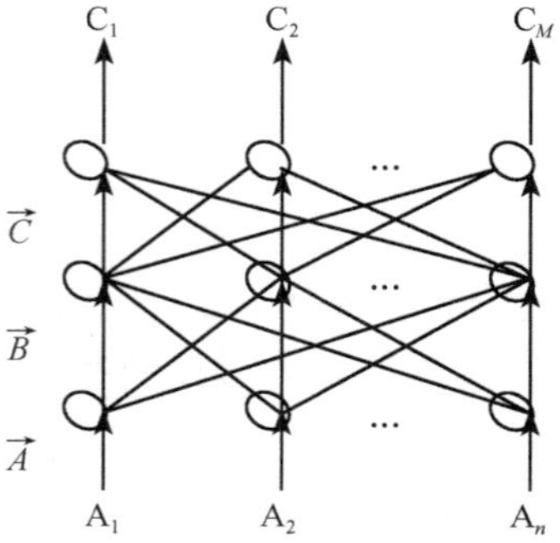

图 6-10　三层 BP 网络结构图

本书使用的 BP 模型由三个神经网络元层组成，最下层为输入层，中间层为隐含层，最上层为输出层，相邻层次的神经元之间用连接权系数相互连接，而各层内的神经元之间没有连接，如图 6-10 所示。

BP 神经网络的数学模型为：

$$\vec{C} = f(\vec{\omega}\,\vec{B} + \vec{\theta_1}), \qquad \vec{B} = f(\vec{\upsilon}\,\vec{A} + \vec{\theta_2}) \tag{6-15}$$

式中：$\vec{A}$、$\vec{B}$、$\vec{C}$ 分别为输入层、隐含层和输出层矢量（节点向量）；$\vec{\upsilon}$、$\vec{\omega}$ 和 $\vec{\theta_1}$、$\vec{\theta_2}$ 分别表示隐含层与输出层、输入层与隐含层之间的连接权和阈值；$f(x)$ 为网络激活函数，这里隐含层采用 log-sigmoid 型函数：

$$f(x) = \log(1/(1 + e^{-x})) \tag{6-16}$$

式中：输入层 $\vec{A}$ 中选取 MSAVI、SARP、WI 数据；输出层 $\vec{C}$ 中分为四类：严重风蚀土地、中度风蚀土地、轻度风蚀土地、非风蚀土地。在输入层三个组分的 RGB 假彩色合成影像上，风蚀土地显示白色、粉红、绿色三类明显的色彩，对照 RGB（7，4，3）合成影像，将白色、粉红、绿色代表的风蚀土地分别划分为重度风蚀土地、中度风蚀土地、轻度风蚀土地，黑色为非风蚀土地区域，可将这四类土地作为 BP 神经网络的四个输出。彩图 16 为 2002 年的原始影像、合成影像、分类影像三者的对比，表 6-19 和表 6-20 为 BP 人工神经网络法划分不同风蚀程度土地的精度评价结果。

表 6-19　1990 年风蚀程度 BP 分类精度评价表

风蚀程度	实际风蚀程度				精度评价/%			
	严重	中度	轻度	总和	制图精度	漏分误差	用户精度	错分精度
严重	199	12	25	236	99.5	0.5	84.32	15.68
中度	1	176	0	177	88.44	11.56	99.44	0.56
轻度	0	11	171	182	87.24	12.76	93.96	6.04

注：总体精度＝91.7647%；Kappa 系数＝0.8764。

表 6-20　2002 年风蚀程度 BP 分类精度评价表

风蚀程度	实际风蚀程度				精度评价/%			
	严重	中度	轻度	总和	制图精度	漏分误差	用户精度	错分精度
严重	200	12	16	228	100	0	87.72	12.28
中度	0	180	0	180	90	10	100	0
轻度	0	8	184	192	92	8	95.83	4.17

注：总体精度＝94.0000%；Kappa 系数＝0.9100。

从分类结果图可以发现，绿色代表的重度风蚀土地一般呈块状，大多数分布在风蚀土地区域的中部；红色代表中度风蚀土地、蓝色代表轻度风蚀土地呈长条形和斑点状分布，处于风蚀土地区域的边缘。表 6-21 为研究区利用 BP 神经网络分类方法的 1990 年、2002 年风蚀土地评价结果。

表 6-21　1990 年和 2002 年横山风蚀土地　（单位：km^2）

	重度风蚀土地	中度风蚀土地	轻度风蚀土地	风蚀土地合计
1990 年	260.03	133.05	197.99	591.07
2002 年	132.17	79.85	94.78	306.79
面积变化量	127.86	53.2	103.21	284.28

多源信息综合评价风蚀程度的方法能充分利用多源数据，从风蚀土地发生的动力机制和过程以及风蚀土地的表征等多角度综合评价，克服了单一指标评价的片面性；但是多源信息综合评价方法在因子选择、因子信息收集转换、标准值确定和权重确定等方面人为因素影响大，将影响分类精度。BP 神经网络方法对掩膜反向拉伸处理的数据能突出显示风蚀土地信息，结合野外调查数据，加强了原始影像不明显的风蚀土地区域。BP 神经网络方法较多源信息综合评价法简便，而且也能普遍适用于不同地区的风蚀土地评价。

第四节　RUSLE 模型参数分析与水土流失评价

国内外学者对土壤侵蚀进行了大量研究，发展了许多土壤侵蚀的半定量与定量模型，其中应用最广泛的是美国通用土壤侵蚀方程式 USLE（universal soil loss equation）。USLE 模型为半经验模型，不涉及土壤侵蚀的机理与侵蚀过程。为了模拟土壤侵蚀过程，美国农业部又开发了新一代土壤侵蚀预测预报模型 WEPP，可对田间坡地、末端小流域的土壤侵蚀和水文过程进行模拟与预测，WEPP 的剖面模型版可直接代替 ULSE。此外，分布式的水文模型 HSPF 相继开发，可用来预测径流量变化。近几年又发展了美国的 ANSWERS、AGNPS 和 RUSLE 模型，欧洲的 EUROSEM 和 ILWIS 模型，澳大利亚的 GUEST 模型与我国的各种小流域模型。上述大多数水土流失模型适用于小流域尺度，通过采集大量野外实验站点的土壤、气候及田间管理数据（如土壤粒径大小、结构、土壤渗透性、土壤水饱和度、地面径流量、植被盖度、降雨强度、农田防护与改造等）来实现模型模拟。随着数据获取途径多元化和计算机图像处理技术的进步以及研究区域的扩大，各国科学家在采用 RUSLE 模型来评价土壤侵蚀方面达成共识（Renard et al.，1994，1997）。RUSLE 是一个改良的土壤侵蚀评价模型，适于计算机处理技术和大量数据整合，并由半定量模型发展到定量和过程模拟，能较好地反映野外的真实条件。RUSLE 模型因子测算方法包括回归法和过程模拟法。然而，由于数据源、计量单位和评价精度不同，各因子测算方法千差万别。本书针对 RUSLE模型各参数因子计算方法，分析、筛选了适合黄土丘陵区水土流失特点的因子算法，基于 RUSLE 模型对研究区坡面面蚀进行了探讨。

一、RUSLE 模型

修正的国际通用土壤侵蚀方程 RUSLE 模型有六大因子组成，可用公式表达为

$$A = R \times K \times S \times L \times C \times P \tag{6-17}$$

式中：A 为年均土壤潜在侵蚀量 $[\mathrm{t/(hm^2 \cdot a)}]$；$R$ 为平均降雨侵蚀力因子 a；K 为平均土壤可蚀性因子；L、S 为平均地形参数，即坡度和坡长因子；C 为平均土地覆被和管理因子；P 为平均保护措施因子；L、S、C、P 为无量纲单位，R、K 的单位要保持一致性。

研究区 TM1991/ ETM^+ 2002 遥感数据分别采集于 1991 年 6 月 29 日和 2002 年 9 月 23 日，采用 COST 大气校正模型进行辐射校正和大气校正，获得地面相对反射率影像图，参照地形图进行几何校正。结合地学分析和现有资料，以地面相对反射率和实测的土壤属性数据分别计算两期土壤调整植被指数 SAVI（Huete，1988），参照基于遥感数据的土地利用/覆被分类体系（Wang et al.，2004），采用阈值分割法、明显地物直接目视解译法、主成分融合法提取不同的土地利用/覆被类型。

（一）*R* 因子计算方法

R 因子是引起沟蚀和片蚀的侵蚀动力因子，*R* 因子反映雨水对土壤的搬运能力。降雨量和降雨强度越大，对土壤的运移作用越大，降雨侵蚀力越强，体现了不同地区或同一地区不同时期因降雨而造成的土壤流失数量和能量。传统的魏氏（Wischmeier）算法

需要详尽的降雨资料作为参数；卜兆宏等（1992）提出的算法是根据多年多次降雨量与侵蚀量、汛期降雨总量、最大降雨强度等数据；Arnoldus（1980）提出的近似降雨量模型，建立了 R 因子和年降雨、月降雨量的回归方程，但 R 因子计量单位与本书其他因子计量单位不匹配，故在此不能采用。

Renard 等（1994）分析美国 155 个实验站点的数据，提出了降雨量和 R 因子之间的回归方程，回归方程模型为

$$R = \begin{cases} 0.0483Pa^{1.61} & Pa < 850\text{mm} \\ 587.8 - 1.249Pa + 0.004\,105Pa^2 & Pa > 850\text{mm} \end{cases} \tag{6-18}$$

式中：R 因子单位为（MJ · mm)/(hm^2 · h · a)；Pa 为年降雨量。为取得 R 因子和 K 因子计量单位一致，采用上式计算 R 因子值。

1991～2002 年横山夏季降雨量逐渐升高，春季降雨量变化平稳，秋雨增多的趋势未来可能会降低，冬季降雨将持续减少；年总降雨量呈持续上升态势（表 6-22）。夏季降雨对年降雨的影响较大，对水土流失影响也较强。所以，年降雨与夏季降雨的变化趋势和持续状况一致，年际降雨量之间相关系数较高，说明利用 Renard 回归方程，以年降雨量为自变量计算 R 因子比较适合黄土丘陵干旱半干旱地区，同时也说明应选取 6～9 月份遥感数据来提取土地覆被与管理因子。横山县 1991～2002 年年均降雨量 338.67mm，年降雨量均小于 850mm，根据上式得出 1991 年和 2002 年降雨侵蚀力因子值分别为 522.27MJ · mm/(hm^2 · h · a) 和 1011.82MJ · mm/(hm^2 · h · a)。

表 6-22 横山县 1991～2002 年降雨量变化趋势和持续性状况分析表

季 节	趋势指数	Hurst 指数	相关系数	方 差	样本数	概率值
春季	0.4647	0.5764	0.8626	0.2034	11	0.0006
夏季	2.9222	0.7508	0.8246	0.3100	11	0.0018
秋季	2.3203	0.3835	0.8051	0.1700	11	0.0028
冬季	−0.5262	0.6485	0.8311	0.2611	11	0.0015
平均	5.1287	0.6083	0.8765	0.2010	11	0.0004

（二）*K* 因子测算方法

K 因子为土壤可蚀性因子，与土壤机械组成的粒级含量（N1，N2）、土壤有机质含量（OM）、土壤结构级别（S）、土壤渗透性级别（P）等土壤性状之间存在函数关系（Renard et al.，1997），可表述为

$$K = F(N1, N2, OM, S, P) \tag{6-19}$$

Torri 等（1997）提出的全球土壤可蚀性 K 因子模型为

$$K = 0.0293(0.65 - D_G + 0.24 \times D_G^2)\exp\left\{-0.0021\frac{OM}{f_{clay}} - 0.000\,37\left(\frac{OM}{f_{clay}}\right)^2 - 4.02 \times f_{clay} + 1.72 \times f_{clay}^2\right\} \tag{6-20}$$

$$D_G = -3.5f_{clay} - 2.0f_{silt} - 0.5f_{sand}$$

式中：K 为土壤可蚀性因子值；OM 为土壤有机质含量；f_{clay} 为土壤黏粒（0.000 05～0.002mm）含量；f_{sand} 为土壤沙粒（0.05～2.0mm）含量；f_{silt} 为土壤粉沙粒（0.002～0.05mm）含量；D_G 为土壤质地的几何平均粒度。

在黄土丘陵区，水土流失是影响土壤或土地质量的主导性限制性因素，水土流失导致了表层土壤有机和无机养分的淋洗与团聚体和微团聚体的下渗和径流，从而造成流域或次流域汇口处淀积土壤的有机质含量高、渗透性弱、抗蚀性差；上坡面土壤有机质含量低、质地粗、渗透性大、抗蚀性强。根据土壤普查数据和 2003 年土壤野外样点数据，分别计算两个时相不同土壤类型的砂粒、粉砂粒和黏粒各粒级含量与 K 值。结果表明 K 值的区域分布较为显著，芦河以西、无定河以北沙源区砂质土，土壤可蚀性较大，K 值较高；东南部黄绵土分布区域土壤可蚀性较小，K 值较低；2002 年平均 K 值（0.275）是 1991 年（0.174）的近 1.6 倍（彩图 17）。

（三）S 和 L 因子计算方法

RUSLE 模型反映地形对水土流失影响的因子有坡度和坡长（Renard et al.，1997）。坡度和坡长属加速水土流失的动力因子，可根据上坡排水的贡献面积计算坡长因子（Desmet et al.，1996）

$$L(i,j)=\frac{(A_{(i,j)}+D^2)^{m+1}-A_{(i,j)}^{m+1}}{x^m\times D^{m+2}\times(22.13)^m}\quad m=\frac{F}{1+F}\quad F=\frac{\sin\beta/0.0896}{3\times(\sin\beta)^{0.8}+0.56} \tag{6-21}$$

式中：$L(i,j)$ 为第（i，j）个栅格单元的坡长因子值；$A_{(i,j)}$ 为第（i，j）个栅格单元入口处的单位贡献面积；D 为栅格间距，在此取值为 100m；x 为形状修正因子，在此取值为 1；m 为坡长指数；β 为坡度。

坡度 β 是最大坡降方向上所有次单元格的平均度数（McCool et al.，1989），坡度因子 S 的因子值算式

$$S(i,j)=\begin{cases}10.8\times\sin\beta(i,j)+0.03, & \tan\beta(i,j)<0.09\\16.8\times\sin\beta(i,j)-0.50, & \tan\beta(i,j)\geqslant 0.09\end{cases} \tag{6-22}$$

S 和 L 因子计算结果如彩图 18。

（四）C 因子和 P 因子的确定

在 RUSLE 模型中，C 因子表示作物覆被状况，P 因子表示作物种植和管理的维护措施（Renard et al.，1997）。C、P 因子与植被覆盖度和土地利用/覆被类型及管理措施有关，对土壤侵蚀具有控制作用。C、P 因子值越大，土壤侵蚀的控制作用越强。鉴于横山县地处干旱半干旱地区，参照 RUSLE 在美国盐湖城和丹弗的应用结果与 AIM Korea Team 在亚洲的试验研究结果，编制基于土地利用/覆被类型的 C、P 因子值表（表 6-23）。C、P 因子计算结果如彩图 19。

表 6-23　RUSLE 模型中对应 *C* 因子和 *P* 因子的土地覆被类型及其代码

土地利用覆被类型	类型代码	*C* 因子	*P* 因子
川坝地	111	0.100	0.500
稻田	112	0.100	0.500
坡耕地	113	0.500	0.800
园地	12	0.300	0.500
有林地	21	0.001	1.000
疏林地	22	0.010	1.000
灌木林地	23	0.001	1.000
农林间作地	24	0.100	0.800
高覆盖度草地	31	0.080	1.000
中覆盖度草地	32	0.010	1.000
低覆盖度草地	33	0.200	1.000
作物牧草间作地	34	0.500	0.800
非森林湿地	62	0.050	1.000
沙地	72	0.350	1.000

二、潜在土壤面蚀分析

（一）潜在土壤面蚀时空变化分析

潜在土壤侵蚀强度指表层土壤在自然营力（水力、风力、重力及冻融等）和人类活动综合作用下，单位面积和单位时间内潜在被剥蚀并发生位移的土壤侵蚀量，以土壤潜在侵蚀模数表示。基于 RUSLE 模型，对横山县 1991、2002 年土壤面蚀状况进行评价，2002 年潜在面蚀比 1991 年提高了 57%。土壤潜在面蚀的空间差异较为显著，随地势增加，土壤潜在面蚀由西、北向东、南逐渐增强。按照国家水利部《全国土壤侵蚀遥感调查技术规程》，将横山潜在土壤侵蚀划分为六个等级，即微度侵蚀（0～5）、轻度侵蚀（5～25）、中度侵蚀（25～50）、强度水蚀（50～80）、极强度水蚀（80～150）、剧烈侵蚀（>150）。2002 年与 1991 年相比，横山县剧烈侵蚀面积比例与潜在侵蚀量大幅上升，而其他程度的侵蚀比例与潜在侵蚀量有所下降，面蚀总体状况由 1991 年的强度侵蚀转化为 2002 年的极强度侵蚀（表 6-24）。

表 6-24　基于 RUSLE 的横山县面蚀面积和潜在面蚀量比率统计表

	侵蚀等级	1	2	3	4	5	6
面蚀面积比率	1991 年	33.3	22.0	8.7	9.3	14.8	11.9
	2002 年	23.1	27.1	5.2	6.8	9.7	28.0
潜在面蚀总量比率	1991 年	1.0	3.4	4.6	10.0	31.9	49.0
	2002 年	0.5	2.6	1.9	4.2	10.4	80.4

（二）土壤面蚀评价精度验证

提取不同程度面蚀区域的各因素信息，可验证面蚀评价结果的精度。选取横山县和白界乡、韩岔乡和塔湾镇，分析土壤面蚀强度与土壤潜在面蚀量、土壤质地、土壤有机质含量、地形坡度和植被覆盖度空间分布的一致性（表 6-25）。可以看出，土壤面蚀强度与侵蚀量、质地及坡度有较好的一致性，即坡度越高面蚀越大，土壤质地对面蚀的敏感性越高；而有机质和植被覆盖度仅在白界乡差异明显，这可能是因为白界乡多为风沙地和灌木林地，人为干扰少。

表 6-25 横山县 1991 年与 2002 年土壤潜在面蚀等级及其影响因素分析表

行政单位	年 份	侵蚀等级*	侵蚀量/(t/hm²)	质地	有机质/%	覆盖度/%	坡度
横山县	1991	1	2	砂壤	0.36	27	9°
		2	11	砂土	0.34	25	16°
		3	36	中壤	0.38	24	8°
		4	74	轻壤	0.40	24	11°
		5	147	轻壤	0.41	24	15°
		6	280	轻壤	0.41	24	26°
	2002	1	2	砂壤	0.36	37	7°
		2	10	砂土	0.34	39	17°
		3	38	砂壤	0.37	40	7°
		4	65	中轻壤	0.39	41	7°
		5	112	轻壤	0.40	41	9°
		6	299	轻壤	0.39	41	19°
白界乡	1991	1	1	砂壤	0.30	27	7°
		2	9	砂土	0.26	25	14°
		3	28	砂壤	0.23	23	5°
		4	59	砂壤	0.23	23	18°
		5	88	砂壤	0.20	20	22°
		6	214	砂壤	0.20	20	25°
	2002	1	1	砂壤	0.30	35	8°
		2	8	砂土	0.23	33	4°
		3	33	砂壤	0.23	32	8°
		4	64	砂壤	0.24	37	15°
		5	92	砂壤	0.20	35	19°
		6	247	砂壤	0.20	31	23°
韩岔乡	1991	1	2	砂壤	0.39	18	18°
		2	22	砂壤	0.38	23	16°
		3	40	中壤	0.38	23	17°
		4	76	轻壤	0.38	23	22°
		5	132	轻壤	0.39	23	28°
		6	221	轻壤	0.37	17	36°
	2002	1	2	砂壤	0.39	35	18°
		2	18	砂壤	0.38	42	17°
		3	45	砂壤	0.38	42	17°
		4	68	中轻壤	0.38	41	18°
		5	117	轻壤	0.38	42	24°
		6	246	轻壤	0.37	36	32°

续表

行政单位	年　份	侵蚀等级*	侵蚀量/(t/hm²)	质地	有机质/%	覆盖度/%	坡度
塔湾镇	1991	1	3	砂壤	0.33	22	13°
		2	23	砂壤	0.36	26	13°
		3	44	中壤	0.35	24	12°
		4	78	轻壤	0.37	26	23°
		5	148	轻壤	0.35	23	30°
		6	364	轻壤	0.35	20	38°
	2002	1	3	砂壤	0.33	37	13°
		2	20	砂土	0.38	39	12°
		3	38	砂壤	0.35	38	11°
		4	69	轻壤	0.37	39	19°
		5	130	中轻壤	0.36	39	25°
		6	386	轻壤	0.35	35	33°

*：1 表示微度面蚀；2 表示轻度面蚀；3 表示中度面蚀；4 表示强度面蚀；5 表示极强度面蚀；6 表示剧烈面蚀。

（三）土壤面蚀因子分析

在 RUSLE 模型中，*R*、*K*、*C*、*F* 因子在两个时相均发生了变化。当 CP 固定在基期，以 R_{2002} 作为同度量因素，仅土壤可侵蚀性因子变化（$K_{1991} \rightarrow K_{2002}$）将引起面蚀平均增加 49.7%；以 K_{1991} 作为同度量因素，仅降雨侵蚀力因子变化（$R_{1991} \rightarrow R_{2002}$）将引起面蚀平均增加 68.9%。若以 *RK* 固定在同一时期，以 RK_{2002} 为同度量时，*C*、*P* 因子变化将引起面蚀平均降低 18.6%。可见，*R*、*K*、*C*、*P* 因子对研究区潜在面蚀变化的贡献大小顺序为：降雨侵蚀力因子 *R*＞土壤可侵蚀性因子 *K*＞植被覆盖及管理因子*C*、*P*。

基于 RUSLE 模型应用于黄土丘陵区土壤面蚀评价，实现了气候、土壤、地形、土地景观格局等多维变量的集成。RUSLE 模型计算的是潜在土壤面蚀，黄土丘陵区的主要侵蚀类型还包括细沟侵蚀、冲沟侵蚀等多种主要类型，RUSLE 模型不适用沟蚀预测，以及降雨事件的精细评估，无法得出一个流域尺度土壤侵蚀量，只是分析影响土壤侵蚀因子，对潜在土壤面蚀状况进行相对分析。此外，利用 *R* 因子与降雨量的回归模型具有时间序列的统计意义，避免了其他算法可能具有的偶然性；但仍存在一些问题，缺少降雨量及其强度的空间分布信息，降低了年侵蚀量的空间变异敏感性。同时，多个小流域的水土流失模拟不同于单一的小流域，存在水土流失对土壤理化性质变化产生的原位（on-site）效应和异位（off-site）效应等问题。

参考文献

卜兆宏，宫世俊等．1992．降雨侵蚀力因子的算法及其在土壤流失量监测中的选用．遥感技术与应用，7（3）：1～10
田庆久，闵祥军．1998．植被指数研究进展．地球科学进展，13（4）：327～333

赵英时等. 2003. 遥感应用分析原理与方法. 北京：科学出版社

Arnoldus H M J. 1980. An approximation of rainfall factor in the Universal Soil Loss Equation. In：De Boodt M，Gabriels D eds. Assessment of Erosion. New York：John Wiley and Sons. 127～132

Chavez P S J. 1996. Image-based atmospheric correction revisited and improved. Photogrammetric Engineering and Remote Sensing，62 (9)：1025～1036

Chavez P S J. 1988. An improved dark-object subtraction technique for atmospheric scattering correction of multi-spectral data. Remote Sensing of Environment，24：459～479

Desmet P J J，Govers G. 1996. Comparison of routing algorithms for digital elevation models and their implications for predicting ephemeral gullies. International Journal of Geographical Information Systems，10：311～331

Huete A R. 1988. A soil-adjusted vegetation index (SAVI). Remote Sensing of Environment，25：295～309

Jing W，Ting H et al. 2004. Developing land use/cover classification system based on remote sensing data in China，Remote Sensing for Environmental Monitoring，GIS Applications and Geology IV，SPIE's Remote Sensing 2004，Spain，5574：52～60

McCool D K，Foster G R，Mutchler C K et al. 1989. Revised slope length factor for the universal soil loss equation. Trans ASAE，32：1571～1576

Moran M S，Jackson R D，Slater P N et al. 1992. Evaluation of s implified procedures for retrieval of land surface reflectance factors from satellite sensor output. Remote Sensing of Environment，41：169～184

Qi J，Chehouni A，Huete A R. 1994. A modified soil adjusted vegetation index. Remote Sensing of Environment，48：119～126

Renard K G，Foster G R，Weesies G A et al. 1997. Predicting soil erosion by water：a guide to conservation planning with the revised universal soil loss equation (RUSLE). USDA Handbook 703. Washington D C：USDA

Renard K G，Freidmund J R. 1994. Using monthly precipitation data to estimate the R-factor in the revised USLE. J. Hydrology，157：287～306

Torri D，Poesen J W A，Borselli L. 1997. Predictability and uncertainty of the soil erodibility factor using a global dataset. CATENA，31 (1～2)：1～22

附表 横山县典型土壤样点属性表

横山_ID	图斑代号OID_	土壤类型	表土颜色	表土质地	表土结构	障碍层部位	表土有机质	表土全氮/%	砂粒	剖面代码	土属	风蚀编码
1	3	18 固定风沙土	淡灰黄	砂土	结皮层弱团块	砂土均质	0.5336	0.0290	46.99	横关 010 号	固定风沙土	70
2	2	7 半固定风沙土	淡黄	砂土	无	砂土均质	0.1250	0.0140	96.74		半固定风沙土	85
3	24	12 潮盐土	暗灰黄	重壤	小团块	积盐层	0.8747	0.0476	11.52	横关 017	潮盐土	20
6	4	25 绵沙土	淡黄	砂壤	小块状	砂壤均质	0.3447	0.0201	43.36	横韩 007 号	绵沙土	50
8	1	0 流动风沙土	淡黄	砂土	无	砂土均质	0.1540	0.0120	96.38		流动风沙土	100
22	23	11 盐化潮土	淡灰黄	砂壤	小块状	积盐层	0.6059	0.0310	67.73	横关 006	盐化潮土	10
20	36	23 干白泥土	灰白	砂壤	块状	白泥层	0.3850	0.0244		横波 006	干白泥土	10
31	21	9 沙质潮土	淡灰黄	砂土	无	底沙	0.3683	0.0138	74.10	横关 013	沙质潮土	10
29	14	4 淤沙土	灰黄	砂壤	无	砂土均质	0.3877	0.0138	74.83	横关 008 号	淤沙土	10
38	29	17 草甸沼泽土	黄灰	砂壤	无	潜育层	0.7055	0.0421		横波 008	草甸沼泽土	10
41	39	24 白泥沼泽土	灰黄	砂土	块状	白泥层	0.3076	0.0210	76.15	横 005	白泥沼泽土	10
66	15	5 堆垫土	淡黄	砂壤	块状	垫泥层	0.5172	0.0416	58.06	横 023	堆垫土	10
92	28	16 沤沙田	黄灰	砂土	无	潜育层	0.2342	0.0145	78.41	横 020	沤沙田	10
104	26	14 锈沙田	灰黄	砂壤	无	潴育层	0.9294	0.0533	55.25	横 016	锈沙田	10
117	27	15 锈泥田	灰黄	砂壤	块状	潴育层	0.7379	0.0325	34.72	横关 007	锈泥田	10
118	31	20 淤沙沼泽土	黄灰	砂土	无	淹育层	0.5083	0.0235	63.10	横关 011	淤沙沼泽土	10
120	30	19 盐化草甸沼泽土	黄灰	砂土	无	积盐层	0.3178	0.0252		横响 001	盐化草甸沼泽土	10
140	5	28 川台绵沙土	淡灰黄	砂壤	小块状	砂壤均质	0.6453	0.0422	33.50	横 002 号	川台绵沙土	30
187	10	1 硬红土	黄棕	中壤	块状	中壤均质	0.2252	0.0178	21.08	横艾 006 号	硬红土	40
179	22	10 绵沙潮土	灰棕	轻壤	团块状	底沙	0.6516	0.0338	32.51	横关 013	绵沙潮土	20
196	40	26 梯绵沙土	淡灰黄	砂壤	小块状	砂壤均质	0.8290	0.0465		横关兴丰西峁学校	绵沙土	50
232	6	29 沙盖绵沙土	棕黄	砂土	无	砂壤均质	0.2683	0.0159	77.40	横关 014 号	沙盖绵沙土	60
263	20	8 绵沙盖黑垆土	淡灰黄	砂壤	小块	砂壤夹轻壤	0.5279	0.0409	58.60	横 014	绵沙盖黑垆土	40
311	32	21 淤泥沼泽土	黄暗灰	砂土	无	淹育层	0.2680	0.0132	60.63	横关 009	淤泥沼泽土	10
328	18	6 淡沙黑垆土	淡灰黄	轻壤	块状	底沙	0.5279	0.0409	58.60	横 014 号	淡沙黑垆土	30
408	35	22 黑焦土	灰黄	砂壤	小块状	焦土层	0.4530	0.0257	43.95	横关 016	黑焦土	50
434	25	13 泥沙田	灰黄	轻壤	块状	底沙	0.8422	0.0464	36.88		泥沙田	40
554	11	2 沙红土	浅红棕	砂壤	块状	砂壤均质	0.1280	0.0157		白界刘沟岳王庙北	沙红土	40
588	8	30 黄绵土	淡黄	轻壤	小块状	轻壤均质	0.4397	0.0221	46.92	横窑 003、横关 005	黄绵土	60
775	41	27 梯黄绵土	淡黄	轻壤	小块状	轻壤均质	0.2350	0.0218			梯黄绵土	65
832	12	3 二红土	淡灰黄	轻壤	小块状	轻壤夹中壤	1.0000	0.0000	23.24	横高 010 号	二色土	40
1024	9	31 川台黄绵土	淡灰黄	轻壤	小块状	轻壤均质	1.0000	0.0000			川台黄绵土	30

第七章 基于MODIS数据的土地退化与植被覆盖变化监测

第一节 土地退化遥感监测指标与标准

一、土地退化遥感监测指标

在大尺度土地退化遥感监测与评价中，选取可反映不同退化特征，能够通过中低分辨率影像遥感反演的指标作为土地退化监测指标，可快速、实时地进行土地退化的宏观监测。在总结前人研究基础上，本书选取5个指标，包括反映退化土地自然属性和生态状况的植被覆盖度（FVC）和改进型土壤调整植被指数（MSAVI），反映退化土地物理属性的反照率（Albedo）、陆地表面温度（LST）和土壤湿度（TVDI），进行土地退化遥感监测与评价指标。

对土地退化监测指标的监测精度进行评价。以科尔沁沙地为试验对象，选择上述5个指标年最大植被覆盖度（FVC）、MSAVI的生长季（8～10月）累积值、生长季的反照率（Albedo）平均值、生长季的陆面温度（LST）平均值、生长季的土壤湿度（TVDI）平均值，使用相同的训练样本，分别利用1995年NOAA-AVHRR数据，采用决策树分类器进行分类，进行单个指标和多个指标组合的土地退化监测，以此确定合适的土地退化遥感监测指标或指标组合。所用土地退化监测指标（MSAVI、Albedo、LST、FVC和TVDI）的组合和分类精度如表7-1。

表7-1 不同监测指标组合的土地退化程度监测的总体分类精度表 （单位：%）

单个指标	MSAVI	Albedo	LST	FVC	TVDI
分类精度	68.91	56.24	43.56	66.84	30.57
两个指标	MSAVI＋Albedo	MSAVI＋LST	MSAVI＋TVDI	FVC＋Albedo	FVC＋LST
分类精度	86.59	84.63	77.65	85.31	82.49
3个指标	MSAVI＋Albedo＋LST	MSAVI＋TVDI＋Albedo	MSAVI＋LST＋TVDI	Albedo＋TVDI＋FVC	Albedo＋LST＋FVC
分类精度	90.23	89.18	86.84	88.52	87.67
4个指标	MSAVI＋Albedo＋LST＋TVDI			FVC＋Albedo＋LST＋TVDI	
分类精度	93.83			92.05	
5个指标	MSAVI＋Albedo＋LST＋TVDI＋FVC				
分类精度	95.21				

可以看出，单独使用一个土地退化监测指标进行分类时，利用MSAVI的分类精度最高，达到68.91%，其次是FVC和Albedo，分类精度分别为66.84%和56.24%，分类精

度最低的是TVDI，精度仅为30.57%。使用两个监测指标分类时，MSAVI＋Albedo的组合分类精度最高，达到86.59%。使用3个指标分类时，MSAVI＋Albedo＋LST的组合分类精度最高，为90.23%。使用4个分类指标分类时，MSAVI＋Albedo＋LST＋TVDI组合与FVC＋Albedo＋LST＋TVDI组合差别较小。当5个监测指标全部参与分类时，分类精度达到95.21%，分类精度最高。可见，在土地退化监测中，每增加一个指标，反映的土地退化信息随之增加，提高土地退化监测的精度；此外，MSAVI反映的土地退化信息较多，其次是FVC和Albedo，TVDI对土地退化遥感监测贡献最小。

二、土地退化监测指标标准

由于MODIS和NOAA-AVHRR数据的影像特征存在较大差异，并且各个土地退化监测指标在计算过程中，所用方法不同。因此，分别建立基于两种遥感数据的土地退化遥感监测指标标准。

所用资料是1995年中国防治土地退化协调小组组织编制的1∶100万中国土地退化土地分布现状图，选取土地退化程度样本，与由NOAA-AVHRR数据反演的生长季MSAVI累积值、生长季平均反照率、生长季平均陆面温度、年最大植被覆盖度和生长季平均TVDI值进行比较，统计不同土地退化程度类型的各个指标值，确定NOAA-AVHRR土地退化监测指标标准（表7-2～表7-5）。

表7-2 亚湿润干旱区的NOAA土地退化监测指标标准

土地退化程度	MSAVI	FVC	Albedo	LST	TVDI
非土地退化	＞3.0	＞0.8	＜180	＜29	＜0.39
轻度	2.7～3.0	0.7～0.8	180～220	29～32	0.39～0.51
中度	2.2～2.7	0.53～0.7	220～250	32～35	0.51～0.60
重度	1.9～2.2	0.4～0.53	250～280	35～38	0.60～0.70
极重度	＜1.9	＜0.4	＞280	＞38	＞0.70

表7-3 半干旱区的NOAA土地退化监测指标标准

土地退化程度	MSAVI	FVC	Albedo	LST	TVDI
非土地退化	＞2.2	＞0.6	＜200	＜30	＜0.35
轻度	1.9～2.2	0.3～0.6	200～220	30～36	0.35～0.45
中度	1.2～1.9	0.23～0.3	220～260	36～40	0.45～0.56
重度	0.8～1.2	0.15～0.23	260～300	40～46	0.56～0.65
极重度	＜0.8	＜0.15	＞300	＞46	＞0.65

表7-4 干旱区的NOAA土地退化监测指标标准

土地退化程度	MSAVI	FVC	Albedo	LST	TVDI
非土地退化	＞1.2	＞0.54	＜210	＜37	＜0.5
轻度	0.8～1.2	0.15～0.54	210～230	37～41	0.5～0.6
中度	0.4～0.8	0.08～0.15	230～250	41～49	0.6～0.68
重度	0.1～0.4	0.03～0.08	250～300	49～53	0.68～0.78
极重度	＜0.1	＜0.03	＞300	＞53	＞0.78

表 7-5 高寒区的 NOAA 土地退化监测指标标准

土地退化程度	MSAVI	FVC	Albedo	LST	TVDI
非土地退化	>1.3	>0.24	<230	<30	<0.49
轻度	1.1～1.3	0.12～0.24	230～255	30～33	0.49～0.56
中度	0.7～1.1	0.09～0.12	255～290	33～37	0.56～0.65
重度	0.4～0.7	0.04～0.09	290～320	37～40	0.65～0.71
极重度	<0.4	<0.04	>320	>40	>0.71

对 MODIS 和 NOAA-AVHRR 在同一空间位置的同一指标进行回归分析，可以看出，两者具有较强的相关关系（表 7-6）。因此，可依据 NOAA-AVHRR 的土地退化监测指标标准计算 MODIS 所对应的土地退化监测指标标准（表 7-7～表 7-10）。

表 7-6 NOAA 与 MODIS 土地退化监测指标的相关关系

监测指标	亚湿润干旱区		半干旱区		干旱区		高寒区	
	关系式	相关系数	关系式	相关系数	关系式	相关系数	关系式	相关系数
MSAVI	$Y=0.46X+1.06$	0.94	$Y=0.66X-0.12$	0.943	$Y=0.83X-0.003$	0.96	$Y=0.59X+0.02$	0.93
FVC	$Y=0.77X+0.06$	0.927	$Y=0.84X-0.004$	0.92	$Y=0.24X+1.02$	0.96	$Y=0.92X+0.05$	0.85
Albedo	$Y=1.03X-19.01$	0.93	$Y=1.03X-23.89$	0.91	$Y=0.51X+83.78$	0.87	$Y=0.81X+2.63$	0.87
LST	$Y=0.35X+16.19$	0.77	$Y=0.54X+9.52$	0.83	$Y=0.32X+17.87$	0.78	$Y=0.91X-12.91$	0.85
TVDI	$Y=0.65X+0.48$	0.78	$Y=0.77X+0.25$	0.82	$Y=0.56X+0.23$	0.8	$Y=1.19X-0.15$	0.93

表 7-7 亚湿润干旱区的 MODIS 土地退化监测指标标准

土地退化程度	MSAVI	FVC	Albedo	LST	TVDI
非土地退化	>1.9	>0.70	<170	<29	<0.43
轻度	1.65～1.9	0.55～0.70	170～200	29～32	0.43～0.56
中度	1.45～1.65	0.45～0.55	200～220	32～34	0.56～0.67
重度	1.25～1.45	0.35～0.45	220～240	34～36	0.67～0.76
极重度	<1.25	<0.35	>240	>36	>0.76

表 7-8 半干旱区的 MODIS 土地退化监测指标标准

土地退化程度	MSAVI	FVC	Albedo	LST	TVDI
非土地退化	>1.50	>0.6	<180	<29	<0.54
轻度	1.20～1.50	0.43～0.6	180～205	29～32	0.54～0.60
中度	0.90～1.20	0.31～0.43	205～230	32～34	0.60～0.69
重度	0.60～0.90	0.1～0.31	230～250	34～37	0.69～0.72
极重度	<0.60	<0.1	>250	>37	>0.72

表 7-9 干旱区的 MODIS 土地退化监测指标标准

土地退化程度	MSAVI	FVC	Albedo	LST	TVDI
非土地退化	>1.10	>0.40	<180	<30	<0.53
轻度	0.80～1.10	0.32～0.40	180～200	30～33	0.53～0.58
中度	0.50～0.80	0.20～0.32	200～250	33～35	0.58～0.61
重度	0.40～0.50	0.08～0.20	250～265	35～37	0.61～0.68
极重度	<0.40	<0.08	>265	>37	>0.68

表 7-10 高寒区的 MODIS 土地退化监测指标标准

土地退化程度	MSAVI	植被覆盖度	反照率	陆面温度	TVDI
非土地退化	>0.80	>0.45	<180	<21	<0.4
轻度	0.70~0.80	0.34~0.45	180~200	21~25	0.4~0.55
中度	0.50~0.70	0.21~0.34	200~220	25~29	0.55~0.67
重度	0.30~0.50	0.07~0.21	220~260	29~33	0.67~0.71
极重度	<0.30	<0.07	>260	>33	>0.71

第二节 土地退化遥感监测指标的反演方法

一、改进型土壤调整植被指数

植被指数（vegetation index），又称光谱植被指数，是指由遥感传感器获取的多光谱数据，经线性和非线性组合而构成的对植被有一定指示意义的各种数值（陈述彭等，1990；Duncan et al.，1993）。植被指数是根据植被反射波段的特性计算出来的反映地表植被生长状况、覆盖情况、生物量和植被种植特征的间接指标。由于植被区的光谱是植被、土壤亮度、环境影响、阴影、土壤颜色和湿度等的综合反映，而且受大气环境和时相变化的影响，因此植被指数没有一个通用的计算方法（田庆久等，1998）。

MSAVI（modified soil-adjusted vegetation index）为改进型土壤调节植被指数，该指数的计算公式为

$$\mathrm{MSAVI} = (2\mathrm{NIR} + 1 - \sqrt{(2\mathrm{NIR} + 1)^2 - 8(\mathrm{NIR} - \mathrm{R})})/2 \tag{7-1}$$

$$\mathrm{SAVI} = [(\mathrm{NIR} - \mathrm{R})/(\mathrm{NIR} + \mathrm{R} + \mathrm{L})] \times (\mathrm{L} + 1) \tag{7-2}$$

式中：R 为可见光波段反射率；NIR 为近红外波段反射率。MSAVI 是 SAVI（土壤调整植被指数）的改进型，实质就是将 SAVI 中的常量 L 替换为变量，此变量可以归纳得出，也可以使用 NDVI 与 WDVI（weighted difference vegetation index）计算。研究结果表明，MSAVI 将土壤背景的影响减至最低，增强了对植被的敏感性（Qi et al.，1994）。

MODIS 1B 辐射数据产品经过大气校正后，得到每日表面反射率产品 L2G 数据，所用通道是可见光和近红外波段，空间分辨率是 1km。利用 USGS EROS 数据中心开发的 MRT 几何纠正软件进行 MODIS 的几何纠正和镶嵌，用每 16 天合成的可见光和近红外数据计算每 16 天合成的 MSAVI 值，再计算研究区域生长季（8～10 月）的 MSAVI 累积值。

美国 NOAA-AVHRR 陆地数据空间分辨率是 1km，采用最大值合成法（MVC）进行 10 日数据合成，其合成方法有效地去除云，提供了近似于晴空、无云的大气条件的遥感数据。使用波段 Ch1（可见光 0.58～0.68μm）和 Ch2（近红外 0.725～1.10μm）计算每月合成的 MSAVI 值，再计算生长季（8～10 月）的 MSAVI 累积值。

二、地表反照率

地表反照率（surface albedo）是地表能量平衡的重要参数，是描述地球辐射季节

性变化的特征参数，也是对生物圈和气候过程产生影响的重要参数之一。反照率是由陆地表面结构和光学特征决定的，反照率的时空分布反映了自然界的变化和人类的影响，如由于农业活动、滥伐森林和城市化等影响着陆地反照率，季节变化、农作物生长收获、土壤湿度、土地退化、植被覆盖变化和降雪模式等同样影响着陆地反照率。

在现有气候模型中，地表反照率是最不确定的参数，气候模型使用预先给定的值作为每个格网点的地表反照率，在不同时间、不同地方，地表反照率存在5%～15%的误差（Dorman et al.，1989；Sellers et al.，1997；Sato et al.，1989），这会导致气候模型估算近地面温度有误差（Sellers et al.，1997）。在辐射传输模型计算中，地表反照率用于计算地表反射太阳辐射能量。下垫面类型不同，地表反照率而不同，水体的反照率为0.10，针叶林为0.15，阔叶林为0.2，草地为0.25，小麦为0.20，雪被为0.95（陆渝蓉等，1987）。

卫星遥感技术是在全球尺度、近同步测量地表反照率的唯一可行技术。最早是用地球辐射平衡实验（earth radiation budget experiment）研究地表反照率，所使用的是宽波段传感器，第一次对地表反照率有了全球的定量认识（Smith et al.，1986）。然而，由于大气的影响，通过卫星测定的大气上界太阳反射辐射来获取地表反照率存在一定困难。现在，许多学者认为多光谱的传感器可有效地获得大气信息和地表特征信息，准确地反演地表反照率（Liang，2001）。

（一）反演地表反照率的原理

卫星获取的单波段大气上界辐射可以表示成

$$I_{\mathrm{TOA}}(z,\theta,\phi) = I_{\mathrm{SURF}}(z,\theta,\phi) + I_{\mathrm{RAY}}(z,\theta,\phi) + I_{\mathrm{AER}}(z,\theta,\phi) \tag{7-3}$$

式中：I_{SURF}是地表反射的辐射；I_{RAY}是大气瑞利散射的辐射；I_{AER}是气溶胶散射的辐射；z是太阳天顶角；θ是卫星天顶角；ϕ是z、θ之间的相对方位角。

在太阳天顶角$z<60°$时，有

$$I_{\mathrm{SURF}}(z,\theta,\phi) = I_s \cos z \left[R_i(z,\theta,\phi)\tau_{\mathrm{tot}}(z)\tau_{\mathrm{tot}}(\theta) + r(z)R_i'(z)\tau_{\mathrm{tot}}'(z)\tau_{\mathrm{tot}}(\theta) + r(\theta)R_i(z,\theta,\phi)\tau_{\mathrm{tot}}(z)\tau_{\mathrm{tot}}'(\theta)\right] \tag{7-4}$$

式中：$R_i(z,\theta,\phi)$为第i波段二向反射分布函数；$\tau_{\mathrm{tot}}(z)$为大气对入射辐射的衰减；$\tau_{\mathrm{tot}}(\theta)$为大气对反射辐射的衰减；$r(\theta)$为散射与直接太阳辐射的比率；$\tau_{\mathrm{tot}}'(\theta)$为散射辐射透过率；$R_i'(z)$为下垫面对散射辐射的反射率。

得到二向反射分布函数$R_i(z,\theta,\phi)$为

$$R_i(z,\theta,\phi) = \frac{I_{\mathrm{TOA}}(z,\theta,\phi) - I_{\mathrm{RAY}}(z,\theta,\phi) - I_{\mathrm{AER}}(z,\theta,\phi)}{I_s \cos z\left[\tau_{\mathrm{tot}}(z)\tau_{\mathrm{tot}}(\theta) + r(z)\tau_{\mathrm{tot}}'(z)\tau_{\mathrm{tot}}(\theta) + r(\theta)R_i(z,\theta,\phi)\tau_{\mathrm{tot}}(z)\tau_{\mathrm{tot}}'(\theta)\right]} \tag{7-5}$$

对于AVHRR的可见光和近红外波段，宽波段二向反射分布函数$\rho(z,\theta,\phi)$用公式表示为

$$\rho(z,\theta,\phi) = w_1 R_1(z,\theta,\phi) + w_2 R_2(z,\theta,\phi) \tag{7-6}$$

式中：R_1 和 R_2 是 AVHRR 波段的二向反射分布函数，w_1 和 w_2 是 AVHRR 波段的入射太阳辐射权重因子。

由二向反射分布函数 $\rho(z,\theta,\phi)$ 计算反照率 $A(z)$ 如下：

$$A(z) = \frac{1}{\pi}\int_0^{2\pi}\int_0^{\pi/2}\rho(z,\theta,\phi)\cos\theta\sin\theta\,\mathrm{d}\theta\mathrm{d}\phi \tag{7-7}$$

反照率 $A(z)$ 随太阳天顶角 z 的变化而发生变化，反照率变化范围在10%之内（Taylor，1984）。

（二）反照率反演算法

MODIS的双向反射分布函数（BRDF）反照率算法使用的是经过大气校正的MODIS和MISR多天、多波段的反照率数据，以16天为周期拟合7个光谱波段的BRDF分布。基于表面各向异性的特点，此算法利用角度积分方法导出各光谱波段的陆地表层本征反照率，其中三个宽波段覆盖了太阳光谱。MODIS反照率的具体算法如图7-1。

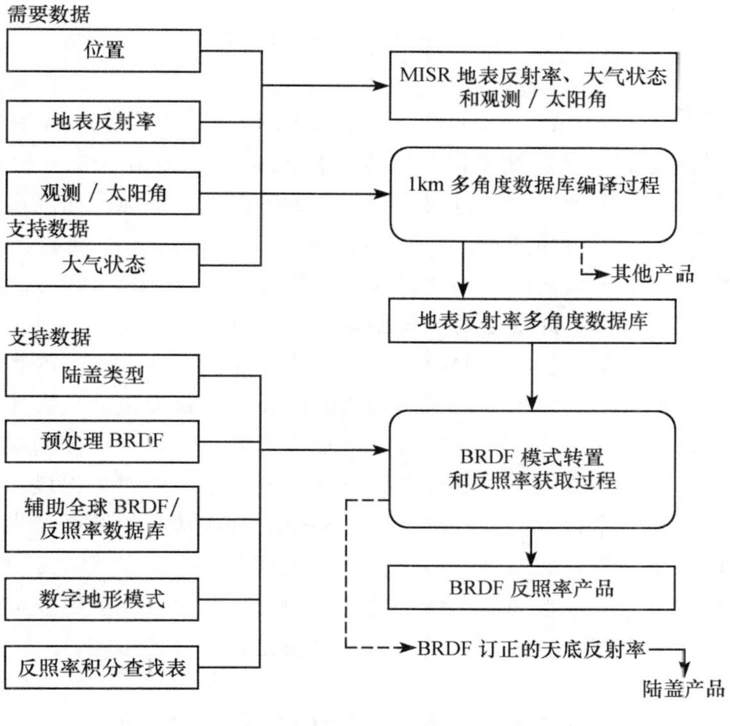

图7-1 MODIS BRDF/反照率处理流程

对于 AVHRR 数据计算反照率，利用其两个短波通道，依据不同的地面数据和模型使用不同的转换公式计算。公式如下：

$A=0.5R_1+0.5R_2$ Saunders（1990） (7-8)

$A=0.0442+0.441R_1+0.67R_2$ Russell 等（1997） (7-9)

$A=0.035+0.545R_1+0.32R_2$ Valiente 等（1995） (7-10)

$A=0.0034+0.34R_1+0.57R_2$ Key（1996） (7-11)

$A=0.0412+0.655R_1+0.216R_2$ Stroeve 等（1997） (7-12)

式中：A 为地表反照率；R_1 为 AVHRR 第 1 波段反射率；R_2 为 AVHRR 第 2 波段反射率。

Liang（2001）使用 SBDART 辐射传输模型和 USGS、JPL 地面光谱库，利用多元回归方法得到地表反照率的拟和方程，对于 NOAA7、NOAA9、NOAA11、NOAA14 数据拟合结果均较好。方程如下：

$$A=-0.3376R_1^2-0.2707R_2^2+0.7074R_1R_2+0.2915R_1+0.5256R_2+0.0035 \quad (7\text{-}13)$$

本书采用 Saunders（1990）的方法计算反照率

$$A=0.5R_{\mathrm{ch1}}+0.5R_{\mathrm{ch2}} \quad (7\text{-}14)$$

式中：R_{ch1} 和 R_{ch2} 是用百分比表示的地面反射率。

三、陆地表面温度

陆地表面温度（land surface temperature，LST）是一个重要的环境变量，决定着地表和大气之间的能量和物质交换，是地球表面能量平衡和温室效应的一个很好的指标，它是区域和全球尺度地表物理过程中的一个关键因子。陆地表面温度综合反映了陆地-大气间的相互作用及其间的能量交换（Mannstein，1987），在气候、水文、生态学和生物地球化学等许多领域的研究中广泛应用（Running et al.，1994）。因此，精确测定地表温度的空间分布及时间演变对气候变化研究具有重要意义。

由于影响地表温度的表面状态参数，如反照率、表面湿度、土壤的物理和热特性以及植被均具有较强的空间非均匀性，因而地表温度在时空尺度里变化较快。常规的地面设点观测手段难以获取详细的、大范围分布的地表温度信息，大尺度测定地表温度的唯一可行方法是卫星热红外遥感。热红外遥感反演温度最早在海面取得成功，主要是由于海面比较均一，比辐射率近似相同。星载热红外辐射计所接收的波谱信息，不仅受陆地表面参数（温度、辐射率）的影响，而且在地球表面到辐射计之间电磁波传输路径中，大气成分和热结构也影响陆地表面参数。因此，利用星载热红外遥感获取地表温度必须进行大气校正，消除大气干扰影响，同时考虑表面比辐射率的影响。

（一）陆地表面温度的反演原理

随着温度的升高陆地表面发射的总辐射能增加，而且地面物体温度的变化也影响物体的发射光谱。这是遥感方法获取陆地表面温度的理论基础。根据普朗克黑体辐射定律，将陆地表面作为黑体时，其光谱辐射度可以描述为

$$B_\lambda(T) = \frac{2\pi hc^2}{\lambda^5(e^{hc/\lambda kT-1})} \tag{7-15}$$

式中：$B_\lambda(T)$ 为光谱辐射度［单位为 $wm^2/(um \cdot sr)$］；c 为光速（$2.997\,924\,58 \times 10^8 m/s$）；$h$ 为普朗克常数（$6.626\,076 \times 10^{-34} J \cdot s$）；$k$ 为波尔兹曼常数（$1.380\,658 \times 10^{-23} J/K$）；$\lambda$ 为波长；T 为绝对温度。而陆地表面实际上是灰体，其发射辐射与同温度下的黑体的发射辐射的比值，称为比辐射率 $\varepsilon(0 \leqslant \varepsilon \leqslant 1)$。

假设在辐射传输过程中没有任何干扰，考虑比辐射率 ε 后，将公式（7-15）变换为

$$T = \frac{c_2}{\lambda \ln\{[\varepsilon_\lambda c_1/\lambda_5 B_\lambda(T)]+1\}} \tag{7-16}$$

$$c_1 = 2\pi hc^2 = 3.741\,771\,95 \times 10^{-16} Wm^2$$

$$c_2 = hc/k = 1.438\,768\,69 \times 10^{-2} mK$$

此时，T 即为陆地表面温度。

（二）陆地表面温度反演算法

从20世纪60年代，卫星遥感数据开始用来反演地表温度。在已知比辐射率的前提下，科研工作者利用各种对大气辐射传递方程的近似和假设，提出了许多不同的表面温度反演算法。这些反演算法可归纳为单通道法、多通道法（分裂窗法）、单通道多角度法、多通道多角度法以及经验公式法。

1. 经验公式法

经验公式法即使用地物的已知温度，建立与大气顶部温度的关系，并将此关系应用至其他区域。此方法不能应用于全球，误差较大。另一种方法是利用大气温度，或“表面湿润度”进行大气校正，同样是建立并验证与全球大气温度、湿润度的关系。所有的经验公式，虽然在特定测试点具有良好的结果，但都不具有全球性和长效性。因此，不适合于大范围的陆面温度反演。

2. 单通道法

单通道法是利用卫星传感器上单独的一个热红外通道（一般选在大气窗口内）获得的辐射能，借助于无线电探空或卫星遥感确定的大气廓线数据（温度、湿度、压力），结合辐射方程来修正大气和比辐射率的影响，最后得出地表温度。此算法的缺点是算法复杂，计算量大，需了解陆地表面的光谱比辐射率，而比辐射率数据在全球范围内很难得到，需要对大气进行精确描述。

3. 单通道多角度法

单通道多角度法于1967年提出，并用ATSR数据有效反演了海水表面温度。此方

法的理论基础是当同一物体在不同角度观测时，所经过的大气路径不同而产生不同的大气吸收。由于大气吸收体的光学物理特征在不同观测角度保持不变，大气的透过率仅随角度的变化而变化。因此，大气的作用可以通过单通道在不同角度观测获得的亮温组合来消除。然而，由于不同角度的 ATSR 地面分辨率不同，陆地表面状况在空间上很不均匀，地物类型复杂，此方法应用较少，距实际操作应用尚有相当距离。

4. 多通道多角度算法

多通道多角度算法是多通道法及多角度法的综合。现只被用于 ATSR 数据进行海水表面温度的反演，尚未有太多研究。

5. 分裂窗算法

分裂窗算法是目前应用最广泛的算法。最初此方法主要用来确定海水的温度（McMillin，1975），后来，被推广到反演陆地表面温度（Price，1984；Becker et al.，1987，1990；Sobrino et al.，1996）。

(1) 分裂窗算法原理

在大气窗口，大气的透过率随波长变化。如果把大气窗口劈成几个通道，这些通道的热红外辐射的透过性能，或者说大气影响程度，既不相同又有定量联系（McClain et al.，1985；张仁华，1996）。分裂窗算法利用大气窗口 10～13μm 内两个相邻通道（11μm 与 12μm）大气的不同吸收作用，由两通道测量值的各种组合来消除大气的影响。

如果把窗口两个通道的热红外波段辐射传输方程简化为如下方程组

$$
\begin{aligned}
T_{B1} &= T_s(1-\tau_1) + K_1\int_0^h \mathrm{d}z\rho T(z_T - z) \\
T_{B2} &= T_s(1-\tau_2) + K_2\int_0^h \mathrm{d}z\rho T(z_T - z)
\end{aligned}
\tag{7-17}
$$

由于 $\tau_\lambda = K_\lambda\int_0^h \mathrm{d}z\rho(z)$，消去方程中的积分，得

$$
T_s = T_{B1} + \frac{T_{B1} - T_{B2}}{K_2/K_1 - 1} \tag{7-18}
$$

式中：T_{B1}、T_{B2} 为卫星传感器高 h 处所观测到的两个通道的亮度温度；τ_1、τ_2 分别为两个通道的光学厚度；ρ 为空气密度；T 空气温度；h 为卫星高度；K_1 和 K_2 分别为两个通道的辐射吸收常数；T_s 为地球表面温度。

如果两个通道，或者说两个波段的吸收常数之比能精确知道，可从 T_{B1}、T_{B2} 推算地表温度。对于这两个波段分别是 10.8μm、11.9μm，即 NOAA 卫星的两个热红外波段，此比值需考虑表面比辐射率的影响。有下式

$$
T_s = T_{B_\lambda}\left(\frac{n_\lambda - \varepsilon_\lambda + 1}{n_\lambda}\right) \tag{7-19}
$$

$$T_s = T_{B1} + 3.3 \times (T_{B1} - T_{B2}) \frac{5.5 - \varepsilon_1}{4.5} + 0.75 T_{B1}(\varepsilon_1 - \varepsilon_2) \quad (7\text{-}20)$$

上式仍需要两个通道的比辐射率，通过两个波段的亮度温度的线性组合，可对大气的影响作出一定的补偿和纠正。

重新组合上述式子得

$$T_s = a_0 + a_1 T_{B1} + a_2 T_{B2} \quad (7\text{-}21)$$

劈窗技术对反演海面温度比较有效，但对于陆地表明问题更复杂，系数 a_i 取决于比辐射率。通过劈窗技术，基本克服了大气的影响。但获得真实的表面温度而不是亮度温度，则需要比辐射率参数。

(2) 分裂窗算法

传感器在波段 i 接收到的辐射可以用以下辐射传输方程表达：

$$B_i(T_i) = \tau_i(\theta)[\varepsilon_i B_i(T) + \rho_i R_i^{\downarrow}(hem)] + R_i^{\uparrow}(\theta) \quad (7\text{-}22)$$

式中：B 为波段 i 的普朗克函数；T_i为波段 i 的亮温；$\tau_i(\theta)$ 为波段 i 在天顶角为 ∂ 时的大气透过率；ε_i 为波段 i 的陆面比辐射率；T 为真实陆面温度；ρ_i为波段 i 的双向反射率；$R_i^{\downarrow}(hem)$ 为波段 i 的半球下行大气辐射；$R_i^{\uparrow}(\theta)$ 为波段 i 的发射方向是 θ 的大气上行辐射。

直接测算方程（7-22）的各个分量极其复杂（Gupta et al.，1997）。在热红外波段大气吸收过程中，水蒸气是影响辐射传输的最重要因子，Price（1984）通过简化辐射传输方程中的影响因子，忽略气溶胶散射并假定地表为黑体，建立一个简化的仅考虑水蒸气影响的分裂窗算法，获取陆地表面温度。计算公式如下：

$$T_s = T_4 + 3.33(T_4 - T_5) \quad (7\text{-}23)$$

在考虑比辐射率后，许多研究者基于各自简化的辐射传输方程提出了许多修正的分裂窗算法：

$$T_s = 1.274 + (T_4 + T_5)/2\{1 + [0.15616(1-\varepsilon)/\varepsilon] - 0.482(\Delta\varepsilon/\varepsilon^2)\}$$
$$+ (T_4 - T_5)/2\{6.26 + [3.98(1-\varepsilon)/\varepsilon] + 38.33(\Delta\varepsilon/\varepsilon^2)\}$$

(Becker et al.,1990) (7-24)

$$T_s = 3.45[(T_4 - 273.15)/\varepsilon_4] - 2.45(T_5 - 273.15)/\varepsilon_5 + 40[(1-\varepsilon_4)/\varepsilon_4] + 273.15$$

(Prata et al.,1991) (7-25)

$$T_s = T_4 + 1.8(T_4 - T_5) + 48(1-\varepsilon) - 75\Delta\varepsilon$$

(Ulivieri et al.,1994) (7-26)

$$T_s = T_4 + (1.29 + 0.28(T_4 - T_5))(T_4 - T_5) + \alpha(1-\varepsilon_4) - \beta(\varepsilon_4 - \varepsilon_5)$$

(Coll et al.,1994) (7-27)

其中，$\varepsilon = (\varepsilon_4 + \varepsilon_5)/2$，$\Delta\varepsilon = (\varepsilon_4 - \varepsilon_5)$

(3) 分裂窗算法误差分析

通过使用LOWTRAN-7程序，对五种大气模式进行模拟计算，模拟计算条件为：地表温度与底层大气温度相差 −6～12K（间隔 6K），$\varepsilon_4 = 0.86 \sim 0.98$（间隔 0.06），

$\varepsilon_5-\varepsilon_4=-0.01\sim0.02$（间隔 0.01），大气温度廓线误差 $-2\sim2K$（间隔 2K），水汽廓线误差±20%（间隔 5%），一共 6480 种条件。各种分裂窗算法模拟计算的均方根误差和最大误差如表 7-11。

表 7-11 各种分裂窗算法误差分析（柳钦火等，1998）

大气模式	样本总数	Price 算法		Becker 算法		Prata 算法		Ulivieri 算法	
		均方差	最大误差	均方差	最大误差	均方差	最大误差	均方差	最大误差
热带大气	1296	1.12	4.59	2.45	8.61	2.01	5.49	1.11	3.96
中纬度夏季	1296	1.25	3.22	1.61	5.12	1.52	3.44	1.25	3.31
中纬度冬季	1296	2.97	6.88	1.23	2.34	1.01	2.54	1.43	3.48
副极带夏季	1296	1.9	4.77	1.29	3.25	1.39	3.33	1.35	3.51
副极带冬季	1296	2.22	5.07	1.05	2.16	1.59	3.7	1.61	3.98
平均	1296	1.892	4.906	1.526	4.296	1.504	3.7	1.35	3.648

误差分析结果表明，Ulivieri 的算法误差最小，Price 的算法误差最大。此外，从概念上讲，Becker 算法由于使用 4、5 通道的平均 ε 和差值 $\Delta\varepsilon$，比使用单独的 ε_4 和 ε_5 计算地表温度更准确（Gupta et al.，1997），故利用 Becker 算法计算地表温度 T_s。

Becker（1987）使用分裂窗算法估计地表温度的误差可用下式表达

$$\Delta T = 50[(1-\varepsilon)/\varepsilon]-300[\Delta\varepsilon/\varepsilon] \tag{7-28}$$

使用分裂窗算法计算地表温度的误差在 2～4°C（Cooper et al.，1989；Kalluri et al.，1995）。

6. 比辐射率 ε 的计算

在陆面温度反演中，由于大气影响陆面比辐射率在不同地表差异较大，在不同季节也有所差异，而地物的比辐射率与像元的比辐射率又有差异，导致反演的陆面温度差异较大。在陆面温度计算中，一般用以下三种方法处理比辐射率：

1）假设地表的比辐射率都相同，为一常数。对绝大多数陆地表面类型，在热红外波段地表的比辐射率为 0.96（Gupta et al.，1997）。

2）对地面地物进行分类，采用相应的比辐射率。通过实际地面测定，地表的比辐射率在 0.91～0.99 之间（Humes et al.，1994）。另外，Sequin 等（1993）指出：对于土壤，4、5 通道的比辐射率为 0.860 和 0.867；对于植被，4、5 通道的比辐射率为 0.9835 和 0.9854；对于不同地物，4、5 通道的比辐射率差值在 0.005 左右。

3）由归一化植被指数 NDVI 计算地表比辐射率。通过地面实验，Griend（1993）发现 NDVI 与比辐射率有很强的相关性，相关系数为 0.941，可以通过 NDVI 近似计算像元的热红外比辐射率，方程为

$$\varepsilon = 1.0094 + 0.047\ln(\mathrm{NDVI}) \tag{7-29}$$

（三）陆地表面温度的反演

MODIS 的陆面温度产品为 8 日合成数据，空间分辨率是 1km。用最大值合成法计

算生长季（4～10月）每月的陆面温度，获取研究区的生长季平均陆面温度。

美国NOAA-AVHRR陆地卫星数据为最大值合成法（MVC）合成的10日数据，空间分辨率是1km。所用4个通道分别是CH1（可见光0.58～0.68μm）、Ch2（近红外0.725～1.10μm）、Ch4（10.5～11.3μm）和Ch5（11.5～12.5μm）。应用Becker和Li（1990）的算法计算每旬的陆面温度。具体步骤为首先计算归一化植被指数NDVI，然后计算地表比辐射率ε。本书使用Josef等（1997）的ε_4和$\Delta\varepsilon$计算方法（Griend，1993；Salisbury et al.，1994）。方程为

$$\varepsilon_4 = 0.9897 + 0.029\ln(NDVI) \tag{7-30}$$

$$\Delta\varepsilon = \varepsilon_4 - \varepsilon_5 = 0.01019 + 0.01344\ln(NDVI) \tag{7-31}$$

采用分裂窗算法计算每旬陆面温度（Becker et al.，1990），获取生长季陆面温度平均值。计算公式为

$$\begin{aligned} T_s = 1.274 &+ (T_4 + T_5)/2\{1 + [0.15616(1-\varepsilon)/\varepsilon] - 0.482(\Delta\varepsilon/\varepsilon^2)\} \\ &+ (T_4 - T_5)/2\{6.26 + [3.98(1-\varepsilon)/\varepsilon] + 38.33(\Delta\varepsilon/\varepsilon^2)\} \end{aligned} \tag{7-32}$$

其中，$\varepsilon=(\varepsilon_4+\varepsilon_5)/2$，$\Delta\varepsilon=(\varepsilon_4-\varepsilon_5)$。

四、植被覆盖度

植被是生态系统存在的基础，在陆地表面的能量交换过程、生物地球化学循环过程和水文循环过程中扮演着重要的角色，在全球变化研究中起着“指示器”的作用（孙红雨等，1998）。植被覆盖度是指植被（包括叶、茎、枝）在单位面积内植被的垂直投影面积所占百分比（Purevdor et al.，1998；Anatoly et al.，2002；章文波等，2001）。植被覆盖度是衡量植物群落覆盖地表状况的一个综合量化指标，同时是土壤侵蚀与水土流失的主要因子，对水文、生态、全球变化等具有重要意义。植被覆盖度在许多领域均有广泛应用，植被覆盖度是评估土地退化、盐渍化和沙漠化的有效指数（Dymond et al.，1992；潘晓玲，2001；张云霞等，2003）。

植被覆盖度测量的传统方法包括地面测量法，如目估法、样方法、样带法、样点法等。随之产生的经验模型法是通过一定数量的地面测量，寻找植被覆盖度的时空分布规律，但这种方法一般只适用于特定的区域和特定的植被类型。随着遥感技术的发展，使用植被指数估算植被覆盖度成为趋势。一种思路是延续统计学的思想，分析植被指数与植被覆盖度的相关关系，寻找对植被覆盖度最为敏感，且对背景因素最不敏感的植被指数，建立估算植被覆盖度的线性回归模型、非线性回归模型。如Graetz等（1988）在半酸性土壤区域对Landsat MSS第5波段与植被覆盖度的实测数据建立回归模型；Dymond等（1992）利用多波段SPOT数据建立了地表植被覆盖度与NDVI的非线性经验模型；Purevdor等（1998）应用二次多项式建立了植被覆盖度与植被指数的关系。部分学者不建立回归模型，利用植被指数直接估算植被覆盖度（Gillies et al.，1997）；杨胜天等（2002）使用NDVI将植被覆盖度分为四种类型：高覆盖度类型（植被覆盖度>75%）、中高覆盖度类型（植被覆盖度在60%～75%之间）、中覆盖度类型（植被覆盖度在45%～60%之间）、低覆盖度类型（植被覆盖

度<45%)。

另一种思路是通过像元分解,建立植被指数与植被覆盖度的关系模型。Pech 等(1986)利用像元分解的混合模型估算了澳大利亚半干旱灌木林地的植被覆盖度;Quarmby 等(1992)利用 AVHRR 资料,建立了植被指数与植被覆盖度的线性混合转换模式,并认为该法适用估算农业区的植被覆盖率。Settle 等(1993)建立的像元分解混合模型可用于植被组分的分离。Qi 等(2000)使用 Landsat TM、SPOT4 VEGETATION 和航片对植被动态进行估算。Gutman 等(1998)在像元二分模型基础上,提出了像元分解等密度模型,利用 NOAA-AVHRR 资料对全球植被覆盖度进行估算;陈晋等(2001)利用 TM 数据采用等密度模型和非等密度模型计算了北京市海淀区的植被覆盖度。

利用 MODIS 的 16 天合成 NDVI 产品(空间分辨率是 1km),利用最大值合成法计算 NDVI 最大值,将年最大植被覆盖度作为土地退化监测的指标之一。通过卫星传感器测到的每个像元信息 Φ,可表达为由植被区所贡献的信息和由裸土区所贡献的信息的加权和(即基于一种线性拟合的假设),其中有植被覆盖部分的 NDVI 权重即为此像元的植被覆盖度 σ_v,而无植被覆盖部分的 NDVI 权重即为 $(1-\sigma_v)$

$$\Phi = \Phi_v \sigma_v + (1-\sigma_v)\Phi_S \tag{7-33}$$

植被覆盖度表达式为

$$\sigma_v = \frac{\mathrm{NDVI}-\mathrm{NDVI}_S}{\mathrm{NDVI}_v-\mathrm{NDVI}_S} \tag{7-34}$$

由于可见光 R 和近红外波段 NIR 对于能量流的贡献是呈比例的,上式可表达为

$$\sigma_v = \frac{\mathrm{NDVI}-\mathrm{NDVI}_S}{\mathrm{NDVI}_v-\mathrm{NDVI}_S+(1-a)(\mathrm{NDVI}-\mathrm{NDVI}_v)} \tag{7-35}$$

式中:$a=(\mathrm{R}+\mathrm{NIR})_v/(\mathrm{R}+\mathrm{NIR})_S$。当 $a=1$ 时,式(7-35)变为线性式(7-34)。

在估算大尺度的植被覆盖度时,由于地面数据的缺乏,采用基于线性关系的方法比较适合。本书估算植被覆盖度的公式如下:

$$\sigma_v = \frac{N_{p,\max}-N_S}{N_{c,v}-N_S} \tag{7-36}$$

式中:$N_{p,\max}$是指该像元的年最大 NDVI 值;$N_{c,v}$是指每类土地覆被类型的植被覆盖度为 100%时相对应的像元 NDVI 值;N_S 是指每类土地覆被类型的 NDVI 最小值。

由于图像中不可避免存在着噪声的影响,可能产生过低或过高的 NDVI 值,因此,在确定 $N_{c,v}$和 N_S 时,根据每种土地覆被类型像元集合的 NDVI 概率分布,计算其置信区间内的最大值 $N_{c,v}$ 与最小值 N_S。N_S 对于裸地表面,理论上应接近零,一般取值 0.05。对于其他土地覆被类型的 N_S,在冬天可能有较小的 NDVI 值,在夏天由于云和大气的影响,N_S 的取值不确定。本书在估算植被覆盖度时,将所有土地覆被类型的 N_S 取值为 0.05。

Zeng 等(2000)估算美国和西欧的植被覆盖度,确定了植被覆盖度为 100%时不同土地覆被类型所对应的置信度 $N_{c,v}$ 值(表 7-12)。

表 7-12　用于植被覆盖度监测的各个土地覆被类型的 $N_{c,v}$（Zeng et al.，2000）

IGBP 土地覆被类型	像元/%	$N_{c,v}$	植被覆盖度
常绿针叶林	75	0.63	0.90
常绿阔叶林	75	0.69	0.93
落叶针叶林	75	0.63	0.92
落叶阔叶林	75	0.70	0.90
混交林	75	0.68	0.88
密灌	90	0.60	0.72
疏灌	90	0.60	0.39
木质稀树大草原	75	0.62	0.85
稀树大草原	75	0.58	0.81
草地	75	0.49	0.71
永久湿地	75	0.56	0.85
农田	75	0.61	0.86
城市用地	90	0.62	0.74
农田自然植被混合	75	0.65	0.85
冰雪			
裸地	90	0.60	0.11
水体			

五、土壤湿度

土壤湿度是与地面气象学、水文学和生态学相关的重要环境变量之一，同样对全球变化、荒漠化的研究具有重要意义。目前，利用遥感手段监测大范围的土壤水分研究在国内已取得较大进展（隋洪智等，1997；申广荣等，2000；冯强，2001）。在这些研究中，有植被覆盖条件时，利用土壤热惯量法进行土壤水分状况评价存在较大的限制，而利用 NDVI 作为水分胁迫指标具有一定的滞后性（Sandholt et al.，2002）。相比之下，温度作为水分胁迫指标具有更高的时效性（Goetz，1997）。以冠层或叶片辐射温度信息作为土壤水分评价指标已广泛应用（Idso et al.，1981；Jackson et al.，1981）。但是单独以遥感获得的陆面温度作为指标，在植被覆盖不完全条件下，较高的土壤背景温度会严重干扰旱情信息（Moran et al.，1994）。为了消除土壤背景的影响，需利用光谱植被指数和陆面温度的复合信息来评价区域土壤水分状况。当研究区域植被覆盖度范围较大，以遥感资料得到的陆面温度数据（T_s）和归一化植被指数（NDVI）具有二维空间（Price，1990；Carlson et al.，1994；Moran et al.，1994）。Prihodko 等（1997）和 Boegh 等（1999）发现温度植被指数（T_s/NDVI）斜率与地表蒸散速率有一定的函数关系，Boegh 等（1999）根据各种植被类型的 NDVI-T_s 线性关系计算叶温和土壤温度，Nemani 等（1989）建立 T_s/NDVI 斜率与气孔阻力及蒸散之间的关系，并利用 T_s/NDVI斜率评价土壤水分状况（Goward et al.，2002；Friedl et al.，1991），以及利用温度植被旱情指数（TVDI）建立与土壤水分的关系，取得较好预测效果（齐述华等，2003）。本书将以 TVDI 作为土壤湿度的一个衡量指标。

Sandholt 等（2002）利用简化的 NDVI-T_s 特征空间提出水分胁迫指标，即温度植被旱情指数，将湿边（$T_{s\text{-}min}$）处理为与 NDVI 轴平行的直线，旱边（$T_{s\text{-}max}$）与NDVI呈线性关系（图 7-2）。TVDI 表达式为

$$TVDI = \frac{T_s - T_{s\text{-}min}}{a + b \times NDVI - T_{s\text{-}min}} \tag{7-37}$$

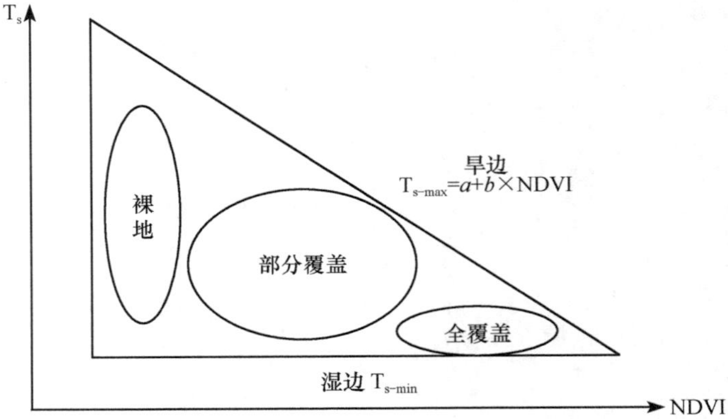

图 7-2 简化的 NDVI-T_s 特征空间

在不同的植被覆盖度条件下，NDVI-T_s 特征空间中最低温度（$T_{s\text{-}min}$）是不同的。本书采用将 NDVI-T_s 特征空间简化处理为三角形，对 $T_{s\text{-}min}$ 和 $T_{s\text{-}max}$ 进行线性拟合，拟合结果表示为

$$T_{s\text{-}min} = a_1 + b_1 \times NDVI \tag{7-38}$$

$$T_{s\text{-}max} = a_2 + b_2 \times NDVI \tag{7-39}$$

温度植被旱情指数的计算式为

$$TVDI = \frac{[T_s - (a_1 + b_1) \times NDVI]}{[(a_2 + b_2 \times NDVI) - (a_1 + b_1 \times NDVI)]} \tag{7-40}$$

式中：a_1、b_1，a_2、b_2 分别是旱边和湿边拟合方程的系数。

利用 MODIS 的 1km 分辨率 NDVI 数据和陆面温度数据，根据不同的气候区的 NDVI 值所对应的最大和最小陆面温度值，拟合旱边和湿边方程，获取土壤水分分布状况信息。利用 NOAA-AVHRR 的 NDVI 数据和通道 4(10.5～11.3μm) 与通道 5(11.5～12.5μm) 的热红外 10 日合成数据，计算每旬的 NDVI 和陆面温度值，获取 TVDI 值。

第三节 基于 MODIS 遥感数据的土地覆被分类与植被变化监测

一、信息提取方法

（一）研究区域与数据源

研究区域选择环北京地区。MODIS 数据的 NDVI 产品为 2002 年 16 日合成的时间

序列数据，空间分辨率为250m。陆面温度（LST）为2002年8日合成的时间序列数据，空间分辨率为1km。采用美国USGS EROS开发的MRT几何纠正与镶嵌软件进行几何纠正和镶嵌，采用最大合成法（MVC）对同一区域内植被指数、陆面温度等多时相的数据进行合成预处理，采用改进的BISE（the best index slope extraction）方法进行NDVI产品的多时相去云处理。利用线形回归方法模拟残缺数据。辅助数据采用基于ETM^+数据的2002年环北京地区土地利用现状图等其他基础地理信息与气象数据。

（二）信息提取方法

本研究采用本书的基于遥感数据的土地利用/覆被分类体系，对于中、低空间分辨率遥感数据，侧重于土地覆被的分类。采用PCA变换可将原有12个月的NDVI信息压缩到少量的前几个主分量中，同时排除了部分由于数据质量等原因引起的噪声。因此，利用PCA变换可以有效保证分类精度不受损失。基于每月NDVI图像的均值，计算特征值和特征向量。第一主分量方差最大，包含了信息量的89.10%，前四个主分量的方差累积值为96.82%，包含了绝大部分信息量，所以确定采用前四个主分量进行土地覆被和植被分类。

对12个月的NDVI数据作主成分变换后，其信息量的转化如表7-13所示（包含前四个主要分量）：

表7-13　主成分变换特征向量

主分量	1月份	2月份	3月份	4月份	5月份	6月份
1	0.202 77	0.200 81	0.202 17	0.230 83	0.296 85	0.320 78
2	−0.3236	−0.2376	−0.1923	−0.2077	−0.1871	−0.0406
3	−0.1804	−0.1107	−0.0929	−0.0428	0.449 59	0.6409
4	−0.0570	0.122 91	0.3234	0.530 43	0.267 23	−0.1432
主分量	**7月份**	**8月份**	**9月份**	**10月份**	**11月份**	**12月份**
1	0.391 22	0.423 18	0.385 33	0.266 05	0.205 38	0.199 54
2	0.364 58	0.452 45	0.294 91	−0.0949	−0.3737	−0.3855
3	0.231 64	−0.3478	−0.2775	−0.0278	−0.2105	−0.1871
4	−0.3636	0.047 46	0.107 31	0.040 75	−0.2975	−0.5172

从表7-13可知，MODIS多时相图像对于第一主分量的贡献均为正值，最大值为2002年8月份的0.423 18，最小值为2002年2月份的0.200 81，不仅可反映各像元NDVI的年平均量，也可反映像元内的年平均生物量。对于第二主分量，多时相图像的贡献主要来自冬、夏两季，冬季的12月份和1月份的贡献分别为−0.3855和−0.3236，夏季的7、8月份贡献分别为0.364 58和0.452 45，可反映各像元冬、夏两季森林生物量的对比情况。对于第三主分量，多时相图像的贡献主要来自春、夏两季，春季5月份的贡献为0.449 59，夏季6月份和8月份贡献分别为0.6409和−0.3478。对于第四主分量，多时相图像的贡献主要来自春、秋两季，春季3月份和4月份的贡献分别为0.3234和

0.530 43，冬季 12 月份贡献为−0.5172。

使用模糊 K-均值非监督分类法对 PCA 转换后数据进行分类。模糊 K-均值聚类认为每个待识别对象是模糊“隶属”某一类别，依据隶属函数计算隶属度将其聚类到某个类别中。本研究使用的 250m 分辨率数据源，内含大量的混合像元，数据所反映的大多数地物覆盖在形态和类属方面存在着中介性，没有确定的边界来区分它们，因此选择模糊 K-均值非监督分类对其进行软划分，以更好地区分地物的不同类别。并对存在明显误分现象的图斑，对照近期土地利用现状图进行修改，获取研究区土地覆被分类信息。最后，根据 Zeng 等（2000）确定的置信度，确定不同土地覆被类型的 $N_{c,v}$，计算植被覆盖度。

采用变化向量分析方法进行土地覆被与植被覆盖的变化分析，此方法是一种非常有潜力的植被比较分析方法，根据变化矢量的强度和方向判定变化的区域和类型。如用连续多年 12 个月的数据来进行变化矢量分析，则变化矢量空间由每年的 12 个变化监测指示因子图像构成。因此，全年指示因子对应于一个 12 维的时间矢量：

$$\boldsymbol{P}(i,x)=\begin{bmatrix}x(t_1)\\x(t_2)\\\vdots\\x(t_n)\end{bmatrix} \tag{7-41}$$

式中：$\boldsymbol{P}(i,x)$表示像元 i 对应于 x 年的矢量；$x(t)$ 为像元 i 在时间 $t_1\sim t_n$ 的指示因子值；n 表示时间维数。矢量的模 $\boldsymbol{P}$ 代表了全年指示因子累积，矢量的方向为全年指示因子的时间曲线形状的综合反映。

任意两年间指示因子的变化可用变化矢量描述：

$$\Delta\boldsymbol{P}(i)=\boldsymbol{P}(i,y)-\boldsymbol{P}(i,x)=\begin{Bmatrix}y_1-x_1\\y_2-x_2\\\vdots\\y_n-x_n\end{Bmatrix} \tag{7-42}$$

式中：$\Delta\boldsymbol{P}(i)$ 是像元 i 从 x 年到 y 年的变化矢量。$\Delta\boldsymbol{P}(i)$ 包含了（$y-x$）年间，像元 i 在每一时间维上的变化信息。变化矢量模 $\|\Delta\boldsymbol{P}(i)\|$ 由欧氏距离（Enclidean distance）决定，表示了指示因子变化的强度。

$$\|\Delta\boldsymbol{P}\|=\sqrt{(y_1-x_1)^2+(y_2-x_2)^2+\cdots+(y_n-x_n)^2} \tag{7-43}$$

当 $\|\Delta\boldsymbol{P}(i)\|$ 超过某一阈值时，往往对应着植被覆盖类型从一种类型转变成另一种类型。$\Delta\boldsymbol{P}(i)$ 的方向由一系列的角度定义，决定了指示因子的变化过程。可依据图像的直方图特征和地面资料采用阈值分割方法划分不同的矢量变化强度等级。

借助于指示因子累计值的变化率来判断矢量变化类型。累积变化率的定义如下：

$$V_{\mathrm{NDVI}}=\frac{\left(\sum_{i=1}^{23}y(t_i)-\sum_{i=1}^{23}x(t_i)\right)}{\sum_{i=1}^{23}x(t_i)}\times 100\% \tag{7-44}$$

取变化强度无变化和低变化的临界值作为阈值 M，变化强度＜M 的像元，被认为其变化为平稳型，当变化强度＞M 时，再根据累计变化率来确定其变化类型。具体参数如下：

$$
\begin{cases}
\|\Delta P\| \leqslant M & \text{平稳型} \\
\|\Delta P\| > M, V_{fg} > 10\% & \text{增加型} \\
\|\Delta P\| > M, V_{fg} < -10\% & \text{减少型} \\
\|\Delta P\| > M, -10\% < V_{fg} < 10\% & \text{波动型}
\end{cases}
\tag{7-45}
$$

二、环北京地区土地覆被分类

2002 年环北京地区的土地覆被分类如彩图 20，结果如表 7-14。抽取 500 个点，以 2002 年基于 ETM^+ 数据的环北京地区土地利用现状图为参照，进行土地覆被分类的精度评价，评价结果如表 7-15，总体分类精度达 84.37%。

表 7-14　2002 年环北京地区土地类型面积统计　（单位：万 hm^2）

类型	农用地	林地	草地	建设用地	水域	湿地	裸地
MODIS 分类结果	532.1	312.96	1214.03	11.78	5.19	10.26	187.55
TM 分类结果	490.33	292.59	1259.58	43.46	4.83	25.05	258.03

表 7-15　2002 年环北京地区土地覆被分类精度结果　（单位：%）

土地覆被类型	农用地	林地	草地	建设用地	水域	湿地	裸地	总体分类精度
用户精度	91.48	93.04	95.30	27.11	92.55	40.96	72.69	84.37

通过彩图 20 可以看出，环北京地区土地覆被类型中草地的覆盖面积比例最大，约占总面积的 53%，集中分布在内蒙古高原的浑善达克沙地和东部的科尔沁草原南缘地带，以及中西部坝上高原地区的低洼处和阴山山脉东部及周边地区的丘陵地区。农用地占研究区总面积的 21%，多呈条带状沿河谷和河流冲积平原分布。林地占研究区土地总面积的 13%，主要分布在大兴安岭、燕山、恒山、阴山山脉地区，集中分布在研究区东部和西南部山区山体上部。裸地占研究区总面积的 8%，主要分布在北部浑善达克沙地和东部科尔沁沙地，湿地、水域和建设用地所占面积比例较小。

三、环北京地区植被覆盖度变化

2001～2004 年 4 年间，环北京地区的植被覆盖度变化以稳定无变化与植被增加为主，比例达 98%，植被覆盖减少所占比例仅 2%。植被覆盖度增加区域主要分布在环北京地区的中部和东南部地区，土地覆被类型主要为草地和农用地；植被覆盖度减少区域主要分布在环北京地区的东北部，西拉木伦河的北部和老哈河的南部地区，土地覆被类型主要为草地；其他地区的植被覆盖状况基本保持稳定。综合考虑植被覆盖度变化矢量直方图、均值和方差，对变化强度进行分级（表 7-16）。

表 7-16 不同等级矢量变化强度的阈值

变化矢量模阈值	0～30	31～60	61～87	88～312
颜色	红色	黄色	蓝色	绿色
类型	无变化	低变化	中变化	剧烈变化

从彩图 21 可以看出，2001～2004 年 4 年间，环北京绝大部分地区植被覆盖状况没有发生显著变化。无变化区占总面积的 53.7%，主要分布于环北京地区东北部的赤峰市、敖汉旗、翁牛特旗、巴林右旗、阿鲁科尔沁旗以及北部的锡林郭勒盟和四王子旗等地，表明 5 年间其植被覆盖在水平方向上很少变化。低变化区面积占总面积的 38.6%，主要分布在环北京地区的察哈尔右翼中旗、察哈尔右翼前旗、克什克腾旗、正镶白旗、正蓝旗和太仆寺旗的交界处等地区。剧烈变化区主要集中在环北京地区的西部地区、浑善达克沙地周围、克什克腾旗北部等地。

从彩图 22 可以看出，2001～2004 年环北京地区的植被覆盖总体上表现为稳中增加的趋势。植被覆盖变化类型平稳型为主，占总面积的 56.9%，主要分布于环北京地区的东北、西北等地区；增加型 30.2%，主要分布在环北京地区中南部地区。波动型占 10.9%，主要分布在环北京地区的东北部地区。植被覆盖的波动是正常的自然现象，它是植被正常生长、长期的气候变化等自然作用和各种人类经济活动共同作用的结果。

参考文献

陈晋，陈云浩，何春阳等. 2001. 基于土地覆盖分类的植被覆盖率估算亚像元模型与应用. 遥感学报，5 (6)：416～422

陈述彭，赵英时. 1990. 遥感地学分析. 北京：测绘出版社

柳钦火，徐希孺，陈家宜. 1998. 遥感地表温度与辐射率的迭代反演方法. 遥感学报，2 (1)

陆渝蓉，高国栋. 1987. 物理气候学. 北京：气象出版社

潘晓玲. 2001. 干旱区绿洲生态系统动态稳定性的初步研究. 第四纪研究，21 (4)：345～351

齐述华，王长耀，牛铮. 2003. 利用温度植被旱情指数（TDVI）进行全国旱情监测研究. 遥感学报，7 (5)：420～427

申广荣，王人潮. 2000. 基于 GIS 的黄淮海平原旱灾遥感监测研究作物缺水指数模型的实现. 生态学报，20 (2)：224～228

随洪智，田国良，李付琴. 1997. 农田蒸散双层模型及其在干旱遥感监测中的应用. 遥感学报，1 (3)：220～224

孙红雨，王长耀，牛铮等. 1998. 中国地表植被覆盖变化及其与气候因子关系——基于 NOAA 时间序列数据分析. 遥感学报，2 (3)：204～210

田庆久，闵祥军. 1998. 植被指数研究进展. 地球科学进展，13 (4)：227～233

杨胜天，朱启疆，张卫国. 2002. 应用智能化遥感解译方法监测贵阳市土壤侵蚀. 中国水土保持，(7)：37～42

张仁华. 1996. 实验遥感模型及地面基础. 北京：科学出版社

张云霞，李晓兵，陈云浩. 2003. 草地植被覆盖的多尺度遥感与实地测量方法综述. 地球科学进展，18 (1)：85～93

章文波，符素华，刘宝元. 2001. 目估法测量植被覆盖的精度分析. 北京师范大学学报（自然科学版），37 (3)：402～408

Anatoly A G，Yoram J K，Robert S et al. 2002. Novel algorithms for remote estimation of vegetation fraction. Remote Sensing of Environment，80 (1)：76～87

Becker F, Li Z L. 1990. Towards a local split window method over land surface. International Journal of Remote Sensing, 11: 369～393

Becker F. 1987. The impact of spectral emissivity on the measurement of land surface temperature from a satellite. International Journal of Remote Sensing, 8: 1509～1522

Boegh E et al. 1999. A remote sensing study of the NDVI-T_s relationship and the transpiration from sparse vegetation in the Sahel based on high-resolution satellite data. Remote Sensing of Environment, 69 (3): 224～240

Carlson T N, et al. 1994. A method to make use of thermal infrared temperature and NDVI measurement to inter surface soil water content and fractional vegetation cover. Remote Sensing of Environment, 52: 45～49

Carlson T N, Ripley D A. 1997. On the relation between NDVI, fractional vegetation cover, and leaf area index. Remote Sensing of Environment, 62 (3): 241～252

Coll C, Caselles V, Sobrino J A et al. 1994. On the atmospheric dependence of the split-window equation for land surface temperature. International Journal of Remote Sensing, 15: 105～122

Cooper D I, Ssrar G. 1989. Evaluating atmospheric correction models for retrieving surface temperatures from the AVHRR over a tallgrass prairie. Remote Sensing of Environment, 27: 93～102

Dorman J L, Sellers P J. 1989. A global climatology of albedo, roughness length and stomatal resistance for atmospheric general circulation models as represented by the simple Biosphere model SiB. Journal of Applied Meteorology, 28: 833～855

Duncan J, Stow D, Franklin J et al. 1993. Assessing the relationship between spectral vegetation indices and shrub cover in the Jornada Basin, New Mexico. International Journal of Remote Sensing, 14 (18): 3395～3416

Dymond J R, Stephens P R, Newsome P F et al. 1992. Percent vegetation cover of a degrading rangeland from SPOT. International Journal of Remote Sensing, 13 (11): 1999～2007

Friedl M A, Davis F W. 1994. Source of variation in radiometric surface temperature over a tallgrace prairie. Remote Sensing of Environment, 48: 1～17

Gillies R R, Kustas W P, Humes K S. 1997. A verification of the 'triangle' method for obtaining surface soil water content and energy fluxes remote measurements of the normalized difference vegetation index (NDVI) and surface. International Journal of Remote Sensing, (18): 3145～3166

Goetz S J. 1997. Multisensor analysis of NDVI, surface temperature and biophysical variables at a mixed grassland site. International Journal of Remote Sensing, 18 (15): 71～94

Goward S N, Xue Y et al. 2002. Evaluating land surface moisture conditions from the remotely sensed temperature/vegetation index measurement: a exploration with the simplified biosphere model. Remote Sensing of Environment, 79 (2): 225～242

Graetz R D, Pech R R, Davis A W. 1988. The assessment and monitoring of sparsely vegetated rangelands using calibrated landsat data. International Journal of Remote Sensing, 9 (7): 1201～1222

Griend V D. 1993. On the relationship between thermal emissivity and the Normalized Difference Vegetation Index for natural surfaces. International Journal of Remote Sensing, 14 (6): 1119～1131

Gupta P K, Prassad S, Sesha Sai et al. 1997. The estimation of surface temperature over an agriculture area in the State of Harynana and Panjab, India, and its relation with the normalized difference vegetation index (NDVI), using NOAA-AVHRR data. International Journal of Remote Sensing, 18: 3729～3741

Gutman G, Ignatov A. 1998. The derivation of the green vegetation fraction from NOAA-AVHRR data for use in numerical weather prediction models. International Journal of Remote Sensing, 19 (8): 1533～1543

Humes K S, Kustas W P, Moran M S et al. 1994. Variability of emissivity and surface temperature over a sparsely vegeted surface. Water Resources Research, 30: 1299～1310

Idso S B, Jackson R D, Pinter P J. 1981. Normalizing the stress-degree-day parameter for environmental variability. Agricultural Meteorology, 24: 45～55

Jackson R D, Idso S B, Reginato R J. 1981. Canopy temperature as a drought stress indicator. Water Resource, 17:

1133～1138

Josef C, Hung L L, Jing Z L et al. 1997. Multitemporal, mulitichannel AVHRR data sets for land biosphere studies-artifacts and corrections. Remote Sensing of Environment, 60: 35～57

Kalluri S N V, Dubayah R O. 1995. Comparison of atmospheric correction models for thermal bands of the advanced very high resolution radiometer. Journal of Geophysical Research, 100: 25411～25418

Liang S. 2001. Land cover classification methods for multi-year AVHRR data. International Journal of Remote Sensing, 22 (8): 1479～1493

Mannstein H. 1987. Surface energy budget, surface temperature and thermal inertia. Remote sensing applications in meteorology and climatology, Proceedings of the NATO Advanced Study Institute, Dundee, Scotland; NETHERLANDS. 17 Aug. —6 Sept. 391～ 410

Mcclain E P, Pichel W G, Walton C C. 1985. Comparative performance of AVHRR based multichannel sea surface temperatures. Journal of Geophysical Research, 99 (6): 11587～11601

McClain E, Paul P, William G et al. 1985. Comparative performance of AVHRR-based multichannel sea surface temperatures. Journal of Geophysical Research, 90 (C14): 11587～11601

McMillin L M. 1975. Estimation of sea surface temperatures from two infrared window measurements with different absorption. Journal of Geophysical Research, 80 (36): 5113～5117

Moran M S, Clarke T R, Inoue Y. 1994. Estimating crop water deficit using the relation between surface-air temperature and spectral vegetation index. Remote Sensing of Environment, 49 (3): 246～263

Nemani R R, Running S W. 1989. Estimating of regional surface resistance to evapotranspiration from NDVI and thermal IR AVHRR data. Journal of Applied Meteorology, 28 (4): 276～283

Pech R P, Graetz R D, Davis A W. 1986. Reflectance modeling and the derivation of vegetation indices for an Australian semi-arid shrubland. International Journal of Remote Sensing, (7): 389～403

Prabhakara. 1974. Estimation of sea surface temperature from remote sensing in the 11 to 13-micron window region. Journal of Geophysical Research, 79: 5039～5044

Prata A J, Platt C M R. 1991. Land surface temperature measurements from the AVHRR. proceedings, 5th AVHRR Data Users Conference, Tromso, Norway, 25～28 June, EUM p09, 433～438

Price J C. 1984. Land surface temperature measurements from the split window channels of the NOAA-7AVHRR. Journal of Geophysical Research, 89: 7231～7237

Price J C. 1990. Using spatial context in satellite data to infer regional scale evapotranspiration. IEEE Transactions on Geoscience and Remote Sensing, 28: 940～948

Prihodko L, Goward S N. 1997. Estimation of air temperature from remotely sensed surface observations. Remote Sensing of Environment, 60 (3): 335～346

Purevdor J T S, Tateishi R, Ishiyama T et al. 1998. Relationship between percent vegetation cover and vegetation indices. International Journal of Remote Sensing, 19 (18): 3519～3535

Qi J, Chehouni A, Huete A R. 1994. A modified soil adjusted vegetation index. Remote Sensing of Environment, 48: 119～126

Qi J, Marsett R C, Moran M S et al. 2000. Spatial and temperal dynamics of vegetation in the San Pedro river basin area. Agriculture and Forest Meteorology, 105: 55～68

Quarmby N A, Townshed J R G, Settle J J et al. 1992. Linear mixture modeling applied to AVHRR data for crop area estimation. International Journal of Remote Sensing, 13 (3): 415～425

Running S W, Justice C O et al. 1994. Terrestrial remote sensing science and algorithms planned for EOS/MODIS. International Journal of Remote Sensing, 17: 3587～3620

Russell M, Nunez M, Chladil M et al. 1997. Conversion of nadir, narrowband reflectance in red and nearinfrared channels to hemispherical surface albedo. Remote Sensing of Environment, 61: 16～23

Salisbury J W D, Aria D M. 1994. Emissivity of terrestrial material in the 3-5mm atmospheric window. Remote

Sensing of Environment, 47: 345～361

Sandholt I, Rasmussen K, Andersen J. 2002. A simple interpretation of the surface temperature/vegetation index space for assessment of surface moisture status. International Journal of Remote Sensing, 79 (2): 213～224

Sato N, Sellers P J, Randall D A et al. 1989. Effects of implementing the simple biosphere model in the general circulation model. Journal of Atmospheric Sciences, 46: 2757～2782

Saunders R W. 1990. The determination of broad surface albedo from AVHRR visible near-infrared radiance. Int JRS, 11: 49～67

Sellers P et al. 1997. BOREAS in 1997: experiment overview, scientific results and future directions. Journal of Geophysical Research, 102: 28731～28769

Sequin B, Couranlt D, Guerit M. 1993. Satellite thermal infrared data applications in agriculture meteorology. Advance in Space Research, 13: 207～217

Settle J J, Drake N A. 1993. Linear mixing and the estimation of ground cover proportions. International Journal of Remote Sensing, 14: 1159～1177

Smith G L, Green R N et al. 1986. Inversion methods for satellite studies of the earth's radiation budget: development of algorithms for the ERBE mission. Review in Geophysics, 24: 407～421

Sobrino J A, Li Z L, Stoll M P et al. 1996. Multi-channel and multi-angle algorithms for estimating sea and land surface temperature with ATSR data. International Journal of Remote Sensing, 17 (11): 2089～2114

Steven W R, Ramakrishna R, Nemani D L et al. 1989. Mapping regional forest evapotranspiration and photosynthesis by coupling satellite data with ecosystem simulation. Ecology, 70 (4): 1090～1101

Taylor V. 1984. Reflectance characteristics of uniform earth and cloud surfaces derived from Nimbus-7 ERB. Journal of Geophysical Research, 89: 4987～4996

Ulivieri C M M, Castronuovo R F et al. 1994. A split-window algorithm for estimation land surface temperature from satellites. Advance in Space Research, 14: 59～65

Valiente J A, Nunez M et al. 1995. Narrow-band to broad-band conversion for Meteosat-visible channel and broadband albedo using both AVHRR-1 and -2 channels. International Journal of Remote Sensing, 16: 1147～1166

Wark D Q, Yamamoto G, Lienesch J H. 1962. Methods of estimating infrared flux and surface temperature from meteorological satellites. Journal of the Atmospheric Science, 19 (5): 369～384

Zeng X B, Bobert E, Dickinson A W et al. 2000. Derivation and evaluation of global 1km fractional vegetation cover data for land modeling. Journal of Applied Meterology, 39 (6): 826～839

第三篇　土地资源可持续利用评价

第八章　耕地质量综合评价

改革开放以来，我国的工业化、城镇化速度加快，现代化建设成就斐然。但同时市场经济利益机制的驱使也带来了土地利用方式与结构的显著变化，致使土地退化、人地矛盾激化，所带来的资源与环境问题已严重影响区域环境与社会经济的可持续发展。食物安全是当前我国国家安全的重要方面，而食物安全的根本在于耕地的安全。因此，耕地数量的减少和质量的退化是食物安全警戒的重要方面，是影响区域土地可持续利用及土地安全的重要因子。耕地质量及其相关问题的研究已经引起了国内外学者、政府机构的广泛关注（Dumanski，1997），耕地质量研究的最终目的是实现高效的耕地资源管理，耕地质量的监测与评价研究将有助于制定和完善基本农田保护规划与生态环境保护规划，为确定切实可行的对策与措施提供科学指导和依据。

但是当前耕地质量评价由于缺乏实地调查和农户参与，评价结果不一定能够如实反映耕地质量现状及其变化，加之传统调查方法的低效率，评价结果难以及时地服务于管理决策，耕地质量评价与资源管理决策之间仍然存在较大的鸿沟（Wander et al.，2000）。因此，需要结合区域特点，集多源数据，发展一种实用、高效、准确的评价方法势在必行。越来越多的学者热衷于从农户的角度获取耕地质量信息，农户调查与“3S”技术相结合作为一种新的耕地质量研究方法为国内外学者所采用；此外，一些学者尝试将涉及土壤、地形、气候、植被、水资源、农户管理措施、社会经济因素、环境状况等在内的各种耕地因素整合成综合、实用的耕地质量指数，进而对耕地质量进行综合评价（Ochola et al.，2004）。

国外研究机构在长期的调查实践中总结出一套行之有效的农村调查方法，即参与性农村调查与评估方法（participatory rural appraisals，PRA）。该技术自1988年首次应用于非洲肯尼亚以来，迅速扩展到亚、非、拉美等许多发展中国家并在应用中取得了良好效果（李勉等，2000）。目前，PRA技术已经广泛地应用于小尺度的耕地质量评价，国内外许多学者基于该方法提供的信息来选择耕地质量指标（Murage et al.，2000；Liu et al.，1999）；农户关于耕地质量的知识能够为科研人员提供翔实的耕地质量信息，开展广泛的实地调查有利于农民、技术推广人员、土地管理部门、科学家之间的交流，使土地评价工作更加切合实际。

地理信息系统在土地质量评价中的应用已相当广泛（石常蕴等，2001；欧阳进良等，2002；李晓燕等，2004），但直接基于遥感手段获取耕地质量信息并进行质量评价的研究相对较少，这使得遥感技术的一些优势（快速、高效、可重复）难以得到充分发挥。基于遥感技术进行耕地质量评价，关键是要选择合适的、基于遥感数据的评价指标，这类指标的选择离不开地面信息的指导；PRA技术为有效地获取大量实地参考信息提供了保证。农户关于耕地质量的知识主要来源于经验性的定性描述，并且其评价指标主要应用于地块尺度的定性评价，不一定适用于大尺度的耕地质量评价。因此，单纯依靠农户的耕地知识进行评价是远远不够的。本书将充分发挥遥感（RS）、地理信息系统（GIS）和参与性农村调查与评估技术（PRA）的互补优势，将有关环境压力、耕地基本属性、社会经济因素和农户管理行为在内的众多指标整合成生产压力指数（production press index，PPI）、耕地状态指数（land status index，LSI）、农户行为指数（farmers'behaviour index，FBI）来表征耕地质量的不同方面。PPI 反映环境因素对耕地生产力构成的潜在威胁；LSI 反映耕地现有的生产能力；FBI 反映了农户管理及其社会经济环境的可持续程度。

长城沿线风沙区与黄土高原丘陵沟壑区交错带地处鄂尔多斯高原南部、黄土高原北部，风蚀和水蚀并存，生态环境非常恶劣。特定的自然、社会经济条件，加之人类的生产活动引起了严重的土地退化。本书基于 PRA 技术对陕西省横山县的农户进行调查，了解当地农户对耕地质量的认识，获取基于农户的耕地质量信息，并应用基于遥感数据的耕地质量指标来反映农户关注的耕地质量指标，建立农户与科学家知识相结合的评价指标体系；在此基础上，针对该区域耕地的生产功能，探讨适宜的耕地质量评价模型，分析农户对不同质量耕地的行为响应以及不同行为对耕地质量的影响规律。

第一节　基于农户的耕地质量认识

一、基于农户认识的耕地质量研究

国内外有关基于农户认识的耕地质量研究已经取得较大进展。Liu（1999）结合杜能的土地利用理论，通过吉林省西部长期的农户调查发现，劳动力区位（labor location）是影响耕地质量的首要因素。Murage 等（2000）在肯尼亚中部高原进行的农户调查中发现，农民鉴别耕地生产力高低的指标包括作物产量、土壤耕性、土壤水分保持能力、土壤颜色、土壤指示性动植物等。Rod 等（2000）将可持续土地利用评价纲要（FESLM）应用于东南亚的坡地耕作系统，在农户调查基础上，围绕 FESLM 的 5 个标准，将农民、技术推广人员和专家的知识结合起来，建立了一套结构化、系统化的土地可持续利用评价指标体系，该指标体系在尼泊尔的应用取得了良好效果。

土壤是耕地的核心组成部分，耕地质量很大程度上取决于土壤质量的优劣，评价土壤质量或划分土壤类型的指标一般也是进行耕地质量评价的重要指标。Liebig 等（1994）首先通过科学方法评价土壤质量现状，然后与农民的评价结果进行比较，进而评估农民对土壤质量指标认知的准确程度，以便研究人员更加明确农民评价土壤质量的优势和劣势所在。Ericksen 等（2003）将洪都拉斯中部农民对于土壤质量的认识与美国土壤科学家针对同一问题的理解进行比较，研究表明，农民对于土壤质量的理解仅仅围绕农业生产，而科学家对于土壤质量的认识更为全面；二者都较为关注地块位置、土壤质地和排水状况。Desbiez 等（2004）通过对尼泊尔西部丘陵地区的农户进行半结构化访谈，获得了农民评价和监测土壤肥力涉及的 62 个指标。在肯尼亚的 Siaya 地区，农民基于土壤表层特征，考虑土壤颜色、土壤质地和耕作难易程度划分土壤类型，评价地块肥力的指标包括作物产量、土壤颜色、容重、土壤气味和植被组成（Mango，2000）。

国内学者主要是采用农户调查手段，从不同角度研究了农户经济行为对土地（土壤）质量的影响，基于农户的耕地质量认识研究不多。王鹏等（2002）通过土地利用和农户经济行为调查，分析了湘南红壤丘陵区农户社会经济行为对土地质量的影响；刘彦随等（2002）对陕北长城沿线的农户调查表明，粗放的农牧业经营方式对局部耕地沙漠化产生直接影响；欧阳进良等（2003）发现，农户主要通过作物选择、经营投入和资源利用等行为影响土壤质量；谭淑豪等（2004）从制度经济学角度研究了制度因素对农户行为进而对土壤退化产生的影响。国内外研究大部分是分析农户对耕地质量的认识，不同土地利用行为对耕地质量的影响，基于农户调查进行耕地质量综合评价较少，将遥感（RS）、地理信息系统（GIS）和农户调查与评估技术进行有机地结合，进行耕地质量综合评价是未来的发展趋势。

二、农户调查方法

农户调查分两部分，首先是进行预调查。根据横山县行政区划图和2002年横山县耕地现状图，在全县范围选出50个村庄作为调查对象，从每个村庄随机选择两三个农户，调查采用自由访谈形式进行，最终得到41个村庄共83个农户提供的耕地类型及其分布信息。正式调查前首先进行室内预调查样点布点，根据不同耕地类型的分布特点，确定120个调查目标点，开展农户问卷调查和耕地样品采集，并对所选地块进行GPS定位。在农户调查过程中，首先完成农户基本情况的问卷调查；请农户对主要耕地类型按照耕地质量进行排序；采用半结构访谈（semi-structure discussion）形式逐一询问排序的理由，并请教农户鉴别耕地质量选择的指标及其原因。针对农户每一耕地类型选出代表性地块进行地块调查，问卷调查农户对该地块的管理行为，采集该地块土壤样品。本次调查涉及107个农户，得到有效调查问卷72份，采集土样202个。

每个调查地块采集两袋土壤样品，一袋用于测量土壤含水量和容重，用环刀采集三个小样品，分别装入保鲜袋用以测量湿重，实验室用烘干法测量土壤含水量并计算容重，取平均值作为最终结果。另一袋用于测定土壤养分含量。沿蛇形路线随机采集10个以上土壤表层（0～20cm）土样，捡出石块和植物残余，充分混合均匀，四分法取1kg放入样品袋。在通风干燥条件下，自然风干4周，采用常规方法进行土壤理化分析。分析的养分指标包括有机质、全氮、全磷、全钾、速效氮、速效磷、速效钾等。数据分析在SPSS软件下进行。

将农户调查结果集中的耕地类型进行适当归纳，得到当地的6种主要耕地类型。正式调查时要求农民对不同类型耕地依据质量进行排序。借鉴国外相关研究经验（Liebig et al.，1994），采用分级赋值的方法处理排序结果，农民认为质量最好即排名第一的耕地类型赋6分，第二名赋5分，依此类推；并列的耕地类型首先按照其在排序中的位置赋值，然后求平均值，计算各类型耕地的平均得分作为农民对该耕地总体的质量评价结果。总结归纳农民在鉴别耕地质量时运用的指标，计算运用该指标的农民占总访谈农民数的百分比来判断主导性指标，并将采自不同耕地类型的土壤样品分析数据进行方差分析，验证农民评价结果的正确性。

三、基于农户的耕地质量评价

（一）基于农户的耕地质量评价指标

农户在评价耕地质量时涉及土壤属性、地形特征、管理条件、作物生长状况、环境因素和生物指标6个方面的20个指标。各指标的详细信息如表8-1所示。农户在评价中涉及众多指标，其中受到普遍应用的指标包括坡度、灌溉条件、土壤质地、产量、肥料投入、作物长势，这6个指标对当地农业生产影响巨大，并且在不同耕地上差异显著，可作为耕地质量评价的典型指标。

表8-1　农民评价耕地质量的指标及其评价标准

指标类型	评价指标	百分比/%	农民评价标准
土壤属性	土壤质地	79	壤土好，沙土不好
	土壤营养状况	14	不施肥状况下，土壤的耐贫瘠能力强
	耕作土层厚度	17	土壤耕作层的厚度越厚越好
	土壤耕性	11	易于耕作的地是好地
	土壤保水能力	11	下雨后干得慢的耕地好
	土壤颜色	3	颜色越深越好
地形特征	坡度	89	平坦的地就是好地
	坡向	17	阴坡地比阳坡地好
管理条件	灌溉条件	81	能浇上水的地就是好地
	肥料投入	21	施用化肥和农家肥多的耕地是好地
	交通状况	14	有路到达并且路况好的耕地是好地
	离家远近	11	离家近的耕地好
	耕作历史长短	3	长期种植的耕地好
作物生长状况	产量	40	产量高的地好
	作物长势	21	长得快、根深苗壮、叶片发绿的地好
环境因素	沙化状况	19	地表有沙的地不好
	水蚀状况	18	冲得比较厉害、地表沟壑多的地不好
	盐碱化状况	6	盐大作物不能生长的地不好
生物指标	杂草生长状况	11	杂草多的地不好
	指示植物	3	长苦菜（*Sonchus oleraceus*）的地不好

注：百分数代表运用该指标的农民占调查农民总数的百分比。

坡度对农田灌溉排水、农机具使用、土壤类型、土地利用及水保措施布局都有很大影响，并且与潜在水蚀危险程度直接相关。平坦的地块水蚀危险性较小，各种农业管理措施便于实施；随坡度增加，水蚀危险程度、耕作和灌溉难度都随之增大。农民深刻地认识到不同坡度耕地在质量上的差异，从而将坡度作为鉴别耕地质量的重要指标。

研究区属典型的半干旱草原气候，灌溉条件是农业发展最主要的限制因子。灌溉便利与否直接影响作物产量。因而离河较近或者蓄水措施完善的川地、沟坝地产量高、效益好，而“靠天吃饭”的墚峁顶、坡地等，产量低而不稳，农民将其作为衡量耕地质量高低的重要指标。

横山县土壤类型主要是风沙土和黄土性土壤。风沙土砂粒含量大，水分条件差，不适合农业耕种，黄土性土壤是当地农民的最佳选择，不同类型的黄土性土壤存在质地差异。一般农民判断各种土壤不是通过土壤颜色，而是土壤质地。因而，土壤质地成为农民鉴别耕地质量最直观的指标。

产量是耕地生产力水平的直接体现。横山县耕地肥力普遍较低，化肥和有机肥的增产效果显著，其投入量与作物产量密切相关，长期的耕作经验使农民认识到，肥料投入越多，产量越高，因此将肥料投入量作为耕地质量评价指标之一；作物长势可以间接反映耕地的生产力水平，便于农民及时了解耕地质量状况，是农民常用的耕地质量指标。

上述研究和国内外相关研究的结论有可比之处，洪都拉斯农民用坡度、灌溉条件和质地鉴别耕地质量（Ericksen et al.，2003）；尼泊尔农民在鉴别地块肥力时也将坡度、灌溉条件及土层厚度等土壤属性作为指标（Desbiez，2004）；Messing 等（2003）在黄土高原小流域土地可持续利用研究中将坡度、土壤质地、水分条件作为重要指标。值得注意的是，国外许多研究都发现农民将土壤颜色、作物产量作为重要指标，而本研究中选择产量指标的农民只有 40%，土壤颜色仅为 3%。这种差异是由研究区域的耕地特点决定的。横山县耕地普遍低产，农户对产量的关注程度比其他区域要低，并且当地土壤有机质含量普遍较低，土壤颜色差别较小。农民对于土壤质量的理解仅仅围绕农业生产，而科学家对于土壤质量认识更为全面；二者都较为关注地块位置、土壤质地和排水状况。

（二）基于农户的耕地质量分析

根据调查结果，将横山县的耕地分为川水地、沟坝地、梯田、墚峁顶、墚峁坡和风沙地 6 种。对 6 种耕地进行排序赋值，川水地分值最高，为 5.87 分，其次为沟坝地（4.88 分）、梯田（3.82 分）、墚峁顶（2.77 分）、墚峁坡（2.35 分）和风沙地（1.19 分）。由此可见，在农民心目中耕地质量由高到低依次为川水地、沟坝地、梯田、墚峁顶、墚峁坡和风沙地。

川水地包括河流两岸的阶地、河漫滩、可高抽灌溉的台地以及其他可以灌溉的耕地；沟坝地指受流水影响较小的沟床地、沟两旁的台式阶地以及人工修筑的淤地坝；梯田主要指修筑在坡地上的旱梯田；墚峁顶地指塬地以及分布在墚峁顶部地势相对平坦的地块；墚峁坡地指墚峁顶以下，沟缘线以上具有一定坡度的地块；风沙地主要指受风蚀影响严重但尚在耕作的土地。川水地灌溉方便、地势平坦、土壤肥沃、交通便利、具有良好的经济效益。沟坝地可以积聚雨水，灌溉条件较墚峁地优越，是较好的农业用地；但是其面积狭小、交通不便、光照条件差、有不同程度的盐碱化。梯田受水蚀危害较小，水分条件、产量都较坡地优越且管理相对方便，不足之处是耕作时间短，土壤的熟化程度低，养分含量不高。墚峁顶地势相对平坦，表土损失较少，其肥力一般比坡地好；由于积水少、蒸发量大，水分条件明显不如梯田。坡地在当地的农业用地中比例较大，但生产力很低，灌溉依靠自然降水，雨季水土流失严重，旱季作物用水毫无保障；地面坡度较大，管理极不方便，耕作方式落后，获取肥料有限。风沙地是受风蚀严重影响的耕地，已不再适宜农业用地（Liu et al.，2003）。

农民对于耕地质量的评价是建立在理性分析基础之上。方差分析结果进一步证明了农民评价结果的合理性。从表 8-2 可以看出，6 种耕地之间的有机质、总氮、速效氮、速效磷、速效钾、物理黏粒等主要土壤理化指标差异极显著，川水地、沟坝地、梯田、墚峁顶、墚峁坡、风沙地中的有机质、总氮含量依次降低，其他养分含量也大体符合这一规律。可见，农民对耕地质量的准确定位，证明了农民鉴别耕地质量所用指标的有效性。

表 8-2　不同类型耕地土壤养分方差分析

	有机质 /%	总氮 /%	速效氮 /(mg/kg)	速效磷 /(mg/kg)	速效钾 /(mg/kg)	物理黏粒 (<10μm) /%
川水地	0.960	0.068	125.17	8.94	133.04	11.30
沟坝地	0.711	0.053	105.13	4.89	135.48	10.81
梯田	0.648	0.048	108.84	5.12	114.19	10.78
墚峁顶	0.542	0.044	98.57	4.47	127.48	8.74
墚峁坡	0.437	0.036	90.03	3.66	87.30	9.38
风沙地	0.202	0.017	71.57	5.09	79.36	2.89
F	18.28*	15.92*	3.39*	8.78*	4.89*	7.99*

* 表示在 $P<0.01$ 的水平上差异显著。

第二节　基于 RS、GIS 和 PRA 技术的耕地质量综合评价

一、耕地质量评价指标体系

农户调查表明，农户使用坡度、灌溉条件、土壤质地、产量、施肥数量、作物长势、风蚀程度和水蚀程度等指标可进行初步的耕地质量评价，根据实践经验选择的指标具有充分依据，能够反映耕地质量的限制因素，具有重要的参考价值。但是农户提供的评价标准过于简单，所用评价方法大多为经验性的定性描述，适用于地块尺度的简单评价。本书充分利用遥感影像、数字高程、土地利用调查与土壤调查、野外点位观测、农户访谈和社会经济统计等多源数据，综合耕地质量的遥感监测和农户关注的耕地质量指标，进行大尺度的耕地质量综合评价。

（一）土壤质量指数

土壤养分指标包括土壤类型、土壤质地（texture）、有机质（OM）、全氮（TN）、

全磷（TP）、全钾（TK）、速效氮（AN）、速效磷（AP）和速效钾（AK）等。土壤样品养分分析表明，速效养分变异性较大，不适合作为土壤质量指标。对土壤样品不同养分含量做相关分析，全钾和全磷具有明显的相关性（相关系数＝0.76），并且全钾比全磷稳定性高。通过土壤样品不同养分指标的主成分分析，有机质和全氮涵盖了大量的养分信息。因此，选择有机质、全氮、全钾作为土壤质量评价的养分指标。此外，依据农户调查结果，土壤质地是不可缺少的耕地质量指标，因而将其与上述养分指标结合共同构成土壤质量指数（soil quality index，SQI）。根据表 8-4 所示的赋值标准计算土壤质量指数各指标分值。利用相关系数法确定指标权重，如下式所示：

$$A_i = \frac{1}{n}\sum_{i,j=1}^{n} | C_{ij} | \qquad W = A_i / \sum_{i=1}^{n} A_i \tag{8-1}$$

式中：A_i 是指标 i 与其他指标相关系数的绝对值的平均值；n 是指标的个数；C_{ij} 是指标 i 与指标 j 的相关系数；W 为指标 i 的权重。

计算结果表明土壤质地、有机质、全氮、全钾的权重分别为 0.21、0.24、0.27、0.28，土壤质量指数为

$$\text{SQI} = 0.21 \times V_{\text{texture}} + 0.24 \times V_{\text{OM}} + 0.27 \times V_{\text{TN}} + 0.28 \times V_{\text{TK}} \tag{8-2}$$

（二）土壤和植被湿度指数

干旱对农业生产影响较为严重。灌溉条件是评价耕地质量优劣的重要指标之一，水分条件最终体现在土壤和植被的湿度上。本书尝试应用土壤和植被湿度指数（soil and vegetation moisture index，SVMI）定量描述土壤植被的水分状况。对于 ETM^+ 影像，波段 1、2、3、4、5、7 反映了植被和土壤信息，这些信息主要集中 K-T 变换后的前三个变量，依次反映土壤和植被的亮度、绿度和湿度特征。其中，土壤湿度特征能够有效地提取植被和土壤的湿度信息，可间接反映耕地的水分条件。土壤和植被湿度指数（SVMI）计算公式如下：

$$\begin{aligned}\text{SVMI} = {} & 0.1446\text{TM}_1 + 0.1761\text{TM}_2 + 0.3322\text{TM}_3 \\ & + 0.3396\text{TM}_4 - 0.6210\text{TM}_5 - 0.4186\text{TM}_7\end{aligned} \tag{8-3}$$

（三）改进型土壤调整植被指数

改进型土壤调整植被指数（modified soil-adjusted vegetation index，MSAVI）可最大限度地减少土壤反射的影响，提高对植被信息的敏感度（田庆久等，1998）。本书应用 MSAVI 估计植被的生长状况，计算公式如下：

$$\text{MSAVI} = (2\text{NIR} + 1 - \sqrt{(2\text{NIR} + 1)^2 - 8(\text{NIR} - \text{R})})/2 \tag{8-4}$$

式中：R 是可见光波段；NIR 是近红外波段。

(四) 土壤风蚀面积比

研究区域地处长城沿线风沙区和黄土高原丘陵沟壑区交错地带，土地退化类型主要是风蚀和水蚀。风蚀现象是耕地生产力降低的主要原因之一。

遥感影像像元特征是地表一定范围内地物光谱特征的综合反映。遥感影像像元的地物光谱常以混合像元形式存在，本书应用线性光谱混合模型（line spectral mixture model，LSMM）获得每个像元内风蚀土地面积占整个像元面积的百分比（张熙川等，1999），评价耕地受风蚀的危害程度，称其为像元内土壤风蚀面积比（sandy area ratio in a pixel，SARP）。其值越大，耕地受风蚀越严重，从这个角度来讲，SARP 反映了耕地抵御环境危害的能力，是耕地质量好坏的一种体现。

(五) 坡　　度

研究区域处于黄土高原边缘地带，水蚀是一种重要的土地退化类型。本书将坡度（slope）作为描述潜在水蚀危险的指标，这与农民描述水蚀的原因是一致的。

(六) 农户行为指数

耕地系统是自然和社会经济因素的综合体，在许多耕地质量评价研究中，社会经济因素（尤其是农户管理行为）被忽视。社会经济因素在土地资源系统中起着越来越重要的作用，甚至超出了自然因素本身的限制，FAO 发布的土地评价纲要（FAO，1976）强调了土地质量的社会经济评价。长期农业生产活动中形成的特定管理习惯在一定时间内相对稳定，是影响农户管理行为的内在因素；社会经济条件的刺激作用会促使农户改变传统的耕作习惯，是影响农户管理行为的外在因素。二者共同作用下产生的农户管理行为最终直接对耕地质量产生影响。本书利用农户行为指数（farmers' behavior index，FBI）来表示社会经济影响和农户管理习惯联合作用下的农户行为对耕地质量产生的影响。农户行为指数选取了 29 个与耕地质量密切相关的社会经济和耕作管理指标（部分指标如表 8-3），为了保证指标数据的稳定性，计算各指标近 3 年（2000～2002 年）的平均值参与运算，运用主成分分析法（principal component analysis，PCA）计算 FBI 值。

表 8-3　每个主成分代表的主要指标及其方差贡献与权重

主成分	指　数	主成分解释的主要指标	方差贡献/%	权重
1	OCI	人均粮食产量；耕地产量；有效灌溉面积；旱地百分比；单位面积投入	27.20	0.31
2	LCMI	绿肥种植面积；青饲料种植面积；新增“三田”面积；新建水窖	20.94	0.24
3	RISI	农业劳动力比例；农业收入；农村总收入；外出务工收入	13.96	0.16

续表

主成分	指 数	主成分解释的主要指标	方差贡献/%	权重
4	HLI	人口密度；牲畜密度	9.62	0.11
5	PSI	粮食作物比例；经济作物比例	8.60	0.10
6	EEI	人均财政收入；人均工业产值	7.75	0.09
累计贡献率/%			88.08	1.00

二、耕地质量综合评价方法

耕地质量综合评价技术流程如图 8-1。

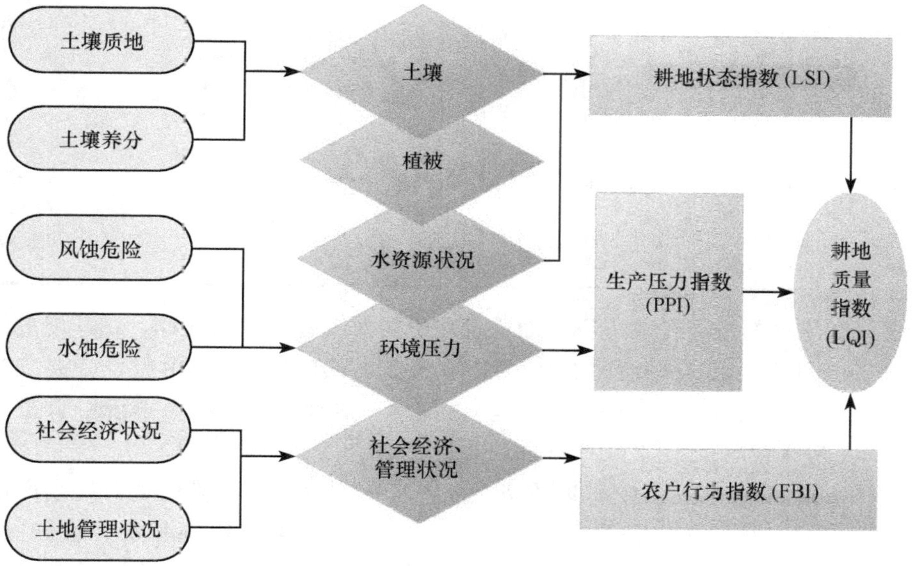

图 8-1 横山县耕地质量综合评价技术流程

利用 2002 年 ETM^+ 遥感影像，结合第二次土壤普查资料、农户调查与土壤分析数据和 2000～2002 年社会经济统计资料，对参与耕地质量评价的各类指数进行分级，运用线性内插方法赋予一个［0，100］的分值（表 8-4）（Ochola et al.，2004）。如果观测值是 x，并且 $x \in [a, b]$，给 x 赋予分值 y，$y \in [c, d]$，则公式可描述为

$$y = \frac{d-c}{b-a} \times x + c - \frac{d-c}{b-a} \times a \tag{8-5}$$

耕地质量综合评价模型为

$$\begin{aligned} \mathrm{LSI} &= [V_{\mathrm{SVMI}} + V_{\mathrm{SQI}} + V_{\mathrm{MSAVI}}]/3 \\ \mathrm{PPI} &= [V_{\mathrm{slope}} + V_{\mathrm{SARP}}]/2 \\ \mathrm{LQI} &= [\mathrm{PPI} + \mathrm{FBI} + \mathrm{LSI}]/3 \end{aligned} \tag{8-6}$$

表 8-4 横山县耕地质量评价指标体系

指标/指数	指标等级	分值（V）	指标/指数	指标等级	分值（V）
OM/(g/kg)	≤0.3	≤30	MSAVI	≤0.13	≤1
	0.3～0.7	30～70		0.13～0.22	1～25
	0.7～1.0	70～95		0.22～0.28	25～60
	≥1.0	95～100		0.28～0.36	60～98
TN/(g/kg)	≤0.2	≤20		≥0.36	98～100
	0.2～0.6	20～60	SVMI	≤−6	≤1
	0.6～0.8	60～95		−6～−0.6	1～25
	≥0.8	95～100		−0.6～4	25～60
TK/(g/kg)	≤16	≤30		4～10	60～98
	16～23	30～60		≥10	98～100
	23～30	60～95	SARP	0～30	100～75
	≥30	95～100		30～50	75～60
Soil texture	砂土	25		50～70	60～30
	壤砂土	55		70～90	30～1
	砂壤土	80		≥90	≤1
	壤土	100	FBI	≤−0.3	≤40
SLOPE	≤2	100～95		−0.3～0	40～60
	2～6	95～75		0～0.3	60～70
	6～15	75～45		0.3～1	70～90
	15～25	45～15		≥1	90～100
	≥25	≤15			

本书针对耕地的生产功能进行耕地质量评价。对 LSI、PPI、FBI、LQI 专题图进行掩膜（mask）处理，获取耕地的 LSI、PPI、FBI、LQI 信息，利用监督分类方法将专题信息分成 5 类，分别代表较好（一等地）、好（二等地）、中等（三等地）、差（四等地）、较差（五等地）（彩图 23）。

耕地状态指数（LSI）反映耕地质量现状，LSI 值越高表示耕地现有的生产能力越强。分析 LSI 的空间分布特征发现，一等地主要分布在河流周围和水利设施的附近；二等地主要分布在横山县中部地区，该区域灌溉条件相对优越；三等地在无定河以南的黄土丘陵上均有分布，此区域水分条件较差；四等地普遍具有轻微的风蚀，地势一般较高；五等地主要分布在南部高原，芦河以西和无定河以北的地区，风蚀比较严重。耕地质量现状与水分的空间分布具有明显的空间相关性，说明水资源是影响耕地质量状况的首要因素。不同质量的耕地面积占耕地总面积的百分比如表 8-5，近 70%的耕地 LSI 值较低（小于 50），横山县耕地质量普遍较差。

生产压力指数（PPI）反映耕地退化的危险性，与耕地的质量现状不同，它代表的是一种潜在的耕地质量。PPI 值越高，表示耕地抵抗环境压力的能力越强，其抵抗退化的可能性越小。横山县南部丘陵山区，面临水蚀和风蚀的双重压力，发生耕地退化可能性最大；沿河分布的耕地以及在蓄水设施、灌溉设施附近的耕地地势平坦、水分条件较好，其发生退化的危险性相对较小；其他耕地受到风蚀和水蚀危害，发生退化的危险性较大。总体来讲，横山县耕地面临的退化压力较大，近 1/3 的耕地极有可能发生严重退化，应引起足够的重视，并采取相应的改良和保护举措。

在农户行为可持续性评价中，主成分分析结果显示，29 个指标中 88.08%的信息最终集中在 6 个主成分中（表 8-4），其分别代表了与耕地质量相关的社会经济因素和农户管理因素。将其解释命名为耕地生产能力指数（output capacity index，OCI）、耕地保持措施指数（land conservation measure index，LCMI）、农村产业结构指数（rural industrial structure index，RISI）、人畜承载指数（human-livestock load index，HLI）、种植结构指数（planting structure index，PSI）和经济环境指数（economic environment index，EEI）。各主成分的方差贡献代表其对变量的解释能力，运用每个指数的方差贡献作为其对应权重。农户行为指数（FBI）可表达为

$$
\begin{aligned}
\mathrm{FBI} = & \ 0.31\mathrm{OCI} + 0.24\mathrm{LCMI} + 0.16\mathrm{RISI} + 0.11\mathrm{HLI} \\
& + 0.10\mathrm{PSI} + 0.09\mathrm{EEI}
\end{aligned}
\tag{8-7}
$$

分析 FBI 分值，结果表明，耕地管理的可持续与当地经济条件密切相关，经济条件好的地区注重耕地管理的可持续性，如商贸中心附近或者主干公路沿途的 FBI 值较高；近 40%的耕地可持续性非常差，只有 28%的耕地可持续性较好。

综合上述因素，横山县耕地质量综合评价结果如表 8-5。分析 LQI 值的空间分布，一等耕地沿河分布；二等耕地以横山镇和渔河峁镇为中心，呈放射状分布，并且随距离的增加，耕地综合质量有降低趋势；三等耕地和四等耕地在黄土丘陵地带广泛分布，三等耕地主要集中在北部，四等耕地集中分布在南部；五等耕地分布在远离河流和其他灌溉水源的南部高原地区。质量好和较好的耕地面积占耕地总面积的比例不到 40%，耕地质量不容乐观。

表 8-5　基于不同指数的耕地质量分等

等级	LSI			PPI			FBI			LQI		
	分值	面积/hm²	百分比	分值	面积/hm²	百分比	分值	面积/hm²	百分比	分值	面积/hm²	百分比
较差	0～30	29 974.77	17.18	0～35	25 720.43	14.69	0～40	67 523.22	38.11	1～30	23 768.26	13.41
差	30～40	46 966.84	26.92	35～55	39 521.63	22.58	40～60	41 531.94	23.44	30～45	42 772.82	24.13
中等	40～50	42 369.50	24.29	55～70	35 693.87	20.39	60～70	25 678.62	14.49	45～55	41 848.72	23.61
好	50～70	29 377.06	16.84	70～85	35 943.07	20.54	70～90	25 997.76	14.67	55～70	44 091.02	24.88
较好	70～100	25 771.07	14.77	85～100	38 153.88	21.80	90～100	16 452.72	9.29	70～100	24 760.31	13.97

第三节　耕地质量变化趋势及政策建议

横山县的耕地质量差异显著，北部地区耕地质量较高，南部较低。农户访谈结果表明，对于不同质量的耕地，农民采取不同的管理措施；综合分析农民种植偏好、施肥偏好及其秸秆处理方式之间的内在联系，了解其对耕地质量的影响机制，预测未来耕地质量变化，对耕地质量改善，实现耕地资源的可持续利用提出政策建议。

一、农户对不同质量耕地的响应

在探讨农户响应行为时，为了研究方便，将川水地和沟坝归类为农民认为质量较高的耕地，统一称作高产地；其余四类耕地质量较低土地统一称作低产地。根据问卷调查

每个地块历年种植的主要作物品种、施肥状况和化肥投入，分析两种耕地的农民管理行为，研究农民在不同质量耕地上的种植偏好、化肥投入、施肥量与化肥施用规律、有机肥施用偏好和有机养分的循环特点。

（一）种植偏好

分析农户在高产地和低产地上种植的作物品种，如图 8-2 所示。高产地灌溉条件优越、地势平坦、管理方便，能满足玉米、水稻、高粱等高产作物的生长条件，种植洋芋、豆类、西瓜、蔬菜等经济作物，也会种植向日葵、花生、麻类、草药、树苗、桃树、烟草等。低产地只能轮作或间作种植耐旱、耐贫瘠、易于管理的谷物和豆类，主要是黑豆、绿豆、洋芋、谷子、糜子等作物；水蚀严重地块和风蚀地多种植苜蓿、沙打旺、拧条、紫穗槐等，用作饲料和绿肥。总体来讲，高产地作物品种较多，以种植高产量、高经济效益作物为主；低产地以种植低产作物为主，品种较少。尽管农户在种植决策时考虑到生产生活需求、土地和作物的适宜性以及作物本身的经济效益等诸多因素，但是最根本的影响因素是耕地本身的质量。可见，耕地质量的不同是造成种植结构差异的主要原因。

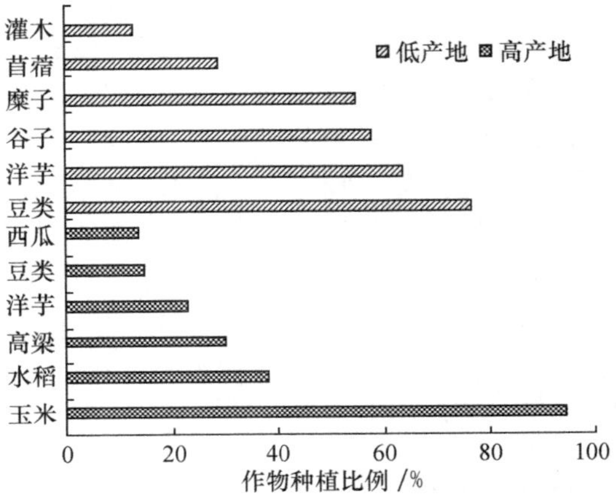

图 8-2　高产地和低产地种植结构比较图

种植结构的不同会对耕地质量产生影响。高产地种植的作物均是耗水耗肥型作物，消耗较多土壤养分；低产地种植的作物本身对土壤养分要求不高，豆类等作物还能通过固氮改善土壤条件，绿肥的就地翻压能够增加土壤水分和有机质含量。其次，不同品种本身的经济效益差异也会造成农民在劳动力投入和资金投入等管理方面上的差异。例如，玉米、水稻、蔬菜、果树等重要粮食作物和经济作物需较多的有机肥和化肥，农民在此类地块上的管理比较精细。这种管理倾向影响耕地质量，耕地质量越高，种植重要的粮食与经济作物，农民的期望值越高，对土地的投入也就越大；相反，农民对低产地的投入较少。调查表明，农民管理方式的差异对耕地质量造成的影响比作物本身对耕地质量的影响大，Murage 等（2000）在肯尼亚中部高原的研究也得出类似的结论。

（二）施肥倾向

调查结果表明，92％的被调查地块均施用化肥，高产地的化肥使用率为 96％，低产地为 90％。图 8-3 为农户在两种耕地上投入化肥品种的差异，农户在高产地上施用尿素和二铵的比例明显大于低产地，尤其是二铵。农民倾向于投入较多资金，购买较好的肥料施用到他们认为质量较高的耕地上，对于低产地则投入价格低廉的碳铵和磷肥。尽管农民本身知道低产地养分较低，但他们不愿意（或者没有经济能力）投入资金来改善其营养状况，在一定程度上使低产地质量受到影响。

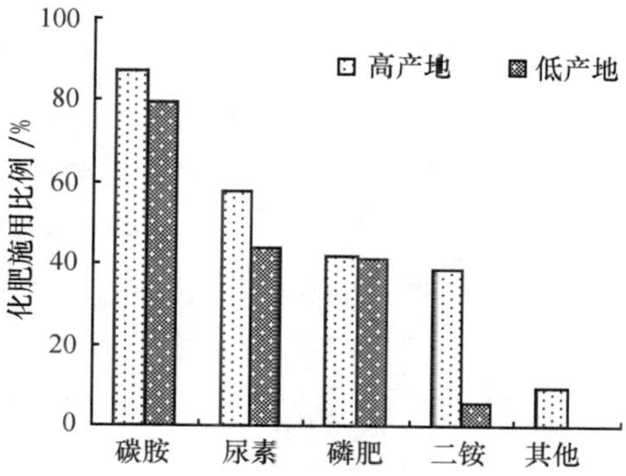

图 8-3　高产地和低产地化肥施用情况比较图

农民在两种耕地上不仅施用化肥品种有差异，而且化肥投入量也有较大差别。将不同化肥换算为纯氮量，高产地平均施入纯氮的量是 $285kg/hm^2$，而低产地仅为 $150kg/hm^2$。有机肥的施用量和有机肥的积累有较大关系。当肥料充足时，由于高产地交通便利、离家较近，往往获得的较多；数量不足时，农民首先要保证关键作物的营养需求。因此，高产地总是获得更多的有机肥。调查结果也证明了这一点：高产地的有机肥使用率为 90%，低产地为 86%；按照农户提供的有机肥施用量，前者平均获得的有机肥约为 $15t/hm^2$，而后者仅为 $10t/hm^2$。

（三）秸秆处理

秸秆处理方式在高产地和低产地上没有显著差异。85%的地块中的秸秆作为牲畜饲料，只有 5%地块中的秸秆育肥还田。低产地为有机肥的积累提供了大量的有机物质，但是低产地获得的有机肥料却相对较少。也就是说，农民从低产地中源源不断地收集有机物质，以有机肥形式补充到高产地中，而对于低产地无论是在有机肥还是化肥投入均较少，如此少量的养分和有机物质投入根本无法弥补由于作物生长造成的养分损失。其掠夺式的管理偏见必然会造成低产地有机物质的损耗和养分的大量流失，低产地本身恶劣的自然条件与农户粗放的管理方式对其造成的负面影响，必然使其耕地质量加速退化，从而使高产地和低产地之间的质量差异越来越大，进入恶性循环，对整个耕地系统的可持续发展直接构成威胁。

二、耕地质量变化趋势

在地块尺度上，自然条件的不同，特别是水分的时空分布差异造成了不同类型耕地生产保障能力的差异。农民为了维持基本的生产利益往往将他们认为重要的作物种植在高产地中，而在低产地上种植对他们的生产安全威胁较小的作物品种。种植结构的不同直接造成农民在施肥、秸秆处理等管理措施上的差异，这种管理偏见反过来又会对耕地质量产生影响，使得低产地的质量加速退化，从而加剧两种耕地之间的质量差异；进而农民又会根据耕地质量差异制定种植决策，如此循环过程结果使得低产地的生产能力越来越低（图 8-4）。

在县域尺度上，北部地区耕地质量较高，经济效益好，农户有能力在耕地保护和基础设施上增加投入，耕地质量受到的威胁较小；南部地区耕地质量普遍较差，产业结构

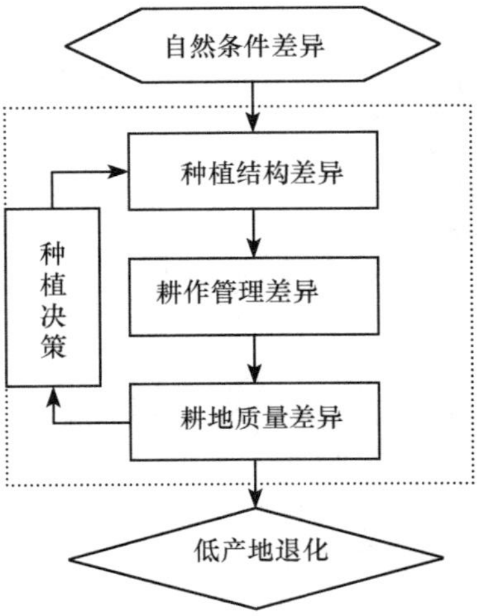

图 8-4　农户响应机制图

单一，经济效益差，农户收入低，在耕地质量保持上的投入低，加之自然环境恶劣，该地区的耕地质量的发展趋势不容乐观。南部和北部地区的耕地产出能力的差距会随着经济差距的加大而加大。对于全县的耕地系统而言，物资流和能量流会从南部地区流向北部地区，南部地区耕地质量难以得到维持，甚至退化。

从改善低产地的耕地质量入手，通过加大区域发展的宏观调控，发展多元化的产业结构，改变低产地经济地位，吸引较多农业投入，逐步缩小高产地和低产地的经济效益差距，逐步进入良性循环，实现耕地资源的可持续发展。具体提出以下建议：一是充分发挥北部地区高产地的生产能力，保持种植业基础地位，将其发展为"精种高产"的基本农田；二是改善南部地区产业结构，发展现代集约化的旱地农业和因地制宜的畜牧业和林果业，实现多元化产业结构，提高低产地的经济效益；三是发挥宏观调控作用，增加对南部地区的扶持力度，加强农业用水等基础设施建设，改善农业生产条件。南部地区产业结构调整是区域可持续发展的关键，产业结构的改变有利于加速经济发展，经济发展又会促进产业模式的进一步优化，进而使耕地质量得到改善。具体表现在：首先，经济发展有利于节水抗旱措施的实施，在一定程度上改变低产地完全靠天吃饭的局面，其生产保障能力得到很大程度的增强；其次，生产条件的改变使低产地适合更多作物的生长，经济效益会不断提高；再次，多元化的产业结构使农民的收入提高，不但缓解耕地的生产压力，同时确保他们有足够的能力来改善低产田的水保措施和肥力条件；另外，畜牧业的发展为低产地的有机肥料输入提供了肥源保证。总之，随着低产田经济效益的提高，其在农民心目中的地位将会得到改变，农民不再一味地从低产田上索取，而会设法改变其生产能力，以求得耕地质量的持续健康发展。

参 考 文 献

李勉，崔灵周，李占斌．2000．参与性农村调查与评估（PRA）的产生发展与应用．水土保持科技情报，(3)：18～20

李晓燕，李壁成，张树文．2004．基于 MAPGIS 的小流域土地质量评价．农业系统科学与综合研究，20（2），99～106

刘彦随，Jay Gao．2002．陕北长城沿线地区土地退化态势分析．地理学报，57（4）：443～450

欧阳进良，宇振荣，张凤荣．2003．基于生态经济分区的土壤质量及其变化与农户行为分析．生态学报，23（6）：1147～1155

石常蕴，周慧珍．2001．GIS 技术在土地质量评价中的应用——以苏州市水田为例．土壤学报，38（3）：248～255

谭淑豪，谭仲春，黄贤金．2004．农户行为与土壤退化的制度经济学分析．土壤，36（2）：141～144

田庆久，闵祥军．1998．植被指数研究进展．地球科学进展，13（4）：327～333

王鹏，田亚平，张兆干等．2002．湘南红壤丘陵区农户经济行为对土地退化的影响——以祁东县紫云村为例．长江流域资源与环境，11（4）：370～375

张熙川，赵英时. 1999. 应用线性光谱混合模型快速评价土地退化的方法研究. 中国科学院研究生院学报，16（2）：169～176

Desbiez A，Robin Matthews，Bhaba Tripathi et al. 2004. Perceptions and assessment of soil fertility by farmers in the mid-hills of Nepal. Agriculture，Ecosystems and Environment，103：191～206

Dumanski J. 1997. Criteria and indicators for land quality and sustainable land management. ITC Journal，3/4，216～221

Ericksen P J，Ardo'n M. 2003. Similarities and differences between farmer and scientist views on soil quality issues in central Honduras. Geoderma，111：233～248

Liebig M A，Doran J W. 1999. Evaluation of farmers' perceptions of soil quality indicators. American Journal of Alternative Agriculture. 14：11～21

Liu L. 1999. Labor location，conservation，and land quality：the case of West Jilin，China. Annals of the Association of American Geographers，89（4），633～657

Liu Yansui ，Gao Jay，Yang Yanfeng. 2003. A holistic approach towards assessment of severity of land degradation along the Great Wall in Northern Shanxi Province，China. Environmental Monitoring and Assessment，82（2）：187～202

Mango N A R. 2000. Managing Africa's Soils 7：Integrated Soil Fertility Management in Siaya District，Kenya. Nottingham：Russell Press，1～28

Messing I et al. 2003. Criteria for land switability evaluation in a small catchment on the Loess Plateau in China. Catena，54：215～234

Murage E W，Nancy K，Karanja et al. 2000. Diagnostic indicators of soil quality in productive and non-productive smallholders' fields of Kenya's Central Highlands. Agriculture，Ecosystems and Environment，79：1～8

Ochola W O，Kerkides P. 2004. An integrated indicator-based spatial decision support system for land quality assessment in Kenya. Computers and Electronics in Agriculture，45：3～26

Rod D B，Lefroy，Hans-Dieter Bechstedt et al. 2000. Indicators for sustainable land management based on farmer surveys in Vietnam，Indonesia，and Thailand. Agriculture，Ecosystems and Environment，81：137～146

Wander M M. 2000. Fostering soil stewardship through soil quality assessment. Applied Soil Ecology，15：61～73

第九章　区域土地可持续利用评价指标体系与方法

第一节　土地可持续利用评价的科学本质

一、土地可持续利用评价内涵

土地是人类社会活动的载体。土地的功能包括“生产功能、生物气候功能、气候调节功能、水文功能、储备功能、废物与污染控制功能、生活空间功能、历史档案或遗产功能和联结空间功能”（FAO，1993，1995）。土地不仅为人类提供了食物、水源等必要的生活条件，同时还作为生产资料为人类提供了生产条件。

随着可持续发展研究的兴起，各个学科也开始提出各自领域的“可持续”定义。1993年联合国粮农组织在土地评价的基础上，提出了针对农业土地的《土地可持续利用评价大纲》（以下简称FESLM）。FESLM把土地可持续利用定义为本着社会、经济要求和环境问题相统一的宗旨，综合运用技术、政策或其他活动手段，同时实现保持或提高土地的生产或服务功能（生产性）、降低生产的风险水平（安全性）、保护自然资源潜力、防止土壤和水质退化（保护性）、经济上可行（可行性）和社会可接受（可接受性）。FESLM发布后，立即成为土地可持续利用研究方面的指导性文件，尤其是在农业学科领域，该框架主要适合于农场级甚至地块级的微观评价。

比较土地可持续利用与合理利用的概念，土地可持续利用即“土地现状功能的持续维持和提高”，其前提是土地的现状功能首先必须是合理的。按照古典的系统均衡理论，如果土地的现状用途未达到系统整体利益所要求的功能，就属于不合理用地，反之称合理用地。从这个意义上讲，土地资源合理利用与土地可持续利用存在明显差别，前者是静态概念，关注的是一个时间截面上土地资源的利用效率问题，后者是动态概念，关注的是在时间延续上土地资源的利用公平问题。然而，按照现代非均衡理论，所有现实的开放系统无法达到均衡状态，即土地合理利用无法达到最优，只是相对较优，土地可持续利用与土地资源合理利用概念之间很难明确区分。土地资源合理利用的最终目标就是实现土地资源的可持续利用，在人类发展历史的一个相对短的时间段内，土地的合理利用可理解为土地的可持续利用。

比较土地利用的持续性与适宜性的概念，持续性是适宜性在时间上的扩展。土地适宜性评价在较大程度上是对各种环境因子特征进行现状评价，而土地利用的持续性评价是评价一块土地在更长时间内是否适合某种土地利用方式。影响土地适宜性评价和持续性评价的环境因子基本相同，但土地利用的持续性评价要求对某种土地利用方式或多种土地利用方式的环境因子变化趋势做出预测。在未来可预见的较长时间内，一种土地利用方式未引起明显的或永久性的土地退化，通常认为这种土地利用方式是可持续的。

土地评价与土地可持续利用评价之间共用的评价指标主要是表征土地质量的指标。关于"土地质量属性"的概念，在《土地评价大纲》中定义为"指对土地适宜性有着区别于其他的某种独特影响的复杂属性"，它"不是某个绝对值，而是基于特定土地功能和特定土地用途的某种限制因素"，因此也称"土地质量限制"。从其定义可以看出，它与土地可持续利用评价中的"因素"（factor）是同源的，只不过后者的范围更广（包括社会经济方面的因素），而它只局限于土地本身的状态属性范围。

可持续性指标（sustainability indicator）是进行可持续性度量的基本手段。国外主流可持续性度量方法主要包括综合模型度量法和多指标集合度量法。综合模型度量法其实是一种系统解析法，即通过对现实系统的全息解析，抽象仿真来揭示系统的可持续性能（performance）；多指标集合度量法从系统论上讲是一种"灰箱法"，即通过系统表征出来的某些关键信号，根据人类已有的经验或科学认识，直接判断系统的性状。在早期的可持续性度量方法存在着"多指标"与"单指标"争论，其实也是这两种方法流派间的分歧。因为"单指标"只有通过综合模型的建立才有可能最终实现。受制于当前科学认识与技术手段的限制，目前综合模型法还只停留在学术探索与实验阶段，而"多指标集合度量法"因直接定位于现实的决策需要，指标容易获取和简易明了，在应用中逐渐占据了主导地位。

二、土地可持续利用评价的时间尺度

土地利用的持续性是指预测一种土地利用在未来相当长的一段时间内不会引起土地适宜性的退化，则认为这样的土地利用是可持续的（FAO，1993）。土地可持续利用存在时间尺度和空间尺度，因为持续性是一个动态概念，是一个向持续发展目标接近或背离的过程，而不是就某一个时点判断可持续性。土地利用的可持续性只能从土地利用的变化过程才能判断。因此，评价指标必须展示变化过程，评价方法必须是基于过程的评价方法。FESLM 确立了土地利用可持续性的时间尺度（表 9-1）。由于自然生态、社会经济条件区域差异的存在，不同区域土地利用持续性面临的问题不同。因此，应根据区域的实际情况选择土地可持续利用评价时间判断尺度。表中所列的时间尺度作为一个参考，表明特定土地利用方式所能接受的年数。

表 9-1　土地可持续利用评价时间尺度

长期持续性	中期持续性	短期持续性	轻度不稳定性	中度不稳定性	高度不稳定性
＞25a	15～25a	7～15a	5～7a	5a	＜5a

三、土地可持续利用评价的空间尺度

土地利用的持续性是从未来的角度衡量土地利用是否满足生产性、稳定性、保护性、经济活力性和社会可接受性的目标。土地可持续利用的空间尺度主要体现在区域土地利用结构的空间协调及其与外界协调，可把国家、流域、区域、县域、乡（镇）或农场等不同空间尺度作为土地可持续利用评价的对象。

可持续利用水平具有区域性的特点。不同区域自然条件差异、发展历史不同，无法评价两个区域可持续利用水平的高低，如长江三角洲地区可持续利用水平与西北干旱区土地可持续利用水平无法比较。只有进行系统自身纵向的比较是合理的，即比较不同时间尺度向持续发展目标接近或背离的距离。在一定区域内，评价一个地块比另外一个地块，如耕地比林地、草地比沙地可持续利用水平高，也不合理。区域内各地块具有各自的功能和作用，在土地利用系统中共同作用，实现区域土地利用的可持续性。因此，土地可持续利用评价的对象是以各种土地利用类型按照一定结构组成的区域，而非地块才是合理的（傅伯杰等，1997）。此外，土地可持续利用评价注重尺度的转换和指标的融合。不同空间尺度的评价，其详细程度不同。县域尺度属概况性评价，每一种土地利用方式在评价区内占有的面积比例较小，并且随时间变化，其空间位置也会发生相应的变化，只能依据环境因子的平均值进行评价。一般而言，空间尺度越大，环境特性平均值的代表性也越差，评价的精确性意义就越小。

第二节　区域土地可持续利用评价指标体系

区域土地可持续利用评价的目标即全面掌握区域土地可持续利用状况，揭示影响土地可持续利用的限制性因素，评估区域土地可持续利用程度，为区域持续发展战略和土地利用规划的制定提供科学依据。区域土地可持续利用评价的任务即综合分析影响土地可持续利用的自然、社会、经济各项因素及其变化过程，衡量土地利用的生产性、稳定性、保护性、经济活力性与社会可接受性状况与程度，评价区域土地可持续利用状况。区域土地可持续利用评价的对象以区域或县域整体为评价单元，评价内容包括：生产性评价，即评价土地利用是否满足社会、经济发展的需要，能够保持或增加生产功能；稳定性评价，即评价土地利用是否能够降低生产风险；保护性评价，即评价土地利用是否保持土地资源的永续利用，保护自然资源潜力，防止土壤退化、水资源质量下降；经济活力性评价，即评价土地利用是否能够实现经济效益增长；社会可接受性评价，即评价土地利用是否保持土地利益的公平分配，城乡协调发展等。

一、区域土地可持续利用评价指标体系选取原则

区域土地可持续利用评价指标选取遵循以下原则：

（1）主导性原则

影响土地可持续利用的因素很多，指标选取时应注意考虑对土地可持续利用具有重大影响的因素，突出主导因素的作用。

（2）区域性与特色性原则

由于区域状况不同，既要从区域可持续发展的角度选取适合不同区域的指标，也要选择能够反映本区域特色的指标。

（3）可测度性原则

区域土地可持续利用评价指标体系直接为基层土地管理和决策服务。因此，在注重指标科学性的同时，还要重视指标的可操作性，指标应容易获取并可量化。

（4）匹配性原则

土地可持续利用是综合衡量土地利用的生产性、安全性、保护性、经济活力性和社会可接受性，各类指标之间必然存在紧密的联系，要注意指标在不同层次的互补性，并尽量保持相对的独立性。

（5）动态性原则

选择的指标必须能够反映土地可持续利用在时间尺度的变化状况。

二、区域土地可持续利用评价指标体系框架

按照FAO提出的土地可持续利用评价指标体系框架，区域土地可持续利用评价指标体系框架由4个层次构成，即目标层、准则层、评价指标层和元指标层。目标层反映土地可持续利用战略实施的总体态势和总体效果。准则层反映土地可持续利用的5个子目标，具体包括生产力准则、稳定性准则、保护性准则、经济活力性准则和社会可接受性准则，每个评价准则层由若干评价指标具体表述。生产力准则层包括土地生产潜力实现指数评价指标层；稳定性准则层包括土地基础设施建设指数、土地生产稳定性指数、土地成灾指数3个评价指标层；保护性准则层包括土地退化指数、水资源保护指数和自然景观保护指数3个评价指标层；经济活力性准则层包括土地投入产出指数、土地集约利用指数、土地收益指数3个评价指标层；社会可接受性准则层包括地区发展平衡指数、土地案件指数、土地抛荒指数、土地收益分配指数和就业指数5个评价指标层。评价指标层用水平（指数）来代表，每个评价指标由数量不等的元指标具体表述。元指标为具体描述各评价指标的基础指标，是评价区域土地可持续利用水平的具体量度（王静等，2002）。元指标一般采用可测的、可比的、可以获得的指标。表9-2是区域土地可持续利用评价指标体系框架。

表 9-2　区域土地可持续利用评价指标

评价准则层	评价指标层	元指标层
生产力准则	土地生产潜力实现指数	耕地：主要农作物单位面积现实产量与生产潜力的比值 草地：牧草地现实产草量与生产潜力的比值 林地：主要树种现实生长量与生产潜力比值 建设用地：单位面积第二、三产业用地增长率
稳定性准则	土地基础设施建设指数	防护林面积实现比例 有效灌溉面积实现比例 防洪排涝体系面积实现比例
	土地生产稳定性指数	粮食稳定性指数（农区） 草地畜牧业稳定性指数（牧区） 森林蓄积量消长比指数（林区） 第二、三产业产值波动系数
	土地成灾指数	水灾、旱灾、风灾等自然灾害成灾面积比例与程度 崩滑流、地面塌陷等地质灾害成灾面积比例与程度
保护性准则	耕地保护指数	耕地肥力指数 高产田占基本农田面积比例
	土地退化指数	水蚀面积比例与程度 土壤盐渍化（潜育化）面积比例与程度 风蚀土地面积比例与程度 土地污染面积比例与程度
	水资源保护指数	水质指数 实际用水量与可供水量的比值 单位 GDP 水资源消耗量
	自然景观保护指数	森林覆盖率或植被覆盖率 自然保护区保护程度 湿地面积消长指数
经济活力性准则	土地投入产出指数	单位面积种植业投入-产出比（农区） 单位面积畜牧业投入-产出比（牧区） 单位面积林业投入-产出比（林区）
	土地集约利用指数	经济效益指数 单位土地面积 GDP 水平 耕地产值增长弹性系数 林地产值增长弹性系数 草地产值增长弹性系数 建设用地产值增长弹性系数
	土地收益指数	房地产弹性指数
社会可接受性准则	地区发展平衡水平	县人均 GDP 与本省人均 GDP 差异变化程度 各乡镇人均 GDP 的离差系数
	土地案件指数	土地上访案件数量 土地诉讼案件数量 土地纠纷案件数量
	土地抛荒指数	土地抛荒面积比例
	土地收益分配指数	城乡居民收入比变化
	就业指数	单位第二、三产业用地非农劳力承载力

三、区域土地可持续利用评价指标

（一）生产力准则

土地生产力准则评价指标层选取了土地生产潜力实现指数作为评价指标（陈百明等，2001）。土地生产潜力实现指数元指标采用“主要农作物的实际产量和生产潜力的比值”来反映；对于耕地，用现实的主要作物单位面积产量与土地的生产潜力（如光温水生产潜力）的比较，可以揭示生产力水平。具体计算中，农作物采用小麦、玉米、水稻的生产潜力和单位播种面积产量；生产潜力可参考《农用地分等规程 TD/T 1004—2003》附录D“全国各县（市）光温（气候）作物生产潜力指数速查表”。对于草地，采用牧草地现实产量与生产潜力的比值（牧区）；对于林地，采用主要树种现实生长量与生产潜力比值（林区）。也可利用农用地分等定级综合指数反映农用地的质量水平。

单位面积第二、三产业用地产值增长率采用如下公式：

$$\text{单位面积第二、三产业用地产值增长率}=[(\text{当年第二、三产业产值}/\text{当年第二、三产业用地})]/[(\text{上年第二、三产业产值}/\text{上年第二、三产业用地})]\times 100\% \tag{9-1}$$

其中，第二、三产业用地为建设用地扣除农业建设用地、农村居民点、农村道路、沟渠、坑塘、军事用地和墓地后的土地。

（二）稳定性准则

稳定性准则指标层包括土地基础设施建设指数、土地生产稳定性指数和土地成灾指数三项。土地基础设施建设指数采用元指标“防护林面积实现比例”、“有效灌溉面积实现比例”和“防洪排涝体系面积实现比例”反映。其中“防护林面积实现比例”可用“农田林网投入”替代，不仅反映了农田水利设施的修建，也从侧面反映了土地整理标准农田建设。指标计算公式为

$$\text{防护林面积实现比例}=\text{现有防护林面积}/\text{应有防护林面积}$$

$$\text{有效灌溉面积实现比例}=\text{灌溉的耕地面积}/\text{应灌溉耕地总面积}$$

$$\text{防洪排涝体系面积实现比例}=\text{防洪排涝设施长度或用地面积}/\text{应有防洪排涝体系面积}$$

土地生产稳定性指数采用元指标“粮食稳定性指数（农区）”、“草地畜牧业稳定性指数（牧区）”、“森林蓄积量消长比指数（林区）”和“第二、三产业产值波动系数”反映。

粮食稳定性指数（农区）反映耕地利用系统的稳定性，通过计算各年单产与多年平均单产（一般取前5年）的差距可衡量稳定性程度。计算公式为

$$F=1-\left[\frac{1}{n}\sum_{i=1}^{n}\sqrt{(D_i-D)^2}\right]/D \tag{9-2}$$

式中：F 为粮食稳定性指数；D_i 为第 i 年的粮食单产；D 为平均单产；n 为所选年数，一般可取 5。

草地畜牧业稳定性指数（牧区）通过计算各年单位面积草地产值与多年平均的草地产值（一般取前 5 年）的差距，可衡量稳定性程度。计算公式为

$$G = 1 - \left[\frac{1}{n}\sum_{i=1}^{n}\sqrt{(D_i - D)^2}\right]/D \tag{9-3}$$

式中：G 为草地畜牧业稳定性指数；D_i 为第 i 年单位面积草地畜牧业产值；D 为多年平均的单位面积草地产值；n 为所选年数，一般可取 5。

森林蓄积量消长比指数（林区）采用森林采伐量与生长量的比值，反映森林利用强度和生长率的关系。

第二、三产业产值波动系数反映经济效益的稳定性，一般可通过计算各年第二、三产业产值与多年平均第二、三产业产值（一般取前 5 年）的差距衡量稳定性程度。计算公式为

$$P = 1 - \left[\frac{1}{n}\sum_{i=1}^{n}\sqrt{(D_i - D)^2}\right]/D \tag{9-4}$$

式中：P 为第二、三产业产值波动系数；D_i 为第 i 年的第二、三产业产值；D 为平均第二、三产业产值；n 为所选年数，一般可取 5。

土地成灾指数选用水灾、旱灾、风灾等自然灾害成灾面积比例与程度（自然灾害指数）和崩滑流、地面塌陷等地质灾害成灾面积比例与程度（地质灾害指数）元指标。各指标计算公式：

自然灾害指数 =(3 × 重度自然灾害面积比例 + 2 × 中度自然灾害面积比例 + 1 × 轻度自然灾害面积比例)/3

地质灾害指数 =(3 × 重度地质灾害面积比例 + 2 × 中度地质灾害面积比例 + 1 × 轻度地质灾害面积比例)/3

（三）保护性准则

保护性准则采用的评价指标层包括耕地保护指数、土地退化指数、水资源保护指数和自然景观保护指数。耕地保护指数可选取“耕地肥力指数”和“高产田占基本农田面积比例”元指标。水资源保护指数可选取“实际用水量与可供水量的比值”、“水质指数”和“单位 GDP 水资源消耗量”元指标，也可选取“地下水下降速度”元指标；其中，水质指数选取环保局公布的水质指数，自然景观保护指数选取的元指标包括“森林覆盖率或植被覆盖率”、“自然保护区保护程度”和“湿地面积消长指数”。

主要指标计算公式为

高产田占基本农田面积比例= 高产田面积 / 基本农田面积

水蚀面积比例与程度= (3 × 重度水蚀面积比例 + 2 × 中度水蚀面积比例 + 1 × 轻度水蚀面积比例)/3

土壤盐渍化(潜育化) 面积比例与程度= (3 × 重度土壤盐渍化(潜育化) 面积比例 + 2

×中度土壤盐渍化(潜育化)面积比例
+1×轻度土壤盐渍化(潜育化)面积比例)/3

风蚀面积比例与程度=(3×重度风蚀面积比例+2×中度风蚀面积比例
+1×轻度风蚀面积比例)/3

土地污染面积比例与程度=(3×重度土地污染面积比例+2×中度土地污染面积比例
+1×轻度土地污染面积比例)/3

单位GDP水资源消耗量=各年(生活用水+工业用水+农业用水量)
/GDP产值(万元为单位)的趋势曲线

森林覆盖率或植被覆盖率=森林(植被)总面积/土地总面积

湿地面积消长指数=各年湿地面积/基期湿地面积×100%

(四) 经济活力性准则

经济效益、投资、土地收益、土地利用多样性均是土地利用经济活力性的表现。经济活力性准则选取土地投入产出指数、土地集约利用指数和土地收益指数衡量。“经济效益指数”反映投资及经济效益情况；选取“房地产弹性指数”反映土地收益水平；主要指标计算公式：

单位面积种植业投入-产出比(农区)=(农业总产值-净产值)/净产值

单位面积畜牧业投入-产出比(牧区)=(牧业总产值-净产值)/净产值

单位面积林业投入-产出比(林区)=(林业总产值-净产值)/净产值

经济效益系数

$$m=(aS_1+bP_1)/(aS_2+bP_2) \tag{9-5}$$

式中：m为经济效益系数；S_1，S_2分别表示县和区域的资金利税率；P_1，P_2分别表示县和区域的产值利税率；a取值0.6～0.7；b取值0.3～0.4。

单位土地面积GDP水平=GDP值/土地总面积

耕地产值增长弹性系数=(耕地年末产值-耕地年初产值)/
(耕地年末面积-耕地年初面积)

草地产值增长弹性系数=(草地年末产值-草地年初产值)/
(草地年末面积-草地年初面积)

林地产值增长弹性系数=(林地年末产值-林地年初产值)/
(林地年末面积-林地年初面积)

建设用地产值增长弹性系数=(年末第二、三产业建设用地产值
-年初第二、三产业建设用地产值)/
(年末第二、三产业建设用地面积
-年初第二、三产业建设用地面积)

房地产弹性指数=房地产价格/收入水平

（五）社会可接受性准则

社会可接受性评价实质上是对土地可持续利用进行社会效益评价，反映了社会对土地可持续利用的认可程度。选取地区发展平衡水平、土地案件指数、土地抛荒指数、土地收益分配指数和就业指数衡量。地区发展平衡水平选取“区域人均GDP与本省（大区）人均GDP差异变化程度”和“各县（乡镇）人均GDP的离差系数”元指标。土地案件指数与土地抛荒指数反映社会对土地管理的满意程度，根据数据可获性也可选取“上访土地案件与法院诉讼案件数量”、“土地抛荒面积”、“闲置土地占已批用地面积比例”和“违法用地率”元指标。主要指标计算公式：

区域人均GDP与本省(大区)人均GDP差异变化

=[(区域人均GDP－本省(大区)人均GDP)/本省(大区)人均GDP]×100%

$$\text{各县(乡镇)人均GDP的离差系数} = I = \sqrt{\sum_{i=1}^{n}(w_i - w)^2} \tag{9-6}$$

式中：I为离差系数；w_i为各县（乡镇）人均GDP；w为区域人均GDP；n为县（乡镇）数。

土地抛荒(弃耕)面积比例＝土地抛荒面积/土地总面积

土地收益分配指数＝农村人均纯收入与城镇人均可支配收入之比或基尼系数

就业指数采用单位面积第二、三产业用地的非农劳力承载量反映，即各年第二、三产业劳动力/第二、三产业用地比变化。

第三节 区域土地可持续利用评价方法

一、多时点综合评价法

多时点综合评价法侧重于对每一年度土地可持续利用状态的评价，可比较每一时点的土地可持续利用状况。多时点综合评价方法的主要步骤包括：①选取评价指标，建立评价指标体系；②根据区域发展状况，选定无量纲化的计算公式；③确定所选指标的有关阈值和标准值；④将指标实际值转化为指标评价分值；⑤确定指标权重；⑥计算综合评价值。

制定评价标准或“阈值”是土地可持续利用评价的重要内容。一般而言，可通过典型样本调查获得，也可依据类似区域的科学试验结果和国家颁布的标准来确定。本书采取的评价标准主要从以下几方面考虑：一是国家、地方、行业标准，如国家规定水质分级指标等。二是科学研究的判定标准。对于一些限制型指标，则采用通过综合研究和科学试验所测得的底线值或警戒值作为评价标准，如人口承载力、作物的理论最高单产以及农用地分等定级评价结果。三是各类规划指标，如国民经济发展指标、森林覆盖率规划目标、中低产田改造目标等规划目标值。可衡量实际水平与目标的偏离程度。在未规划区域，可以指标的多年的最大（最小）值或平均值作为评价标准。

按照对土地可持续利用的影响方式，元指标分为正指标和逆指标，正指标和逆指标评价分值的计算公式为

$$F = C_i / S_i \tag{9-7}$$

$$F = S_i / C_i \quad 或 \quad F = 1 - (C_i / S_i) \tag{9-8}$$

式中：F 为指标评价分值；C_i 为指标实际值；S_i 为指标标准值。

评价准则层、评价指标层和元指标的权重确定可采用特尔斐法、层次分析法、因素比较法进行。特尔斐法客观地综合了多数专家经验和主观判断知识，是对定性与定量因素进行量化的一种决策分析方法，在区域土地可持续利用评价中应用广泛。

区域土地可持续利用评价综合分值的计算采用以下公式：

$$S = \sum_{i=1}^{5} \langle w_i \times \{ \sum_{j=1}^{n} \times [w_j \times \sum_{k=1}^{m} (w_k \times Y_k)] \} \rangle \tag{9-9}$$

式中：S 为土地可持续利用分值；w_i 为准则层的权重；n 为评价指标层的数量；w_j 为评价准则层的权重；m 为元指标数量；w_k 为元指标的权重；Y_k 为元指标分值。

按照综合评价结果进行可持续程度分级，分为强可持续、中可持续、弱可持续和不可持续四级。具体分级标准如表 9-3。

表 9-3 土地可持续利用程度分级标准

可持续利用程度分级	强可持续	中可持续	弱可持续	不可持续
评价结果分级标准	80～100	65～80	50～65	0～50

二、基于过程的评价方法

基于过程的评价方法是逐个评价土地利用的生产力、稳定性、保护性、经济活力性和社会可接受性 5 个准则层元指标的变化态势与稳定性程度，侧重于土地可持续利用变化过程的评价。将元指标分为增长型、降低型、控制型、稳定型四类，计算其变化率和变化的波动系数与变异系数，进行分级赋值，并计算综合指数。此方法可比较不同时间段内土地的可持续利用状况，确定评价的时间尺度一般要求 10 年以上。

在具体评价时，对每种指标，按强可持续、中可持续、弱可持续、不可持续进行划分，并赋予相应得分。对增长或递减型指标，采用增长率（或递减率）和波动系数（变异系数）来确定指标的分级，对于控制型和平稳型指标，采用波动系数（变异系数）确定分级标准。分级标准参见表 9-4。指标分级标准（指标阈值）可采用基本分级标准和指标限制系数共同确定，指标限制系数依据指标目标值和指标初始值确定，它取决于指标初始值和目标值的接近程度。指标目标值的确定是按照指标理论值、规划值、国家、行业、地方标准确定。

表 9-4　土地可持续利用评价指标基本分级标准

	指标分级	指标分级标准			指标的分值
		增长或降低率	年变化波动	变异系数	
增长型指标	强增长弱波动	>4%	<1.2		0.9
	强增长中波动	>4%	1.2~2.4		0.8
	强增长强波动	>4%	>2.4		0.7
	中增长弱波动	2%~4%	<1.2		0.6
	中增长中波动	2%~4%	1.2~2.4		0.5
	中增长强波动	2%~4%	>2.4		0.4
	弱增长弱波动	0~2%	<1.2		0.3
	弱增长中波动	0~2%	1.2~ 2.4		0.2
	弱增长强波动	0~2%	>2.4		0.1
	差	负			0
降低型指标	强降低弱波动	>4%	< 1.2		0.9
	强降低中波动	>4%	1.2~2.4		0.8
	强降低强波动	>4%	>2.4		0.7
	中降低弱波动	2%~4%	<1.2		0.6
	中降低中波动	2%~4%	1.2~2.4		0.5
	中降低强波动	2%~4%	>2.4		0.4
	弱降低弱波动	0~2%	<1.2		0.3
	弱降低中波动	0~2%	1.2~2.4		0.2
	弱降低强波动	0~2%	>2.4		0.1
	差				0
稳定型指标	强稳定			0~10%	0.9
	中稳定			10%~30%	0.6
	弱稳定			30%~80%	0.3
	不稳定			>80%	0
控制型指标	强控制			0~30%	0.9
	中控制			30%~60%	0.6
	弱控制			60%~100%	0.3
	缺乏控制			>100%	0

三、神经网络评价方法

神经网络评价方法的前几个步骤同综合评分法，均计算元指标的分值，勿需确定各评价准则、评价指标和元指标的权重。主要采用 MATLAB 软件的神经网络工具箱，自行编制相关程序进行计算，其步骤如下：

1）对评价分级标准和待评指标进行数据处理，使得各数据在［0，1］区间内；

2）建立评价分级标准；

3）根据 ANN 建模原理，利用分级标准数据构造学习样本，利用已知输入因子计算输出因子，观测模拟效果；

4）另选输入因子进行预测计算，检查预测值与实际值之间的拟合效果。当拟合效果较为满意时，建模完成；否则，重新对模型进行调整。

利用人工神经网络进行指标预测可选择多种网络模型，一般选择 BP 网络模型，BP 网络模型具有函数逼近、模式识别、分类和预测等多种功能。

四、区域土地可持续利用障碍因子分析方法

多时点综合评价法的不足之处在于削弱了土地可持续利用限制因子的作用。为了揭示影响土地可持续利用的障碍因子，需进一步对土地可持续利用进行“诊断性”分析。本书提出了定量化评价土地可持续利用的障碍因子分析法。引入“因子贡献率 R_j”、“指标偏离度 P_j”和“可持续发展障碍度 A_i”定量评价土地可持续利用的障碍因子。“因子贡献率 R_j”是元指标对总体目标的影响程度（权重），“指标偏离度 P_j”是元指标与可持续利用目标之间的差距，即单项元指标评价分值与 100% 的差距；“可持续发展障碍度 A_i”是元指标对可持续利用综合水平的影响值，它是障碍诊断的目标和结果。计算公式分别为

$$
\begin{aligned}
R_j &= r_j \times W_i \\
P_j &= 1 - a_j \qquad (9\text{-}10) \\
A_i &= P_j R_j / \sum_{j=1}^{n} P_j R_j \times 100\%
\end{aligned}
$$

式中：R_j 为第 j 项元指标的权重；W_i 为第 j 项元指标所属的第 i 个准则层的权重；A_j 为第 j 项元指标的评价分值。

由 A_i 的大小排序就可以确定土地可持续利用障碍因素的主次关系和各障碍因素对可持续利用的影响程度。

参 考 文 献

陈百明，张凤荣．2001．中国土地可持续利用指标体系的理论与方法．自然资源学报，16（3）：197～203

傅伯杰，陈利顶，马城．1997．土地可持续利用评价的指标体系与方法．自然资源学报，12（2）：272～278

王静，郭旭东．2002．我国县级尺度土地可持续利用的科学调控．地理科学进展，21（3）：216～221

FAO．1993．FESLM：An international framework for evaluating sustainable land management．World Soil Resources Report 73．Rome

FAO．1995．Planning for sustainable use of land resources，toward a new approach．Background paper to FAO's Task Managership for Chapter 10 of Agenda 21 of the United Nations Conference on Environment and Development（UNCED）．FAO Land and Water Bulletin 2，Rome．60．

第四篇 案例研究

第十章　经济快速发展地区城乡结合部土地利用/覆被变化

随着经济的发展，城市化进程的加快，城乡之间的相互作用愈来愈激烈。作为两种截然不同的生态系统的过渡区，城乡结合部是土地利用/覆被变化最激烈地区之一，城乡结合部的土地利用情况日益受到人们重视。城乡结合部又称城乡过渡地带，城乡结合部地域界线模糊，描述城乡结合部的术语也很不一致。我国政府部门长期使用“郊区”来描述这一地带，郊区虽说具有明确的行政管理界线和范围，但最大问题是地域范围不一致，不仅不同地区对郊区的规定没有一个统一的标准，即使同一地区的不同部门在郊区范围的认知上也存在差异，在学术界很少使用此概念。德国学者路易斯（Hezber Louis）首先明确了城市边缘带的概念，我国从 20 世纪 80 年代开始进行城市边缘区（urban fringe）研究。但迄今为止，我国对城市边缘区尚未形成完整的理论体系。城市边缘区的地域范围小于实际城乡过渡地带，城乡结合部克服了“城市边缘区”概念的片面性，反映出城市、乡村的双重特点，但对城乡结合部地域范围进行量化难度较大。伴随着城市的发展，城乡结合部的地域范围不断变动，依靠原始统计方法已经难以收集到适时、准确的城乡结合部信息和数据，鉴于遥感技术动态、快速、适时获取数据的特点，国内外各研究部门相继将遥感技术引入到城乡结合部土地利用/覆被变化动态监测中。本书将借助遥感技术，结合实地调查，监测城乡结合部地域范围及其土地利用/覆被变化，为土地利用决策与规划提供实时、动态、快速的实证数据。

第一节　城乡结合部土地利用/覆被分类

一、城乡结合部的界限

城乡结合部用地具有城市和乡村的双重性特征，非城非乡，亦城亦乡。与早期扩展方式不同，现代城乡结合部以一种分散化、低密度的方式向外拓展，存在许多土地利用不经济现象。根据不同的城市规模、功能和性质，城乡结合部的功能和土地利用方式也有所差异。但一般大中型城市的城乡结合部在城市建设中担任的角色比较一致，主要特征表现为不仅是市区工业改造重点发展地区，包括污染扰民企业和以经济结构调整为目的的企业，而且为吸引外资提供空间，同时是高级住宅集中地、仓储业集聚地和大力发展第三产业的重要阵地，以鲜、活为特点的蔬菜、副食品生产、供应基地。

城市结合部处于城市和乡村的接壤地带，其边界一直处于动态变化中。为了有效进行城乡结合部土地资源管理和规划，需要为其确立一个相对明确的地域范围。城乡结合部一般包括建成区外围的近郊区或郊区全部，是城市发展的备用地。前人在确定城乡结合部地域范围时，因城市多沿着交通网和城市环线向外扩展，有学者把城市外环路作为城乡结合部的内边界，如北京、郑州等，或者将郊区的内部行政界线作为城乡结合部的内部边界。也有学者从建成区边界向外扩展 5～10km 的范围作为城乡结合部的范围。区别城市与乡村的一个重要指标是建筑密度，以建筑密度为标准，将城市建成区的边缘作为区分城市和城乡结合部的界线。城乡结合部和乡村地域的分界线相对较难划定。城乡结合部是城市建成区扩张的触角，根据其向外扩张的用地类型不同，城市可以表现出跨越式发展，也可能在地域上和城市建成区保持连续性。由于城市建成区向外围扩展，可能跨地域发展，但其辐射作用通常不会跨越乡镇；而且乡镇基础设施建设（如道路等配套设施）受到乡镇行政权力和经济实力的双重制约，只可能在乡镇域内展开。同时，为了保持统计数据的一致性，确定城乡结合部的外缘时，需要保持“乡（镇）”级行政区的完整性。因此，本书将同城市建成区相连的乡镇的行政外边界作为城乡结合部的外缘。

城乡结合部的生长会表现出“扩展—填充”的特征，这和城市的生长周期极为相似。城市在某个时期会集中在一定主导方向快速发展，从而使建设用地在该主导方向上扩张速度过快，很快侵蚀到城乡结合部的外边缘。因此，城乡结合部的范围需要经常修正，当城乡结合部内外边界之间距离小于某个阈值，则将该方位的城乡结合部边界向外扩展一个乡镇范围。以该方向前一年的城市用地增长距离或多年平均增长距离作为阈值。

二、城乡结合部土地利用/覆被分类系统

现行土地分类系统，有专门针对城市土地利用的分类，也有专门针对乡村地域的分类，对城乡结合部这个特殊的地块，还未有针对性的土地利用分类体系。城乡结合部土地利用具有城乡用地的双重性特征，与纯粹的城市或乡村用地有较大不同。随着高分辨率遥感影像的出现和遥感解译方法的发展，土地利用遥感动态监测的准确性不断增强。因此，有必要建立一种符合遥感解译特点的土地利用/覆被分类系统。城乡结合部的范围不是行政区划的产物，随着城市的扩张，城乡结合部地域城乡用地犬牙交互，动态变化。单纯依靠行政统计数据间接获取城乡结合部的范围，已不能适应城乡结合部用地快速变化的要求。因此，发挥高分辨率遥感数据动态性、适时性的优势，建立一套城乡结合部特有的土地利用/覆被分类系统也就势在必行。

城乡结合部土地分成六大类：农业用地、林地、草地、建设用地、水域和待利用地。城乡结合部可谓寸土必金，尤其在研究区，未利用土地几乎为零。基于遥感数据的城乡结合部土地利用/覆被分类系统如表 10-1 所示。

表 10-1　基于遥感的城乡结合部土地利用/覆被分类系统表

一级分类	二级分类	三级分类
1 农业用地（非自然/半自然，有植被）	11 耕地	111 水田
		112 旱地

续表

一级分类	二级分类	三级分类
1 农业用地（非自然/半自然，有植被）	12 园地	121 果园
		122 桑园
		123 茶园
		124 橡胶园
		125 其他园地
	13 改良与人工草地	131 高覆盖度改良与人工草地
		132 中覆盖度改良与人工草地
		133 低覆盖度改良与人工草地
2 林地（自然/半自然植被）	21 森林地	211 针叶林地
		212 阔叶林地
		213 针阔混交林地
	22 灌木林及疏林地	221 郁闭的灌木林及疏林地
		222 开阔的灌木林及疏林地
	23 其他林地	230 其他林地
3 草地（自然/半自然植被）	31 高覆盖度草地	310 高覆盖度草地
	32 中覆盖度草地	320 中覆盖度草地
	33 低覆盖度草地	330 低覆盖度草地
4 建设用地（人工地表）	41 城镇用地	411 城镇高密度用地
		412 城镇低密度用地
	42 农村居民点用地	420 农村居民点用地
	43 独立工矿用地	431 独立工业用地
		432 矿业用地
		433 其他独立工矿用地
	44 交通运输用地	441 铁路
		442 公路
		443 民用机场
		444 港口、码头
	45 水利设施用地	451 水库
		452 运河
	46 其他建设用地	461 特殊用地
		462 生态绿化用地
5 水域（无植被、自然的、水体）	51 河流水面	510 河流水面
	52 湖泊水面	520 湖泊
	53 坑塘水面	530 坑塘水面
6 待利用地	60 待利用地	600 待利用地

第二节 研究区域与研究方法

以无锡市城乡结合部为研究区域。无锡市位于119°31′～120°36′E、31°07′～32°00′N，江苏省的东南部，属亚热带季风海洋性气候，气候温和湿润，雨量充沛，无霜期长，热量丰富。地形以平原为主，星散分布着低山、残丘。东部平原地面高程1～5m，地形由中西向东缓缓倾斜。无锡市于2001年取消郊区、县等建制，处于中国经济发展和城市化发展高水平地带。

研究采用TM（ETM$^+$）数据来提取城乡结合部范围；同时采用Landsat TM 和

SPOT 融合数据提取土地利用/覆被状况。利用尖兵-3 数据提取宽度＞10m 的道路。研究区域以无锡市行政区域（江阴市和宜兴市除外）为主。选取 1984、1991、1998、2001 年共 4 个年份的遥感数据，基本以 7 年为一间隔期。

本书利用遥感技术提取两类基本数据：其一是城乡结合部的范围；其二是主要年份的土地利用/覆被状况。研究基本思路是结合地学分析和现有资料分析，在建立解译标志的基础上，利用自动分类方法提取无锡市主要地类；对于难以通过自动分类提取的地类进行目视解译；通过多源数据的叠置分析，判断城乡结合部的扩展规律，并结合统计数据对未来城乡结合部的扩展情况做出预测。技术路线如图 10-1。

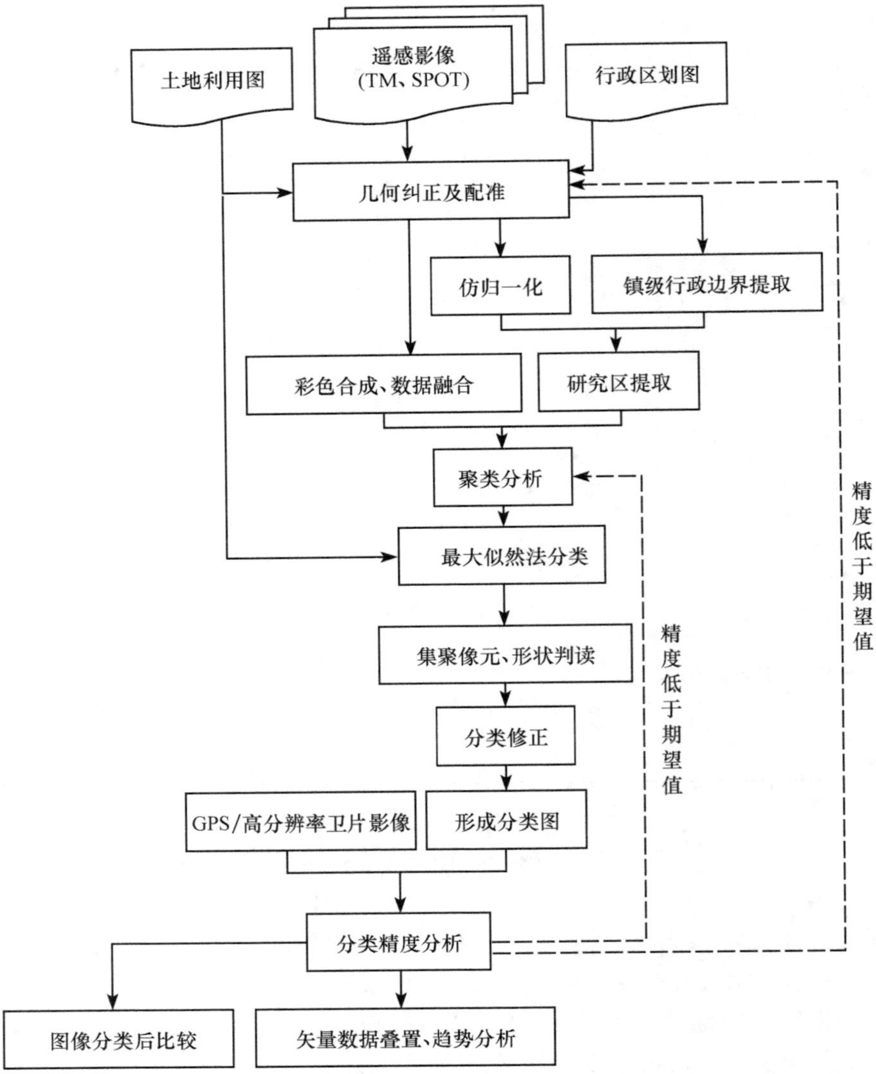

图 10-1　空间信息提取流程框图

通过分析地物光谱特征，可区分耕地、林地、坑塘养殖水体、老建筑、新建筑、湖泊和河流，地类光谱曲线如图 10-2。人工建筑物的光谱反射值 TM3 高于 TM2，TM5 高于 TM4，TM4、TM5 的增长幅度明显高于 TM2、TM3；其他地类的规律恰好相反。因此，提出类似于 NDVI 的建筑指数，定名为 NDCI（normalized difference construction index）：

$$NDCI = (TM5 - TM4)/(TM5 + TM4)$$

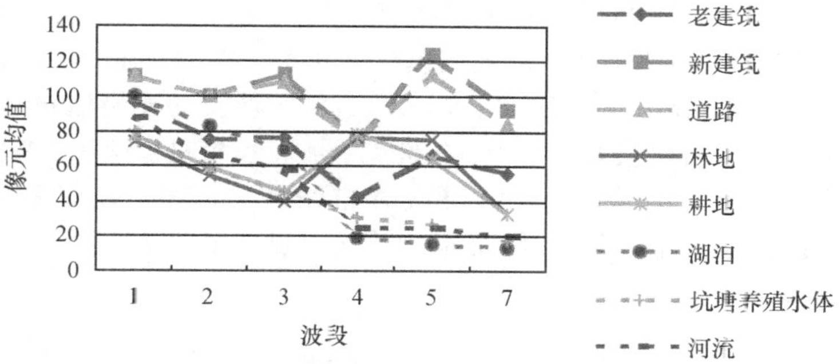

图 10-2 几种用地在各个波段的光谱值变化（2001 年）

利用该指数，可有效提取建筑信息。农用地的光谱反射值 TM4 高于 TM3，可突出农用地信息，TM4、TM3 和 TM2 合成，也是提取植被信息最理想的波段。水体（湖泊、河流）光谱在每个波段都为最低值，比较容易区分。

研究采用类似于 NDVI 的建筑指数提取 4 个年份城市建成区的边界。对于内边界提取，将 NDCI 图像进行二值处理，采取 7×7 进行滤波，过滤掉规模较小的建筑用地，提取城市建成区的边界，作为城乡结合部的内边界；对于外边界提取，将无锡市 4 个年份的行政边界与遥感影像图套合，提取和城市建成区相连的镇域外边界作为城乡结合部的外边界，如果在城乡结合部扩展的主导方向上，内外边界的距离小于前一年的扩展速率，或者在非主导方向上内外边界距离小于过去 10 年平均的扩展速率，为保证建成区扩展的空间，该方向上城乡结合部的外边界向外扩展一个镇的范围，即可获得城乡结合部的区域影像。

以 TM5（R）4（G）3（B）合成影像为数据基准，以 TM4（R）3（G）2（B）和 TM5（R）3（G）2（B）合成数据作为参照，采用最大似然法进行城乡结合部土地利用/覆被分类，个别地类（如林地）进行单独提取。采用尖兵-3 数据，通过人机对话的目视解译方法提取宽度大于 10m 的道路（杨山，2002；邬伦等，2001）。

值得注意是，在上述遥感信息提取流程中，存在一些潜在误差。如遥感数据几何纠正会产生误差，遥感影像异物同谱和同物异谱现象的存在，导致一些地物误判，宽度较小的地物受地面分辨率限制，造成多要素混合像元，而对混合像元的判别精度较低；再如采用的手持式 GPS 样点定位时存在一定的误差，以及由于遥感影像与外业调查时相差异造成的误差。

第三节　无锡市城乡结合部土地利用/覆被变化

一、无锡市城乡结合部土地利用/覆被结构及其变化

根据 TM（ETM^+）和 SPOT 遥感影像解译结果，无锡市 1984～2001 年城乡结合部边界与范围如图 10-3。无锡市 1984 年城乡结合部范围所涉及的建制镇包括钱桥、东将、东亭、华庄，1991 年所涉及的建制镇包括钱桥、东将、东亭、东北塘、西漳、石塘湾、华庄、新安，1998 年所涉及的建制镇包括钱桥、东将、东亭、坊前、胡埭、西漳、东北塘、石塘湾、新安、华庄、雪浪，2001 年所涉及的建制镇包括东亭、坊前、钱桥、东将、西漳、堰桥、长安、八士、东北塘、查桥、梅村、硕放、新安、华庄、雪浪、大浮、胡埭、藕塘、石塘湾。1991 年无锡市城乡结合部土地面积为 29 089hm^2，2001 年城乡结合部土地面积为 49 434hm^2。无锡市城乡结合部土地利用变化面积如表 10-2。

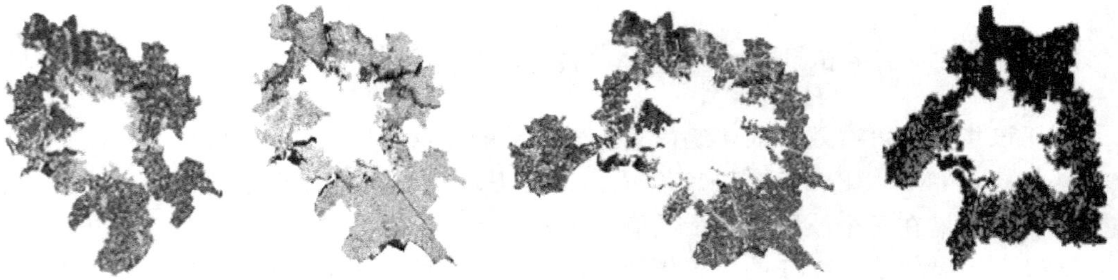

图 10-3　无锡市历年城乡结合部地域范围

表 10-2　1991～2001 年城乡结合部土地利用变化　　（单位：km^2）

		1991 年	结构比例	2001 年	结构比例	变化数	增减比例/%
总面积		296.21		502.14		205.93	69.52
城乡结合部土地面积		290.89		494.34		203.45	69.94
农业用地	耕地	121.67	41.08	193.08	38.45	71.41	58.69
林地	林地	9.58	3.23	29.41	5.86	19.83	206.99
	小计	131.25	44.31	222.49	44.31	91.24	69.52
建设用地	城镇低密度用地	10.85	3.66	46.83	9.33	35.98	331.61
	农村居民点用地	66.23	22.36	122.04	24.30	55.81	84.27
	独立工矿用地	4.13	1.39	1.11	0.22	−3.02	−73.12
	铁路用地	0.59	0.20	0.37	0.07	−0.22	−37.29
	公路用地	2.27	0.77	2.40	0.48	0.13	5.73
	民用机场	0.00	0.00	1.16	0.23	1.16	
	其他建设用地	0.18	0.06	0.52	0.10	0.34	188.89
	小计	84.25	28.44	174.43	34.74	90.18	107.04

续表

		1991年	结构比例	2001年	结构比例	变化数	增减比例/%
水域	河流	26.71	9.02	19.62	3.91	−7.09	−26.54
	湖泊	1.58	0.53	3.38	0.67	1.80	113.92
	坑塘水面	15.17	5.12	23.22	4.62	8.05	53.07
	小计	75.39	25.45	97.41	19.40	22.02	29.21
待利用土地	待利用土地	31.93	10.78	51.19	10.19	19.26	60.32
	其　他	5.32		7.81		2.49	46.80

1991～2001年无锡市城乡结合部土地利用率为89%，土地开发利用程度较低，2001年待利用土地面积达5119hm^2；土地垦殖率从1991年的41.08%下降到2001年的38.45%，城乡结合部内部种植业发达，但种植业程度逐渐降低；林地比例从3.23%上升到5.86%，但比例较小；建设征占土地大部分闲置未用，利用率较低。

城乡结合部的土地利用格局一般表现为过渡性、动态性和复杂性的特征。无锡市城乡结合部土地利用/覆被具有自己独特特点，主要表现在以下几个方面：①耕地面积快速减少，建筑用地比重逐年增大。1991～2001年10年中，与建成区紧邻的东将镇并入建成区的土地面积达11.1km^2，耕地数量从7.51km^{2}减少至5.04km^2；新安镇1991年尚未同建成区相连，耕地面积14.25km^2，建设用地面积6.142km^2；到2001年耕地下降至11.1km^2，建设用地数量增长了2.63km^2，同时城市建成区也延伸至镇域。②工业园建设成风，土地利用率低。无锡市将吸引外商投资作为发展地方经济的手段，从市级到下属各镇几乎均有独立的配套工业园区。大量耕地被征用，地方政府建好"五通一平"，等待外商投资。在城乡结合部区域范围内的"圈地热潮"，致使大面积耕地长期圈而不用，人为造成耕地荒废。③零散用地遍地开花。零散用地是指除城镇和农村居民点等一些大规模、集聚性建设用地以外的小面积的建设用地。其面积一般不超过10亩（1hm^2＝15亩）的零散用地，大部分分布在城乡结合部地区。城乡结合部区域范围内土地利用/覆被类型破碎度高，1991年无锡市城乡结合部范围内每平方公里的斑块数为29，2001年达到36.49，景观斑块数增加了1.25倍。④功能分区性质均一。在无锡市城乡结合部区域范围内，大规模的工业区、住宅区、旅游休闲功能区初步成型，或者已规划成型。扩展的建设用地主要是大型的工业园区，集中分布在城市的边缘以及各镇的镇区边缘；大型的休闲别墅群，主要分布在太湖周边地区。⑤城市建设用地扩展日益有序化。从1984～1991年，城市建成区主要向城市的西北部扩展，城乡结合部扩展到新安镇；从1991～1998年，城市建成区主要向城市的东南、西南和西部蔓延，被包入城乡结合部范围的三个镇为胡埭、雪浪、坊前；近几年，城乡结合部扩展的步伐明显加快，东部因为五里湖的阻挡，城市建成区无法扩展，但其东部和北部均有大面积的扩展。从城市扩展的方式看来，已逐步由轴向扩展转变为轴向扩展与成片推进相结合，说明扩展方式已日渐由土地利用总体规划控制，逐步从无序向有序转变（图10-4）。

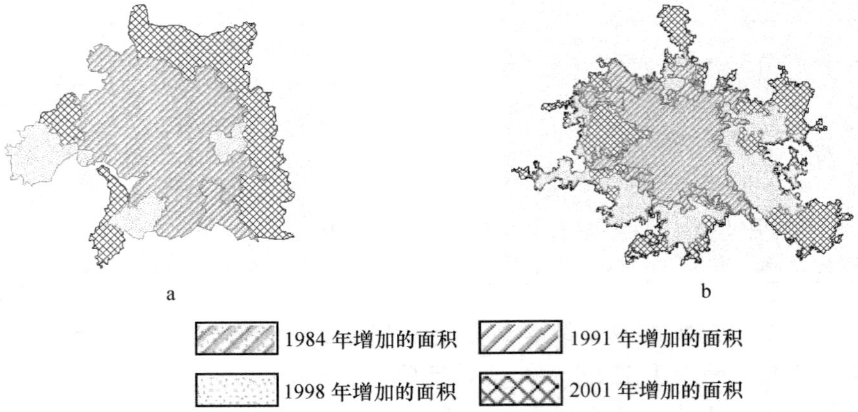

图 10-4 无锡市城市建成区（a）与无锡市城乡结合部外边缘（b）增长变化

二、无锡市城乡结合部扩展与城市扩展关系

城乡结合部是城市扩展的前沿阵地。城市建成区的扩展方向决定了城乡结合部的生长趋势，两者呈正比例关系（图 10-5）。两者在扩展方式上有所差别，城市建成区多呈楔状伸展，在城市规划严格控制的情况下，多呈块状扩张；而城乡结合部通常呈环状扩展。从图 10-5 的曲线趋势看出，1998 年后无锡市进入城市快速发展时期，1998～2001 年 3 年间城市建成区同城乡结合部的增长速率分别达到 48.6% 和 53.1%，这在很大程度上取决于政策因素。2001 年无锡市政府将锡山市划入市辖区，使在该方向市区获得充分的扩展空间；2003 年无锡市又对个别乡镇进行合并，为发展条件优越的镇创造良好的扩展空间。

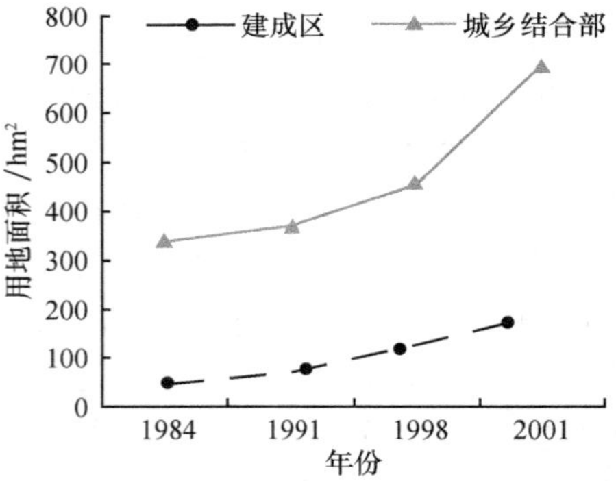

图 10-5 无锡市建成区及城乡结合部面积曲线图

三、土地利用中存在的主要问题

无锡是上海都市圈的重要组成部分，根据无锡的城市性质，无锡的城市功能一方面体现在作为高新技术产业基地与现代制造业基地，重点培育与优先发展电子信息技术及产业、先进制造技术、新材料、生物医药等产业；另一方面作为重要的交通枢纽，是长江三角洲重要的物流中心、商贸中心和信息中心。此外，无锡还重点发展旅游业，发挥国家重要旅游基地的作用。因此，无锡产业发展导向下的土地利用是以高新技术产业为主体的产业发展方向，决定了区位良好的产业园区用地需求较多；同时传统产业具有相

当的优势，但布局上以乡村地区为主，城乡结合部的用地应以集约方式为主。目前，无锡市城乡接合部土地利用还存在一些问题，主要表现在以下几个方面：

1．城市发展模式错位，城乡关系不顺导致不合理的土地利用配置

长期以来，受行政区划、经济水平发展限制和认知水平的影响，无锡城市发展呈外延式发展，简单地将城市化理解为城市地域在空间上的拓展，建成区“摊大饼”式的蔓延，未保证城市绿色开敞空间与自然的协调。另一方面，城市向外蚕食郊区耕地，造成近郊区用地混乱和无序建设，城市功能不能有效发挥。鉴于过去行政区划设置对无锡城市发展的严重束缚，省政府于 2001 年 1 月将锡山市撤市设区，原锡山市的部分地域划归滨湖区，另设立锡山区和惠山区，解决了长期以来无锡市县同城的问题，从行政体制上为无锡的城市发展扫清了障碍。

2．小城镇用地粗放，农村居民点占地规模较大

小城镇建设用地外延扩张剧烈，乡镇企业用地规模较大，乡村道路建设占用耕地较多，农村居民点布局凌乱，人均用地普遍超过 100m^2 标准。

3．生态环境问题日益突出

由于不适当的土地利用与开发行为，无锡市城乡接合部自然生态系统受到损害，生物多样性减少，水环境污染与大气污染、湿地退化、洪涝灾害等问题突出，其中最严重的是太湖富营养化问题，水质日趋下降。

第四节　城乡结合部土地利用变化的驱动力

一、城市土地利用变化驱动因素分析

影响土地利用变化的因素可以分成自然和人文两大类，自然因素起基础作用，人文因素起主导作用。无锡市自然条件较好，地理位置优越，相比较受自然因素制约作用较小，主要受人文因素的影响。人文因素包含若干种类型，如城市规模、城市性质、经济结构与发展水平、土地开发利用状况、交通网络、科技与文化发达程度等，可以概括为经济驱动、人口需求和政策导向三大类。但无论是自然因素还是人文因素均包含多个子因素，这些子因素并非独立影响城市土地利用方式，而是相互作用形成一个驱动力系统（摆万奇等，1997）。

（一）经济驱动

经济增长是耕地面积减少的主要驱动力。在城市土地利用变化过程中，最明显的特征即建设用地的快速扩展与耕地大量缩减。从中可反映出经济效益提高，外资的注入促成了无锡市工业园区繁荣（图 10-6）。经济的发展促使生产、生活对建筑用地的需求量

越来越大，为了减少建设成本，以征用耕地为主，较少征用农村居民点，导致城乡结合部土地利用结构流向为耕地转变为建设用地，尤其是转换为工业园区和别墅区。在待利用土地中，较大部分是因为工业园区建设圈占耕地。耕地另一个重要转换方向是菜地、园地，以达到最大的农业经济效益。

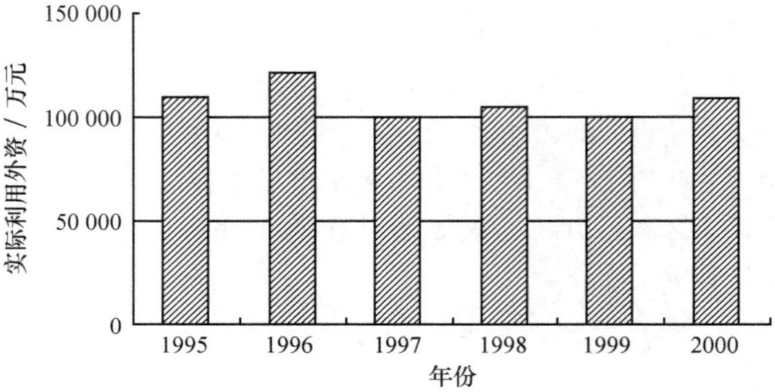

图 10-6　无锡市实际利用外资数额

（二）人口需求

人口是推动土地利用发生变化的根本原因，主要表现为人口数量、人口密度以及人均居住面积的增加对建设用地需求。其中，人口密度和人均耕地面积是衡量人口对土地压力以及对土地利用变化影响的重要指标，由于无锡市还未完全进入逆城市化阶段，因此，市区人口向外扩散的现象还不很明显。

（三）政策导向

政府主要通过城市规划、土地利用总体规划以及各项土地政策来影响城市土地利用结构的调整，进而影响城乡结合部的用地结构。苏南地区能够在江苏省乃至全国脱颖而出，除了优越的自然、地理交通条件外，很大程度也取决于政府的政策措施。从宏观尺度看，1992 年，国家实施沿江发展战略，为长江三角洲带来发展的契机，掀起前所未有的开发区建设热潮，至今无锡市仍将开发工业园区、吸引外商投资作为经济发展的模式。当然这一举措在带动本区经济高速增长的同时，也引起盲目圈占耕地，造成大量耕地闲置、荒废和流失的恶果。1996 年，国家开始实行强有力的耕地总量动态平衡的宏观调控政策，严格保护地区耕地总量，促使耕地向园地、菜地等用地类型转化。

土地有偿使用制度是促成工业、住宅等用地向城乡结合部扩散的主动力。在改革开放前，我国实行的是单一性的城市土地行政划拨政策。1987 年，无锡市开始对投资外商收取一定数额的土地使用费，引入市场机制，实行土地有偿使用制度，形成了土地市场和行政划拨“双轨制”。为了加大吸引资金的力度，即便土地供应紧张，地价也是一再降低，这种做法在整个苏南地区极为普遍，同日本的土地政策极为相似。在苏南地区，各县市都在招商引资，降低地价无疑可以增加地方的竞争力，同时政府获得税收增加。无锡市开始采取亏损出让的政策，土地满一定年限后，通过税收补足。如滨湖镇和华庄镇的城乡结合部地区，按照成本核算，价值 22 万元的土地以 6 万～8 万元出让，成为加剧无锡市土地危机的重要原因之一。由于市区-城乡结合部-远郊形成的地价梯度，无论是地价还是商品房的价格，城乡结合部地价较适中，交通便利，区位优势明显。因此，城乡结合部住宅用地发展较快。

对无锡市城乡结合部土地利用结构产生影响的另一重要政策是“退二进三”政策，即将第二产业迁移出城市建成区，在市中心区大力发展第三产业，此政策改变了市区内土地的功能。市区土地逐步以商贸百货等高效益用地和行政服务机关用地为主，城乡结合部形成大面积的工业区、别墅区等占地面积大、性质均一的用地。无锡市目前建成的三个大型工业园区包括无锡国家高新技术产业开发区、锡山经济开发区和蠡园经济技术开发区，以国家高新技术产业开发区为基础，设立无锡市新区，重点发展高新技术产业和房地产业。除了三大工业园区，无锡市的几个中心镇（东将镇、洛社镇、玉祁镇等）均有所属的配套工业园，洛社镇设有台商工业园区配套区，占地面积达 $4km^2$。在城镇建设过程中，新的工业项目在引进各大工业园区的同时，效益高的乡镇企业也逐步迁入工业园区。总而言之，政策法规和土地规划对土地利用方式起导向作用，而背后真正推动规划实施的是经济驱动。

二、城乡结合部扩展模型

1984～1991 年，无锡市建成区和城乡结合部面积增长率分别为 40.3%、1.8%；1991～1998 年，城市建成区和城乡结合部快速扩展趋势加快，两者增长率分别达到 77.4%、10.7%，近几年，无锡市进入快速发展时期，建成区同城乡结合部的扩展速率分别为 48.6%、53.1%，并且城乡结合部的扩展速度首次超过建成区的扩展速度。城乡结合部的扩展同城市建成区的扩展明显为正相关，因此城市扩展的驱动因子雷同于城乡结合部的扩展原因。

已有大量城市土地利用驱动因子的研究，一般认为同土地利用方式关系比较密切的因子包括总人口、非农人口、人口密度、国内经济总产值、人均产值、固定资产投资额、外资利用额、第二、三产业分别占国内生产总值的比重。本书选取 1983、1986、1990、1995、2000 年 5 个年份的数据，采用典型相关分析对无锡市（江阴、宜兴除外）的耕地变化和建成区扩展影响因子进行分析（表 10-3）。

表 10-3　城乡结合部土地扩展指标与驱动因子的相关系数

驱动因子 扩展指标	总人口	非农人口	人口密度	国内生产总值	人均产值	固定资产投资额	外资利用额	第二产业比重	第三产业比重
耕地面积	−0.9621	−0.8634	−0.6586	−0.8279	−0.825	−0.74 949	−0.5081	0.9463	−0.9415
建成区面积	0.9582	0.94 934	0.4743	0.8855	0.8813	0.9419	0.7874	−0.9685	0.957

资料来源：《无锡市统计年鉴》（1983、1986、1992、1996、2000、2001 年）。

根据表 10-3 可知，同耕地面积变化相关性较强的因子是总人口、非农人口、国内生产总值、人均产值、第二、三产业产值比重。除第二产业的产值比重以外，其他因子均与耕地面积呈负相关。因此，可将上述 6 个因子作为耕地急剧缩减的主要驱动力。同建成区扩展相关性较强的驱动因子主要是总人口、非农人口、国内生产总值、人均产值、固定资产投资额、第二、三产业产值比重。除第二产业产值比重外，建成区扩展面积与其他因子都成正相关，以上 7 个因子为无锡市建成区快速扩展的主要驱动力，因国内生产总值与人均国内生产总值本身高度相关，在进行回归分析时，只采用其中一个因子即可。本书以耕地面积和建成区面积为因变量 y_1、y_2，y_1 所对应的自变量分别为人口增长（x_1）、非农人口（x_2）、国内生产总值（x_3）、第二产业占总产值比重（x_4）、第三产业占总产值比重（x_5）；y_2 所对应的自变量分别为人口增长（x_1）、非农人口（x_2）、国内生产总值（x_3）、第二产业比重（x_4）、第三产业比重（x_5）、固定资产投资额（x_6），进行逐步回归分析，结果如下：

$$y_1 = 0.32x_1 - 0.06x_2 + 0.000\,002x_3 + 0.88x_4 - 0.2x_5 - 58.03 \tag{10-1}$$

$$y_1 = 0.7x_1 + 0.53x_2 + 0.000\,0005x_3 + 0.29x_4 - 4.06x_5 - 0.000\,04x_6 - 63.57 \tag{10-2}$$

在置信度 95%的情况下，两方程均通过检验，无论是对耕地还是对建成区，拟合情况较好（表 10-4）。

表 10-4　回归方程残差及标准误差　　（单位：km²）

观测年份	耕地		建成区	
	预测面积	残差	预测面积	残差
1986	60.99	−1.599E-12	48.2	−9.09495E-13
1991	60	−4.263E-14	65.4	9.2939E-12
1996	55.9	2.0606E-12	77.9	−1.79625E-11
2000	57.56	6.3665E-12	101.5	8.07177E-12
2001	56.05	−6.779E-12	163.7	8.52651E-13
标准误差		1.02885E-17		5.41451E-17

分析无锡市历年统计指标及 2010 年预测值（表 10-5），受耕地保护政策和经济发展需求的双重影响，其耕地面积整体仍呈下降趋势。若无锡市工业园区建设不加以控制，其 2010 年建成区面积将比 2001 年翻一番。就扩展方向而言，无锡市建成区西面已濒太湖，向南扩展条件较好，将成为扩展的重点方向之一；东南方向的新区工业园扩展趋势继续延伸，东部会进入一个较为平稳的发展期；北及东北方向为锡山区，具有良好的交通条件和经济发展基础，尤其是通江大道的修建，在未来的 20 年内会进入一个快速扩展期。

表 10-5　无锡市历年统计指标及 2010 年预测值

年　　份	1983	1986	1991	1995	2000	2001	2010
总人口/万人	183.72	189.61	202.23	206.36	211.64	213.06	225
非农人口/万人	72.56	81.92	103.87	115.43	119.01	126.57	129

续表

年　　份	1983	1986	1991	1995	2000	2001	2010
国民生产总值/万元	85.5	338 947	1 148 384	4 277 034	7 266 111	8 005 606	12 400 000
第二产业比重/%	9.6	75.4	70.1	60.97	56.4	53.1	51
第三产业比重/%	26 784	22.3	24.2	35.8	41.3	44.3	50
固定资产投资额/万元	65.3	84 691	215 218	1 438 774	2 391 119	4 050 050	9 500 000
耕地面积/万亩	37.7	60.99	60	55.9	57.56	56.5	54.5
城市建成区面积/km²		48.2	65.4	77.9	101.5	163.7	347.89

注：所用数据是去除现江阴市和宜兴市的统计数据；下划线数值不含锡山数据。

第五节　无锡市城乡结合部环境变化与土地利用对策

土地利用/覆被变化对环境具有重大影响，土地利用/覆被变化对土壤养分迁移的影响表现在土地利用方式和土地覆被类型的空间组合，影响着土壤养分的迁移规律。土地利用/覆被变化对水质的影响主要是通过非点源污染途径，同时土地利用结构及其变化所导致的不同土地利用措施对非点源污染的形成和分布具有深远的影响。

一、无锡市城乡结合部土地利用方式与土壤质量变化

无锡市城乡结合部土地利用结构以耕地-建设用地-水域为主要用地类型。随着经济的快速发展，非农业建设用地发展速度较快，农业与非农业用地矛盾突出。由于人均耕地少，未利用土地资源匮乏，可开发潜力不大，土地经营方式与农村劳动力结构不协调，其耕作制度将发生变化，直接影响着土壤水、肥、气、热状况和土壤微生物活动，从而对土壤质量有较大影响。

无锡市农民耕作制度的变化影响着有机质的积累和分解。20 世纪 80 年代初期，无锡市轮作制度由一年三熟制（二水一旱）改为二熟制（一水一旱），土壤浸水时间大大减少，通气状况得到明显改善，有机质矿化速度加快；另一方面，非农业建设用地发展速度较快，农村劳动力逐渐转向第二、第三产业，有机肥料的投入逐年减少，施用的氮肥中有机氮的比例由 40%～50%下降到 20%左右，因而耕层土壤有机质下降。据无锡市第二次土壤普查统计（1981 年），无锡市耕层土壤有机质含量为 23.5g/kg。80 年代中期开始，秸秆还田综合技术大面积推广应用，促进了土壤有机质含量逐步提高。同时随着秋播浅免耕技术的推广，土壤缺少深耕晒伐的机会，不利于有机质的矿化更新，使有机质富集于耕层表面，耕层有机质含量渐高，1999 年土壤有机质含量为 28.4g/kg，比 1981、1991 年分别提高了 20.9%、13.6%。

土壤中氮素绝大部分为有机氮，其年度间的变化趋势与有机质含量变化趋势相近。受人为耕种施肥的影响，化肥施用量的逐年增加，土壤全氮含量也逐年增长。1999 年土壤全氮含量为 1.893g/kg，比 1981、1991 年分别提高了 35.2%、9%。土壤速效磷是土壤速效养分中最敏感的一个指标，它受耕作制度、施肥方式、气候温度及测定稳定性的影响，因此，年度间差异较大。由于增磷补钾工程的实施，无锡市土壤速效磷含量普

遍较 80 年代有所增加，1999 年，无锡市土壤速效磷的含量为 7.65mg/kg，比 1981 年增加 27.5％。对于速效钾，无锡市绝大部分土壤仍属于缺钾或严重缺钾土壤。

二、无锡市城乡结合部土地利用与水环境质量

在无锡市城乡结合部范围内，锡北运河流经区域的土地利用变化以农村居民点用地增加和河流水面大幅度减少为主，如东北塘镇 1991 年土地利用结构以耕地-农村居民点-河流水面为主，2001 年土地利用结构以耕地-农村居民点-集镇用地为主；其水质指标高锰酸盐指数近几年年平均增长 9.1％，水质由 1998 年的第Ⅴ类变为 2000 年的劣于Ⅴ类，其水质的恶化与农村居民点规模的扩大和城市建设占用大量水域有关，水体的容纳能力降低。

京杭运河上游段流经洛社镇、石塘湾镇和钱桥镇，土地利用变化特点是农村居民点用地大幅度增加，河流水面和耕地明显减少。其水质指标高锰酸盐指数年平均增长 14.1％，2000 年年平均值达到 6.8mg/L，水质由 1998 年的第Ⅳ类变为 2000 年的第Ⅴ类。

梅梁湖地处太湖北部，其伸入无锡市区的水域称为五里湖，鼋头渚外围的太湖北部水域为梅梁湖。梅梁湖和五里湖的水质与无锡市区及城乡结合部的农田化肥、农药施用和农村家畜粪便与垃圾堆放，以及农用污水灌溉有一定关系。人口增加，城镇用地、农村居民点用地与独立工矿用地大幅度扩展，导致城市污水排放增加和农村家畜粪便与垃圾的大量堆放，同时对生态环境具有净化作用的有林地不断减少，以及对不断减少耕地追求最大产出，从而更多的化肥、农药排放到梅梁湖和五里湖中，使得梅梁湖和五里湖富营养化和有机污染越来越严重。1998～2000 年五里湖高锰酸盐指数年平均增长 13.0％，总氮年平均增长 10.9％，富营养化指数从 1998 年的 71.0％增高到 2000 年的 74.8％，1998～2000 年梅梁湖高锰酸盐指数年平均增长 20.6％，总氮年平均增长 5.6％，富营养化指数从 1998 年的 63.0％增高到 2000 年的 69.7％（无锡市 1998～2002 年环境公报）。

三、无锡市城乡结合部土地利用对策

针对无锡市城乡结合部土地利用中存在的问题，提出以下几个方面的对策与建议：

1）完善城市功能，建设生态城市，实现要素市场、产业发展、重大基础设施建设、环境保护和城乡空间发展的最优化。以区域整体发展和生态优先为原则，充分发挥城乡结合部的自然山水之长，协调产业优化和空间选择，合理构建城市结构和形态；加强建设用地管理，确保发展所需的土地和基础设施的供应，合理确定土地使用强度，以满足不断增长的各种社会经济活动对空间的需求，加强基础设施建设的协调，完善各项配套设施，保障社会公众利益。

2）加强基础路网建设，促进城乡关系发展。密集的水系造成跨河交通不便，城市缺乏合理、有序的适应现代交通的城市道路系统。高密度的城市中心形成了巨大的向心

交通压力。城市沿对外交通线呈“星”型延伸，造成道路功能不合理，过境的 312 国道成为批发性商业设施的集中地，加剧了道路的拥堵。多条交通门槛给城市的交通组织带来不便，路网结构不合理，出入口不畅，道路网络性差。随着机动车的大幅增长，路网所面临的压力越来越大。

3）加强规划管制。加强规划管制，尤其是对绿色开敞空间的保障。许多绿色开敞空间的形成缺少明显的自然地形支持，需在规划中确定农业保护地、水源保护地、组团隔离用地、旅游休闲用地、郊野游览用地和自然生态保护用地等，通过法律、法规严加保护太湖生态环境。

参考文献

摆万奇，赵士洞．1997．土地利用和土地覆盖变化研究模型综述．自然资源学报，12（2）：169～175

邬伦，刘瑜，张晶等．2001．地理信息系统——原理、方法和应用．北京：科学出版社

无锡市环境保护局．无锡市 1998～2002 年环境公报

杨山．2002．发达地区城乡聚落形态的信息提取与分形研究——以无锡市为例．地理学报，57（6）：45～51

第十一章　环北京地区土地利用/覆被变化

第一节　研究区域与研究方法

一、研究区域

环北京地区是我国生态环境建设部门重点关注和投资的地区，本书所指的环北京地区地理坐标为 110°20′～121°01′E、38°51′～45°25′N，涉及河北、山西、内蒙古三省（区）8 个市（地、盟）的 50 个县（市、旗），土地总面积为 $22.83\times10^4 km^2$。环北京地区的地表形态主要由高原、山地、丘陵和盆地几大部分组成。东部、东北部由燕山山地、大兴安岭南缘的山地、丘陵组成，地势起伏较大，包括科尔沁沙地；北部为内蒙古高原中部的锡林郭勒高平原，浑善达克沙地是其重要组成部分，沙漠化土地广布；西部乌兰察布高平原由阴山山地、阴山北麓的丘陵、地势平缓的凹陷地带及横贯东西的石质丘陵隆起带组成；南部为太行山北端的恒山山地及山西高原的大同盆地，地势较高；中部为坝上高原。整个地区平均海拔高度在 800～1700m。研究区气候类型由南向北，由东向西包括暖温带半干旱大陆性季风气候、温带半干旱大陆性季风气候、温带干旱大陆性季风气候，气候变化较为明显。年平均气温 4.75℃，但差异很大，各县（市、旗）的年平均气温集中在 2～9℃。全区年平均降水量为 375.0mm，且东南部高于西北部，区内大多数地区雨水稀少且时空分布极不均衡，干湿季节交替明显。多风是环北京地区的一大特点。总体来说该区域气候干旱，热量偏低，多风，但区内地貌单元复杂，不同局部地区气候特点差异颇大。区内水系分为内流和外流两大水系，以坝头为界，坝西为内流区，坝东和坝下属外流区；区域水资源总量为 117.09 亿 m^3，人均水资源量 $767.20m^3$。本区域的土壤在错综复杂的自然条件综合作用下，显示出种类繁多的复杂性，整个区域共有 10 个土纲 24 个土类 71 个亚类 216 个土属。总的来说，区域内的土壤质地以沙壤质、沙黏壤质、沙黏质和壤沙质为主。燕山山地及太行山山地的天然植被以温带、暖温带落叶阔叶林为主，内蒙古高原天然植被以灌草植被为主。人工植被的分布数量东部明显多于西部，天然植被和人工植被的质量东部优于西部，南部高于北部；植被质量和数量均呈由东向西，由南向北下降趋势，与降雨量分布相吻合。

环北京地区土地资源利用与生态环境保护存在的主要问题是人口迅速增长，人均资源量逐年减少；土地质量差，利用率低；植被稀疏，水土流失严重；土地沙化和盐碱化日益严重。北部的浑善达克沙地和科尔沁沙地生态环境极为脆弱，是北京地区的主要风沙源区。为解决环北京地区遥感影像同谱异类问题，准确提取土地利用信息和进行外业调查和数据分析，按照水热条件、主要地貌类型、土地利用类型等指标进行了地理控制系统的划分（王静等，2003），将研究区域划分为 4 个一级监测区和 8 个二级监测区（彩图 24）。

二、数　据　源

环北京地区土地利用/覆被分类与变化信息提取数据源选择 Landsat7 和 Landsat5 的接收数据，对部分农区和农牧区选择 SPOT2/4 的全色波段数据。选择 2 个时相遥感数据进行土地利用/覆被变化信息提取，2002 年遥感影像以 8～9 月与 5～6 月为主，少量轨道以 2001 年补充；ETM^+ 数据 37 景，SPOT 数据 30 景。1992（少部分以 1991 年影像补充）年遥感影像和 2002 年相对应，也选择两个时相，分别为 8～9 月和 5～6 月，变化分析的时相以 8～9 月为主，包括 1991 或 1992 年 5～6 月 TM 数据 12 景，1991 或 1992 年 8～9 月数据 19 景。

三、环北京地区土地利用/覆被分类体系

环北京地区土地利用/覆被分类的重点是耕地、林地、草地、沙地。该区域水域和建设用地数量少，且变化微小，在县域尺度对水域和建设用地的一级分类已满足监测需求。因此，对一级类型水域、建设用地未进行二级分类的细分，对其他类型按照本书提出的分类体系细分到二级类型，对湿地细分到三级类型。环北京地区土地利用/覆被分类体系构成是：农业用地（1）、耕地（11）、园地（12）、人工草地（13），林地（2）、森林地（21）、灌木林（22）、其他林地（23），草地（3）、高覆盖度草地（31）、中覆盖度草地（32）、低覆盖度草地（33），建设用地（4），水域（5），湿地（6）、沼泽（621）、苇地（622）、滩涂（623），裸地（7）、杂盐碱地（72）、沙地（74）、裸岩（75）、裸土（76）、其他裸地（77）等 7 个一级类型和 17 个二级类型。

四、土地利用/覆被分类与变化信息提取方法

环北京地区土地利用/覆被分类与变化信息提取包括前期准备（包括数据源获取）、数据预处理、信息提取、野外调查、后处理和统计分析等 6 个环节。前期准备阶段主要是获取数据源，制定遥感监测指标体系，以及搜集、分析和整理相关资料。数据预处理主要根据地形图或 DEM 数据，对不同时相遥感影像叠加、配准、增强，并制作正射影像图。信息提取过程主要是根据野外调查建立的特征图斑，利用最大似然法和目视解译法提取土地利用/覆被及其变化信息。外业调查主要对特征图斑和土地利用/覆被分类及其变化的不确定信息进行外业核实。后处理是依据外业调查结果，修改提取的土地利用/覆被及其变化信息，完善相关图件文件。完成实地调查、后处理过程后，对提取的信息要抽取一定比例到实地进行验证。

土地利用/覆被类型及其变化信息的提取以影像为判别信息，土地利用/覆被类型遥

感监测影像判别参考信息如表 11-1。

表 11-1 土地利用/覆被类型遥感影像判别参考信息

土地类型	划分标准	分布范围及影像判别参考信息
耕地	指种植农作物的土地，包括熟地、新开发复垦整理地、休闲地、轮歇地、草田轮作地；以种植农作物为主，间有零星果树、桑树或其他树木的土地；平均每年能保证收获一季的已垦滩地。耕地中还包括宽＜2.0m 的沟、渠、路和田埂	主要分布平原地区、河流两岸、川台地或缓坡地上，水浇地呈条块状或网格状分布，形状规则，边界清晰；旱地呈斑块状分布，色调不均，形状不规则
园地、有林地	生长乔木的林木土地，树木郁闭度＞30％的天然、人工林地；种植以采集果、叶、根茎等为主的集约经营的多年生木本和草本作物，覆盖度＞50％，或每亩株数大于合理株数 70％的土地，包括果树、苗圃等用地	片状、带状分布；形状不规则或规则（人工林）；色调较均匀；边界较明显
疏林地、灌木林等	除有林地以外的其他林地，包括灌木林地、疏林地、未成林造林地、迹地、苗圃	片状、斑状分布；色调不均匀；形状不规则；边界较明显
草地	以天然草本植物为主，未经改良，用于放牧或割草的草地，包括以牧为主的疏林、灌木草地，植被覆盖度＞50％	片状、块状、斑状分布；形状不规则；色调不均匀；边界不清晰
改良与人工草地	人工改良或种植牧草的草地，包括人工培植用于牧业的灌木，植被覆盖度＞50％	片状、块状分布；形状规则；色调较均匀，边界清晰
居民点及独立工矿用地、交通运输用地	指建造建筑物、构筑物的土地，包括城镇、农村居民点、独立工矿、盐田、特殊用地、交通用地等（包括商业、工矿、仓储、公用设施、住宅、交通、水利设施、特殊用地等）	城乡居民点及特殊用地呈片状分布，形状规则，边界清晰。工矿用地煤矿集煤场呈小斑点、小块状分布，边界清晰；盐田为片状规则分布，粉紫色，界限明显。交通用地铁路呈固定宽度的线状，比较直，弯曲部分弯度小；公路呈线状，弯曲多且弯度大；其他石土质道路为灰白色线状
水域	除滩涂以外的陆地水域。包括宽度＞2m 的人工或天然河渠、湖泊、水库、坑塘、苇地等永久性水体	河、渠流线长条状，浅蓝或蓝紫色，边界清晰，天然河流宽度变化大，人工河流宽度一致；湖塘及水库呈椭圆、三角、扇形或方形；深蓝色或黑色；色调均匀，边界清晰
滩涂	包括沿海大潮高潮位与低潮位之间的潮浸地带，河流、湖泊常水位至洪水位间的滩地；水库、坑塘的正常蓄水位与最大洪水位间的面积	
盐碱地	表层盐碱聚集，只生长天然耐盐植物的土地	碱地一般均与湖塘比邻，边界清晰
沼泽地	经常积水或渍水，一般生长湿生植物的土地	
沙地	表层为沙覆盖，基本无植被的土地，包括沙漠，不包括水系中的沙滩	灰白色，呈网纹或条纹或波状或蜂窝状等，色调较亮、明晰
其他未利用土地	除上述类型以外的未利用土地，包括荒草地、裸土地、裸岩石砾地和其他	裸岩石砾地呈片状、团状分布，灰色、铁青色或黑色，形状不规则，纹理杂乱清晰，界限明显

土地利用/覆被遥感监测的一个最重要环节即外业调查，调查路线的设计和调查内容是外业调查的关键。野外调查工作应结合当地的地貌类型、植被覆盖、土地利用/覆被类型、土地退化情况确定外业调查路线，必须涵盖所有地貌景观类型、土地利用/覆被类型、土地退化类型和重大生态环境建设工程。调查内容包括特征图斑位置（用 GPS 测定方位，确定样点坐标及海拔高度）、特征图斑土地利用情况、特征图斑土地退

化情况和特征图斑影像特征。如有可能可进行特征图斑样地调查，调查其地形地貌、植被类型、植被覆盖度、土壤类型（质地）、沙丘形态、侵蚀形式、坡度、土壤表面盐碱斑程度等指标。

五、土地利用/覆被变化的度量指标与方法

土地利用/覆被变化强度指标用来表示土地利用/覆被变化的剧烈程度。单一地类变化强度的计算方法为

$$K_i = \frac{|\Delta U_i|}{S} \times \frac{1}{T} \times 100\% = \frac{|U_{bi} - U_{ai}|}{S} \times \frac{1}{T} \times 100\% \tag{11-1}$$

区域土地利用/覆被变化强度的计算公式为

$$K_t = \sum_{i=1}^{n} K_i = \frac{\sum_{i=1}^{n} |\Delta U_i|}{S} \times \frac{1}{T} \times 100\% = \sum_{i=1}^{n} \left| \frac{U_{bi}}{S} - \frac{U_{ai}}{S} \right| \times \frac{1}{T} \times 100\% \tag{11-2}$$

式中：ΔU_i 是研究时段内类型 i 的净增加量；U_{ai}，U_{bi} 分别是研究初期和末期类型 i 的面积；S 是区域总面积；T 为研究时段，其单位一般为年，本书的研究时段是 11 年；n 为土地利用/覆被类型数。

单一土地利用/覆被类型变化强度实质上是该类型占区域总面积比重的年均变化量绝对值，是该类型净变化量的区域平均，它反映出某土地利用/覆被类型的净变化对该类型占区域面积比重的影响；区域土地利用/覆被变化强度是各土地利用/覆被类型变化强度之和；反映出各土地利用/覆被类型的净变化对区域土地覆被结构的综合影响。土地利用/覆被变化强度一定程度上反映了区域土地利用/覆被变化的速度，主要是从研究时段内土地利用/覆被变化的结果（即净变化量）上反映出变化的剧烈程度，其值越大，表明土地利用/覆被变化的速度越快、程度越剧烈。

土地利用/覆被变化趋势和状态指数是反映区域土地利用/覆被变化趋势和状态的良好指标（罗格平，2003）。单一土地利用/覆被类型变化趋势和状态指数的计算方法为

$$P_i = \frac{\Delta U_{in-i} - \Delta U_{out-i}}{\Delta U_{in-i} + \Delta U_{out-i}} = \frac{\Delta U_i}{\Delta U_{in-i} + \Delta U_{out-i}} \tag{11-3}$$

区域整体土地利用/覆被变化趋势和状态指数的计算方法为

$$P_t = \frac{\sum_{i=1}^{n} |\Delta U_{out-i} - \Delta U_{in-i}|}{\sum_{i=1}^{n} |\Delta U_{out-i} + \Delta U_{in-i}|} = \frac{\sum_{i=1}^{n} |\Delta U_i|}{\sum_{i=1}^{n} (\Delta U_{out-i} + \Delta U_{in-i})} \tag{11-4}$$

式中：ΔU_{out-i} 为研究时段内类型 i 转变为其他类型的面积之和；ΔU_{in-i} 为其他类型转变为第 i 种类型的面积之和。

单一土地利用/覆被类型变化的趋势和状态指数实质上是该地类净增量占其总变化量的比重；由公式可知：$-1 \leqslant P_i \leqslant 1$，其值的正、负分别对应于该土地利用/覆被类型的增、减，其绝对值越小表明变化得越缓慢，土地利用/覆被变化趋于平衡，反之表明土地利用/覆被变化越不平衡。区域综合的土地利用/覆被变化趋势和状态指数是各类型

净变化量绝对值之和占总变化量的比重，其值介于 0 和 1 之间，其值越小表明所有类型之间的双向转换越频繁，土地利用/覆被变化趋于平衡；反之表明各类型之间的单向转换显著，土地利用/覆被变化趋于非平衡状态。

本书在研究沙地的演变时，是根据沙地演变方向与变化程度划分沙地演变类型（钟德才，1998）。潜在型沙地指土地利用类型未发生改变，但由于人类不合理经济活动与脆弱环境相互作用而造成土地生产力下降，地表呈现类似沙质景观的土地退化（王涛等，1999；朱震达，1998），本书主要指由于风蚀作用造成的风蚀耕地、风蚀林地和风蚀草地。扩大型沙地指原为非沙地景观，由于风蚀作用或人为破坏，变为沙地景观，沙地蔓延扩大。逆转型沙地指原为沙地景观，因受到人为改造或减轻了人为的不良影响，变为非沙地景观。无明显变化型沙地指自 1990 年以来，沙地景观基本上没有发生变化的沙地类型。

为了更好地定量研究各区域沙地动态演变特征，采用扩大度（R_e）、逆转度（R_r）、潜在变化度（R_p）和保持度（R_n）表示耕地、林地和牧草地退化为沙地的潜在趋势和危险性的强弱。上述指标都消除了沙地面积这一基数。

$$R_e = \frac{|\Delta S_e|}{S_0} \times 100\% \tag{11-5}$$

$$R_r = \frac{|\Delta S_r|}{S_0} \times 100\% \tag{11-6}$$

$$R_p = \frac{S_d}{S_i} \times 100\% \tag{11-7}$$

$$R_n = \frac{S_n}{S_0} \times 100\% \tag{11-8}$$

式中：ΔS_e 是研究时段内沙地的新增加量，即其他用地转变为沙地的面积；ΔS_r 是研究时段内沙地的减少量，即沙地转变为其他用地的面积；S_d 是研究时段末期风蚀耕地、风蚀林地和风蚀牧草地的总和；S_n 是研究时段内未发生变化沙地的数量；S_0 是研究初期沙地的面积，S_i 是研究末期沙地的总面积。

采用年均潜在变化指数 p_{ij} 来表示每年沙地增加（或减少）可能性程度（Benoît et al.，2000）。土地利用类型变化的年均潜在变化指数 p_{ij} 计算公式为

$$p_{ij} = \frac{1}{N} a_{ij} / \sum a_{ij} \tag{11-9}$$

式中：a_{ij} 是研究初期 i 类土地利用类型在研究末期转变为 j 类土地利用类型的面积；N 为研究年限。

逻辑回归分析是对定性变量的回归分析，本书是建立沙地增加的 Binary Logistic 回归模型，通过分析影响沙地增加的环境因素和人为因素，按照各因素对沙地增加可能性的贡献程度，确定其主次程度，并预测沙地增加的可能性。假如一些变量是定性的，利用逻辑回归模型的方法比判别分析方法对判别变化的可能性更有效（Press et al.，1978）。参与模型的各个变量均采用其栅格图像的栅格像元数值。逻辑函数的形式为

$$f(p) = \frac{e^p}{1 + e^p} = \frac{e^{(a + b_1 X_1 + b_2 X_2 + \cdots + b_n X_n)}}{1 + e^{(a + b_1 X_1 + b_2 X_2 + \cdots + b_n X_n)}} \tag{11-10}$$

由于函数 $f(p)$ 对 x 的变化在 $f(p)=0$ 或 $f(p)=1$ 的附近是不敏感的、缓慢的，并且非线性程度较高，因此引入 $f(p)$ 的 Logistic 变换，即

$$\text{logit}(p)=\log(p/1-p)=a+b_1X_1+b_2X_2+\cdots+b_nX_n \tag{11-11}$$

此时，可计算 p 的概率为

$$p=\frac{e^{(a+b_1X_1+b_2X_2+\cdots+b_nX_n)}}{1+e^{(a+b_1X_1+b_2X_2+\cdots+b_nX_n)}} \tag{11-12}$$

对于地学分析，空间分辨率对模型结果影响较大（Arbia，1986），选择适当的空间分辨率，对于在一定空间尺度监测沙地增加或减少，改变统计结果具有重要意义。针对研究区域环北京地区的范围与所获取的数据，所有变量的栅格图像最小单元定为 100m×100m。

第二节　环北京地区土地利用/覆被变化态势分析

一、环北京地区土地利用/覆被变化特征

环北京地区农用地为 1939.49 万 hm^2，占土地总面积的 84.96%；建设用地为 44.39 万 hm^2，占土地总面积的 1.94%；未利用土地为 298.90 万 hm^2，占土地总面积的 13.09%。在农用地中，耕地为 480.66 万 hm^2，园地 8.09 万 hm^2，林地 295.66 万 hm^2，牧草地 1154.85 万 hm^2，其他农用地 0.23 万 hm^2，分别占农用地面积的 24.78%、0.42%、15.24%、59.54%和 0.01%。在建设用地中，居民点及工矿用地 40.73 万 hm^2、交通用地 1.24 万 hm^2、水利设施用地 2.42 万 hm^2，分别占建设用地的 91.76%、2.79% 和 5.45%。在未利用地中，未利用土地 263.80 万 hm^2，其中盐碱地 10.03 万 hm^2、沼泽地 3.41 万 hm^2、沙地 66.48 万 hm^2、其他未利用土地 183.88 万 hm^2，其他未利用土地 35.10 万 hm^2。在未利用土地的其他土地中，河流水面 6.53 万 hm^2、湖泊水面 7.04 万 hm^2、苇地 0.24 万 hm^2、滩涂 21.29 万 hm^2（彩图 25）。

环北京地区土地利用/覆被类型以牧草地、耕地、林地和其他未利用地为主，四者占区域土地总面积的 90%以上，仅牧草地占区域总面积的一半以上，耕地占 1/4；土地利用率为 87%。耕地主要分布在南部农区和中部农牧交错区，林地主要分布在东南部山区，牧草地主要分布在监测区北部牧区即农牧交错过渡带，沙地主要分布在北部内蒙古的四子王旗北部、正镶白旗、正蓝旗、克什克腾旗、翁牛特旗和阿鲁克尔沁旗。

在研究时段（1991～2002 年），研究区域土地利用格局未发生根本性变化，主要是耕地的减少和林地、牧草地的增加（表 11-2）；耕地大面积减少，11 年间减少数量达 50.11 万 hm^2，占监测初期耕地面积的近 10%；林地和牧草地均有大幅增加，增加数量分别为 25.57 万 hm^2 和 17.89 万 hm^2，林地增幅近 10%。此外沙地增加也是研究区域土地利用/覆被变化的一个重要方面，11 年间沙地净增加 7.16 万 hm^2，是 1991 年沙地面积的 12%以上；水域和湿地在这 11 年里减少了 2.56 万 hm^2，占初期面积的 6.23%。建设用地面积逐年扩大，11 年年均净增加 0.22 万 hm^2；环北京地区土地资源时空变化的总趋势是土地利用结构趋于合理，退耕还林还草力度加大，生态环境总体趋势向好，

但局部地区土地退化严重。

表 11-2　环北京地区土地利用/覆被变化部分指标

土地利用类型	1991 年结构/%	2002 年结构/%	净增减数量/($\times 10^4 hm^2$)	净增减幅度/%	变化强度	趋势和状态指数
耕地	23.327	21.132	−50.108	−9.410	0.200	−0.652
林地	11.697	12.817	25.567	9.575	0.102	0.792
牧草地	50.013	50.797	17.890	1.567	0.071	0.167
其他农用地	0.268	0.358	2.056	33.627	0.008	0.876
建设用地	1.826	1.904	1.782	4.275	0.007	0.477
盐碱地	0.415	0.446	0.712	7.514	0.003	0.621
沙地	2.608	2.922	7.162	12.031	0.029	0.330
其他未利用土地	8.045	7.936	−2.498	−1.360	0.010	−0.222
水域和湿地	1.801	1.689	−2.563	−6.234	0.010	−0.505
区域总体	100	100	0	0	0.439	0.427

对遥感监测结果的精度评价，重点考虑了农用地、沙地、盐碱地以及不确定的地类，抽样样本数为总体数的 35%。精度评价包括属性误差、位置误差和面积误差的评价。属性误差以图斑属性的正确率来评价；面积误差通过分类图斑面积量测值与实地图斑面积真值比较获得；位置误差以图斑位置正确率来统计。以康保县和察哈尔右翼前旗为例，其属性正确率、位置正确率和面积精度分别达到 92.9%、96.7%和 91.7%，分类精度评价结果较好（表 11-3、表 11-4）。

表 11-3　康保县土地利用分类属性精度与位置精度评价

土地利用类型	抽样验证图斑数	属性判读正确数	属性正确率/%	位置正确率/%
耕地	120	110	91.67	94.44
林地	60	51	85	92.2
牧草地	130	121	93.1	92.8
建设用地	102	100	98.03	100
湖泊水面	70	70	100	100
盐碱地	27	26	96.3	95.2
总　计	439	408	92.9	96.7

表 11-4　察哈尔右翼前旗遥感分类面积精度评价

土地利用类型	耕地	林地	牧草地	建设用地	沙地	盐碱地	其他未利用土地	合　计
样本图斑数 n_i	120	105	133	75	53	64	85	635
绝对误差值和 $\sum \mid A_i - B_i \mid$	270.9	75.6	232.75	18.08	21.69	59.92	25.6	704.54
样本真值面积和 $\sum B_j$	1806	840	3325	452	723	856	513	8515
相对误差 $\sum \mid A_i - B_i \mid / \sum B_j$ /%	15	9	7	4	3	7	5	8.3
面积精度/%	85.0	91.0	93	96.0	97.0	93.0	95.0	91.7

二、土地利用/覆被变化综合分区

环北京地区地域跨度较大，不同监测区自然和社会经济条件有很大差异，土地利用/覆被变化也存在较大的地域差异性，采用土地利用/覆被变化强度和土地利用/覆被变化趋势和状态指数对描述各县域土地利用/覆被变化综合特征，并根据指标结果进行聚类，进行土地利用/覆被变化综合分区。结果显示，各县域的土地利用/覆被变化强度差异较大，其值的变化范围在 0.058～2.681，以 0.5 为单位步长，将土地利用/覆被变化强度分成弱（0～0.5）、中（0.5～1.0）、强（1.0 以上）三级，弱和强两级又分别被分成两个二级级别。分级标准及结果如表 11-5。结果表明，研究区变化强度弱和中等的县域占绝大多数，其中又以变化强度在 0.1～0.5 的弱变化县域居多，占总数的一半；而变化极弱、强和极强的县域数量较少。从空间分布来看，变化强度弱的县域集中分布于研究区的东部和南部；变化强度中等的县（市、旗）分布比较分散；变化强度＞1.0 的县（市、旗）集中分布于阴山山脉地区（彩图 26）。从总体趋势来看，研究区从南北向中部、从东向西，土地利用/覆被变化的剧烈程度逐渐增大。

表 11-5　土地利用/覆被变化强度（K_t）分级标准及结果

级别描述		弱		中等	强	
		极弱	弱		强	很强
分级标准		$K_t \leqslant 0.1$	$0.1 < K_t \leqslant 0.5$	$0.5 < K_t \leqslant 1.0$	$1.0 < K_t \leqslant 2.0$	$K_t > 2.0$
分级结果	包含县域数	4	25	11	6	4
	变化范围	0.058～0.074	0.103～0.490	0.605～0.984	1.380～1.915	2.210～2.681
	均值	0.068	0.252	0.800	1.640	2.430

对各县域土地利用/覆被变化综合趋势和状态指数进行测算发现，环北京地区各县域差异较大，变动范围在 0.175～0.939。土地利用/覆被变化趋势和状态指数的分级标准以 0.25 为步长，分为四级（罗格平，2003），为了与土地利用/覆被变化强度的三级划分相一致，将中间两种级别进行了归并。分级标准及结果见表 11-6。可以看出，大多数县（市、旗）土地利用/覆被变化处于较不平衡和不平衡的状态，各种土地利用/覆被类型的转换方向主要为单向的不均衡转换，这类县（市、旗）占总数的 80%，其中土地利用/覆被变化较不平衡的县域分布在研究区的中部、西部，变化不平衡的县域数量略少于前者，零散分布在中部和西部。只有东北少部分区域的土地利用/覆被变化处于较平衡状态，而土地利用/覆被变化处于平衡状态的县域只有两个，位于研究区东北。研究区内从西向东，土地利用/覆被变化的平衡程度表现出一定的增加趋势（彩图 27）。

表 11-6　土地利用/覆被变化趋势和状态指数（P_t）分级标准及结果

级别描述		平衡	中　　等		不平衡
			较平衡	较不平衡	
分级标准		$P_t \leqslant 0.25$	$0.25 < P_t \leqslant 0.5$	$0.5 < P_t \leqslant 0.75$	$P_t > 0.75$
分级结果	包含县域数	2	8	22	18
	变化范围	0.175～0.211	0.324～0.483	0.502～0.747	0.751～0.939
	均值	0.193	0.399	0.648	0.851

草地、林地、耕地是研究区域最主要的土地利用/覆被类型，沙地、水域和湿地的

变化对区域生态环境的影响极为重要。耕地、水域和湿地的减少，林地、草地和沙地的增加在区域内并非均匀分布，采用净增加量占县域面积的比重（$\Delta U_i/S$）对土地利用/覆被变化的区域差异进行分析。

按照耕地净变化量占县域面积的比重将环北京地区按县级尺度进行分区（彩图 28），可以看出：研究区耕地净变化规模的区域差异较大，只有 4 个县域的耕地面积是增加的，主要分布在环北京地区的东部，且其增加的规模很小，只占县域面积的 0.19%～0.92%。多数县域耕地面积均在减少，从东向西、从南向北，耕地减少规模越来越大，研究区西北阴山山脉地区耕地减少最为突出，其净减少量占县域面积的 10%以上。研究区东部和南部耕地变化的剧烈程度较低，中部地区次之。因此，整个环北京地区从南和东北向西北方向，耕地的变化逐步剧烈。

环北京地区的林地只在南部少部分县域有所减少，且其减少量占县域面积的比重极小，仅为 0.003%～0.427%。大多数县域林地面积增加，其增加规模在西部大体上呈从四周向中部递增的趋势，在东部大体上从北向南呈递增趋势；中部轴线区域成为林地增加规模最大的区域，而南部地区林地变化规模的地带性规律不明显。林地变化的强度表现出较明显的从南北向中部轴线区域增加的趋势。

各县域草地的变化差异较大，在研究区的北部边缘和东部部分区域，即内蒙古高原干旱草原区，草地面积有所减少，但减少的规模不大，减少量最高仅为县域面积的 4.18%，大体上从西向东其减少规模递减。研究区大部分县域草地净增加，主要分布在研究区的西部，尤其以西北阴山山脉地区草地增加最为突出，其增加量占县域面积的 5.80%以上。草地变化的强度在研究区西北最高，北部和东部地区次之，南部区域草地变化的剧烈程度相对最弱，大致上从南向北、从东向西草地变化的强度增加。

综合上述指标，对环北京地区土地利用/覆被变化规模的区域差异进行综合分区，在同一区域内主要土地利用/覆被类型变化特征基本相似，不同区域间的土地利用/覆被变化特征则有较大的差异。分区情况如彩图 29。东部科尔沁沙地及周边地区土地利用/覆被变化的最主要特征是耕地、林地较明显增加，草地和沙地减少很显著，本区域称为“生态恢复、耕地增加区”；北部浑善达克沙地荒漠草原区的主要特征是草地减少，沙地增加，耕地和林地变化不显著，称为“生态恶化、草地退化区”；西部阴山山脉地区土地利用/覆被变化的明显特征是耕地减少，林地和草地增加，本区域是“退耕还林、还草区”；中部坝上高原地区各主要土地利用/覆被类型的变化不剧烈，总体来说耕地及水域和湿地减少，林地、草地和沙地增加，称此区域为“一般退耕还林、还草区”；南部大同盆地及周边地区耕地和林地减少不显著，草地及水域和湿地规模较小，本区域属于“变化微弱、生态良好区”。

三、环北京地区沙地动态演变

（一）沙地空间分布

根据 2002 年环北京地区土地资源监测结果，环北京地区沙地总面积达 66.70 万 hm^2，占土地总面积的2.9%。沙地主要分布在监测区北部内蒙古高原半干旱草原监测区，其沙地面积占监测区沙地总面积的96.1%。集中分布在翁牛特旗、阿鲁科尔沁旗东部、克什克腾旗中西部及正镶白旗、正蓝旗、四子王旗北部，这6个旗（县）的沙地面积占监测区沙地面积的88.3%，尤其以翁牛特旗、正镶白旗和正蓝旗沙地最为集中，分别占各县旗土地总面积的14.6%、9.8%和8.1%。沙地的分布明显呈东西走向，沙地前缘靠近环北京地区的山地屏障（彩图30）。

1991～2002年期间，环北京地区扩大型沙地面积为14.43万hm^2，逆转型沙地面积7.27万hm^2，净增沙地7.16万hm^2，沙地总变化面积21.69万hm^2（表11-7）；逆转型沙地的年均潜在变化指数为1.1%，扩大型沙地的年均潜在变化指数为2.0%，沙地总体呈增加趋势。沙地扩大主要发生浑善达克沙地监测区，并且风蚀耕地、林地和牧草地也主要发生在这一区域。扩大型沙地主要来自牧草地退化，由牧草地退化而增加沙地14.27万hm^2，占扩大型沙地面积的98.9%，占2002年沙地的21.6%。

逆转型沙地主要流向是牧草地及林地，其中改良治理为牧草地占沙地减少量的88.5%，植树造林占沙地减少量的11.0%。科尔沁沙地监测区是逆转型沙地集中分布的区域，占整个监测区逆转型沙地总面积的93.2%。尽管该区局部存在扩大型沙地，但大部分地区生态环境有所改善，如阿鲁科尔沁旗、巴林右旗南部、翁牛特旗和敖汉旗北部，沙地治理成效显著（表11-7）。

表11-7 环北京地区各监测区不同演变类型沙地分布 （单位：hm^2）

一级分区	二级分区	扩大型沙地	逆转型沙地	潜在型沙地	沙地演变	无明显变化沙地	2002年沙地面积
内蒙古高原半干旱草原监测区（Ⅰ）	浑善达克沙地监测区（Ⅰ$_1$）	123 035.9	1576.0	4 461 871.6	124 611.9	251 266.0	374 301.9
	科尔沁沙地监测区（Ⅰ$_2$）	16 749.1	67 687.7	1 912 568.8	84 436.8	250 279.3	267 028.4
坝上高原农牧交错监测区（Ⅱ）	坝上高原及周边区域监测区（Ⅱ$_1$）	2460.5	2433.0	745 749.2	4893.6	18 363.6	20 824.1
	燕山山脉西部监测区（Ⅱ$_2$）	507.4	380.6	9976.3	888.0	656.1	1163.5
大同盆地及周边区域农业监测区（Ⅲ）	大同盆地监测区（Ⅲ$_1$）	6.3	0.0	0.0	6.3	51.7	58.0
	恒山山脉地区监测区（Ⅲ$_2$）	0.0	0.0	0.0	0.0	0.0	0.0
阴山山脉地区监测区（Ⅳ）	阴山北麓地区监测区（Ⅳ$_1$）	1488.5	579.2	1 012 308.7	2067.7	1695.3	3183.8
	阴山南麓地区监测区（Ⅳ$_2$）	31.5	0.0	190 652.0	31.5	371.1	402.6
总计		144 279.2	72 656.5	8 333 126.6	216 935.8	522 683.1	666 962.4

潜在型沙地面积为833.31万hm^2，占监测区土地总面积的36.5%，风蚀牧草地是主要类型，主要分布在四子王旗、镶黄旗、正镶白旗、阿鲁科尔沁旗南部等地（彩图31）。风蚀耕地主要分布在化德、商都、察哈尔右翼中旗、多伦西部、林西等旗（县）；风蚀林地主要分布在正蓝旗中北部、克什克腾旗西部、多伦和敖汉旗北部。

无明显变化型沙地 52.27 万 hm^2，占土地总面积的 2.3%；其中翁牛特旗无明显变化型沙地即占全部无明显变化型沙地的 1/3。

分析环北京地区沙地演变指标结果表明（表 11-8），浑善达克沙地监测区沙地面积基数较大，沙地扩大度大，沙地潜在变化度高，预示着这一区域沙地扩大趋势将很难制止，假如不及时治理，沙地有可能不断向东南推进，加强此区域的防沙治沙非常重要。科尔沁沙地监测区沙地面积基数同样很大，但沙地的逆转度远大于扩大度，并且潜在变化度较小，沙地减少是科尔沁沙地监测区沙地变化的主要趋势。

表 11-8 环北京地区各监测区沙地演变指标 （单位：%）

二级生态分区	演变度	扩大度	逆转度	保持度	潜在变化度
浑善达克沙地监测区（$Ⅰ_1$）	49.3	48.7	0.6	99.4	75.8
科尔沁沙地监测区（$Ⅰ_2$）	26.6	5.3	21.3	78.7	34.6
坝上高原及周边区域监测区（$Ⅱ_1$）	23.5	11.8	11.7	88.3	28.6
燕山山脉西部监测区（$Ⅱ_2$）	85.7	48.9	36.7	63.3	1.0
大同盆地监测区（$Ⅲ_1$）	12.2	12.2	0.0	100.0	0.0
恒山山脉地区监测区（$Ⅲ_2$）	0	0	0	0	0
阴山北麓地区监测区（$Ⅳ_1$）	90.9	65.4	25.5	74.5	59.1
阴山南麓地区监测区（$Ⅳ_2$）	8.5	8.5	0.0	100.0	17.1
总　计	36.4	24.2	12.2	87.8	42.9

（二）沙地演变预测模型

以 1991～2002 年环北京地区增加的沙地为因变量，以风速、年均降雨量、坡度、土壤湿度、土壤有机质、NDVI、人均水资源量、人口密度和人均 GDP 为自变量建立逻辑多元回归模型，预测沙地增加的可能性，预测模型参数及其标准差、Chi-Square、显著性水平等统计值如表 11-9。预测模型入选了风速、土壤湿度、土壤有机质、NDVI、降雨量和坡度 6 个因子；当模型参数为正值时，入选因变量的模型参数值越大，表明此因变量对沙地增加的贡献越大；当模型参数为负值时，情况相反。Chi-Square 统计值表明入选因变量的权重，模型的拟合参数 R^2 为 0.54，表明模型拟合结果较好。结果表明，NDVI 对沙地减少的贡献较大，年均降雨量和土壤有机质因子对环北京地区沙地增加的驱动作用最强，年均降雨量和土壤有机质含量越高，越有可能降低沙地增加的可能性，这与降雨增加，植被覆盖越茂密，土壤有机质含量增加，与土壤的固沙作用增强有关。坡度因子的增大将导致沙地增加，这可能随着地形起伏增加将导致流沙的堆积，造成沙地增加。Shao 等（1997）研究认为，影响地表土壤风蚀起沙的下垫面主要包括地形起伏、地表土壤粒径分布、植被覆盖度等，两者结果一致。

环北京地区沙地增加可能性预测模型如下：

$$p = \frac{e^{(1.476-0.135X_1-0.804X_2-0.015X_3+0.575X_4-2.688X_5-0.42X_6)}}{1+e^{(1.476-0.135X_1-0.804X_2-0.015X_3+0.575X_4-2.688X_5-0.42X_6)}} \tag{11-13}$$

式中：p 为沙地增加可能性程度；X_1、X_2、X_3、X_4、X_5 和 X_6 分别为土壤湿度、风速、年均降雨量、坡度、NDVI 和土壤有机质含量。

表 11-9　1991～2002 年环北京地区沙地增加逻辑回归预测模型参数

	参数预测值	标准差	Chi-Square	显著性	残差
土壤湿度	−0.135*	0.049	7.705	0.000	0.874
风速	−0.804*	0.037	467.704	0.000	0.448
平均降雨量	−0.015*	0.001	734.219	0.000	0.985
坡度	0.575*	0.028	433.597	0.000	1.777
NDVI	−2.688*	0.174	239.333	0.000	0.068
土壤有机质	−0.420*	0.015	735.203	0.000	0.657

* 样本数目：230 250；R^2：0.54；显著性水平：0.01。

利用上述模型预测环北京地区不同区域沙地增加可能性（彩图 32）。可以看出，最可能增加沙地的区域与已存沙地增加区域具有一定的相关性，今后沙地增加最可能的区域将主要分布在浑善达克沙地的边缘地带和科尔沁沙地的东部区域，集中在四子王旗、正镶白旗和正蓝旗等区域，应加强这些区域的防沙治沙和植树种草等生态环境建设工作。

（三）沙地演变的环境效应

沙地变化对周边地区的影响，其中重要一方面表现在对土地质量和大气的影响。据气象部门的资料和有关专家的分析，沙尘进入北京地区的气流主要有三条路径：一是从内蒙古浑善达克沙地到河北坝上，进入北京及周边地区；二是从内蒙古朱日和到洋河河谷，进入永定河河谷；三是沿着桑干河河谷到永定河河谷。尤其是沙尘进入北京的第一条路径地区处于环北京地区，其扩大型沙地面积比例远远大于逆转型沙地比例，沙地大量增加且局部地区牧草地沙化范围扩展，土地质量下降，围场县每年因水冲沙埋使几百公顷良田被迫弃耕，河北丰宁县坝上草原过去每亩草场载畜量 5 个羊单位，现在的天然草场 5 亩折一个羊单位，牧场载畜量降低。

随着环北京地区防护林、水土保持林和水源涵养林等防护林体系的建设和退耕还林还草工程的实施，1991～2002 年环北京地区林地、牧草地等生态保护用地呈总体增加的趋势，林草地的覆盖度有所提高。同时从环境监测资料统计分析，此阶段北京市远郊区县和城市近郊区县平均大气降尘是逐年降低的（图 11-1、图 11-2）。研究结果表明，北京地区大气中污染物粒子的 7%～19%来自北京周边地区经过输送扩散进入北京大气中的沙尘，而 8～10m 的防护林在林间 50～200m 处可将风速降至扬沙区的 2%～5%水平，阻挡风沙的流动。因此，环北京地区防护林体系对北京的沙尘具有较大的阻滞作用，对环北京地区的林草地面积和林地面积与北京市远郊区县年平均空气降尘量进行相关性分析，相关系数分别为−0.918 和−0.936，呈高度负相关。

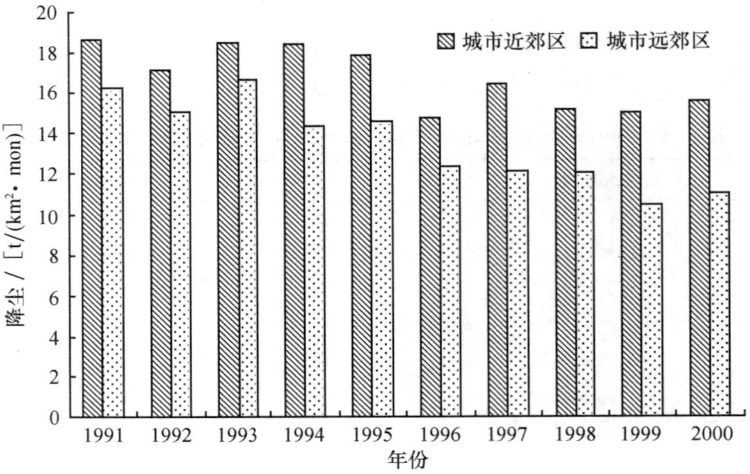

图 11-1 北京地区近郊区与远郊区降尘图

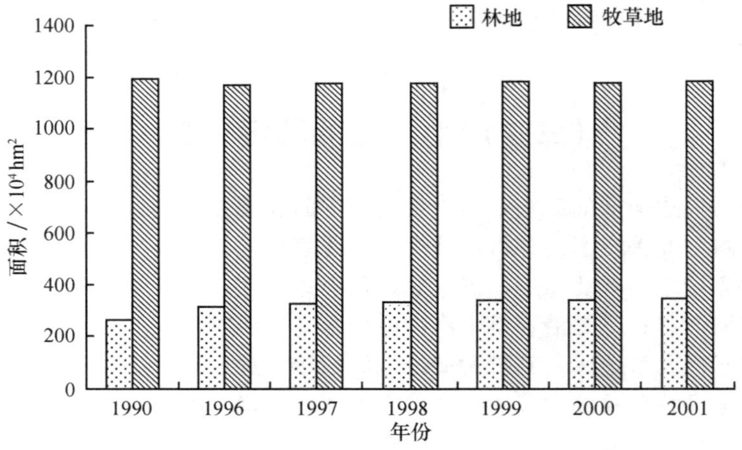

图 11-2 环北京地区林地、牧草地面积历年统计图

第三节 环北京地区土地利用/覆被变化驱动力及生态承载力影响分析

土地利用/覆被变化既是环境变化的内容之一，也是产生诸多环境影响的原因。环北京地区的生态环境十分脆弱，严峻的资源与生态环境问题严重影响农业生产的发展，制约着区域经济和社会的发展。因此，探寻环北京地区土地利用/覆被变化的驱动力，分析其生态承载力，进而提出改善地区生态环境的建议是十分必要的。

一、驱动力分析

（一）各地类变化间的相关分析——基于转化流向的驱动力分析

针对研究区50个县（市、旗）耕地、林地、草地、沙地四种类型，分析各类型增加、减少与净增加量间的关系；需要说明的是并非所有县域耕地、林地、草地和沙地都发生了变化，某种地类未发生变化的县域不纳入该种地类的分析中。在分析前对数据进行标准化处理。经过标准化处理并不改变变量间的相对关系，也不改变变量的符号，只是使变量值统一到－100和100之间，便于比较。标准化处理公式为

$$\overline{x_i} = \frac{x_i}{\max|x_i|} \times 100 \tag{11-14}$$

式中：$\overline{x_i}$为标准化之后的变量值；x_i为原始变量值；i从1到50。

各地类各种变化量的相关性分析结果如表11-10。

表11-10　耕地、林地、草地及沙地各种变化量间的相关系数

	林地增加	林地减少	林地净增	草地增加	草地减少	草地净增	沙地增加	沙地减少	沙地净增
耕地增加	0.655	0.909	0.532	0.484	0.619	－0.160	0.025	0.655	－0.203
耕地减少	0.439	0.161	0.464	0.832	0.363	0.395	0.204	－0.109	0.226
耕地净增	－0.212	0.174	－0.283	－0.683	－0.145	－0.472	－0.189	0.378	－0.305
沙地增加	0.018	－0.086	0.043	0.130	0.778	－0.660			
沙地减少	0.391	0.556	0.303	0.315	0.327	－0.088			
沙地净增	－0.118	－0.271	－0.065	0.012	0.604	－0.577			
草地增加	0.457	0.337	0.442						
草地减少	0.616	0.475	0.591						
草地净增	－0.184	－0.156	－0.173						

1. 耕地与林地

研究区内所有县域的耕地和林地都发生了变化，耕地的增加与林地的减少，以及耕地的减少与林地的增加表现出明显的正相关（表11-10）；耕地与林地之间的数量变化呈此消彼长的态势，并且以“耕地增加－林地减少”的关系更为突出（图11-3），二者的相关系数高达0.909。从一定程度上表明了一方面开垦林地进行耕种的现象仍然存在，即耕地的增加部分来自于林地的减少；另一方面退耕还林政策的实施有一定的成效，部分耕地的退耕使得林地面积增加。人类的不合理土地利用行为和退耕还林政策是耕地和林地之间转变的主要驱动力。

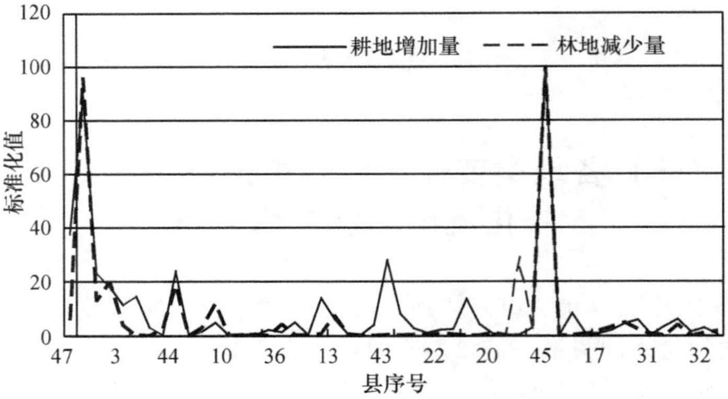

图 11-3 耕地增加量与林地减少量对比图

2. 耕地与草地

研究区内 47 个县域的耕地和草地发生了变化，耕地增加与草地减少，以及耕地减少与草地增加呈现出显著的正相关关系，以“耕地减少—草地增加”的消长关系更为突出（图 11-4)，二者相关系数高达 0.832。在某种程度上说明了通过垦植草地使耕地面积增加的情况仍然存在，但主要是耕地转变为草地。研究区西部是典型的农牧交错区，是耕地减少和草地增加的主要地区，可见退耕还草政策的实施是耕地减少、草地增加的重要驱动力。

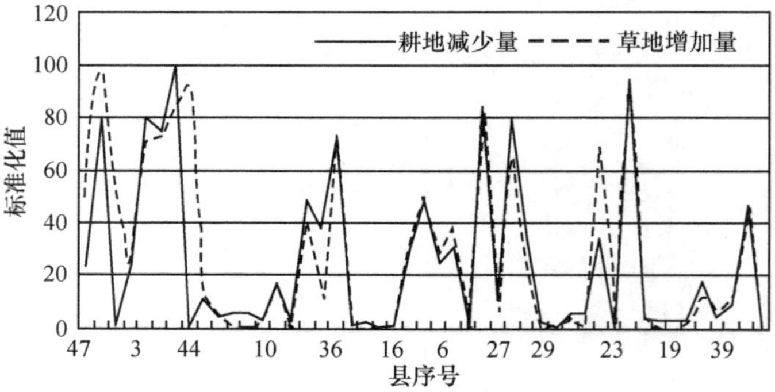

图 11-4 耕地减少量与草地增加量对比图

3. 耕地与沙地

在研究区内，沙地发生变化的县（市、旗）只有 27 个，耕地与沙地变化的总体态势是此消彼长，而其中耕地增加量与沙地减少量的相关性尤为明显（图 11-5)，相关系数为 0.655。这体现了在部分耕地退化成沙地（即耕地增加—沙地减少）的同时，部分地区对沙地的治理取得较大的成效。人类行为是耕地和沙地转化的重要驱动力，包括合理有效的行为和产生负面效应的行为，自然条件的恶劣也是耕地退化为沙地的原因之一。

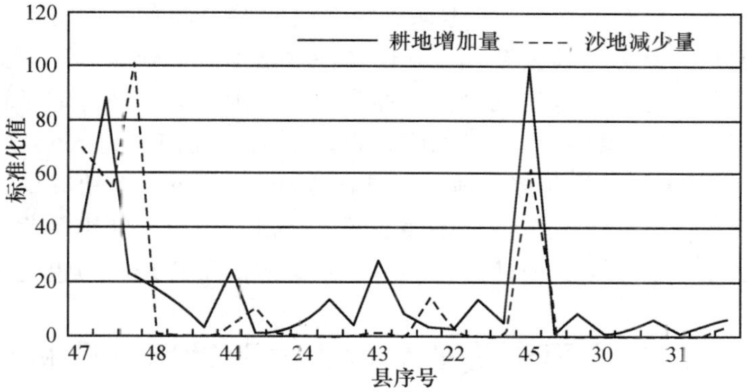

图 11-5　耕地增加量与沙地减少量对比图

4. 林地与草地、沙地

研究区内林地和草地都发生变化的有 47 个县（市、旗），从二者变化量的相关性分析来看，林地和草地之间的变化以“林地增加－草地减少”的关系为主（图 11-6），但在二者相互变化的关系中，其主导性不明显，相关系数为 0.616。在一定程度上反映出在环北京地区草地转变为林地的现象存在，但并不很普遍。林地和草地之间的用地矛盾并不大；另一方面，二者同步增减的相关性也不强，表明林地与草地之间也不存在明显的拉动关系。

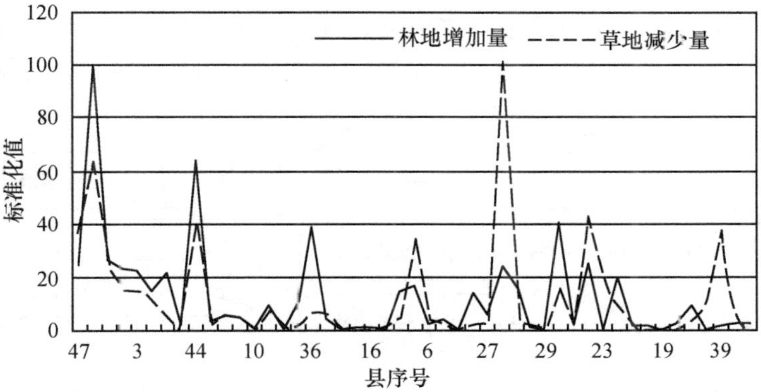

图 11-6　林地增加量与草地减少量对比图

同样，从林地与沙地各种变化量间的相关关系可以看出，林地的增加和减少都与沙地的减少有一定的正相关关系，林地与沙地之间此消彼长或同步增减的关系均不占主导。反映出林地的增加带来沙地减少的效果不是很普遍，而同样林地退化为沙地的现象也不多。

5. 草地与沙地

通过对草地与沙地变化的相关性分析，沙地的增加与草地的减少呈现出明显的正相关关系，其相关系数高达 0.778。沙地减少与草地的增加也有一定的正相关性；沙地的变化与草地的变化为互为消长关系，尤其以“沙地增加—草地减少”的关系为主。这反映出在研究区，部分地区草地退化严重，逐步成为沙地；某些地区通过种草对沙地进行治理，出现了伴随着沙地的减少，草地面积在增加的情况。研究区北部的大部分地区，年均降雨量不足 350mm，西北部分地区更是在 250mm 以下，草地减少、沙地增加的情况主要也发生在此区域。因此，自然条件的恶劣是研究区域（特别是北部地区）草地退化、沙地扩大的重要驱动力；当然，人类对草地资源的不合理利用也是重要原因。

（二）主要地类变化的人文驱动因素分析

土地利用类型间相互转变的过程是复杂的，其变化结果也是在自然和社会经济因素的共同驱动下产生的，相对来说，短期内社会经济因素的驱动作用更为显著，这里着重对耕地、林地、草地和沙地变化的社会经济驱动力做一简单分析。

在研究区域，农、林、牧业在经济结构中占很大比重，经济发展尤其是片面追求短期内数量增长的发展方式，会引起耕地、草地的过度利用；人口的增长会导致粮食需求的增加，进而诱发开垦林地、草地为耕地；这些土地利用行为在自然条件背景下会导致水域的减少、土地的沙化等土地覆被的变化，同时也可以看作是环境响应。这种土地利用/覆被变化和环境响应的效果促使人们采取相应的措施，退耕还林、还草政策的实施有力地促进了不宜耕种的耕地转变为林地、草地。同时，农业科技水平的进步会使得耕地的单位面积产量提高，在一定程度上缓解了垦林、垦草为耕地的动力（在图 11-7 中以虚线箭头表示）。图 11-7 简单示意了人文驱动力、土地利用行为、土地利用/覆被变化及环境响应之间的关系，但需要指出的是，由于这里主要考察的是土地利用/覆被变

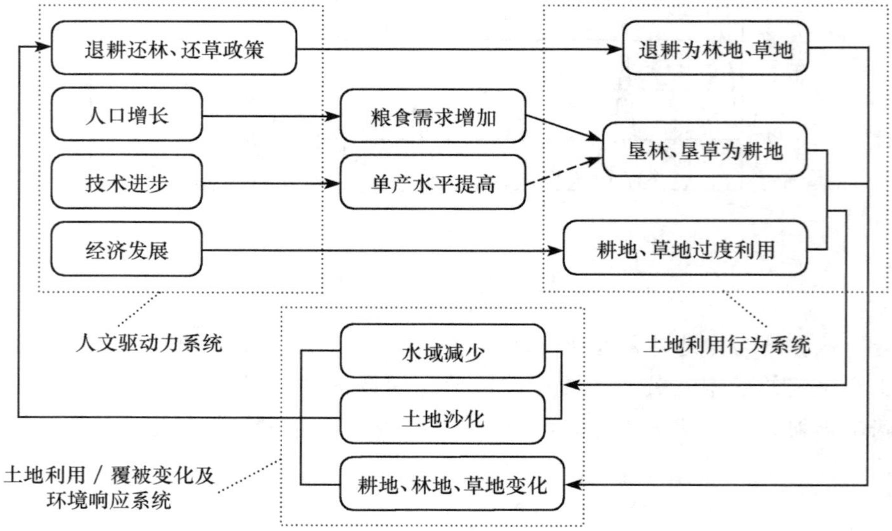

图 11-7　环北京地区土地利用/覆被变化驱动机理示意图

化的人文驱动力，因此在该图中没有表示自然因素系统，实际上自然因素对土地利用/覆被变化也是十分重要的。

根据上述分析，从人口、经济水平、农业生产力和生产要素等方面选取和建立若干驱动因素指标（表 11-11），同时考虑到指标内容的综合性、指标内涵的相对独立性和指标性质的一致性。

表 11-11　土地利用/覆被变化驱动机制模型中选取的社会经济驱动力指标

因素类	指　　标	备　　注
人口	人口密度增加率	
	城市化水平增加率	城市化水平以非农人口占总人口比重表示
	农业劳动力占乡村劳动力比重增加率	也属于农业类因素
经济水平	人均 GDP 增加率	
	经济非农化水平增加率	经济非农化水平以第二、三产业增加值占 GDP 比重表示
农业生产力与生产要素	人均粮食增加率	
	粮食播种面积单产增加率	
	复种指数增加率	
	农业机械化水平增加率	农业机械水平以单位耕地面积农业机械动力表示
	单位耕地面积化肥使用量增加率	
	有效灌溉水平增加率	有效灌溉水平为有效灌溉面积占耕地面积比重

注：增加率=(末期数－基期数)/基期数。

以各地类的各种变化率为因变量，以各驱动因素指标的变化率为自变量，采用逐步回归的方法建立多元线性回归方程，试图以回归模型表示驱动机制，从中总结环北京地区县级尺度土地利用/覆被变化的主导因素。回归模型中的变量系数具有权重意义，可通过比较来评判指标变量对因变量的影响权重。建立模型的参数结果如表 11-12。由于 7 个县（市、旗）社会经济数据不完整，回归模型的样本数最多为 43 个；对于没有发生某种土地利用/覆被变化的县（市、旗），也未在驱动机制模型中体现，因此各模型的样本数不尽相同。

表 11-12　驱动机制模型中的变量系数及检验结果

因变量	自变量系数						样本数	相关系数 R	显著性检验 F
	常数项	人均粮食增加率	农业机械化水平增加率	复种指数增加率	有效灌溉水平增加率	单位耕地面积化肥使用量增加率			
耕地净增率	−30.248	−0.465			−0.536		43	0.697	18.935
耕地减少率	27.202	0.419		0.261		0.332	43	0.788	21.358
林地净增率	0.845	0.129			0.303	0.32	43	0.672	10.705
林地增加率	0.811	0.134			0.307	0.33	42	0.676	10.655
草地净增率	−10.548		0.463	−0.167			41	0.57	9.138
草地增加率	−9.49		0.472	−0.165			39	0.585	9.361
沙地净增率	10.24	0.232					24	0.526	8.408
沙地增加率	11.302	0.222					23	0.511	7.426

从以“耕地净增率”和“耕地减少率”为因变量的两个模型结果可以看出，对耕地变化起主要作用的是人均粮食、耕地水肥有效投入（以单位耕地面积化肥使用量和有效灌溉面积耕地面积比重部分反映）和利用强度（以复种指数反映）等因素。这反映出在

人均占有粮食充裕、耕地生产要素投入和利用水平逐步提高的情况下，对耕地数量的需求相对降低。因此，环北京地区耕地减少的主要驱动因素是人均粮食、耕地水肥投入和耕地利用强度的增加。

从林地变化模型结果可以看出，其增加的驱动因素与耕地减少的驱动因素基本相同(但各因素作用强度有所不同)，与前文“耕地减少的去向之一是退耕还林”的分析结果一致；即这些因素直接驱动了耕地面积的减少，而耕地减少的部分结果又是退耕还林，所以人均粮食占有量增加、耕地利用水平提高等成为驱动林地增加的因素。

对草地变化的驱动机制模拟发现，农业机械化水平的增加对草地的增加起主要的驱动作用，这是因为耕地利用的农业机械化水平提高后，耕地的产出增加，从而对耕地数量的需求降低；此外，在退耕还草政策的引导下，耕地退耕为草地，导致了草地的增加；与前文“草地的增加主要来源是退耕还草”的分析结论一致。

从沙地变化模型结果来看，对沙地的增加起主要作用的仍然是人均粮食占有量的增加，人均粮食的增加表明了对耕地的利用强度增大，同时由于粮食充裕，人们对耕地的维护也可能会逐渐忽视，对耕地的高强度利用和低水平维护会加剧耕地的退化，造成沙地的增加；这也与前文“沙地增加的来源之一是耕地退化”的分析结论一致。

总体来看，环北京地区县级尺度驱动耕地减少和林地、草地、沙地增加的主导因素是人均粮食占有量的增加、耕地生产要素的投入和耕地利用水平的提高。这些因素对后三者的驱动作用一定程度上是通过这四大地类之间变化的相互牵制而间接实现的，尤其是通过对耕地的驱动间接实现的。由于环北京地区人口压力小、经济发展水平相对较低，农业生产方式相对落后，农业经济仍然占重要比重，工业化和城市化进程相对缓慢。因此，土地利用/覆被变化主要是耕地、林地、草地和沙地变化，变化的社会经济驱动因素也大都属于农业生产方面的因素（如农业生产水平、农业生产要素投入等)，而人口、经济类因素对土地利用/覆被变化的驱动还未起到显著作用。

二、土地利用/覆被变化对区域生态承载力的影响

土地利用/覆被变化对区域生态环境的各个方面都会产生不同程度的影响，对区域生态环境综合影响效果的度量是一个值得研究的问题。本书尝试性地采用由加拿大生态经济学家 Willam Rees 和 Wackernagel 提出，并由 Wackernagel 完善了的生态足迹模型中的生态承载力指标来衡量土地利用/覆被变化的综合效果（王书华等，2002)。生态足迹主要用于可持续性的定量测度和评价，生态足迹是能够持续地提供资源和消纳废物的、具有生物生产力的地域空间（苏慧，2003)。生态足迹的概念和方法提出之后得到广泛的讨论，也被很多研究者运用于不同尺度、不同案例的研究，取得了很多成果。一般的人口承载力是一定时期内，在维持相对稳定的前提下，单位土地面积可承载或容受的人口数量，即环境资源所能容纳的人口规模和经济规模；而生态足迹模型中的生态承载力指的是区域的生态供给，也称生态容量。因此，这里的生态承载力用各类生态生产性土地面积来表示，按照目前国内外研究的思路（谢高地等，2001；鲁春霞等，2001；Wackernagel et al.，1999；徐中民等，2000；王书华等，2002)，主要考虑耕地、林

地、草地、建筑用地、水域、CO_2 吸收地/化石燃料地等 6 种类型，而实际上很多地区都没有专门的 CO_2 吸收地/化石燃料地。由于各类土地的生态生产能力不同，因此必须给每种土地面积乘以一个均衡因子，以转化为等价的生物生产面积；这里的均衡因子也采用目前国内外研究中所通用的数值（表 11-13）。此外，由于同类生态生产性土地在不同的国家和区域，其生产能力也是不同的，因此要进行区域之间的比较，必须进行适当的调整，将生态生产性土地面积乘以一个产量因子，产量因子是一个国家或地区某类土地的平均生产力与世界同类土地平均生产力的比率。本书的产量因子采用相关研究中的中国平均值（表 11-13）（Wackernagel et al.，1999），也被部分国内研究者（秦耀辰等，2003；徐中民等，2000；张志强等，2001；陈东景等，2001）采用。此外，生态承载力还需扣除 12%的生物多样性保护面积。区域生态承载力的计算公式为

$$F = \sum_{i=1}^{6} f_i = \sum_{i=1}^{6} (a_i \times r_i \times y_i) \tag{11-15}$$

式中：F 为区域总的生态承载力；f_i 为各类生态生产性土地的生态承载力；a_i 为各类生态生产性土地面积；r_i 为均衡因子；y_i 为产量因子；i 为生态生产性土地类型数。

需要指出的是，由于产量因子采用的是中国平均值，并且不同年份这一数值应该是有所差异的，而这里并未作区分；并且纳入生态承载力中计算的各类土地应该是严格用于生产的土地类型，本书将“水域与湿地”作为“生产性水域”，将“草地”等同于“牧草地”，因此计算出来的数值不具有绝对意义，但用相同方法计算出的不同时期的生态承载力，反映土地利用/覆被变化对生态环境的总体影响效果具有一定意义。

表 11-13　环北京地区 1991、2002 年生态承载力

	原始面积/10^4hm^2		均衡因子	产量因子	生态承载力/10^4hm^2	
	1991 年	2002 年			1991 年	2002 年
耕地	532.509	482.401	2.8	1.66	2475.102	2242.200
林地	267.023	292.591	1.1	0.91	267.290	292.884
草地	1141.686	1159.576	0.5	0.19	108.460	110.160
建筑用地	41.676	43.458	2.8	1.66	193.710	201.993
水域	41.113	38.550	0.2	1.00	8.223	7.710
CO_2 吸收地/化石燃料地	0	0	1.1	0.00	0	0
总和					2686.451	2512.352
人均/（hm^2/人）					1.874	1.646
单位土地面积平均					1.177	1.101

注：生态承载力总和与人均生态承载力都扣除了 12%。

从计算结果（表 11-13）可以看出，由于土地利用/覆被变化导致环北京地区生态承载力明显下降。1991～2002 的 11 年间，总生态承载力下降了 $174.099\times10^4hm^2$，单位土地面积生态承载力从 1.177 下降到 1.101，降幅达 6.48%；人均生态承载力则由 1.874hm^2/人降至 1.646hm^2/人，降幅达 12.17%。研究区生态供给能力下降，这将使研究区域的生态环境问题更加突出，人与环境的矛盾更加激化。

从研究区内的各县域来看，土地利用/覆被变化带来的生态承载力变化在不同的地区是有所差异的。以各县域单位土地面积的生态承载力和人均生态承载力作为分析指标，来分析研究时段内生态承载力的空间分布及其变化情况。在研究时段内，研究区生

态承载力“地均”指标的空间分布未发生根本性变化，这与前文分析的“土地覆被结构没有发生根本性变化”结论一致。研究区北部的“地均”生态承载力水平最低，不足0.5；其次是东部地区，各县域“地均”生态承载力多数在0.5～1.5之间；普遍来看，研究区西南部各县域的“地均”生态承载力较高，基本上都在1.5以上；“地均”生态承载力最高的地区是位于研究区中西部（坝上高原）和南部（大同盆地）的部分县域。整个环北京地区的各县域“地均”生态承载力空间分布呈现较明显的“北一东一西”三级递增梯度。

1991～2002年期间，多数县域的“地均”生态承载力下降，从彩图33可以看出，“地均”生态承载力有所增加的县域较规则地分布于研究区域的东北—西南一线，即主要处于科尔沁沙地南部、坝上高原东部、大同盆地的中西部，但这些县域的“地均”生态承载力增加极有限（不足0.06）；生态承载力减少不显著的县域主要位于研究区的南部和北部；而研究区西部的阴山山脉地区“地均”生态承载力减少显著，减少量在0.5以上。整体来看，环北京地区从东向西、从南向北，“地均”生态承载力减少逐渐加剧。

在研究时段内，环北京地区的人均生态承载力空间分布也没有发生根本性变化。各县域人均生态承载力差异较大，变化幅度为0.15～6.83hm^2/人。尽管研究区西北部的“地均”生态承载力很低，但由于其人口基数相对较小，因而其人均生态承载力较高，普遍高于2.5hm^2/人；研究区西南部的“地均”生态承载力较高，但人均水平却最低，普遍低于2.0hm^2/人。整体来看，环北京地区的人均生态承载力分布大体上呈从南向北递增的趋势。研究区域绝大多数县域的人均生态承载力下降，仅有东部和北部及坝上高原东部的个别县域的人均生态承载力增加，且其增量极有限。研究区西南（大同盆地和坝上高原地区）人均生态承载力减少幅度基本上在0.2hm^2/人以下，而研究区西北（阴山山脉地区和浑善达克沙地部分地区）人均生态承载力减少幅度最高，普遍高于0.2hm^2/人。研究区整体来看，人均生态承载力减少的幅度从南向北、从东向西递增（彩图34）。

综上所述，虽然从“地均”和人均两个不同角度，生态承载力的空间分布呈不同的规律；但是“地均”和人均生态承载力的减少幅度却都呈现出从东向西、从南向北递增的规律。

基于对环北京地区土地利用/覆被变化的研究，为促进研究区域土地资源的可持续利用、生态环境的保护和建设，乃至于区域的可持续发展，提出以下建议：

1. 土地利用重点转向经济生态型模式

环北京地区本身就是生态环境极其脆弱的地区，其土地利用不能以追求经济利益为主要目的，应强调土地利用的生态效果。摒弃粗放型的农业经营模式，发展多种经营，以生态治理与保护为前提，以建设高产稳产田为中心，逐步退耕还林还草，调整产业结构和用地结构。针对研究区域实际，应该强调土地利用的生态安全准则，使土地利用方式的转变以土地利用的适宜性为依据，“宜粮则粮，宜牧则牧”，土地利用方式的转变不能影响区域的生态安全。从大范围内考虑土地利用的规划和布局，打破行政界限，统筹区域土地利用与经济发展及人民生活的关系。

2. 调整当前的土地利用行为

重点之一是加强对草地资源的保护和合理利用。草地的退化是研究区土地退化的主要形式，草地退化的主要原因是自然条件的恶劣和人为的过度利用。应加强对现有草场的保护，严格控制草场载畜量，建立严格的轮牧制度，改良退化草场，采取补播、围栏等措施进行改良，提高草地的自身恢复能力。重点之二是要积极行动，遏制土地沙化。一方面，积极采取有效的措施，对沙地和沙化土地进行治理，因地制宜地使其转变为耕地、林地、草地等；另一方面，大力营造防护林，注意适地种树，造管并重，建立带、网、片相结合的防护林体系，遏制土地沙化的扩展。

3. 制定灵活合理的政策，引导土地资源的合理利用

一是要进一步推进退耕还林还草政策的实施，特别是在自然条件恶劣和沙地扩大的区域，应强调政策实施的效果，对实施效果进行适时的监测，同时加强研究和实验，以制定和实施更符合区域实际情况的退耕还林还草措施和方法，对现有的成果进行有效的巩固。二是在强调本区域土地利用的生态效益，实施退耕还林、还草以及草场的控制利用的同时，要对农、牧民的生活给予保障，这样才能使土地利用的主体积极自愿地采取保护土地的行为，从而才能在根本上杜绝对土地的不合理和过度利用。为此，必须制定一些相关的政策措施，比如补贴制度、减税制度，对转变产业结构和土地利用方式实施奖励的制度等。三是要加强土地产权制度的建设，明确和规范农、牧民的土地使用权主体地位，同时明确其权利范围，以引导和规范其土地利用行为。

参考文献

陈东景，徐中民．2001．生态足迹理论在我国干旱区的应用与探讨——以新疆为例．干旱区地理，24（4）：305～309

鲁春霞，谢高地，成升魁等．2001．青藏高原自然资产利用的生态空间占用评价．资源科学，23（6）：29～35

罗格平，周成虎，陈曦．2003．干旱区绿洲土地利用与覆被变化过程．地理学报，58（1）：63～72

秦耀辰，牛树海．2003．生态占用法在区域可持续发展评价中的运用与改进．资源科学，25（1）：1～8

苏慧．2003．基于生态足迹分析的江苏省可持续发展研究．南京大学硕士研究生毕业论文

王静等．2003．环北京地区资源与生态环境遥感监测技术方法研究．中国土地科学，17（4）：25～30

王书华，毛汉英，王忠静．2002．生态足迹研究的国内外近期进展．自然资源学报，17（6）：776～782

王涛，吴薇．1999．中国北方土地利用和沙质荒漠化．自然资源学报，14（4）：355～358

谢高地，鲁春霞，成升魁等．2001．中国的生态空间占用研究．资源科学，23（6）：20～23

徐中民，张志强，程国栋．2000．甘肃省1998年生态足迹计算与分析．地理学报，55（5）：607～616

尤飞，钟有丽，王传胜．2002．生态经济持续性的度量和趋势预测——以甘肃武威市为例．自然资源学报，17（6）：743～749

张志强，徐中民，程国栋等．2001．中国西部12省（区市）的生态足迹．地理学报，56（5）：599～610

钟德才．1998．中国沙海动态演化．兰州：甘肃文化出版社

朱震达．1998．中国土地荒漠化的概念、成因与防治．第四纪研究，2：145～155

Arbia G. 1986. The MAUP and the spatial autocorrelation problem: toward a joint approach. Metron, 44: 391～407

Benoit M, Lambin E F. 2000. Land-cover-change trajectories in Southern Cameroon. Annals of the Association of American Geographers, 90: 467～494

Lambin E F, Baulies X, Bockstael N et al. 1999. Land-use and Land-cover change, implementations Strategy IGBP Report No. 48/IHDP Report No. 10. Stochkholm: IGBP

Press S J, Wilson S. 1978. Choosing between logistic regression and discriminant analysis. Journal of the American Statistical Association, 73: 699～705

Shao Yaping, Lance M L. 1997. Wind erosion prediction over the Australian continent. Geophys. Res., 102 (D25): 30091～30105

Wackernagel M, Lewan L, Hansson C B. 1999. Evaluating the use of natural capital with the ecological footprint: applications in Sweden and subregions. Ambio, 28 (7): 604～612

Wackernagel M, Onisto L, Bello P. 1999. National natural capital accounting with the ecological footprint concept. Ecological Economics, 29 (3): 375～390

第十二章　环北京地区土地退化态势

土地退化是指使用土地和由于一种营力或数种营力结合致使干旱、半干旱和亚湿润干旱地区雨浇地、水浇地或草原、牧场、森林和林地的生物或经济生产力复杂性下降或丧失，其中包括风蚀和水蚀造成的土壤物质流失；土壤的物理、化学和生物特性或经济特性退化以及自然植被长期丧失。影响土地退化因子包括自然因子和人为因子，本书以环北京地区的监测分区作为地理控制单元，获取环北京地区土地退化类型的空间分布信息，基于多源信息进行环北京地区土地退化综合评价和土地退化态势分析。

第一节　环北京地区土地退化遥感监测方法

一、土地退化类型

基于土地利用类型变化和农用地质量下降进行环北京地区土地退化信息的分类，包括两部分，一部分是耕地、林地、牧草地的风蚀、水蚀和盐渍化信息，如风蚀耕地、风蚀林地和风蚀牧草地，另一部分是基于土地利用类型变化的土地退化信息，如耕地、林地、牧草地变为沙地、盐碱地以及湿地（沼泽地、苇地、滩涂）的减少（表 12-1）。

表 12-1　环北京地区土地退化信息分类

土地利用类型变化		农用地质量下降	
初期土地利用类型	末期土地利用类型	初期土地利用类型	末期土地利用类型
耕地	沙地	耕地	风蚀耕地
	盐碱地		水蚀耕地
			盐渍化耕地
林地	沙地	林地	风蚀林地
	盐碱地		水蚀林地
			盐渍化林地
牧草地	沙地	牧草地	风蚀牧草地
	盐碱地		水蚀牧草地
			盐渍化牧草地
湿地（沼泽地、苇地、滩涂）	其他用地		

二、土地退化信息提取

环北京地区土地退化信息提取数据源选择 2002 年 Landsat7 和 Landsat5 的接收数据 TM、ETM^{+} 遥感影像，以 8～9 月为主，少量轨道以 2001 年补充。

土地退化信息的提取需充分应用地面调查信息和土壤、植被信息。在提取土地退化信息时，可先区分退化土地和非退化土地。一般情况下，废弃耕地和空旷地等非退化土地类型的光谱反射特性在可见光波段与退化土地类似，可利用红外波段（7 波段）吸收值及植被指数进行区分。水蚀土地因其特殊的地貌形态，处于地形起伏较大的区域，在影像上表现为长条曲线形状并有切割痕迹，可利用 DEM 判断水蚀土地可能发生的范围。盐渍化土地因含盐分和水分，其反射特性和植被指数与其他地物存在明显的差异。在可能发生土地风蚀、水蚀和盐渍化范围内，根据其评价指标进行评价。

耕地、牧草地盐渍化评价指标选取植被覆盖度、土壤类型和盐碱斑占地百分比（临界值为大于 20%区域属于盐渍化土地）等因子（国家林业局荒漠化监测中心，2000；高尚武等，1998），同时以土地利用/覆被分类图和遥感影像图为基础，划分盐渍化的耕地和牧草地。耕地、林地、牧草地水蚀评价是在划分平原、盆地、高原、丘陵、低山、中山等地貌单元基础上，选取植被覆盖度、坡度（<15°、15°～25°和>25°三级）、侵蚀沟占地面积百分比、耕地的农作物长势指标，根据遥感影像判断面蚀、细沟、浅沟、切沟和冲沟侵蚀（国家林业局荒漠化监测中心，2000；高尚武等，1998；朱震达，1998），划分水蚀耕地、水蚀林地、水蚀牧草地。耕地、林地、牧草地风蚀评价，选取植被覆盖度（按照>50%、30%～50%、10%～30%和<10%的四级标准）、土壤质地（粉砂壤土、壤砂土、砂土或砾质土）（国家林业局荒漠化监测中心，2000；高尚武等，1998）指标，参考遥感影像判别沙丘形态，划分风蚀耕地、风蚀林地和风蚀牧草地。

土地退化遥感监测影像判别参考信息如表 12-2。

表 12-2　土地退化遥感监测影像判别参考信息

土地退化类型		划分标准	分布范围及判别信息
一级	二级		
风蚀土地	风蚀耕地	裸地占地率（弃耕地或风蚀、风积地占地率）>15%，土壤质地为壤砂土、砂土和砾质土的耕地。包括低产沙质水浇地及大部分沙质旱地、弃耕的沙质水浇地及弃耕的沙质旱地	呈片状、小片状、斑状分布。水浇地多分布在绿洲边缘且形状规则；旱地多在农牧交错区，形状不规则。小片状、斑状分布的耕地与草地镶嵌或被草地包围；边界明晰；形状不规则
	风蚀林地	植被覆盖度<50%、土壤质地为壤砂土、砂土和砾质土的灌木林地	片状分布；并加有少量灰白色裸沙斑点；纹理粗糙；边界不明晰。沙化严重者有明显沙丘波状纹理；零星分布的黄绿色林斑可见；边界不明显
	风蚀草地	植被覆盖度<30%、土壤质地为壤砂土、砂土和砾质土的牧草地	片状分布；有明显的点状灰白色裸沙地分布；色调不均匀；边界清晰。沙化严重者白色或灰白色的沙地占主要成分、有较明显的沙丘纹理，或常呈灰白相间的条纹分布，或呈均匀的灰白色

续表

土地退化类型 一级	土地退化类型 二级	划分标准	分布范围及判别信息
水蚀土地	水蚀耕地	遥感影像上有明显的侵蚀沟，或者坡度>25°的坡耕地	呈片状或条带状分布；有明显度灰白色侵蚀沟分布；纹理均匀；边界明晰
	水蚀林地	遥感影像上有明显的侵蚀沟，或者坡度>25°、覆盖度<50%的林地	片状、斑状分布；灰白色侵蚀沟；色调不均匀；界限不明显
	水蚀草地	遥感影像上有明显的侵蚀沟，或者坡度>25°、覆盖度<50%的牧草地	片状分布；有明显的灰白色侵蚀沟；纹理较细；分布均匀
盐渍化土地	盐渍化耕地	是指有明显盐碱斑（或水渍地）且占地面积>20%、耕地占地率（作物有苗率）<75%的耕地	多分布在灌区的下游、地势较低的地方；一般分布在比较平坦的低平原和缓倾斜平原，地下水埋深一般在0～1m易发生盐渍化。色调较一般农田暗
	盐渍化草地	是指在遥感影像有明显盐碱斑（或水渍地）且占地面积>20%、植被覆盖度<35%的草地	一般分布在比较平坦的低平原和缓倾斜平原，地下水埋深一般在0～1m易发生盐渍化

三、环北京地区土地退化综合评价

环北京地区土地退化综合评价是根据研究区的自然环境条件、社会经济状况、土地利用结构以及土地退化监测结果，按照基于多光谱遥感数据的土地退化指数和地面实地调查数据，确定了环北京地区土地退化评价指标及其等级划分标准（表 12-3）。

表 12-3　环北京地区土地退化监测与评价指标及其等级划分标准

指标类型	退化类型	土地退化监测与评价指标	指标分级 轻度	中度	强度	极强度
土壤退化指标（遥感监测）	风蚀土地	弃耕地或风蚀、风积地占地率	<5	5～15	15～30	>30
	水蚀土地	有明显的侵蚀沟占地百分比	<20	20～40	40～60	>60
	盐渍化土地	明显盐碱斑（或水渍地）占地百分比	<20	20～40	40～60	>60
植被退化指标（遥感监测）	共性指标					
	耕地	作物有苗率	50～70	30～50	10～30	<10
	林地	植被覆盖度（FVC）	50～70	30～50	10～30	<10
	草地	植被覆盖度（FVC）	30～50	15～30	5～15	<5
土地退化内在危险性指标	共性指标	土壤类型抗退化能力	栗钙土、栗褐土、褐土、棕壤、潮土	黄绵土	风沙土	风沙土
		土壤质地	沙壤土、粉砂土、沙黏壤土	壤质沙土	沙土	沙土
		土壤有机质/%	2.5～3.5	1.5～2.5	0.5～1.5	<0.5
		土层厚度/cm	100～150	50～100	30～50	<30
		降水量/mm	520～630	420～520	350～420	<350
	风蚀土地	风速	<3.1	3.1～4.1	4.1～5.1	> 5.1
		大风频数	<5	5～20	20～33	> 33
	水蚀土地	坡度	2～6	6～15	15～25	>25
	盐渍化土地	土壤含盐量/‰	0.5～1.0	1.0～1.5	1.5～2.0	>2.0

续表

退化类型	土地退化监测与评价指标	指标分级			
		轻度	中度	强度	极强度
人为因素指标	人口超载程度	<−34	−34～0	0～100	>100
	牲畜超载程度	<−30	−30～0	0～100	>100
	有效灌溉面积比例	40～60	20～40	10～20	<10
	生态退耕工程实施程度	20～30	10～20	4～10	<4
	农用地转变为沙地盐碱地百分比	<5	5～20	20～40	>40

第二节　环北京地区土地退化分析

一、环北京地区土地退化状况

通过对环北京地区土地退化信息提取，结果表明，各类退化土地总面积为 1049.54 万 hm^2，占监测区总面积的 46.0%。其中耕地、林地、牧草地的风蚀、水蚀和盐渍化面积为 1032.68 万 hm^2，占土地退化总面积的 98.4%；耕地、林地、牧草地变为沙地、盐碱地以及湿地（沼泽地、苇地、滩涂）的面积为 16.86 万 hm^2，占土地退化面积的 1.6 %。风蚀土地是环北京地区土地退化的主要类型，各类风蚀土地面积为 833.31 万 hm^2，占土地退化总面积的 79.4 %。耕地、林地、牧草地变为沙地是环北京地区土地退化的重要类型，占土地利用类型变化形成的土地退化面积的 84.5%，环北京地区土地退化情况分布如表 12-4、表 12-5 与彩图 36。可以看出，环北京地区生态条件十分脆弱，退化土地面积占监测区土地总面积近一半，在各种形式的退化中，风蚀土地为主要形式，各种风蚀土地和退化为沙地的面积占 80.8%。

表 12-4　北京地区退化土地面积分析表

退化土地类型		退化土地面积/万 hm^2	退化土地构成比例/%	占总退化面积的比例/%	占全监测区总面积的比例/%
风蚀土地	风蚀耕地	88.36	10.6	8.4	3.9
	风蚀林地	24.09	2.9	2.3	1.1
	风蚀牧草地	720.86	86.5	68.7	31.6
	小计	833.31	79.4	79.4	36.5
盐渍化土地	盐渍化耕地	2.32	25.6	0.2	0.1
	盐渍化牧草地	6.75	74.4	0.6	0.3
	小计	9.07	0.9	0.9	0.4
水蚀土地	水蚀耕地	42.61	22.4	4.1	1.9
	水蚀林地	36.91	19.4	3.5	1.6
	水蚀牧草地	109.79	58.2	10.6	4.9
	小计	190.41	18.1	18.1	8.3
土地利用类型变化	其他土地退化为沙地	14.24	84.5	1.4	0.6
	其他土地退化盐碱地	1.06	6.4	0.1	0.0
	沼泽地减少	0.18	1.0	0.0	0.0
	苇地减少	0.012	0.1	0.0	0.0
	滩涂减少	1.37	8.0	0.1	0.1
	小计	16.86	1.6	1.6	0.7
合　计		1049.55	100.0	100.0	46.0

以阴山山脉-大兴安岭南缘为南北分水岭，环北京地区北部土地退化类型以风蚀土地为主，南部土地退化类型以水蚀为主，中间的农牧交错过渡带是由风蚀土地向水蚀土地过渡地带，盐渍化土地主要集中在盆地、高原洼地和河谷地带。环北京地区西北部以高平原为主要地貌，地势相对平坦、降雨量稀少，土壤成土过程比较弱，土壤主要以各种质地较粗的初育土为主，土地利用方式以放牧为主。因此，在人类活动的影响下，植被遭到破坏后，土地退化主要以风蚀为主。从西北到东南方向，环北京地区土地退化数量逐渐减少。土地退化面积占各县土地面积比例大于50%的有12个县，全部分布在该分水岭以北地区，位于风口的几个旗（县）（如察哈尔右前旗和翁牛特旗等）受风沙危害的程度明显较同纬度其他地区严重。环北京地区南部山地丘陵区，地形起伏较大，降雨量相对增加，土地利月主要为农业或农牧交错方式，土地退化方式逐渐从北部的风蚀为主导变为以水蚀过程为主导。

盐渍化土地主要分布在大同盆地、坝上高原和浑善达克沙地的中北部；湿地减少主要分布在桑干河、西拉木伦河等河流周围，主要由于开发成其他土地利用类型和湖泊干涸所造成。

环北京地区土地利用类型退化面积为16.86万hm^2，占监测区土地退化面积的1.6%，占监测区土地总面积的0.7%。监测区土地利用类型退化情况分布如表12-5。环北京地区沙地增加主要来自牧草地退化，由牧草地退化而增加沙地14.27万hm^2，占环北京地区2002年沙地总面积的21.6%。

表12-5 环北京地区不同土地退化类型在各监测区分布 （单位：万hm^2）

土地退化类型		内蒙古高原半干旱草原监测区（Ⅰ）	坝上高原农牧交错监测区（Ⅱ）	大同盆地及周边区域农业监测区（Ⅲ）	阴山山脉地区监测区（Ⅳ）	总计
土地总面积		1258.52	481.54	238.40	304.31	2282.77
土地退化面积		718.70	145.71	20.83	164.31	1049.55
土地利用类型变化	沙地增加	13.79	0.30	0.0006	0.15	14.24
	盐碱地增加	0.62	0.08	0.06	0.30	1.06
	沼泽地减少	0.10	0.05	0.03	0	0.18
	苇地减少	0.006	0.003	0.003	0	0.012
	滩涂减少	0.94	0.15	0.17	0.11	1.37
	小计	15.46	0.58	0.26	0.56	16.86
风蚀土地	风蚀耕地	39.79	18.26	0	30.31	88.36
	风蚀林地	16.32	3.30	0	4.47	24.09
	风蚀牧草地	581.33	54.01	0	85.52	720.86
	小计	637.44	75.57	0	120.30	833.31
盐渍化土地	盐渍化耕地	0.005	0.11	1.83	0.37	2.32
	盐渍化牧草地	2.33	2.29	0.05	2.08	6.75
	小计	2.335	2.40	1.88	2.45	9.07
水蚀土地	水蚀耕地	5.59	20.88	8.82	7.32	42.61
	水蚀林地	7.18	19.15	7.55	3.03	36.91
	水蚀牧草地	50.69	27.13	2.32	30.65	110.79
	小计	63.46	67.16	18.69	41.00	190.31

二、环北京地区土地退化预测模型

（一）风蚀土地预测模型

以2002年环北京地区风蚀土地为因变量，以自然因子和社会经济因子建立逻辑多元回归模型，预测风蚀土地发生的可能性（Benoît et al.，2000；Press et al.，1978；Arbia，1986）。预测模型入选了人口密度、土壤有机质、NDVI、年平均降雨量和坡度5个因子（表12-6），模型的拟合参数R^2为0.624，模型拟合结果较好。结果表明，NDVI和土壤有机质对环北京地区风蚀土地影响最强。群落组成愈复杂，地表的抗蚀性就愈好，土地退化程度就愈低，如乔、灌、草组成的复合植物群落对地表的保护作用明显优于单一的乔木、灌木或草本群落；植被覆盖度与土地退化程度呈负相关关系。同时，紧实、结构良好的土壤比松散、结构较差的土壤抗蚀性强，土壤有机质愈多，植被生长愈好，土地退化程度就愈低。此外，土壤有机质本身的胶结形式不同，对土地退化的影响也不尽相同。值得注意的是，坡度因子的增大将导致风蚀土地的发生，这可能随着地形起伏增加将导致流沙的堆积，造成风蚀土地的发生。Shao等（1997）研究认为，影响地表土壤风蚀起沙的下垫面主要因素包括地形起伏、地表土壤粒径分布、植被覆盖度等，两者结果一致。

表12-6　环北京地区风蚀土地逻辑回归预测模型参数

	参数预测值	标准差	Chi-Square	显著性	残差
人口密度	−0.018*	0.000	1034.93	0.000	0.982
土壤有机质	−0.171*	0.003	291.58	0.000	0.842
NDVI	−3.156*	0.055	331.95	0.000	0.043
坡度	0.403*	0.006	415.50	0.000	1.497
年平均降雨量	−0.029*	0.000	1889.40	0.000	0.971

*样本数：230 250；R^2：0.624；显著性水平：0.01。

环北京地区风蚀土地发生可能性预测模型如下

$$p=\frac{e^{(8.876-0.018X_1-0.171X_2-3.156X_3+0.403X_4-0.029X_5)}}{1+e^{(8.876-0.018X_1-0.171X_2-3.156X_3+0.403X_4-0.029X_5)}} \tag{12-1}$$

式中：p为风蚀土地发生的可能性程度；X_1，X_2，X_3，X_4和X_5分别为人口密度、土壤有机质、NDVI、坡度和年均降雨量。

利用上述预测模型预测环北京地区不同区域风蚀土地发生的可能性（彩图36）。可以看出，最可能发生土地风蚀现象的区域与已存在的风蚀土地区域具有相关性，风蚀土地最可能发生的区域集中在监测区的西北部，主要分布在浑善达克沙地南部的四子王旗、察哈尔右翼中旗、察哈尔右翼后旗、商都、化德、正镶白旗和正蓝旗等区域。

（二）水蚀土地预测模型

以 2002 年环北京地区水蚀土地为因变量，与自然因子和社会经济因子建立逻辑多元回归模型，模型拟合参数 R^2 为 0.349，模型拟合结果如表 12-7。结果表明，NDVI、坡度和土壤湿度对环北京地区水蚀土地影响最强，植被覆盖越茂密，越有可能降低水蚀土地发生的可能性；坡度越大，土壤湿度越大，将导致水蚀土地的发生。这与野外调查发现土壤水分越饱和，集水区域土壤稳定性较差，土壤越有可能发生水土流失结果一致（Montgomery et al.，1994）。彩图 37 为环北京地区不同区域水蚀土地发生的可能性分布图，可以看出，所预测的最可能发生水蚀现象的区域与已存在的水蚀土地区域具有一定的相关性，水蚀土地最可能发生的区域集中在监测区的东南部，主要分布在河北的蔚县、阳原、涿鹿、怀来、赤城等县。

表 12-7　环北京地区水蚀土地逻辑回归预测模型参数

	参数预测值	标准差	Chi-Square	显著性	残差
NDVI	−2.151	0.059	134.74	0.000	0.116
坡度	0.189	0.005	132.58	0.000	0.828
年平均降雨量	0.005	0.000	179.76	0.000	1.005
土壤湿度	1.639	0.011	2039.47	0.000	5.151

注：样本数：230 250；R^2：0.349；显著性水平：0.01。

第三节　环北京地区土地退化综合评价

根据土地退化指数概念模型，考虑区域自然状况、土地利用变化和社会经济因素，确定土地退化指数综合评价模型，对环北京地区土地退化状况进行综合评价。

一、环北京地区土壤质量评价

土壤质量是土地保持其功能的能力。土壤质量的好坏实际上是针对土地的某种功能而言，就土地维持生产和环境保护的功能而言，土壤本身、植被和地形对土壤质量有重要影响。因此，本书从土壤、植被和地形三个方面建立土壤质量评价指标体系，对土壤质量进行综合分析。

（一）土壤质量评价指标

1. 土壤质地

环北京地区土壤质地包括沙质（S）、壤沙（LS）、沙壤（SL）、壤质（L）、粉壤质（SiL）、沙黏壤（SCL）、黏壤（CL）、粉黏壤（SiCL）、沙黏土（SC）、壤黏土（LC）、粉黏土（SiC）和黏土（C），可将上述质地分为粗、中和细三个级别：

粗质地：包括沙质（S）、壤沙（LS）、沙壤（SL）；

中质地：包括壤质（L）、粉壤质（SiL）、沙黏壤（SCL）、黏壤（CL）；

细质地：包括粉黏壤（SCL）、沙黏土（SC）、壤黏土（LC）、粉黏土（SiC）和黏土（C）。

环北京地区土壤质地以中、粗为主，其中中质地的土壤面积为1030万 hm^2，占整个监测区面积的45%；粗质地土壤的面积为931万 hm^2，占监测区面积的41%；细质地的土壤面积只占总面积的14%。粗质地土壤主要分布在环北京地区的中北部、西北角和东北部的浑善达克沙地和科尔沁沙地，主要包括四子王旗、正蓝旗、克什克腾旗、翁牛特旗、太仆寺旗、阿鲁科尔沁旗、多伦等县。在燕山山脉的西侧边缘，向西接近大同盆地的一线，土壤质地较粗，主要包括崇礼、万全、宣化以及丰镇和阳高、兴和和丰镇县的交界处，这些地区地形以低山丘陵为主，陡坡耕种、乱砍滥伐比较严重，容易引起水土流失，土壤质地变粗。土壤质地较细区域主要在阴山山麓的乌兰察布区，这些地区土壤类型以暗栗钙土为主，黏粒含量占土壤颗粒组成的28%。值得注意的是，这些地区有许多零星成片，质地较粗的土壤分布，表明该区土地利用程度较高，呈现出土地风蚀的趋势。中质地土壤在整个地区均有分布。

2. 土壤有机质

环北京地区土壤表层（0～20cm）有机质分为六个级别，分别为：(0，0.5%)、[0.5%，1.5%)、[1.5%，2.5%)、[2.5%，3.5%)、[3.5%，5%)和[5%，+∞)。环北京地区土壤有机质在[0.5%，1.5%)范围内的所占面积最大，面积为815万 hm^2；其次为含量在[1.5%，2.5%)和[2.5%，3.5%)的级别，面积分别为436万 hm^2 和444万 hm^2，分别占研究区总面积的19.1%和19.4%。含量在(0，0.5%)和[3.5%，5%)的面积较少，分别占土地总面积的9.1%和10.6%；面积最小的级别[5%，+∞)，只有136万 hm^2。土壤有机质含量最高的地区主要分布在克什克腾旗的东部和南部、围场的西北部，以及林西、巴林右旗、巴林左旗的北部，含量在5%左右；以林地为主，林地保持养分的能力较高；另外，在阴山山麓的乌兰察布区土壤有机质的含量也较高，含量在3.5%，主要分布在察哈尔右翼中旗、前旗、后旗、集宁、卓资和丰镇等县；土壤有机质含量最低（<0.5%）的地区主要分布于浑善达克沙地和科尔沁沙地内，这些地区的土壤质地较粗，以沙质和壤沙为主。

3. 土层厚度

环北京地区土层厚度（单位为cm）分为5个级别，分别为：(0，30)、[30，50)、[50，100)、[100，150)、[150，+∞)。土壤土层厚度主要以[50，100)和[100，150)两个级别为主，两者的面积占整个研究区面积的90%以上。其中[100，150)级别所占的面积最大，为1210万 hm^2，约占总面积的53%；(0，30)、[30，50)和[150，+∞)所占的面积较小，分别为1.9%、2.1%和3.2%。浑善达克沙地的西部区和阴山山麓的乌兰察布，包括四子王旗、察哈尔右翼中旗、前旗、后旗、集宁、卓资、商都、兴和和丰镇等县土层厚度较小，以50～100cm为主，同时在阴山山麓的乌兰察布分布有许多土层厚度小于 30cm 的小斑块；其余生态监测区（科尔沁沙地周边农牧交错区、坝上高原及周边农牧交错区、燕山山脉西部农业生态区、大同盆地和恒山山脉农业生态区）土层厚度以 100～150cm 为主。

4. 植被覆盖度

由于植被指数与植被覆盖度有较好的相关性，因此，通过植被指数可以反映植被覆盖度。将 NDVI 值分为 5 个级别，分别为 [－1，－0.35)、[－0.35，－0.15)、[－0.15，0.15)、[0.15，0.3) 和 [0.3，1)。植被指数在 [－0.35，－0.15) 级别所占的面积最大，为 1279 万 hm^2，占研究区总面积的 56%；其次为级别 [－1，－0.35) 的植被指数，面积为 548 万 hm^2，占总面积的 24%；而植被指数大于 0.15 的面积非常小。植被指数相对较高地区集中在四子王旗的北部、巴林左旗和阿鲁科尔沁旗的北部，在巴林左旗和阿鲁科尔沁旗的北部，分布有一定面积的林地，植被覆盖度较高，植被指数较高；燕山山脉西部农业生态区的怀来、赤城、涿鹿、蔚县等县的植被指数也较高。正蓝旗、克什克腾旗、白旗、太仆寺旗、多伦等县处于浑善达克沙地沙地草原区，植被覆盖度低，植被指数较小。

5. 坡度

环北京地区坡度分为 6 个级别，[0°，2°)、[2°，6°)、[6°，15°)、[15°，20°)、[20°，25°)、[25°，+∞)。研究区 58.5%的地区坡度小于 2°，面积为 1335 万 hm^2；坡度在 [2°，6°) 和 [6°，15°) 的面积分别为 425 万 hm^2 和 404 万 hm^2，分别占总面积的 18.6%和 17.7%。坡度在 15°以上的面积较少，所占面积不到 6%。研究区地势较为平坦，坡度较陡的地区主要分布在燕山山脉西部农业区，以山地丘陵为主；代县、繁峙、浑源等县地处太行山地的北端，高差起伏较大，坡度较陡；围场北部、克什克腾旗的东部和南部，以及林西、巴林右旗、巴林左旗的北部，地势起伏较大，坡度相对较陡。

（二）土壤质量评价方法

采用分级赋值，加权求和方法进行土壤质量评价。将土壤质地、植被指数、土层厚度、有机质含量和坡度等评价指标根据分级标准（表 12-3）进行分级赋值，最高级别赋值为 100，最低级别赋值为 10 或 20。土壤质量指数计算公式为

$$QI = T \times 0.25 + N \times 0.25 + D \times 0.2 + O \times 0.2 + S \times 0.1 \qquad (12\text{-}2)$$

式中：QI 为土壤质量指数；T、N、D、O 和 S 表示土壤质地、植被指数、土层厚度、土壤有机质含量和坡度相应级别的赋值。

根据 QI 的值，将土壤质量划为四个级别，即差、较差、一般及较高，划分依据如表 12-8。

表 12-8　土壤质量判断依据

等级	差	较差	一般	较高
土地质量指数（QI）	＜40	[40，50)	[50，55)	[55，+∞)

(三) 土壤质量的空间分异

环北京地区土壤质量综合评价如彩图 38，研究区土壤质量较高的土地面积为 954 万 hm^2，占 41.8%；土壤质量较差、差、极差的土地分别占环北京地区土地面积的 21.4%、26.9%和 9.9%。

按照耕地、园地、林地、牧草地、荒草地等不同土地利用类型进行土壤质量分析(表 12-9)。可知，耕地、园林地和草地的质量都存在不同程度的下降。耕地质量较低的面积为 210 万 hm^2，占整个耕地面积的 43.6%，其中，质量较差和差的耕地面积分别为 106 万 hm^2 和 88 万 hm^2，分别占到耕地总面积的 22.0%和 18.3%；质量极差的耕地面积有 15 万 hm^2，占耕地总面积的 3.2%。园林地的质量较低的面积为 280 万 hm^2，占园林地面积的 59.9%，质量较差和差的土地面积分别占园林地总面积的 24.6%和 28.4%，质量极差的园林地面积为 21 万 hm^2，占园林地面积的 6.8%。质量差的草地(包括牧草地和荒草地)面积为 390 万 hm^2，占草地总面积的 29.1%；质量较差的面积为 271 万 hm^2，占草地总面积的 20.2%；质量极差的面积为 169 万 hm^2，占草地总面积的 12.6%。

表 12-9　不同土地利用类型的土壤质量现状

		质量极差	质量差	质量较差	质量较高	合计
耕地	面积/万 hm^2	15	88	106	272	482
	比例/%	3.2	18.3	22.0	56.4	
园林地	面积/万 hm^2	21	85	74	121	301
	比例/%	6.9	28.4	24.6	40.1	
草地	面积/万 hm^2	169	390	271	511	1341
	比例/%	12.6	29.1	20.2	38.1	

研究区土壤质量具有明显的空间分布规律。土壤质量在各县的地域分布具有以下几种情况：第一类是土壤质量极差，且分布广泛。该区土壤质量较低的土地面积占县域土地总面积的 60%以上，其中质量极差的土地面积比例较大；主要包括四子王旗、克什克腾旗、翁牛特旗 3 个县，3 个县地处浑善达克沙地和科尔沁沙地，土壤质地较粗、土层较薄、土壤有机质含量低。第二类是土壤质量较差，且分布广泛；该区土壤质量较差土地面积比例较大，质量极差土壤面积占总面积比例＜15%，主要包括大同市、崇礼、张家口、怀仁、赤城、镶黄旗、山阴和涿鹿等 8 个县。第三类是土壤质量差，且分布广泛，零星分布少量质量极差的土地；主要包括多伦县、正蓝旗、围场县、应县、万全县、正镶白旗、太仆寺旗、天镇、浑源、阳原、宣化、阳高和林西等 13 个县。第四类是土壤质量差和较差，但分布不广泛；主要包括繁峙县、怀来县、赤峰市、左云县、怀安县、敖汉旗、大同市、代县、蔚县、丰镇、阿鲁科尔沁旗、卓资县、巴林左旗、巴林右旗、察哈尔右翼中旗、凉城、察哈尔右翼前旗和兴和县等 18 个县。第五类是土壤质量极差占有一定比例，但是面积较小；主要包括察哈尔右翼后旗、商都县、化德和集宁 4 个县。最后一类是土壤质量较差占有一定比例，但是面积较小；主要包括康保、张

北、尚义和沽源等县。

二、环北京地区土地退化综合评价

在土壤质量评价基础上，从区域气候、水文等自然状况，结合土地利用变化等因素，以县为单位，进行土地退化综合评价。

（一）综合评价因子分析

1. 气候

气候因子选择相对湿度、降水和风速指标。分析环北京地区年（1970～2000 年）气候数据，绝大部分旗县相对湿度的变异系数小于 5%，相对湿度最小的是四子王旗，为 4.90hPa；最大是怀来县，为 8.36hPa。降水量最小的县是四子王旗 219.79mm，最大的县是代县，为 627.37mm。除四子王旗外，各县降水的变异系数均不超过 10%，平均变异系数为 4.3%。风速的变化范围在 7.47～2.23m/s 范围内，代县的风速最大，为 7.47m/s；蔚县的风速最小，为 2.23m/s；各县风速的变异系数也较低。

2. 水资源

水资源选择地表年径流量、人均水资源量和径流模数因子。地表年径流量是反映区域水资源总量的主要指标，环北京地区各县地表年径流量平均为 13 126.44 万 m^3，各县之间差异较大。最小的怀仁县为 1090 万 m^3；最大的克什克腾旗达到 74 150 万 m^3。人均水资源量可反映区域水资源的利用潜能，环北京地区各县人均水资源量差别也很大，变幅为 146.11～4638.21m^3/人。最小的是山西的阳高县，最大的为内蒙古的正镶白旗。径流模数是区域土地水资源承载能力的重要反映。各县径流模数差别很大，最小的太仆寺旗只有 0.4 万 m^3/km^2，而最大的大同县高达 26.6 万 m^3/km^2。

3. 土地利用变化

（1）林地、牧草地增加的百分比

林地、牧草地的增加可以表明地区的生态环境在好转。计算公式为

$$LC = \frac{LC_m - LC_j}{LC_j} \times 100\% \qquad (12\text{-}3)$$

式中：LC 为林地、牧草地增加的百分比；LC_j 为基期林地、牧草地的面积；LC_m 为末期林地、牧草地的面积。部分县 10 年来林草地的面积基本没有变化，如四子王旗、正镶白旗。大部分县林草地面积都有增加，赤城、化德、怀安等县草地面积增幅达到 30%以上，最大的涿鹿县，林草地面积增加了 93%。个别县林草地面积减少，如巴林右旗和翁牛特旗林草地面积分别减少了 3.3%和 1.8%。

(2) 农用地转变为沙地、盐碱地比例

农用地转变为沙地、盐碱地反映区域生态环境恶化。计算公式为

$$NSY = \frac{NSY_{jm}}{SY_m} \times 100\% \tag{12-4}$$

式中：NSY_{jm} 为从基期到末期农用地转变为沙地、盐碱地的面积数；SY_m 为末期沙地、盐碱地的面积。农用地转变为沙地、盐碱地的面积比例差别较大，大部分县的变化比例在 1%以内，阳原、天镇等 8 个县的比例变化为 10%～30%，巴林右旗、巴林左旗、卓资等县的变化比例占到 70%以上。

(3) 林地、牧草地转化为耕地的百分比

林地、牧草地向耕地转化计算公式为

$$LCG = \frac{LCG_{jm}}{LC_j} \times 100\% \tag{12-5}$$

式中：LCG_{jm} 为从基期到末期林地、牧草转化为耕地的面积数；LC_j 为基期林地、牧草地的面积；LCG 为基期林地、牧草地转化为末期耕地占基期林地、牧草地的百分比。各县林地、牧草地转化为耕地百分比的变化范围在 0～7%。

(4) 耕地转化为林地、牧草地的百分比

耕地转化为林地、牧草地的面积可反映区域退耕还林还草工程的进展，计算公式为

$$GLC = \frac{GLC_{jm}}{LC_m} \times 100\% \tag{12-6}$$

式中：GLC_{jm} 为从基期到末期耕地转化为林地、牧草地的面积数；LC_m 为末期林地、牧草地的面积；GLC 为基期林地、牧草地转化为末期耕地占基期林地牧草地的百分比。耕地转化为林地、草地的百分比变化幅度为 0.01%～27%，变化幅度较小的县包括怀来、镶黄、赤城等县，察哈尔中、右、后旗等县的变化幅度较大，达到 20%以上。

4. 土壤质量

考虑土壤质量极差、差和较差在土壤质量较低面积的比例，土壤质量较低面积占土地总面积的百分比计算公式为

$$D = \frac{S \times 3 + M \times 2 + L}{S \times 3 + M \times 2 + L + W} \times 100\% \tag{12-7}$$

式中：D 为质量较低土地的百分比；S 为各县质量极差的面积；M 为质量差的面积；L 为质量较差的面积；W 为质量较高面积。土壤质量较低的面积比例范围为 10%～93%，最大的是多伦县，最小的是张北县，大部分土壤质量较低的面积比例均在 50%以上。

(二) 环北京地区土地退化综合分区

1. 气候分区

利用降水、相对湿度和风速进行气候分区，分区指标和标准如表 12-10。气候差

的区域包括镶黄旗，四子王旗，正镶白旗，正蓝旗，康保，化德，商都，察哈尔中、后旗 9 个县。各县平均降水量为 295mm，相对湿度 5.29hPa，风速为 4.31m/s。气候较好的区域主要包括赤城县、蔚县、怀来县和涿鹿县，降水量较大，平均降水量为 428mm，相对湿度很大，风速较小。大部分区域属于过渡区域，该区域又分为两种类型，一种是降水量较大，风速也较大，但相对湿度较小，主要包括集宁市、卓资县、察哈尔右旗、山阴、应县、繁峙县、张北县、沽源县、林西县、克什克腾旗、太仆寺旗、多伦县、兴和县、浑源和怀仁等 18 个县，降水量平均为 423mPa，平均风速为 4.22m/s，相对湿度 5.88hPa。另一种类型是降水量较小，风速较小，但相对湿度较大，主要包括宣化县、万全县、崇礼、围场县、大同市辖、阳高、阿鲁科尔沁旗、巴林左旗、巴林右旗、敖汉、丰镇县、凉城县、左云县、大同县、张家口市、阳原县、怀安县、天镇县、赤峰市辖区、翁牛特旗等 20 个县，平均降水量 392mm，平均风速 3.07m/s。

表 12-10　环北京地区气候分区指标及赋值

级别与赋值	降水/mm	相对湿度/hPa	风速/(m/s)
1 (40)	<350	<5.9	>5.1
2 (60)	350～420	5.9～6.6	4.1～5.1
3 (80)	420～520	6.6～7.6	3.1～4.1
4 (100)	520～630	>7.6	<3.1

2. 水资源分区

利用地表径流量、人均水资源量和径流模数进行水资源分区，分区指标和标准如表 12-11。水资源相对较差区包括太仆寺旗、镶黄旗、怀仁县、阳原县、张家口市、应县、康保县、左云县、四子王旗、察哈尔后旗、山阴县、察哈尔中前旗、商都县、围场县、天镇、沽源、阳高、宣化县、怀来、怀安县、大同市辖区等 21 个县。地表径流量、人均水资源量和径流模数都较小，平均地表径流量 5214.9 万 m^3；径流模数为 1.9 万 m^3/hm^2，人均水资源量 483.5 万 m^3。水资源相对一般区主要包括化德县、察哈尔右前、崇礼县、兴和县、张北县、尚义县、正镶白旗、正蓝旗、集宁市、阿鲁科尔沁旗、林西、多伦县、卓资县、浑源县、涿鹿等 15 个县，该区域平均地表径流量 10 459 万 m^3；径流模数为 4.4 万 m^3/hm^2，人均水资源量 1219 万 m^3。和水资源相对较差区比较，该区的地表径流量和人均水资源量明显提高。值得注意的是，该区各县径流模数的差别较大，变异系数为 116%，最小的正镶白旗只有 0.5 万 m^3/hm^2，最大的集宁市则达到 22.42 万 m^3/hm^2。水资源相对较好区，主要包括赤峰市辖区、丰镇、巴林右旗、巴林左旗、蔚县、凉城县、代县、翁牛特旗、赤城、敖汉等 10 个县。该区域平均地表径流量和径流模数分别达到 21 757 万 m^3 和 4.32 万 m^3/hm^2。水资源良好区包括繁峙县、克什克腾旗、万全县和大同 4 个县。三个指标显著大于其余三个区，平均径流量、人均水资源量和径流模数分别为 45 911 万 m^3、2651 万 m^3/人和 11.77 万 m^3/hm^2。

表 12-11 水资源分区的指标与赋值

级别与赋值	地表径流量/万 m^3	人均水资源量/(万 m^3/人)	径流模数/(万 m^3/hm^2)
1 (40)	<7000	<700	<3
2 (60)	7000～15 000	700～1400	3～5
3 (80)	15 000～30 000	1400～2500	5～10
4 (100)	>30 000	>2500	>10

3. 土壤质量分区

环北京地区土壤质量分区包括四种类型，土壤质量较低面积比例>80%为土壤质量极差区、50%～80%为土壤质量很差区、30%～50%为土壤质量较差区、<30%为土壤质量一般区。土壤质量一般区包括张北、康保和集宁市 3 个旗（县、市）；土壤质量较差区包括化德县、沽源县、尚义县、商都县、察哈尔右翼后旗、兴和县、凉城和巴林左旗 8 个县；质量很差区包括察哈尔右翼中旗、察哈尔右翼前旗、巴林右旗、阿鲁科尔沁旗、蔚县、左云县、丰镇县、卓资县、大同县、代县、怀来、赤峰市辖、山阴县、怀安县、敖汉旗、涿鹿县、繁峙县、镶黄旗、阳高县、赤城县、宣化县、林西县、阳原、怀仁等 24 个县；质量极差区括四子王旗、张家口市、浑源市、克什克腾旗、崇礼县、翁牛特旗、太仆寺旗、应县、天镇县、正镶白旗、万全县、大同市辖、围场、正蓝旗和多伦县 15 个县。

4. 土地利用变化分区

土地利用变化分区指标与标准见表 12-12。根据土地利用变化分值，按照<65、65～75、75～85 和>85 划为土地利用变化趋势很差区、土地利用变化趋势相对较差区、土地利用变化趋势相对较好区、土地利用变化趋势相对良好区（彩图 39），各区四个指标情况如表 12-13。

表 12-12 土地利用变化分区的指标与赋值 (单位:%)

级别与赋值	林草地面积增加的百分比	农用地转变为沙地、盐碱地面积的百分比	耕地转变为林草地面积的百分比	林草地转变为耕地面积的百分比
1 (40)	<5	>60	<4	>6
2 (60)	5～20	30～60	4～10	3～6
3 (80)	20～30	5～30	10～20	1～3
4 (100)	>30	<5	>20	<1

表 12-13 土地利用变化分区结果及指标情况 (单位:%)

土地利用变化分区	林草百分比	农用地变沙地、盐碱地比例	耕地变林草地比例	林草地变耕地比例
良好	31	15.2	10.7	0.8
好	19	26.6	12.7	2.7
差	2.4	7.0	2.1	0.4
很差	3.5	15.4	6.6	2.3

土地利用变化趋势相对很差区主要包括巴林左旗、巴林右旗、林西县、卓资县、天镇县、浑源县、克什克腾旗、翁牛特旗、兴和 9 个县。该区域林草地增加面积比例较小，只有 3.5%；农用地转变为沙地和盐碱地面积比例较大，达到 15.4%；耕地转变为林草地的面积比例为 6.6%，林草地变耕地比例为 2.3%。土地利用变化趋势相对较差区主要包括张家口市、宣化县、张北县、万全县、怀来县、围场县、阳高县、大同县、山阴县、应县、怀仁县、代县、繁峙县、阿鲁科尔沁旗、镶黄旗、正镶白旗、正蓝旗、多伦县、集宁市等 19 个县。其林草地面积增加的百分比略小于很差区，农用地转变为沙地和盐碱地比例较低，耕地转变为林草地的面积比例与林草地变耕地的面积比例较小。土地利用变化趋势相对较好区主要包括左云县、赤峰市辖区、商都县、凉城县、察哈尔中前旗、四子王旗、沽源县、尚义县、阳原县、怀安县、敖汉旗、太仆寺旗、丰镇县、察哈尔后旗等 14 个县。该区域林草地面积百分比达到 19%，耕地转变为林草地的面积比例达到 12.7%。值得注意的是，该区域农用地变沙地、盐碱地的面积比例很大，平均为 26.6%，但该区各县的差异较大，四子王旗、察哈尔中旗、凉城县、丰镇、察哈尔后期等县的比例达 50%以上，而其余各县耕地变沙地和盐碱地的比例不足 1%。土地利用变化趋势相对良好区主要包括蔚县、涿鹿县、赤城县、崇礼县、大同市辖区、察哈尔右翼、康保县和化德等 8 个县。该区域的林草地增加百分比平均为 31%，耕地变林草地的比例也较大，为 10.7%；该区域农用地变沙地和盐碱地的比例较大，达到 15.8%。

5. 土地退化综合分区

综合考虑气候、水资源、土地质量、土地利用变化趋势等因素，进行对环北京地区土地退化综合分区（彩图 40）。

(1) 轻度退化区域

主要包括张北县、尚义县、大同县、集宁市、察哈尔右翼前旗、敖汉旗、化德县、丰镇县、康保县、涿鹿县、凉城县、蔚县和赤城县 13 个县。该区土壤质量相对较好，土地利用变化趋势良好，区域自身的气候、水资源条件较好，属轻度土地退化区域。

(2) 中度退化区域

主要包括宣化县、阳高县、兴和县、巴林右旗、怀来县、代县、阿鲁科尔沁旗、商都县、察哈尔右翼后旗、阳原县、怀安县、万全县、大同市、左云县、沽源县、繁峙县、巴林左旗、崇礼县、赤峰市等 19 个县。该区的气候条件与水资源条件较好，但土壤质量较低的土地占有一定比例，土地利用趋势不容乐观，迫切需要采用生态工程进行保护和治理，属中度土地退化区域。

(3) 强度退化区域

主要包括镶黄旗、四子王旗、天镇县、浑源县、应县、怀仁县、正镶白旗、正蓝旗、张家口市、围场县、林西县、多伦县、卓资县、山阴县、克什克腾旗、翁牛特旗、太仆寺旗和察哈尔右翼中旗等18个县。该区的气候分值、土地利用变化分值，土壤质量分值，水资源分值均较低，表明区域土地退化状况严重。

三、环北京地区土地资源利用和生态环境保护措施

(一) 环北京地区土地资源利用存在的主要问题

土地资源的有限性、生态系统的脆弱性和政策导向是环北京地区土地利用变化、土地退化与生态环境恶化的主要原因。土地资源的生产价值与生态价值背离，对环境的无偿占有与对环境的自觉养护严重失衡，人类不合理利用土地资源，掠夺性地经营，土地的生态服务功能大幅下降，已逐渐形成了阻碍本地区可持续发展的瓶颈。环北京地区土地资源开发、利用和保护中存在的主要问题具体表现在以下几个方面：

1. 土地资源经营粗放，用养失调，土地生产力低

环北京地区种植业经营粗放，重用轻养或只用不养，土地质量下降，耕地生产力不高，粮食亩产不到200kg，远低于周边平均水平；单位土地面积产值相当于全国平均水平的1/20。牧草地只用不养，超载放牧，致使部分草地严重退化和沙化。

2. 土地利用结构不合理，林地面积比重偏小

本地区植被覆盖率低，全区有未利用土地296.58万hm^2，占总土地面积的13.0%，大部分荒山荒坡可以发展林牧业。农林牧用地结构不合理，地域内现有未利用的荒草地、盐碱地、滩涂及其他土地适宜发展农、林、牧业生产。农林牧现状用地结构之比大体为2.3∶1∶1.6，林牧用地比例偏低，这与土地资源的适宜性状况不相协调。

3. 土地沙化、水土流失严重，农业生态环境条件差

环北京地区风蚀土地和沙地面积达900.01万hm^2，占总土地面积的40%。据统计，仅内蒙古浑善达克沙地流动沙丘从50年代以来增加17倍，现在仍以每年1.8km^2的速度向南扩展，出现了沙进人退的情况，河北丰宁县清代的木兰围场，坝上风沙和坝下的4条大沙带已威逼其县城。风蚀土地不断扩展的态势对北京及周边地区的生态安全构成了直接的威胁。由于过度垦殖与放牧，草原退化，坝上地区土地风蚀面积达75.57万hm^2，坝上高原农用地退化面积占总农用地面积的40%，土壤侵蚀模数达2500t/(km^2·a)，是全国水土流失严重地区之一。阴山北部丘陵农牧用地区为阴山山脉向内蒙古高原的过渡地带，该区原始草原植被下覆盖着覆沙带，成为风蚀土地的物质基础。与土地风蚀并行的还有水土流失，两者交互作用，使土地退化速度加剧，农业生态环境条件较差。

环北京地区生态环境脆弱，严重影响农业生产的发展，投资环境和生产条件滞后，

制约着区域经济和社会的发展，拉大了中西部地区与东部地区的差别，成为制约我国经济、环境和社会可持续发展的重大障碍。

（二）环北京地区土地资源利用与生态环境保护措施与建议

环北京地区土地资源利用与生态环境保护应以科学技术为先导，以发展高效益农林牧业为基础，加大生态退耕力度，发展经济，实行以开发带动治理的方针，把发展和经济建设作为土地资源利用与生态环境保护的中心工作来抓，走现代化高投入高产出的集约化经营之路。

1. 合理利用土地资源，发展经济生态型土地经营模式

环北京地区土地资源利用与生态环境保护必须同时从消除气候干旱化、人为破坏以及整治风蚀土地三方面着手，将人类的破坏活动降到最低限度，在一定程度上通过改善小气候条件，阻止土地沙漠化发展，使得整体区域环境向有利于人类生存的方向发展。另一方面，土地资源的合理利用，需要在治理土地退化的同时解决农牧民口粮与燃料问题，解决烧柴的出路是种树种草，解决口粮关键在于建立稳产高产农田；同时发展多种经营，放弃粗放型的农业经营模式，以生态治理与保护为前提，以建设高产稳产田为中心，对坡度＞25°的耕地或已出现的风蚀耕地和部分坡度＞15°耕地要逐步退耕还林还草，调整产业结构和用地结构；将居住分散的小村落合并到水土资源相对充足和环境条件相对优越地区，以促进原居住地及其邻近地区的生态恢复，实现土地资源的永续利用和高效利用。

2. 加强现有草场管理和保护，加强防护林体系建设

环北京地区土地资源利用必须利用、保护现有草场，加快人工草地的建设速度，坚持以草定畜，严格控制草场载畜量。在此基础上，改良退化草场，采取补播、围栏等措施进行改良，提高草地的自身恢复能力；同时，建立严格的轮牧制度，使各种草地都有一个休养生息的机会，以恢复自身的生产能力。另一方面，大力营造防护林。对风沙比较严重的地带与风口处，以营造片林和大型林带为主，坝头山地以营造水土保持林和水源涵养林为主，湖泊、水库周围和河流两岸栽植护岸林，农田、牧场及居民点周围建防护林，并注意适地适树，造管并重，建立带、网、片相结合的防护林体系。

3. 在宏观防治对策指导下，因地制宜，采取分区治理措施

环北京地区土地沙化防治必须对不同地区采取不同防沙治沙对策。内蒙古高原干旱草原生态区生态建设措施以遏制沙地活化趋势，保护好现有林草植被为重点，强化草原管理与建设，改进牧业生产方式。坝上高原及周边农牧生态区治理对策以保护和建设丘陵山地的防护林体系，保持水土涵养水源、防风固沙为重点。大同盆地及周边地区农业生态区治理对策以严禁再开垦土地，扩大植树种草为主，水资源利用以拦蓄利用地表水为主。阴山山脉农牧交错生态区治理对策以禁垦开发，对退化严重、粮食产量低、不稳

定的耕地实行退耕还林还草，积极推行人工造林种草和封沙育林育草，发展生态农业模式为主。

参考文献

高尚武，王葆芳等．1998．中国沙质荒漠化土地监测评价指标体系．林业科学，34（2）：1～10

国家林业局荒漠化监测中心．2000．中国荒漠化监测技术研究．北京：中国林业出版社

朱震达．1998．中国土地荒漠化的概念、成因与防治．第四纪研究，（2）：145～155

Arbia G. 1986. The MAUP and the spatial autocorrelation problem：toward a joint approach. Metron.，44：391～407

Benoît M，Lambin E F. 2000. Land-cover-change trajectories in Southern Cameroon. Annals of the Association of American Geographers，90：467～494

Montgomery D R，Dietrich W E. 1994. A physically based model for the topographic control on shallow landsliding. Water Resources Research，30：1153～1171

Press S J，Wilson S. 1978. Choosing between logistic regression and discriminant analysis. Journal of the American Statistical Association，73：699～705

Shao Yaping，Lance M L. 1997. Wind erosion prediction over the Australian continent. J. Geophys. Res.，102（D25）：30091～30105

第十三章　典型区域土地可持续利用评价与对策

县域在我国社会经济中具有特殊的地位。县级政府担负着发展地方经济，提高人民生活水平的历史使命；同时也担负着国家赋予保护土地和生态环境的社会责任。县域是一个完整的行政区域，在土地管理事务中起到承上启下的作用；县域土地利用系统是一个土地利用类型多样、功能齐全的复杂巨系统。将县级土地可持续利用评价指标体系应用于土地管理的实践中，具有重要的科学和现实意义。本书选择四川乐至县、浙江诸暨市、江苏金坛市、河南新郑市、山西清徐县和辽宁灯塔市 6 个省的不同县（市），作为土地可持续利用评价的典型研究区域。

第一节　四川乐至县土地可持续利用评价

乐至县隶属四川省资阳市，地处四川盆地腹心，土地总面积 1424.491km²。乐至县地处中纬度地区，属亚热带季风气候区，降雨较充沛，年际降水量相差较大。土壤以半沙半泥土和大泥田两个土种为主。耕地占土地总面积的 57%，经济以农业为主，在“2001 年四川省县级经济综合评价排序”中，列全省 181 个县级单位中的第 98 位。乐至县土地利用的主要特点：① 人口负荷超载，人地矛盾突出。2001 年全县总人口 864 272人，农业人口 754 902 人。人口密度为 607 人/km²，为适度人口的 1.87 倍。② 土地利用率、垦殖率高。土地利用率达到 98.8%，垦殖率为 57.04%。垦殖指数高于全国 13.36%、全省 16.11%的平均水平。③ 用地结构不佳。农业用地内部布局欠佳，非农建设用地结构不合理，农村居民点占地多，城镇、工矿用地相对较少。④ 耕地基础设施较差，有水源保证和灌溉设施的耕地仅占耕地面积的 27.02%，坡耕地较多，全县大于 10°的坡耕地占 57.23%。⑤ 水资源贫乏。近 20 年来全县水资源人均 1460m³，仅为四川盆地中部地区人均水量的 80%，全国人均占有量的 50%。⑥ 植被良好，林木覆盖率高。2001 年林木覆盖率达 28.5%，宜林地绿化率达 99.8%，优于四川盆地各丘陵县，为全国著名的绿化栽植先进县。

一、评价指标权重与标准

根据乐至县土地利用特点和社会经济发展规划与土地利用总体规划，土地可持续利用评价生产力准则层、稳定性准则层、保护性准则层、经济活力性准则层和社会可接受性准则层元指标评价标准如表 13-1。乐至县的土地可持续利用程度分成四个级别，每个级别对应其土地可持续利用的不同阶段——不可持续阶段、弱可持续阶段、中可持续阶段、强可持续阶段（表 13-2），采用综合评分法进行可持续利用评价，采用神经网络法进行指标值预测。

表 13-1　乐至县级土地可持续利用评价指标标准与权重　（单位：%）

评价准则及权重	评价指标	权重	元指标	权重	评价标准
生产力准则 20	土地生产潜力实现水平	24	主要农作物单位面积现实产量与生产潜力的比值（农区）	100	理论标准值为 1.0
	土地生产指数	21	农用地产值与全省平均农用地产值力与潜在生产力比值	48	理论标准值为 1.0
			第二、三产业建设用地产值与全省第二、三产业用地平均产值力与潜在生产力比值	52	最佳理论值为 1.0
	土地利用程度	33	土地利用率	37	最佳理论值为 1.0
			建设用地率	21	规划值为 14.92%
			作物复种指数	42	规划值为 260%
	土壤质量水平	22	基础地力指数或农用地生产性能指数（或农用地分等定级综合指数）	100	理论标准值为 1.0
稳定性准则 20	土地基础设施建设水平	36	农田防护林面积比例	25	理论参考值为 100%
			有效灌溉面积比例	31	理论参考值为 100%
			水利化系数	26	规划值为 0.40%
			公路、铁路、航道、桥梁、港口用地比例	18	规划值为 1.78%
	稳定性水平	37	第二、三产业产值波动系数	33	理论值为 0
			粮食稳定性指数	38	理论标准值为 1.0
			森林消长比指数	29	理论标准值为 1.0
	土地灾害水平	27	自然灾害（包括地质灾害）受灾面积比例	100	理论值为 0
保护性准则 20	土地退化水平	24	水土流失面积比例与程度	100	理论值为 0
	耕地保护水平	23	耕地警度判别系数或耕地保有量	44	1990 年为−1.02，2001 年为−0.999
			高产田占基本农田面积比例	56	理论值为 1.0
	水资源平衡水平	16	实际用水量与可供水量的比例	100	理论值为 1.0
	水质保护水平	14	水体 N、P、BOD、COD、悬浮物的含量	100	1990 年为 75，2001 年为 69
	自然景观保护水平	23	森林覆盖率	57	规划值为 35%
			低产林改造率	43	规划值为 30%
经济活力性准则 20	经济效益水平	22	单位面积种植业投入-产出比（农区）	31	理想参考值为 1.0
			单位面积林业投入-产出比（林区）	16	理想参考值为 1.0
			单位面积固定资产投资水平	15	标准值为 1.0
			人均 GDP 增长率	19	1990～2001 年平均人均 GDP 增长率为 15.27%，设为标准值
			经济效益系数	19	1990～2001 年平均值 12.24%，设为标准值
	土地收益水平	15	城镇地价指数增长率	100	1990 年为 50，2001 年为 80
	建设用地保障水平	19	农用地转为建设用地的满足率	100	满足率 100%
	农业用地利用多样性水平	21	农业用地经营多样性指数	49	标准值为 1.0
			农业用地利用结构多样性指数	51	标准值为 1.0
	土地增长弹性水平	23	农用地产值增长弹性系数	58	1990 年为 0.68，2001 年为−18.91
			建设用地产值增长弹性系数	42	1990 年为 19.86，2001 年为 80

续表

评价准则及权重	评价指标	权重	元指标	权重	评价标准
社会可接受性准则 20	地区发展平衡水平	21	县人均 GDP 与本省人均 GDP 差异变化程度	52	理论标准值应为 0
			各乡镇人均 GDP 的离差系数	48	理论标准值应为 0
	农户、管理者、专家等不同层次对土地管理的满意程度	24	上访土地案件与法院诉讼案件数量	27	四川省 1990～2001 年的平均土地案件指数为 0.04，设为标准值
			土地抛荒面积（或弃耕面积）	23	1990 年评价分值为 100 分，2001 年为 98 分
			闲置土地占已批用地面积比例	25	理论标准值为 0
			违法用地率	25	理论标准值为 0
	人口压力水平	31	人口压力指数（自然增长率）	48	AEZ 法计算出乐至的人口承载能力为 260 万人，设为标准值
			剩余劳动力转移系数	52	理论标准值为 1.0
	土地利用模式推广水平	24	土地生态农业等示范模式推广面积比例	100	1990 年为 53，2001 年为 65

表 13-2　乐至县土地可持续利用评价分级表

级别	一级（强可持续）	二级（中可持续）	三级（弱可持续）	四级（不可持续）
分值	＞0.85	0.61～0.85	0.35～0.60	＜0.35

二、评价结果分析

利用 1990～2001 年乐至县的资料进行分析，乐至县土地可持续利用定量评价结果如表 13-3。乐至县 1990 年土地可持续利用评价分值为 55.76，属弱可持续阶段；2001 年为 67.73，属中可持续阶段。可以看出，乐至县土地可持续利用程度总的趋势在逐步升高，稳定性和保护性准则提高幅度最大，反映乐至县农业可持续发展初见成效，土地生态环境质量有所提高。但从总体上讲，每个准则层的单项得分均不高，说明可持续利用潜力较大。

表 13-3　乐至县土地可持续利用的综合评价结果

年　份	生产力准则	稳定性准则	保护性准则	经济活力性准则	社会可接受性准则	综合评价值
1990	12.05	9.99	9.44	12.38	11.91	55.76
1991	12.13	9.01	7.80	12.48	12.27	55.66
1992	12.15	12.70	8.24	13.04	12.55	60.63
1993	12.30	10.71	9.26	14.00	12.68	60.91
1994	12.20	9.50	9.96	12.58	12.32	58.52
1995	12.26	14.49	10.93	12.58	12.28	64.49
1996	12.25	11.61	10.72	13.34	12.36	62.23
1997	12.66	12.17	11.36	13.13	12.36	63.65
1998	12.94	12.34	11.07	12.59	12.36	63.27

续表

年　份	生产力准则	稳定性准则	保护性准则	经济活力性准则	社会可接受性准则	综合评价值
1999	13.16	13.19	11.80	12.91	12.37	65.38
2000	13.32	10.61	11.81	13.32	12.16	63.18
2001	13.56	13.11	13.83	14.38	12.86	67.73

根据神经网络预测结果，1993 年和 1994 年乐至县主要农作物单位面积现实产量与生产潜力比值有所下降，预测 2002 年以后会逐渐上升，到达最高水平；农用地产值与全省农用地平均产值接近，呈现波动上升状态，预计从 2002～2005 年比值仍会上升；第二、三产业用地平均产值与全省第二、三产业用地平均产值的比值从 1996 年开始呈上升趋势，反映其经济发展速度逐渐加快，预测 2002 年比值上升到最高；农作物复种指数在 1996 年出现低谷，预测在 2002 年以后无显著变化；水利化系数变化不显著，预测以后几年间变化不大；1993 年和 1994 年粮食单产出现低谷，到 2000 年无显著波动，预测此后几年会回升；随着乐至县水土流失的治理，水土流失面积比例与程度呈下降趋势；实际用水量与可供用水量的比例呈较小的起伏变化，预测 2002 年以后会下降，之后回升；单位面积种植业投入-产出比起伏较大，预测 2002 年后比值会下降；单位面积林业投入-产出比呈波动上升趋势；单位面积固定资产投资水平起伏较大，预测 2002 年后其会先上升再回落；经济效益指数变化幅度较大，预测 2002 年后其会先大幅度上升，然后有所回落；农用地经营多样性指数在 1991 年到 1995 年间呈缓慢上升趋势，此后呈下降趋势，预测 2002 年和 2003 年仍会继续下降，2003 年以后会回升。农用地产值呈波动上升趋势；县人均 GDP 与四川省人均 GDP 差异变化程度波动较大，预测 2002 年和 2003 年间会继续下降，2003 年后会回升；上访土地案件与法院诉讼案件数量预测波动显著，随后慢慢变小；人口压力指数从 2000 年开始，有所上升，而后回落。建设用地率以较小的幅度逐渐上升，预测 2002 年后仍会继续上升；农用地生产性能指数，农田防护林面积比例，有效灌溉面积比例，交通用地比例，第二、三产业产值，高产田占基本农田比例，人均 GDP，剩余劳动力的转移系数均呈持续上升的趋势。森林覆盖率在 1991～1994 年间呈持续上升趋势，达 30％的标准时基本保持不变；农用地利用结构多样性指数变化不显著。

三、可持续利用评价障碍度分析与对策

利用土地可持续利用评价障碍因子分析法计算 1990 年和 2001 年障碍度分值，障碍度分值＞2.0 的指标如表 13-4 和表 13-5。

表 13-4　1990 年乐至县土地可持续利用障碍度排序（≥2.0）

元指标名称	障碍度分值	元指标名称	障碍度分值
受灾面积比例	8.74	水土保持指数	8.29
农作物产量与生产潜力的比值	7.20	地价增长率	5.45
生态农业模式推广面积比例	5.13	森林覆盖率	4.52
剩余劳动力的转移系数	4.37	高产田比例	3.97

续表

元指标名称	障碍度分值	元指标名称	障碍度分值
建设用地产值增长率	3.65	农用地产值与全省平均的比值	3.50
耕地警度系数	3.14	水质保持指数	2.73
第二、三产业比值	2.37	农用地利用结构多样性指数	2.32
种植业投入产出比	2.32	农田防护林面积比例	2.29
违法用地发案率	2.28	有效灌溉面积比例	2.16
县人均 GDP 与省差异变化程度	2.12	土地案件数量	2.07

表 13-5　2001 年乐至县土地可持续利用障碍度排序（≥2.0）

元指标名称	障碍度分值	元指标名称	障碍度分值
农作物产量与生产潜力的比值	10.44	受灾面积比例	5.70
生态农业模式推广面积比例	4.99	农用地质量指数	4.72
水质保持指数	4.42	农用地产值与全省平均的比值	4.02
水土保持指数	3.99	耕地警度系数	3.98
剩余劳动力的转移系数	3.74	县人均 GDP 与省差异变化程度	3.59
农用地转建设用地满足率	3.42	高产田比例	3.30
建设用地闲置率	3.06	地价增长率	2.85
违法用地发案率	2.85	第二、三产业比值	2.82
农用地利用结构多样性指数	2.75	有效灌溉面积比例	2.54
人均 GDP 增长率	2.46	人口压力指数	2.42
种植业投入产出比	2.41	土地案件数量	2.36
森林消长比指数	2.08	农田防护林面积比例	2.05

从乐至县土地可持续利用障碍度排序表可见，1990 年障碍度>5.0 的因子有受灾面积比例、水土保持指数、农作物产量与生产潜力的比值、地价增长率、生态农业模式推广面积比例。其中受灾面积比例、水土保持指数是主要障碍因素，反映出乐至县当时农田生态环境质量差，水土流失较为严重，抵御自然灾害能力弱，城市土地资产的价值未得到较好的体现。2001 年障碍度>5.0 的因子只有农作物产量与生产潜力的比值、受灾面积比例。其中农作物产量与生产潜力之比上升到 10.44，而受灾面积比例下降到 5.70，说明乐至县的农田生态环境质量有所改善，但主要粮食作物单产有所下降，农作物抵御自然灾害的能力依然较差。同时，还可看出 2001 年乐至县土地可持续利用障碍度大于 4.0 的因子有四项：生态农业模式推广面积比例、农用地质量指数、水质保持指数、农用地产值与全省平均的比值，表明当地农用地质量和产值提高不显著，水体污染有所加剧。此外，生态农业模式推广面积比例在两个时期均为障碍因子，说明乐至县的生态农业模式还停留在实验示范阶段，推广力度不够。

乐至县土地利用应以生态环境的恢复和重建为基础，加强水利设施建设，保证各行各业和人民生活用水；以恢复植被为主，建立以水土保持林和农田防护林为中心，防护林、经济林相结合，构建多层次、多结构、多功能的丘陵区林业生态经济系统，加强土地污染的治理力度。同时，以生态农业为核心，优化农用地利用结构和布局，初步形成川中丘陵区土地可持续利用的优化模式。并以城市化为重点，努力优化建设用地结构，提高城镇建设用地比重，通过土地整理，降低农村居民点用地比例，加快农村剩余人口向城镇人口转移步伐，加大城市和工矿用地面积。

第二节　浙江诸暨市土地可持续利用评价

诸暨市位于浙江东南丘陵山地和西北丘陵山地两大地貌单元的交接带，土地总面积2311.33km^2。地貌类型以丘陵、山地为主。诸暨市属于亚热带中部湿润性季风气候，四季分明，温度适中，湿润多雨，光照充足。土壤以红壤和水稻土为主。境内主要的水系为浦阳江水系，流域面积2198.4km^2。诸暨市下辖28个镇（乡、街道），经济较发达，为浙江省十强县。诸暨市土地利用特点是自然条件优越，耕地利用强度大，利用率较高，名优特产品种较多，山林综合效益较高；建设用地增长快，效益好，但农村居民点用地规模较大，内部结构松散；耕地后备资源不足，局部环境质量下降。

一、评价指标标准与权重分级

根据诸暨市不同阶段土地可持续利用状况，将诸暨市土地可持续利用程度分为强可持续、中可持续、弱可持续和不可持续四个等级（表13-6）。采用了基于过程和多时点综合评价两种方法进行土地可持续利用评价。两种方法的指标分级标准与赋值如表13-7和表13-8。

表13-6　诸暨市土地可持续利用评价分级表

级　别	强可持续	中可持续	弱可持续	不可持续
分值	>0.8	0.55～0.8	0.3～0.55	<0.3

表13-7　诸暨市基于过程的土地可持续利用评价指标分级标准

指标分级		指　标			赋　值
		年变化	年变化的波动系数	变异系数/稳定系数	
增长型和递减型指标	强增长弱波动	≥3.5	≤0.15		0.9
	强增长中波动	≥3.5	0.15～0.3		0.8
	强增长强波动	≥3.5	>0.3		0.7
	中增长弱波动	1.5～3.5	≤0.15		0.6
	中增长中波动	1.5～3.5	0.15～0.3		0.5
	中增长强波动	1.5～3.5	>0.3		0.4
	弱增长弱波动	<1.5	≤0.15		0.3
	弱增长中波动	<1.5	0.15～0.3		0.2
	弱增长强波动	<1.5	>0.3		0.1
	差	负			0
稳定型指标	强稳定			0～0.15/>0.85	0.9
	中稳定			0.15～0.3/0.7～0.85	0.6
	弱稳定			0.3～0.8/0.2～0.7	0.3
	不稳定			>0.8/<0.2	0
控制性指标	强控制			0～0.3	0.9
	中控制			0.3～0.6	0.6
	弱控制			0.6～1	0.3
	缺乏控制			>1	0

表 13-8　诸暨市土地可持续利用综合评价方法指标标准值与权重

评价准则	评价指标	元指标	标准值	权重
生产力准则	土地生产潜力实现水平	主要农作物单位面积现实产量与生产潜力的比值	理论值 1	0.247
	土地生产指数	农用地产值与全省平均农用地产值比值	理论值 1	0.210
		土地利用率	2010 年规划值 0.954	0.195
		第二、三产业建设用地产值与全省第二、三产业用地平均产值比值	理论值 1	0.220
	土壤质量水平	地力贡献率	最高值	0.128
稳定性准则	土地基础设施建设水平	农田林网投入	2010 年规划值 111 万元	0.109
		有效灌溉面积比例	理论值 1	0.175
		农田基建投入人工/农田基建完成土石方	11 年均值 1082 万人工/872×10^4 m^3	0.142
		除涝面积比	1	0.135
		交通用地比例	2010 年规划值 0.012	0.110
	稳定性水平	第二、三产业产值波动系数	最大值	0.150
		粮食稳定性指数	最大值	0.179
保护性准则	土地退化程度	水土流失面积比例与程度	理论值 0	0.108
		工业废水处理率/工业废弃固体处理率	100%	0.108
	耕地保护水平	耕地警度判别系数	见标准	0.112
		高产田占基本农田面积比例	100%	0.110
	水资源平衡水平	实际用水量与可供水量的比例	<100%	0.102
	水质保护水平	水质指数	理论值 0	0.100
	自然与景观保护水平	森林覆盖率	2010 年规划值 65.5%	0.092
		城市休闲用地比例	2010 年规划值 35%	0.084
		天然林面积占有林地比例	规划值 65.5%	0.100
经济活力性准则	经济效益水平	自然保护区面积比例	2010 年规划值 0.47%	0.084
		单位面积种植业投入-产出比	最小值 42.8%	0.116
		单位面积固定资产	最高值	0.133
		人均 GDP 增长率	年平均增长率	0.143
		经济效益系数	最大值	0.134
	土地收益水平	工业用地地价指数增长率	最大值	0.116
	农业用地利用多样性水平	农业用地经营多样性指数	最大值	0.073
		农业用地利用结构多样性指数	最大值	0.073
	土地增长弹性水平	农用地产值增长弹性系数	年均增长率	0.106
		建设用地产值增长弹性系数	最大值	0.106
社会可接受性准则	地区发展平衡水平	县人均 GDP 与本省人均 GDP 差异变化程度	0	0.235
		各乡镇人均 GDP 的离差系数	0	0.235
	不同层次对土地管理的满意程度	上访土地案件与法院诉讼案件数量	均值	0.168
	人口压力水平	人口压力指数	理论值 0	0.213
	土地利用模式推广水平	土地生态农业等示范模式推广面积比例	最大值	0.149

二、评价结果分析

以1990年为基期，2000年为末期，评价诸暨市土地可持续利用水平。采用基于过程评价方法，诸暨市土地利用可持续评价最后分值为0.559分，介于0.55～0.8之间，说明在1990～2000年间，诸暨市的土地利用过程是中等可持续发展过程（表13-9）。各个准则层分值高低依次为经济活力性准则层、稳定性准则层、保护性准则层、生产力准则层和社会可接受性准则层，反映诸暨市经历了经济发展的初期阶段，以发展为优先，符合我国现阶段的发展战略意图，并兼顾了发展的稳定性和生态保护。社会可接受性准则层分值较低，突出的问题主要表现在贫富差异、人多资源少等方面。

表13-9 诸暨市土地可持续利用评价准则层结果表

生产力准则	稳定性准则	保护性准则	经济活力性准则	社会可接受性准则	总 分
0.106	0.117	0.116	0.130	0.090	0.559

采用指数和综合评价法侧重于每一年土地可持续利用的状况。结果表明，1990年诸暨市处于中等可持续利用状态，后10年诸暨市的土地持续利用程度稳步上升，到了2000年达到强可持续利用状态，但土地可持续利用程度1997年比1995、1996年略有下降。通过各个准则层的评价结果，1997年诸暨市的土地利用的经济活力有所下降，土地利用的生产力、稳定性、社会可接受性准则层在1990～2000年都呈稳步上升趋势，保护性和经济活力性准则层则有所波动。

三、障碍因子诊断与对策

对诸暨市土地可持续利用障碍因子进行分析，可以看到，土地可持续利用的障碍因子主要是农作物单位面积现实产量与生产潜力的比值和各乡镇人均GDP的离差系数，从1990年到2000年存在障碍度增加的趋势。因此，诸暨市在发展经济的同时，需要注重农业基础，通过调动各种自然因素和社会因素，充分挖掘土地的生产潜力。同时，各乡镇人均GDP的离差系数比较大，反映了诸暨市在经济发展初期阶段，让少部分人先富裕起来，致使地区发展不平衡。单位面积固定资产、城镇工业用地地价指数增长率等障碍因素主要出现在1990～1995年；经济效益系数出现在1990～1998年，说明诸暨市在1990～1995年经济过快发展，制约了诸暨市土地可持续利用程度。耕地警度判别系数在1993、1994年成为障碍因素，主要是由于土壤的地力贡献率降低引起；在2000年主要是由于耕地面积的减少引起。农用地产值与全省平均农用地产值比值在1995、1997年成为障碍因子，今后应调整农业结构，向多元化农业和高科技农业发展。建设用地产值增长弹性系数在1996年后成为障碍因子，其主要原因是近几年诸暨市建设用地扩展快，而建设用地产值增长有一个滞后期引起。

通过分析可知，影响诸暨市土地可持续利用的因素包括：人口基数大、耕地减少、耕作土壤质量下降、农用地产值偏低、高产稳产田比例偏少、建设用地增加速度过快、各乡镇人均GDP的差异大、农业生态环境不好等。针对主要问题，诸暨市一是要严格控制人口增长，缓解人地矛盾，控制贫富差距；二是切实保护耕地数量，提高耕地质量；三是增加农业基础投入，治理与改造中低产田，进一步挖掘生产潜力；四是发展科技农业，改善农业生态环境；五是控制建设用地规模，加大宅基地整理力度，严格控制农村建房用地标准，乡镇企业应集中布局，坚决控制占用耕地，提高建设用地产值。

第三节　江苏金坛市土地可持续利用评价

金坛市位于江苏省南部，土地总面积976.26km^2，其中耕地面积461.3km^2，属北亚热带季风气候区。土壤以水稻土为主，占耕地面积的75.87%。水资源极为丰富。金坛市2000年底总人口为54.33万人，全市国民生产总值为632 811万元，比1980年增加26倍。金坛市土地利用以耕地和水域为主，呈现大农业为主的用地格局，耕地比重较大，园地、林地比重较小。耕地垦殖历史悠久，垦殖指数为47.34%，高于江苏省平均水平。土地的经济效益较高，单位面积主要农产品产出和土地利用效益高于江苏省平均水平，属于高产区域。目前金坛市土地利用中的一些问题主要表现为土地利用结构不合理，非农建设用地占用耕地多，耕地减少速度快，人均耕地少且不平衡；耕地总体质量水平逐年下降，耕地后备资源缺乏，环境质量呈退化趋势，全市地面水平均污染程度显著上升。

一、评价指标分级标准

采用基于时点的综合评价和基于过程评价两种方法进行金坛市土地可持续利用评价。选择1985～2000年时段。基于过程评价的指标分级标准和赋值如表13-10。

表13-10　金坛市土地可持续利用评价指标分级标准

指标分级		指标分级标准			赋　值
		年变化（增长或降低）率	年变化波动状况（总体标准偏差）	变异系数	
增长型或降低型指标	强增长弱波动	>4%	<0.12		0.9
	强增长中波动	>4%	0.12～0.22		0.8
	强增长强波动	>4%	>0.22		0.7
	中增长弱波动	2%～4%	<0.12		0.6
	中增长中波动	2%～4%	0.12～0.22		0.5
	中增长强波动	2%～4%	>0.22		0.4
	弱增长弱波动	0～2%	<0.12		0.3
	弱增长中波动	0～2%	0.12～0.22		0.2
	弱增长强波动	0～2%	>0.22		0.1
	差	负			0

续表

指标分级		指标分级标准			赋　值
		年变化（增长或降低）率	年变化波动状况（总体标准偏差）	变异系数	
稳定型指标	强稳定			0～10%	0.9
	中稳定			10%～30%	0.6
	弱稳定			30%～80%	0.3
	不稳定			>80%	0
控制型指标	强控制			0～30%	0.9
	中控制			30%～60%	0.6
	弱控制			60%～100%	0.3
	缺乏控制			>100%	0

基于时点的评价总体上仍采用加法模型。但考虑到土地资源利用中存在部分限制性指标，为了突出显现这些不可持续因素的作用，在评价时也可以选用乘法模型。如在保护性准则内部进行评价时，当存在环境污染等限制因子时，可采用代数模型，求取部分指标加权和之后再与限制因子的相应指标相乘即可获得保护性准则下的评价分值。

二、评价结果分析

采用综合评价法的评价结果如表 13-11 和表 13-12。

表 13-11　1985 年和 2000 年评价指标权重及分值汇总表

评价标准	评价指标	元　指　标	1985 年分值	2000 年分值
生产力准则（20）	土地生产潜力实现水平（31）	主要农作物单位面积现实产量与生产潜力的比值（100）	31.43	0.4571
	土地生产指数（31）	农用地产值与全省平均农用地产值比值（44）	82.13	1.00
		第二、三产业建设用地产值与全省第二、三产业用地平均产值比值（56）	69.20	1.00
	土壤质量水平（38）	农用地分等定级综合指数（100）	60	0.7360
稳定性准则（20）	土地基础设施建设水平（47）	农田防护林面积比例（32）	11.9	1.00
		有效灌溉面积比例（34）	84.87	0.6582
		公路、铁路、航道、桥梁、港口用地比例（34）	58.47	0.8510
	稳定性水平（33）	第二、三产业产值波动系数（56）	87.65	0.9445
		粮食稳定性指数（44）	95.49	0.9580
	土地灾害水平（20）	自然灾害受灾面积比例（100）	100	1.00
保护性准则（20）	土地退化水平（22）	土壤污染面积比例与程度（100）	89.57	0.6202
	耕地保护水平（22）	耕地警度判别系数（46）	100	1.00
		高产田占基本农田面积比例（54）	88.35	0.8250
	水资源平衡水平（18）	实际用水量与可供水量比例（100）	100	0.8720
	水质保护水平（22）	水质指数（100）	70	0.30
	自然景观保护水平（16）	森林覆盖率（48）	80.67	0.92
		城市人均绿地面积（24）	58	0.6556
		湿地面积比例（28）	80	0.60

续表

评价标准	评价指标	元指标	1985 年分值	2000 年分值
经济活力性准则（20）	经济效益水平（36）	单位面积种植业投入产出比（26）	89.52	0.8420
		人均 GDP 增长率（38）	100	0.8226
		经济效益系数（36）	53.29	1.00
	土地收益水平（21）	城镇地价指数增长率（100）	70	0.90
	农业用地利用多样水平（21）	农业用地经营多样性指数（51）	75.89	1.00
		农业用地利用结构多样性指数（49）	87.75	0.9746
	土地增长弹性水平（22）	农用地产值增长弹性系数（48）	70	1.00
		建设用地产值增长弹性系数（52）	60	1.00
社会可接受性准则（20）	地区发展平衡水平（35）	本县人均 GDP 与本省人均 GDP 差异变化程度（56）	74.46	0
		各乡镇人均 GDP 的离差系数（44）	65	0.7377
	农户、管理者、专家等不同层次对土地管理的满意程度（25）	上访土地案件与法院诉讼案件数量（41）	90	0.60
		土地抛荒（或弃耕）面积（25）	65.5	0.6427
		闲置土地占已批用地面积比例（34）	100	1.00
	人口压力水平（22）	人口压力指数（54）	77.42	0.6481
		剩余劳动力转移系数（46）	74.45	0.9076
	土地利用模式推广水平（18）	土地生态农业等示范模式推广面积比例（100）	20	0.5043

注：各指标后括号内数字为该指标在所在层次内权重，以相对百分值计。

表 13-12 基于时点的土地可持续利用评价结果

年份	生产力准则	稳定性准则	保护性准则	经济活力性准则	社会可接受性准则	综合评价结果
1985	0.5576	0.7476	0.8573	0.7508	0.6675	0.7162
2000	0.7314	0.9052	0.6813	0.9373	0.5599	0.7630

按照综合评价分值，分为强可持续（＞0.8）、基本可持续（0.55～0.8）、弱可持续（0.3～0.55）和不可持续（＜0.3）四级。可以看出，金坛市 1985 年和 2000 年土地资源利用属基本可持续阶段，与 1985 年相比，2000 年土地可持续利用水平有所上升，尤其是生产力准则、稳定性准则和经济活力性准则上升幅度较大，而保护性准则和社会可接受性准则显著下降，说明土地的经济属性总体得到了改善，但生态属性（主要体现在环境质量上）和社会属性（主要体现在不同层次对土地管理的满意程度上）总体呈下降趋势。

基于过程的评价结果如表 13-13。从评价分值来看，稳定性准则、保护性准则和经济活力性准则属基本可持续，而生产力准则和社会可接受性准则均属弱可持续，总体评价结果为基本可持续。

表 13-13 基于过程的土地可持续利用评价结果

生产力准则	稳定性准则	保护性准则	经济活力性准则	社会可接受性准则	综合评价结果
0.4724	0.7581	0.6025	0.6159	0.3664	0.5631

基于时点的评价和基于过程的评价两种方法虽然评价思路完全不同，但从评价结果的比较还是可以得出一些有意义的结论。首先是结果具有相似性。从准则层来看，分析两种评价方法的结果，稳定性准则、保护性准则和经济活力性准则分值均较高，按照各

自的评价标准，都可视为基本可持续，这主要得力于基础设施的改善、耕地保护水平和自然景观保护水平的提高以及农业用地利用多样性水平、土地增长弹性水平和经济效益水平较高；从可持续利用障碍因素诊断结论来看，两种方法得出的障碍因素均以环境指标和经济指标为主，不过综合时点评价方法中环境因素更为突出，而基于过程评价方法中经济因素更为突出。其次表现为结果的差异性。两种评价方法得出结果的最大差别是评价分值不同。在综合时点评价方法中，各准则层及综合评价得分值均表现为基本可持续，而基于过程评价方法的生产力准则和社会可接受性准则都表现为可持续性偏弱。一方面说明方法的差别对结论的影响较大，因为时点评价选择的数据主要是当年值，而过程评价选择的数据覆盖 1985～2000 年，分析研究时段指标的变化规律。生产力准则偏弱主要是受土地生产指数和土壤质量水平影响，而社会可接受性偏弱主要是受地区发展平衡水平的影响；另一方面也说明某时点上的可持续并不意味着发展趋势也是可持续的，应基于两种分析结果全面把握地区的土地利用可持续状态。

两种评价结果的另一个差别是评价指标的得分差别。有些指标在时点评价中得分较高，但在过程评价中得分较低，如第二、三产业产值波动系数和人均 GDP 增长率，两个指标在时点评价中表现良好，但在过程评价中成为土地可持续利用的主要障碍因素；也有一些指标在时点评价中得分较低，而在过程评价中得分较高，如主要农作物单位面积现实产量与生产潜力的比值，该指标在时点评价中是土地可持续利用的主要障碍因素，但在过程评价中不再是障碍因素。这种情况也是评价方法的差别造成，如主要农作物单位面积现实产量尽管是稳定增长的，但每年的产量与生产潜力比仍相去甚远，故在时点评价中得分值不可能高，而过程评价考察其增长的稳定性，故能在评价中得到认可而给予高分。两种评价思路是从不同的角度分析土地资源的利用状况，方法上各有千秋，结论相辅相成，并不能简单地比较优劣。从当地的发展情况来看，可以认为两种方法的评价结果都是可信的。

三、障碍因素诊断与对策

按照土地可持续利用障碍因素诊断方法，1985 年金坛市土地可持续利用的障碍因素主要包括农作物单位面积现实产量与生产潜力的比值、农用地分等定级综合指数、土地生态农业等示范模式推广面积比例、农田防护林面积比例；2000 年金坛市土地可持续利用的障碍因素包括本县人均 GDP 与本省人均 GDP 差异变化程度、主要农作物单位面积现实产量与生产潜力的比值、水质指数、农用地分等定级综合指数、土地生态农业等示范模式推广面积比例、土壤污染面积比例与程度。与 1985 年的障碍因素相比，2000 年中影响土地可持续利用的障碍因素当中，环境因素变得特别突出，其中水质指数排在第三位，而 1985 年的障碍因素没有环境因素；农田防护林面积比例在 2000 年已得到大幅度改善，土地利用的生态与经济状况趋向优化；本县人均 GDP 与本省人均 GDP 差异变化程度指标在 2000 年上升到了第一位，说明该市经济增长极不稳定，与省内其他地方相比还存在较大差距。上述诊断结果与金坛市土地可持续利用现状的调查反映的信息基本上是一致的。

对于基于过程的评价方法，按障碍度≥5%的标准排序，可持续利用障碍因素依次为农用地分等定级综合指数、水质指数、本县人均 GDP 与本省人均 GDP 差异变化程度、人均 GDP 增长率、第二、三产业产值波动系数、土地生态农业等示范模式推广面积比例、各乡镇人均 GDP 的离差系数、第二、三产业建设用地产值与全省第二、三产业用地平均产值比值、土壤污染面积比例与程度。

同时，可以看出，从粮食单产的提高幅度分析，金坛市的生产力准则层较好；但土地生产指数和土壤质量水平提高幅度非常小，说明金坛市粮食产量的提高主要是靠化肥、农药的投入，相应的是土地的自然性状退化和地力下降。据此认为提高金坛市土地生产力的主要措施应该是在保证土壤肥力的基础上，防止农药、化肥的过度施用。应重视和使用生态农业技术，从思想上扭转重施化肥轻施或不施农家肥的倾向，发动农民大力积造农家肥，推广秸秆还田；施肥技术上，应从单元素施肥向多元素的平衡施肥转变，从单一作物施肥向轮作体系内作物施肥转变；耕作方式上，在实行不同农作物轮作的同时，适当增加养地作物，如绿肥和豆科作物的比重，达到用养结合。

金坛市的土地基础设施建设水平较高，粮食产量保持稳定增长，自然灾害受灾面积始终维持在较低水平，土地的稳定性水平较好；需要注意的问题是要预见到随着人口的增加和耕地面积的减少，粮食产量未来能否继续保障需求，应该依靠科学的经营方式和技术手段，不断提高土地质量，进一步提高有效灌溉面积比例，以维持粮食产量的增长态势。金坛市的耕地保护水平、水资源平衡水平和自然资源保护水平较高，但从土地保护性准则层面来看，虽然属基本可持续，但分值偏低，主要是土壤污染和水污染比较严重，这也证明对粮食产量提高而地力下降的推测是正确的；改善这一现状的主要措施除了控制农药化肥的施用量外，还要彻底解决金坛市工业用水的净化问题。金坛市的土地收益水平、农业用地利用多样性水平和土地增长弹性水平较高，而且发展态势良好，但人均 GDP 增长率指标极不稳定，影响了经济可行性准则层的分值，说明金坛市还需要增强经济增长的稳定性、连贯性。金坛市社会可接受性准则层分值最低，可以发现问题既不在于人口压力水平高，也不是由于不同社会层次对土地管理不满意，最大的问题是地区发展平衡水平和土地利用模式推广水平太低。由于金坛市的经济发展水平还处在强势上升阶段，各乡镇之间经济发展不平衡是可以理解的，而且目前金坛市的人均 GDP 在苏南地区偏低，所以还应该继续维持这种强势增长的经济局面。当然，未来也应该采取一定措施，不能无限扩大其经济差距。此外，土地生态农业等模式的推广起步较晚，今后需要加大力度尽快赶上。

第四节 河南新郑市土地可持续利用评价

新郑市位于河南省腹地，属暖温带大陆性季风气候。土壤以褐土类、潮土类和风砂土为主。新郑市土地总面积 886.7km^2，其中农用地面积 63 393.43hm^2，占土地总面积的 71.49%；2000 年全市总人口 61.41 万人，其中农村人口 38.66 万人，城镇人口 22.75 万人，国内生产总值 76 亿元，经济发展水平位居河南省县（市）级先进行列。新郑市地貌类型多样，区域差异较大，土地自然环境条件较差，人地矛盾十分突出；土地利用结构不合理，种植业比重大，粮经比例失调；宜林宜枣后备土地面积较大，但资源优势发挥不充分；已开发土地利用率、生产率低，中低产田较多；林业产出率，造林保存率及成林率均不高；不合理的土地开发和利用，导致土地资源破坏严重，局部地区生态环境趋于恶化。

一、指标分级标准与权重

新郑市土地可持续利用评价，采用基于过程的评价方法和基于多时点综合指数法。在基于过程的评价方法中，指标分级标准（指标阈值）由基本分级标准和指标限制系数共同确定，指标限制系数依据指标目标值和指标初始值（1990 年）确定，它取决于指标初始值和目标值的接近程度。指标目标值的确定依据指标理论值、规划值、国家、行业、地方标准。指标基本分级标准如表 13-14。多时点综合指数法分别选择 1990、1994、1998、2001 年四个时点。综合评价法指标标准值确定如表 13-15。

表 13-14 基于过程评价指标基本分级标准与赋值

		指标分级	指标分级标准			指标分值
			增长或降低率	年变化波动	变异系数	
增长型指标	强可持续	强增长弱波动	>4%	<0.12		0.95
		强增长中波动	>4%	0.12～0.24		0.90
		强增长强波动	>4%	>0.24		0.85
	中可持续	中增长弱波动	2%～4%	<0.12		0.75
		中增长中波动	2%～4%	0.12～0.24		0.70
		中增长强波动	2%～4%	>0.24		0.65
	弱可持续	弱增长弱波动	0～2%	<0.12		0.55
		弱增长中波动	0～2%	0.12～0.24		0.50
		弱增长强波动	0～2%	>0.24		0.45
	弱不可持续	低负增长	0～2%			0.30
	强不可持续	高负增长	−2%～4%			0.10
降低型指标	强可持续	强降低弱波动	>4%	<0.12		0.95
		强降低中波动	>4%	0.12～0.24		0.90
		强降低强波动	>4%	>0.24		0.85
	中可持续	中降低弱波动	2%～4%	<0.12		0.75
		中降低中波动	2%～4%	0.12～0.24		0.70
		中降低强波动	2%～4%	>0.24		0.65
	弱可持续	弱降低弱波动	0～2%	<0.12		0.55
		弱降低中波动	0～2%	0.12～0.24		0.50
		弱降低强波动	0～2%	>0.24		0.45
	弱不可持续	低增长	0～2%			0.30
	强不可持续	高增长	−2%～4%			0.10
稳定型指标	强可持续	强稳定			0～20%	0.90
	中可持续	中稳定			20%～40%	0.70
	弱可持续	弱稳定			40%～60%	0.50
	弱不可持续	不稳定			60%～80%	0.30
	强不可持续	强不稳定			>80%	0.10

表 13-15　综合评价指标权重及标准值

评价准则	评价指标	元指标	标准值
生产力准则（0.2）	土地生产潜力实现水平（0.28）	主要农作物单位面积产量与生产潜力比值（1）	采用指标理论值 1
	土地生产指数（0.38）	农用地产值与全省平均农用地产值比值（0.41）	采用指标最大值 1.67
		第二、三产业建设用地产值与全省平均产值比值（0.59）	采用指标最大值 2.54
	土壤质量水平（0.34）	基础地力指数（1）	采用指标理论值 4
稳定性原则（0.2）	土地基础建设水平（0.43）	农田防护林面积比例（0.36）	采用 2010 年规划值 10
		有效灌溉面积比例（0.36）	采用理论值 100
		公路（硬化道路）、铁路、桥梁用地比例（0.28）	采用规划值 2
	稳定性水平（0.31）	第二、三产业产值波动系数（0.5）	采用理论值 1
		粮食稳定性指数（0.5）	采用理论值 1
	土地受灾害程度（0.26）	受灾面积比例（1）	采用理论值 0
保护性准则（0.2）	土地退化水平（0.18）	水土流失面积比例与程度（0.48）	采用理论值 0
		沙化土地面积比例与程度（0.52）	采用理论值 0
	耕地保护水平（0.20）	耕地警度判别系数（0.27）	采用目标值 0
		农业人口人均耕地占有量（0.36）	采用指标最大值 1.61
		高产田占基本农田面积比例（0.37）	采用目标值 100
	水资源平衡水平（0.20）	实际用水量与可供水量比例（0.50）	采用指标最小值 0.39
		地下水下降速度（0.50）	采用指标最小值 12.59
	水质保护水平（0.18）	水体 N、P、BOD、COD、悬浮物的含量（1）	采用理论值 1
	自然与景观保护水平（0.24）	森林覆盖率（0.6）	采用远期规划值 30
		城市生态用地比例（0.4）	采用目标值 30
经济活力性准则（0.2）	经济效益水平（0.40）	单位面积种植业投入-产出比（0.32）	采用指标最大值 144
		人均 GDP 增长率（0.38）	采用指标最大值 24.4
		经济效益系数（0.30）	采用指标最大值 4.63
	土地收益水平（0.22）	城镇地价指数增长率（1）	采用指标最大值 112
	土地利用多样性水平（0.38）	农用地经营多样性指数（0.50）	采用指标最大值 0.7
		农业用地利用结构多样性指数（0.50）	采用指标最大值 0.43
社会可接受性准则（0.2）	地区发展平衡水平（0.16）	县人均 GDP 与本省人均 GDP 差异变化程度（0.59）	采用指标最大值 149.8
		各乡镇人均 GDP 的离差系数（0.41）	采用指标最小值 0.23
	农社会对土地管理的认可程度（0.24）	上访土地案件与法院诉讼案件数量（0.25）	采用指标最小值 27
		土地抛荒面积（0.30）	采用指标最小值 400
		闲置土地占已批用地面积比例（0.25）	采用指标最大值 29.3
		违法用地率（0.20）	采用指标最小值 2.1
	收入差异水平（0.18）	农村人口与城镇人口收入比（1）	采用理论值 1
	人口压力水平（0.27）	自然增长率（1）	采用指标最小值 2.47
	土地利用模式推广水平（0.15）	土地生态农业等示范模式推广面积比例（1）	采用指标最大值 30

注：括号内数字表示权重。

指标限制系数计算公式为

$$P = (A_{max} - A)/(A_{max} - A_{min}) \tag{13-1}$$

式中：P 为指标限制系数；A_{max} 为指标目标值（最优值、理论值、规划值）；A 为指标 1990 年值；A_{min} 为指标最差值，每种指标具体分级界限值为基本分级界限值乘以指标限制系数。

二、评价结果分析

按照可持续程度分为强可持续（>80）、中可持续（60～80）、弱可持续（40～60）、弱不可持续（20～40）和强不可持续（<20）五级，基于过程评价方法的评价结果综合分值为73分，属中可持续，生产力准则、稳定性准则、保护性准则、经济活力性准则、社会可接受性准则分别为67、80、66、82、69分，稳定性准则、经济活力性准则分值较高，其他准则层分值接近，均处于中可持续。多时点综合指数法评价结果如表13-16，1990年为弱可持续，其他三个时点的综合分值均处于60～80之间，为中可持续。从综合分值的变化趋势来看，综合分值成逐年增加状态，反映了土地资源利用的可持续性。

表13-16　新郑市土地可持续利用评价综合评价结果

年　份	生产力准则	稳定性原则	保护性准则	经济活力性准则	社会可接受性准则	综合评分值
1990	52.8	64	61.5	83.3	31.2	58.6
1994	55.1	65.1	55.8	75.6	56.7	61.7
1998	60.6	74.1	60.3	80.8	52.4	65.6
2001	60.5	80.1	59.5	82.5	68.6	70.2

基于过程评价法从评价指标变化过程揭示了土地利用过程对社会、经济、自然、环境的影响，符合土地可持续利用的内涵，但阈值确定难度较大，人为影响严重。多时点综合指数法数据处理简单，虽然通过增加时点数揭示土地利用变化过程，一旦出现各时点综合分值较高，但随时间呈下降趋势，将很难对评价结果给予是否可持续的结论。从这一点来说，基于过程评价法更适宜于土地可持续利用评价。从新郑市的评价结果看，2001年综合指数法评价结果和基于过程评价法评价结果较为一致，两者均在稳定性准则层和经济活力性准则分值较高，其他准则层分值低且接近，在一定程度上说明了两种方法应用于土地可持续利用评价的一致性和可行性。

三、障碍因素诊断与对策

分析准则层中各指标分值，可探讨新郑市土地可持续利用中所存在的问题。在生产力准则中，影响土地可持续利用的主要障碍因子是农用地产值与全省平均农用地产值比值和基础地力指数；1990～2001年，新郑市单位面积农用地产值增长速度远低于全省平均值，主要是原有经济作物如烟叶、大枣等受市场经济的冲击，效益逐年下降，优势已基本丧失，而新的农业经济增长点如瓜、菜等经济作物虽发展很快，但绝对数量目前仍然偏低；新郑市的土壤肥力水平总体处于较低水平，上升水平较慢。在稳定性准则中，影响土地可持续利用的主要障碍因子是有效灌溉面积比例，从1990～2001年，新郑市有效灌溉面积仅从59%增长到62%，12年仅增长3个百分点；有效灌溉面积增长的停滞成为制约农业发展，尤其是粮食产量提高的重要因素。在保护性准则中，影响土地可持续利用的主要障碍因子有水土流失面积比例与程度、耕地警度判别系数、高产田占基本农田面积比例、水质保护水平、森林覆盖率。其主要表现为水土流失得不到有效治理；粮食产量增幅较慢且不稳，难以满足人口增长和人民生活水平逐步提高的需要；高产田占基本农田面积比例下降，基本农田质量不高；水质尤其是地表水污染严重，得不到有效治理；森林覆盖率较低且增长较慢，难以满足城市生态圈建设的要求。在经济活力性准则中，影响土地可持续利用的主要障碍因子是单位面积种植业投入-产出比，从1990～2001年，新郑市种植业投入-产出比不断上升，生产效益下降，效益下降进一步影响投入的积极性，从而制约种植业的发展尤其是粮食生产的发展。在社会可接受性准则中，影响土地可持续利用的主要障碍因子是闲置土地占已批用地面积比例、违法用地率、农村人口与城镇人口收入比、自然增长率。其具体表现为乱占耕地及浪费耕地现象仍未得到遏制且有反复现象，珍惜土地、保护耕地的意识仍需进一步提高；农村人口与城镇人口的收入差距依然存在，且未得到明显的改善；人口自然增长率仍处于较高水平，计划生育工作仍需进一步加强。

新郑市是一个以农业为主的县级市，今后应加大农业基础设施投资，稳定提高粮食产量；进一步保护耕地资源，加大基本农田改造力度，建设一批优质、高产的基本农田；实行用地养地相结合，提高地力水平；加强植树造林、绿化荒山，有效治理水土流失和土壤沙化；加大对环境污染的治理，改善环境条件；加强宣传，增强全民合理用地、保护耕地的紧迫感和责任感；加强土地管理，有效制止违法占地行为。

第五节　山西清徐县土地可持续利用评价

清徐县位于山西省中部，土地总面积608.42km^2。地形西北高而东南低，分成山区、洪积扇和平川三大地貌单元。气候属暖温带大陆性季风半干旱气候，四季分明。土壤主要为褐土类和草甸土土类。全县水资源开发储量可采量少，但严重超采，地下水位下降较深。清徐县植被资源丰富，植被类型多样。2001年清徐县总人口29.86万人，其中非农业人口3.56万人，农业人口26.3万人。该县是太原市乡镇企业密集区及重要的经济开发区，也是太原市重要的蔬菜、果品和粮油生产基地，综合经济实力位居全省十强之列。清徐县土地利用率高，比全省的平均土地利用率67.68%高8.42个百分点。土地利用存在的主要问题表现在耕地质量局部有退化现象，地下水位下降，原有的水浇地已有一部分因水源缺乏变为旱地；宜耕、宜林地潜力未得到充分发挥，用地结构与布局尚需调整；建设用地中布局较分散，未形成工业小区或经济园区，没有发挥出土地利用的集聚效应和整体功能。

一、评价指标标准与权重

采用综合评价法和基于过程的评价方法进行清徐县土地可持续利用评价。综合评价法选取1990、1996和2001年3个时期，评价采用加法模型，为了突出显现土地资源利用中存在部分限制性指标，在评价时也可以选用乘法模型。当存在地质灾害等限制因子时，可采用代数模型，求取部分指标加权和之后再与限制因子的相应指标相乘即可获得稳定性准则下的评价分值。采用特尔斐法确定指标权重，指标权重和标准值如表 13-17。

表 13-17　清徐县土地可持续利用评价指标权重及标准值

评价准则	评价指标	元指标	参考值	备注
生产力准则（0.2）	土地生产潜力实现水平（0.3）	主要农作物单位面积现实产量与生产潜力的比值（农区）（1）	玉米 13 500kg/hm² 小麦 8250kg/ hm²	农用地分等 农用地分等
	土地生产指数（0.3）	农用地产值与全省平均农用地产值比值（0.6）	1	
		第二、三产业建设用地产值与全省第二、三产业用地平均产值比值（0.4）	1	
	土地利用程度（0.3）	土地利用率（0.4）	81.80%	2010 年规划值
		建设用地率（0.3）	11.40%	2010 年规划值
		作物复种指数（0.3）	1.2	历年平均
	土壤质量水平（0.1）	农用地分等定级综合指数（1）	100%	
稳定性准则（0.2）	土地基础设施建设水平（0.4）	农田防护林面积（0.3）	10%	
		有效灌溉面积比例（0.3）	100%	
		交通用地比例（0.4）	2.72%	2010 年规划值
	稳定性水平（0.4）	第二、三产业产值波动系数（0.4）	1	
		粮食稳定性指数（0.6）	1	
	土地灾害水平（0.2）	自然灾害受灾面积比例（0.6）	10%	
		地质灾害受灾面积比例（0.4）	10%	
保护性准则（0.2）	土地退化水平（0.2）	水土流失面积比例与程度（0.4）	10%	
		土壤盐渍化（潜育化）面积比例与程度（0.4）	10%	
		土壤污染面积比例与程度（0.2）	10%	
	耕地保护水平（0.4）	耕地警度判别系数（0.5）	8.81	2001 年系数
		高产田占基本农田面积比例（0.5）	100%	
	水资源平衡水平（0.2）	实际用水量与可供水量的比例（1）	10%	
	水质保护水平（0.1）	水体 BOD、COD、悬浮物的含量（1）		
	自然景观保护水平（0.1）	森林覆盖率或植被覆盖率（0.7）	30%	
		休闲用地比例（0.3）	10%	
经济活力性准则（0.2）	经济效益水平（0.4）	单位面积种植业投入-产出比（0.3）	6.8	
		单位面积固定资产投资水平（0.3）	1	
		人均 GDP 增长率（0.2）	5000 元	
		经济效益系数（0.2）	1	
	土地收益水平（0.2）	城镇地价指数增长率（1）		
	农业用地利用多样性水平（0.2）	农业用地经营多样性指数（0.6）	100%	
		农业用地利用结构多样性指数（0.4）	100%	
	土地增长弹性水平（0.2）	农用地产值增长弹性系数（0.6）		2001 年系数
		建设用地产值增长弹性系数（0.4）		2001 年系数

续表

评价准则	评价指标	元指标	参考值	备注
社会可接受性准则（0.2）	地区发展平衡水平（0.3）	县人均 GDP 与本省人均 GDP 差异变化程度（0.6）	10%	
		各乡镇农村经济人均收入的离差系数（0.4）	1	
	不同层次对土地管理的满意程度（0.2）	上访土地案件与法院诉讼案件数量（0.2）	100%	
		闲置土地占已批用地面积比例（0.4）	10%	
		违法用地率（0.4）	10%	
	人口压力水平（0.3）	人口压力指数（0.6）	1	
		剩余劳动力转移系数（0.4）	10%	
	生态模式推广水平（0.2）	土地生态农业等示范模式推广面积比例（1）	100%	

注：括号内数字表示权重。

二、评价结果分析

清徐县土地可持续利用评价结果按照综合评价得分，>85 分属强可持续性，55～85 分属中可持续性，30～55 分属弱可持续性，<30 分属不可持续性。按照多时点综合评价方法，清徐县土地资源可持续综合评价 1990 年分值为 70.1 分，1996 年为 75.2 分，2001 年为 82.5 分，均属于中可持续；三个时点的生产力准则层、保护性准则层、经济活力性准则层和社会可接受性准则层总体呈持续上升状态。稳定性准则层则呈不稳定状态。上述诊断结果与清徐县土地可持续利用现状调查反映的信息基本上是一致的。

从评价结果来看，清徐县土地资源利用是可持续发展的。按照基于过程的评价方法，综合生产力准则层、稳定性准则层、保护性准则层、经济活力性准则层和社会可接受性准则层，评价结果分值为 56，属于中可持续。与综合评价法结果一致。

清徐县的生产力准则层主要问题是主要农作物的单位面积产量不高，需要采取一定的水利配套和保肥措施；建设用地率不稳定，需要进一步加强建设用地管理。清徐县保护性准则层主要问题是农田水利条件差，应提高有效灌溉面积，确保农作物单产。保护性准则层面主要问题是清徐县人多地少，人均耕地面积少；为保证粮食安全，用地安排必须确保粮食需求；同时，增加休闲用地比例，水体污染需引起足够重视。清徐县的经济活力准则层面较好，近几年经济发展迅速，人们生活水平有了较大的提高；主要的问题是农用地经营多样性方面不稳定，需引起重视。清徐县社会发展不平衡，各个乡镇发展水平差距较大；由于清徐县的经济发展正处于快速上升阶段，各个乡镇所拥有的发展条件各不相同，这种不平衡与快速发展相联系。在未来应采取措施，缩小各个乡镇之间的差距，在严格实行国家人口政策的同时，保护耕地，提高粮食单产，增加粮食总产。

三、障碍因子诊断与对策

按障碍度≥4.5%的标准确定清徐县可持续利用障碍因子。1990 年清徐县土地可持续利用的障碍因素主要有主要农作物单位面积现实产量与生产潜力的比值、县人均GDP与本省人均GDP的差异、剩余劳动力转移系数、城镇地价指数增长率；1996年清徐县土地可持续利用的障碍因素主要有主要农作物单位面积现实产量与生产潜力的比值、县人均GDP与本省人均GDP的差异、剩余劳动力转移系数；2001年清徐县土地可持续利用的障碍因素主要有主要农作物单位面积现实产量与生产潜力的比值、剩余劳动力转移系数、单位种植业投入-产出比、农田防护林面积比例。可以看出，1990、1996和2001年主要限制性因素为主要农作物单位面积现实产量低而不稳，土地生产潜力未得到充分发挥，剩余劳动力转移速度缓慢。2001年与1990、1996年相比，单位面积种植业投入-产出比和农田防护林面积变成障碍因素，说明清徐县受农业比较利益的影响，这几年对农业的产投比和农业生态环境建设重视程度不足。而县人均GDP与本省人均GDP的差异不再是障碍因素，说明县人均GDP在逐年上升，土地利用的生态与经济状况趋向优化。

根据清徐县土地可持续利用评价结果，针对土地可持续利用存在的障碍因子分析，清徐县今后土地利用应侧重开发利用和保护农地，实现农业的可持续发展。一是加大农田基本建设，稳定提高粮食产量。二是调整农业种植业结构，提高农业比较利益。三是发展节水农业，提高用水效率。同时清徐县应优化建设用地结构与布局，实现城镇土地的可持续利用，实行协调农村工业化与城镇化同步发展的对策。此外，清徐县要建立社会-经济-生态复合系统，确保社会、经济、环境与人口的协调发展。首先，在发展经济的同时加强环境的保护，尤其是加大环境治理的投资力度。其次，加快绿色技术的应用，广泛推行生态农业模式。

第六节　辽宁灯塔市土地可持续利用评价

灯塔市位于辽宁省中部，地处中北纬度地带，属于半湿润大陆性季风气候区域。四季比较分明，夏季炎热多雨，冬季寒冷干燥，日照充足，雨热同季。地势自东向西倾斜，东、东南部低山丘陵，中、西、西北部为冲积平原。土壤大致分三个土类，棕壤性土、棕壤和草甸土类。灯塔市2000年末人口49.7万人，其中乡村人口43.2万人，国内生产总值40亿元，人均国内生产总值约8000元，是我国商品粮基地县。根据2000年土地变更调查数据，灯塔市土地总面积199.88万亩，其中耕地面积109.99万亩，占土地总面积的55%；土地利用存在的主要问题有：科学种田水平低，管理粗放；森林资源遭受严重破坏；农田水利设施配套不完善；防洪排涝能力低，个别年份风害、干旱和低温冷害等时有发生。土壤理化性状差，养分匮乏，低产田占很大比例。

根据灯塔市土地可持续利用评价指标体系，选取1985、1990、1995、2000年4个时期，进行灯塔市土地可持续利用评价。评价指标及权重赋值和标准值如表13-18。

表 13-18　灯塔市土地可持续利用评价指标及权重赋值和标准值

评价准则	评价指标	评价因子	标准值（参照值）
生产力准则（0.2）	土地生产潜力实现水平（0.3）	主要农作物单位面积现实产量与生产潜力的比值（0.6）	辽宁省 2025 年粮食生产潜力：水稻 9486kg/hm²、玉米 12 570kg/hm²、高粱 10 998kg/hm²、大豆 4611kg/hm²
		主要树种年蓄积量（0.4）	2010 年县林业规划 85×10⁴m³
	土地生产指数（0.3）	农用地产值与全省平均农用地产值比值（0.6）	100%
		第二、三产业建设用地产值与全省第二、三产业建设用地产值平均产值比值（0.4）	100%
	土地利用程度（0.3）	土地利用率（0.4）	100%
		建设用地率（0.3）	2010 年土地利用规划值 13.06%
		作物复种指数（0.3）	150%
	土壤质量水平（0.2）	农用地分等定级综合指数（1.0）	100%
稳定性准则（0.2）	土地基础设施建设水平（0.5）	农田防护林面积比例（0.2）	2010 年规划目标值
		有效灌溉面积比例（0.3）	2010 年规划目标值
		防洪排涝体系面积比例（0.3）	2010 年规划目标值
		公路用地比例（0.2）	2010 年规划目标值
	稳定性水平（0.3）	第二、三产业产值波动系数（0.3）	0.0
		粮食稳定性系数（0.4）	1.0
		森林消长比指数（0.3）	1.0
	土地灾害水平（0.2）	自然灾害（包括地质灾害）受灾面积比例（1.0）	0.0
保护性准则（0.2）	土地退化水平（0.2）	水土流失面积比例与程度（0.5）	≤10%
		土壤肥力下降水平（0.5）	土壤有机质含量 2.5%
	耕地保护水平（0.2）	耕地警度判别系数（0.5）	
		基本农田保护面积比例（0.5）	2010 年规划目标值 88%
	水资源平衡水平（0.2）	实际用水量与可供水量的比例（1.0）	100%
	水质保护水平（0.2）	N、P、BOD、COD、悬浮物等含量（1.0）	国家地面水环境质量标准
	自然景观保护水平（0.2）	森林覆盖率或植被覆盖率（0.5）	辽宁森林覆盖率 33%
		天然林面积占有林地面积比例（0.5）	70%
经济活力性准则（0.2）	经济效益水平（0.5）	单位面积种植业投入-产出比（0.2）	1.0
		单位面积林业投入-产出比（0.2）	1.0
		单位面积固定资产投资水平（0.2）	1.0
		人均 GDP（0.2）	国家小康标准 5000 元/人
		经济效益系数（0.2）	18.20%
	土地收益水平（0.1）	城镇地价指数增长率（1.0）	基准地价
	建设用地保障水平（0.1）	农用地转为建设用地的满足率（1.0）	1.0
	土地利用多样性水平（0.2）	土地经营多样性指数（0.5）	100%
		土地利用结构多样性指数（0.5）	15 年本地区平均 0.665
	土地增长弹性水平（0.1）	农用地产值增长弹性系数（0.5）	2000 年本地区最高值
		建设用地产值增长弹性系数（0.5）	100%

续表

评价准则	评价指标	评价因子	标准值（参照值）
社会可接受性准则（0.2）	地区发展平衡水平（0.5）	县人均GDP与本市人均GDP差异变化程度（0.5）	计算值0.2678
		各乡镇人均农业产值的离差系数（0.5）	0.0
	土地管理水平（0.3）	产权安全程度（0.3）	登记发证率95%
		上访土地案件与法院诉讼案件数量（0.2）	辽宁省1990～2000年的平均土地案件指数为45件
		土地抛荒面积（0.2）	1.0
		农户对土地流转、产权变更等接受程度（0.1）	1.0
		管理者对土地政策的接受程度（0.1）	1.0
		专家对土地政策的接受程度（0.1）	1.0
	人口压力水平（0.2）	人口压力指数（0.5）	100%（逆指标）
		剩余劳动力转移系数（0.5）	1.0

注：括号内数字表示权重。

按照综合评价分值，>85属强可持续性；65～85属中可持续性，45～65属弱可持续性，<45属不持续。灯塔土地可持续利用评价结果1985年分值为57.68，属于弱可持续；1990年为60.01，属于弱可持续性；1995年为70.87，属于中可持续性；2000年为78.02，属于中可持续性。各准则层每个时点年土地可持续利用评价结果如表13-19。

表 13-19　灯塔市土地可持续利用综合评价结果

年份	生产力准则	稳定性准则	保护性准则	经济可行性准则	社会可接受性准则	综合评价值
1985	14.13	11.61	14.47	8.11	9.36	57.68
1990	14.81	12.09	13.24	9.62	10.25	60.01
1995	13.68	14.53	14.57	14.31	13.83	70.87
2000	15.71	15.24	15.49	16.82	14.76	78.02

根据灯塔市土地可持续利用评价结果，灯塔市土地可持续利用应采取以下措施：①建立有效合理的土地资源开发、利用、保护、整治、养护相结合的管理体系。要按照本区域的自然规律和生态经济规律制定相应的配套措施，以保证最大限度的绿色覆盖面积，充分利用各类土地资源，积极搞好可再生资源的增值和有效利用，大力推进节地型、节水型、节能型、高效型产业。②推行土地资源优化配置。坚持大农业中农、林、牧、副、渔各产业综合全面发展，以市场为导向，创造“两高一优”农产品，以使经济发展与生态环境保护协调统一，将社会需求与资源永续利用有机结合。③因地制宜地开展土地资源生物工程保护与工程改造措施。做好防止水质污染、工业污水处理和水的重复利用、推广节水农业新技术、合理开采地下水和人工降雨等多种节水措施，以满足经济发展需求问题。④加强农田水利建设，完善防洪和排灌水系设施。东部低山丘陵地区，要以蓄为主，发展灌溉工程，大力开展水土保持工作；中部缓丘漫岗地区，要因地制宜发展灌溉工程；西部沿河平原地区，加速发展除涝工程，除险加固防洪设施，治理渍害。⑤培肥土壤，增加地力。施用有机肥料，可改善土壤的化学、物理、生物性状；合理施用化肥，建立有机肥与无机肥相结合的肥料结构体系；实行正确的轮作制度，提倡种植绿肥，推广秸秆，稻草还田，改良土壤结构和养分状况。采取行之有效的工程措施，改善土壤潜育化性状。

附录1　部分国际组织与国内外大型研究计划的土地利用/覆被分类体系

附表1-1　联合国粮农组织土地覆被分类体系（LCCS）

<table>
<tr><th>分类标准</th><th colspan="3">覆被类型</th></tr>
<tr><td rowspan="9">有/无植被</td><td colspan="3">A　有植被的区域：每年至少有两个月植被覆盖度＞4％的区域。可由木本（树、灌木），草本（禾本、非禾本）或者它们的组合构成；或者由苔藓地衣构成（仅在没有其他植被的情况下），且其植被覆盖度在25％以上</td></tr>
<tr><td rowspan="7">土壤条件</td><td colspan="2">A1　陆地有植被区域：植被受下层底土影响</td></tr>
<tr><td rowspan="2">人造情况</td><td>A11　人工耕作和管理的陆地有植被区域：自然植被被消除或改良被人为覆被类型取而代之的区域，植被是人工的并且长期需要人类活动保持，在人类活动的间歇或者开始种植作物前，地表可以出现临时的无植被覆盖，其季节性物候现象能被人类行为规则地修改（例如，耕耘、收获和灌溉）。所有为收获的目的而种植的植被均属于此类（例如，小麦田、果园、橡胶和柚木种植园）</td></tr>
<tr><td>A12　自然和半自然的陆地有植被区域：自然植被区域是指生境中植被处于与生物和非生物平衡的区域。半自然植被是指不是人为种植植被但受人类行为影响的植被。半自然植被的形成可能是由于放牧，或者自然植被的过度放牧，或者其他的实践活动，如有选择性的对自然森林改造导致植物种类组成改变。包括从前耕作但现在已经弃耕以及植被正在再生的区域、在改变耕作的休耕期间发育的次要植被等区域。半自然植被包括受人类影响，但是已经恢复或正在恢复物种组成、环境和生态过程与为未受干扰之前的状态不可区分的植被。这种植被覆盖是非人工的，并且长期不需要人类活动去维持</td></tr>
<tr><td colspan="2">A2　水生或有规则泛滥的有植被区域：环境多数时间存在水的显著影响。水是决定自然土壤发育和生存植物群落的主导因素。包括湿地、沼泽以及每年有规律的固定周期有水的区域，包括漂浮植被区域</td></tr>
<tr><td rowspan="2">人造情况</td><td>A21　耕作的水生或有规则泛滥的有植被区域：这一类型包括水生作物被人为种植、耕耘和收获的区域，水生作物在它的生长期中长期立于水中（例如，水稻、潮汐稻和海洋稻）。其他植物（如净化水的植物）是自由漂浮的，它们不收割但是被维护。不包括灌溉的耕作区域</td></tr>
<tr><td>A22　自然和半自然的水生或有规则地泛滥的有植被区域：这一类型描述的是纯陆地和水生系统之间的过渡区域，地下水位通常位于或接近于地表，或者土地被浅水覆盖。主要植被是周期性的水生植物。湿地、沼泽，或者水位剧烈波动的平地，高盐度限制水生植物生长的平地均属此类。植被受水的显著影响，依赖于泛滥（例如，红树林、沼泽、湿地和水生河底）。在陆地环境中偶尔泛滥的植被不属于这一类。半自然水生植被指的是非人为种植但受人类行为直接影响的植被。此外，这一类还包括由于人类行为已发展和恢复自然状态的植被，或者已经建立了新的、处于与当前环境条件平衡之中生境的植被</td></tr>
<tr><td colspan="3">B　无植被的区域：全年有10个月以上的时间植被覆盖度＜4％，或者是在没有木本和草本植被的情况下，苔藓地衣的覆盖度不足25％</td></tr>
</table>

续表

分类标准	覆被类型		
有/无植被	土壤条件		B1　陆地主要无植被区域：覆被受下层底土影响
		人造情况	B11　人造地表和连接区：因人类行为而产生的人工覆被，如建筑（城市、城镇、交通区域），开采（露天矿和采石场）或者废弃区域
			B12　裸露区域：没有因人类行为而产生人工覆被的区域。包括植被覆盖度＜4%的区域，包括裸岩区域、沙地和沙漠
			B2　水生或有规则泛滥无植被区域：每年大量时间存在水的显著影响
		人造情况	B21　人造水体，雪和冰：因人造建筑而产生的水体覆盖区域，例如，水库，运河，人工湖等
			B22　自然水体，雪和冰：指的是天然被水体覆盖的区域，例如，湖泊，河流，雪或冰。对河流来说，没有植被覆盖通常是由于高的流速和/或陡峭的堤岸。对湖泊而言，它们的地质原因影响了水生植被的生长条件。深度、多岩石的盆地、多岩石和/或陡峭的海岸线、养分贫瘠、坚硬和粗糙的地表下层可能导致水面没有植被覆盖

附表 1-2　国际环境和可持续协会（IES）的全球植被监测（GVM）小组的全球土地覆被分类体系

大　　类	全球类型	区域及次区域类型
森林类型	常绿阔叶树木覆被	1.1 郁闭的树木覆被（郁闭度＞40%） 1.2 稀疏树木覆被（郁闭度 15%～40%）
	落叶阔叶树木覆被	2.1 郁闭 2.2 稀疏
	常绿针叶树木覆被	3.1 郁闭 3.2 稀疏
	落叶针叶树木覆被	4.1 郁闭 4.2 稀疏
	混合林	5.1 郁闭 5.2 稀疏
被水淹没的森林类型	有规律地被水淹没的树木覆被：红树林	6.1 郁闭红树林 6.2 稀疏红树林
	除红树林外的其他被水淹没的森林覆被类型（沼泽、湿地、泥炭湿地……）	6.3 郁闭的有规律被水淹没的其他树木覆被 6.4 稀疏的有规律被水淹没的其他树木覆被
灌木，灌木-乔木稀树草原类型	常绿灌木覆被	7.1 无乔木 7.2 有稀疏乔木
	落叶灌木覆被	8.1 无乔木 8.2 有稀疏乔木
草原、牧草地、稀树草原、石楠、牧场类型	草本覆盖	9.1 草本覆被 　9.11 天然草地 　9.12 牧草地 9.2 草本覆被，有稀树或灌木
没有树木的大草原类型（西伯利亚）	稀疏草本或稀疏灌木覆被	
苔原冻土类型	地衣、苔藓覆被	
湿地类型	有规律地被水淹没的灌木和/或草本覆被	
沼泽类型	有规律地被水淹没的苔藓（和地衣）覆被	

续表

大　　类	全球类型	区域及次区域类型
农地	耕作和人类维持管理区域	14.1 陆生作物 14.11 多年生乔木和灌木覆被（如果园、葡萄园） 14.12 无灌溉一年生草本作物 14.13 有灌溉一年生草本作物 14.2 水生作物（耕作期水淹）
镶嵌类型（各成分占20%和80%，第一种主导）	树木/其他自然植被覆被 农地/树木覆被 农地/无树木的其他自然植被覆被	
荒地和沙漠	裸露区域	
水、冰、雪	水体（自然和人工） 雪和冰（自然和人工）	
城市	人工地表和关联区域	

附表 1-3　国际人造卫星地表气候项目（ISLSCP）的全球土地覆被分类体系

类　　型	描　　述
0 水体	海洋、湖泊、水库和河流
1 常绿针叶林	树木郁闭度（树冠覆盖度）>60%，树高>5m
2 常绿阔叶林	树木郁闭度>60%，树高>5m
3 落叶针叶林	树木郁闭度>60%，树高>5m
4 落叶阔叶林	树木郁闭度>60%，树高>5m
5 混合林	树木郁闭度>60%，树高>5m，由针叶和落叶林的群落混合镶嵌组成，没有任何一种类型的树覆盖度<25%或>75%
6 森林地、林地	地面有草本或木本的林下叶层，树木郁闭度在40%～60%，树高>5m，树木可以是落叶或常绿树
7 有树木的草地/灌木地	地面有草本或木本的林下叶层，树木郁闭度在10%～40%，树高>5m，树木可以是落叶或常绿树
8 郁闭的矮树丛地或灌木地	以矮树丛和灌木为主的土地。矮树丛和灌木的郁闭度>40%，矮树丛高<5m，灌木和矮树丛可以是常绿或落叶，树木（乔木）郁闭度<10%，其余的覆被可以是裸地或草本
9 稀疏的（open）灌木地	灌木郁闭度在10%～40%，灌木高<2m，可以是常绿或落叶，其余覆被可以是裸地或一年生草本类型
10 草地（牧草地）	连续的草本覆被的土地，树木或灌木的郁闭度<10%
11 耕作土地（农田）	地面80%以上是作物生产的田地
12 裸地	裸土、沙地、岩石、冰雪，一年中的任何时候从未有过>10%的植被覆盖
13 城市和建成区	被建筑物或其他人造结构覆盖的土地
14 未分类的（其他）	

附表 1-4　欧洲环境机构（EEA）的 CORINE 土地覆被分类系统

CORINE 类型	描述（标注）
1　建成区	
111　连续城市建筑	高密度城市区域
112　不连续城市建筑	中、低密度城市区域
121　工商业用地	工业和（或）其他区域
122　道路网络和连接地	
123　码头	包括码头、船坞、船柱

续表

CORINE 类型	描述
124 机场	机场
131 采矿地	采矿地
132 垃圾堆放处	垃圾堆放处
133 建筑场所	建成区、稀疏建筑或整理统一的建筑
141 绿色城市区域	有植被的城市区域
142 运动和休闲设备	运动和休闲设备
2 农业区域	
211 非灌溉耕地	草本作物
212 永久灌溉地	
213 水稻田	
221 葡萄园	
222 果树和浆果种植园	
223 橄榄树生长区	
231 草原、牧场	草本作物
241 与永久作物相连的一年生作物	
242 混合耕作方式区域	
243 主要为农业，有显著自然植被区域	草本作物、稀疏木本植被、稀疏草本植被
244 田间林地	
3 森林和自然区域	
311 阔叶林	落叶阔叶林/落叶阔叶占（70%～60%）～40%的林地
312 针叶林	郁闭针叶林/针叶占（70%～60%）～40%的林地
313 混合林	落叶阔叶林/针叶占（70%～60%）～40%的林地
321 天然草地	郁闭草本植被/草本占（70%～60%）～40%的稀疏草本植被
322 荒野和石楠丛	郁闭的矮小灌木/稀疏的矮小灌木/稀疏的草本植被
323 硬叶植被	
324 变迁/过渡的林地及灌丛	郁闭-稀疏的木本植被（close-open）
331 海滩、沙丘、沙原	自由和流动沙地
332 裸岩	裸岩和（或）粗糙碎片
333 稀疏植被区	疏松结构/稀疏（open）的草本植被
334 燃烧区域（在木本植被前）	郁闭木本植被
335 冰河和永久积雪	
4 湿地和盐地	
411 内陆沼泽	在浸满水的土壤上的郁闭草本植被，淡水
412 泥炭沼	在浸满水的土壤上的郁闭草本植被/稀疏（open）的苔藓、地衣，淡水；裸土和（或）疏松结构，岩性：有组织的岩石－泥炭块
421 含盐的沼泽、湿地	浸满水的郁闭草本植被，水质：盐/涩
422 盐湖、盐田	
423 高潮与低潮线之间的平地	
5 水	
511 水流	流动的永久自然水体，盐分：淡水，<1000μg/g of TDS
512 水体	固定的永久自然水体，盐分：淡水，<1000μg/g of TDS
521	
522	
523 海洋	固定的永久自然水体，盐分：轻度/适度/高度

附表 1-5　美国 Anderson 土地利用/覆被分类体系

一级类型	二级类型
1 城市或建成区土地	11 居住区
	12 商业和服务区
	13 工业区
	14 运输和通信用地
	15 工业和商业混合区
	16 混合的城市或建成区
	17 其他城市或建成区土地
2 农业用地	21 农田和牧地
	22 果园，小树林，葡萄园，苗圃，装饰性作物农艺区
	23 被限制的（狭窄的）饲养设施
	24 其他农业用地
3 牧场，放牧地	31 草本牧场
	32 灌木和灌木丛牧场
	33 混合牧场
4 森林地	41 落叶林地
	42 常绿林地
	43 混合林地
5 水	51 河流、运河、沟渠
	52 湖泊
	53 水库
	54 海湾和河口、江口
6 湿地	61 森林湿地
	62 非森林湿地
7 裸地	71 干燥盐化的平地
	72 海滩
	73 非海滩的沙地区域
	74 裸岩
	75 开采后的采石场，沙砾坑井、深渊
	76 变迁、过渡区域
	77 混合的裸地
8 苔原、冻土地带	81 有灌木和灌木丛的苔原和冻土地带
	82 有草本的冻土地带
	83 露天矿采空区的苔原冻土地带
	84 潮湿的苔原、冻土地带
	85 混合的苔原、冻土地带
9 永久冰雪	91 永久雪原、雪地
	92 冰河

附表 1-6　美国地质调查局（USGS）土地利用/覆被分类体系

1 建成区	11 居民地、居住区
	12 商用地
	13 工业用地
	14 交通、通信和公共设施
	15 工业和商业混合用地
	16 有建筑物的用地
	17 其他建成区用地

续表

2 农用地	21 耕地、牧场
	22 果园
	23 大牧场
	24 其他农业用地
3 草地	31 草本草地
	32 灌丛草地
	33 混交草地
4 森林	41 落叶林
	42 常绿林
	43 混交林
5 水体	51 河流、运河
	52 湖泊
	53 水库
	54 河口、海湾
6 湿地	61 森林湿地
	62 非森林湿地
7 贫瘠土地	71 盐碱地
	72 海滩
	73 沙地
	74 裸岩
	75 露天矿、石场、沙石坑
8 冻土带	81 灌丛冻土带
	82 草本冻土带
	83 裸地冻土带
	84 湿地冻土带
	85 混合冻土带
9 永久冰雪	91 永久雪地
	92 冰川

附表 1-7　美国佛罗里达土地利用/覆被分类体系（FLUCCS）

类　　型	描述、解释
100 城市和建成区	人类建筑高强度占用区域。此类型包括居住、商业、工业、开采、制度（政府）、消遣娱乐/户外土地等土地利用类型
200 农业区域	以生产粮食和牲畜饲养为主的土地。包括农田/牧草地、树木作物（不是种植园的单一作物）、饲养地、苗圃、特殊农场、农村公开地
300 牧场，放牧地	草地、灌木林地、矮灌丛和混合牧草地等纯自然植被
400 山地森林	林冠郁闭度大于等于10%的山地丘陵区域。包括松树（针叶林）、阔叶林和混合林，此类地区木材有收获和更新。如果某一类林地要归类于一特殊种群，该种群的树冠郁闭度必须大于等于总树冠郁闭度的66%，否则为混合林。山地森林的分类通常需要航空影像资料的补充
500 水	对水体的分类依赖于所用遥感影像的比例尺和分辨率。20m分辨率的SPOT影像能够识别≥2.5acre（1acre＝0.404 856hm^2）的水体，或者20m长以上的线状水体。水体中有在水中的或浮现出来的植被，水体将被从湿地类型中识别出来。溪流、水路、湖泊、水库、海湾和河口、主要泉水（水源）、泥沼水体均属于此类

续表

类型	描述、解释
600 湿地	一年中的大部分时间，地下水位接近或位于陆地表面的区域。这类区域生长各种水生物种和水生植被。湿地的水排干即成为其他类型的用地，如林地和居住地，如果这些区域的湿地植被复原，则重新属于湿地类型。为了获得更精确的分类，国家湿地目录和低海拔航空影像被应用。湿地类包括松类、落叶类和混合林，以及无树木和无植被的湿地（潮汐地和海岸线）
700 荒地	只有极少或没有植被，植被生长的潜力有限。由于人类行为，农业区域、开采区和工业用地都可能被归入荒地类，因此此类区域必须在航空影像和地形资料的补充下进行解译。包括海滩、裸岩和扰动地
800 运输通信用地	线状和点状特征地物，如高速公路、通信塔、传输线路。最小分辨率（10m）的卫星影像能识别此类地物。次级和第三级道路、小的传输线路、小的通信塔等点状地物不能通过 SPOT 影像识别

附表 1-8 基于 NOAA-AVHRR 数据的欧洲土地覆被分类

一级类	二级类	描述
10 森林	树木和灌丛	
	11 针叶林	针叶树和灌丛主导的土地
	12 落叶林	落叶树和灌丛主导的土地
	13 混合林	针叶树、落叶树和灌丛主导的土地
20 草地	草本覆被土地，树木和灌丛覆被<10%	
	21 天然草地	自然草本覆被的土地，树木和灌丛覆被<10%
	22 人工草地	被引进草种和为放牧而进行改良的土地，树木和灌木覆被<10%
30 耕地	耕作土地	种植作物的耕地
	31 无灌溉耕地	无周期性灌溉的耕地
	32 有灌溉耕地	对作物进行周期性灌溉的耕地
40 永久作物地	在被犁种和重新种植之前，长期占用土地并能重复进行收获，而不需要按耕作制度耕种的作物，如葡萄园和果园	
50 灌木地	高度<2m 的自然木本植被	
60 荒地	61 岩石	悬崖绝壁、岩石、露出地面的岩层主导区域
	62 裸土	裸露土壤、海滩、沙丘、海滨宽阔沙地、鹅卵石地
70 永久冰川和积雪	终年被雪和冰覆盖的土地，冰河和永久雪地（雪原）	
80 沼泽地、湿地	持久地被水和草本或木本植被的混合物覆盖广阔区域的土地，水质可以是咸涩水或淡水	
90 水体	海洋、湖泊、水库、河流	
100 城市区域	被建筑物和其他人造建筑覆盖的区域	

附表 1-9　中国土地利用现状调查分类

一级类		二级类		含义
编码	大类名称	编码	二类名称	
1	耕地			种植农作物的土地，包括新开荒地、休闲地、轮歇地、草田轮作地；以种植农作物为主，间有零星果树、桑树或其他树木的土地；耕种 3 年以上的滩地和海涂。耕地中包括南方宽<1.0m，北方宽<2.0m 的沟、渠、路、田埂
		11	灌溉水田	有水源保证和灌溉设施，在一般年景能正常灌溉，用以种植水稻、莲藕、席草等水生作物的耕地，包括灌溉的水旱轮作地
		12	望天田	无灌溉工程设施，主要依靠天然降雨，用以种植水稻、莲藕、席草等水生作物的耕地，包括无灌溉设施的水旱轮作地
		13	水浇地	指水田、菜地以外，有水源保证和灌溉设施，在一般年景能正常灌溉的耕地
		14	旱地	指水田、菜地以外，无灌溉设施，靠天然降水种植旱作物的耕地，包括没有灌溉设施，仅靠引洪淤灌的耕地
		15	菜地	种植蔬菜为主的耕地，包括温室、塑料大棚用地
2	园地			种植以采集果、叶、根茎等为主的集约经营的多年生木本和草本作物，覆盖度>50%，或每公顷株树大于合理株数 70%的土地，包括果树苗圃等用地
		21	果园	种植果树的园地
		22	桑园	种植桑树的园地
		23	茶园	种植茶树的园地
		24	橡胶园	种植橡胶树的园地
		25	其他园地	种植可可、咖啡、油棕、胡椒等其他多年生作物的园地
3	林地			生长乔木、竹类、灌木、沿海红树林等林木的土地。不包括居民绿化用地，以及铁路、公路、河流、沟渠的护路、护岸林
		31	有林地	树木郁闭度>30%的天然、人工林
		32	灌木林	覆盖度>40%的灌木林地
		33	疏林地	树木郁闭度 10%～30%的疏林地
		34	未成林造林地	指造林成活率大于等于合理造林株数 40%，尚未郁闭但有成林希望的新造林地（一般指造林后不满 3～5 年或飞机播种后不满 5～7 年的造林地）
		35	迹地	森林采伐、火烧后，5 年内未更新的土地
		36	苗圃	固定的林木育苗地
4	牧草地			生长草本植物为主，用于畜牧业的土地
		41	天然草地	以天然草本植物为主，未经改良，用于放牧或割草的草地，包括以牧为主的疏林、灌木草地
		42	改良草地	采用灌溉、排水、施肥、松耙、补植等措施进行改良的草地
		43	人工草地	人工种植牧草的草地，包括人工培植用于牧业的灌木
5	居民点及工矿用地			指城乡居民点、独立居民点以及居民点以外的工矿、国防、名胜古迹等企事业单位用地，包括其内部交通、绿化用地
		51	城镇	市、镇建制的居民点，不包括市、镇范围内用于农、林、牧、渔业生产用地 51A　城市 51B　建制镇
		52	农村居民点	镇以下的居民点用地
		53	独立工矿用地	居民点以外独立的各种工矿企业、采石场、砖瓦窑、仓库及其他企事业单位的建设用地，不包括附属于工矿、企事业单位的农副业生产基地
		54	盐田	以经营盐业为目的，包括盐场及附属设施用地
		55	特殊用地	指居民点以外的国防、名胜古迹、风景旅游、墓地、陵园等用地

续表

一级类		二级类		含义
编码	大类名称	编码	二类名称	
6	交通用地			居民点以外的各种道路及其附属设施和民用机场用地，包括护路林
		61	铁路	铁道线路及站场用地，包括路堤、路堑、道沟、取土坑及护路林
		62	公路	指国家和地方公路，包括路堤、路堑、道沟和护路林
		63	农村道路	指农村南方宽≥1m，北方宽≥2m 的道路
		64	民用机场	民用机场及其附属设施用地
		65	港口、码头	专供客、货运船泊停靠的场所，包括海运、河运及其附属建筑物，不包括常水位以下部分
7	水域			指陆地水域和水利设施用地，不包括滞洪区和垦殖3年以上的滩地，以及海涂中的耕地、林地、居民点、道路等
		71	河流水面	天然形成或人工开挖河流常水位岸线以下的面积
		72	湖泊水面	天然形成的积水区常水位岸线以下的面积
		73	水库水面	人工修建总库容≥10万 m^3，正常蓄水位岸线以下的面积
		74	坑塘水面	天然形成或人工开挖蓄水量<10万 m^3 常水位岸线以下的蓄水面积
		75	苇地	生长芦苇的土地，包括滩涂上的苇地
		76	滩涂	包括沿海高潮位与低潮位之间的潮侵地带，河流、湖泊常水位至洪水位间的滩地，时令湖、河洪水位以下的滩地；水库、坑塘的正常蓄水位与最大洪水位间的面积。常水位线一般按地形图，指另行调绘
		77	沟渠	人工修建，用于排灌的沟渠，包括渠槽、渠堤、取土坑、护堤林。指南方宽≥1m、北方宽≥2m 的沟渠
		78	水工建筑物	人工修建，用于除害兴利的闸、坝、堤路林、水电厂房、扬水站等常水位岸线以上的建筑物
		79	冰川及永久积雪	表层被冰雪常年覆盖的土地
8	未利用土地			目前还未利用的土地，包括难利用的土地
		81	荒草地	树木郁闭度<10%，表层为土质，生长杂草，不包括盐碱地、沼泽地和裸土地
		82	盐碱地	表层盐碱聚集，只生长天然耐盐植物的土地
		83	沼泽地	经常积水或渍水，一般生长湿生植物的土地
		84	沙地	表层为沙覆盖，基本无植被的土地，包括沙漠，不包括水系中的沙滩
		85	裸土地	表层为土质，基本无植被覆盖的土地
		86	裸岩、石砾地	表层为岩石或石砾，其覆盖面积>50%的土地
		87	田坎	主要指耕地中南方宽≥1m，北方宽≥2m 的地坎或堤坝
		88	其他	指其他未利用土地，包括高寒荒漠、苔原等

附表 1-10　国土资源部土地利用分类（2002 年 1 月 1 日起执行）

一级类		二级类		三级类		主要包含
编码	大类名称	编码	二类名称	编码	三类名称	
1	农用地					指直接用于农业生产的土地，包括耕地、园地、林地、牧草地及其他农业用地
		11	耕地			指种植农作物的土地，包括熟地、新开发复垦整理地、休闲地、轮歇地、草田轮作地；以种植农作物为主，间有零星果树、桑树或其他树木的土地；平均每年能保证收获一季的已垦滩地和海涂。耕地中还包括南方宽＜1.0m、北方宽＜2.0m 的沟、渠、路和田埂
				111	灌溉水田	指有水源保证和灌溉设施，在一般年景能正常灌溉，用于种植水生作物的耕地，包括灌溉的水旱轮作地
				112	望天田	指无灌溉设施，主要依靠天然降雨，用于种植水生作物的耕地，包括无灌溉设施的水旱轮作地
				113	水浇地	指水田、菜地以外，有水源保证和灌溉设施，在一般年景能正常灌溉的耕地
				114	旱地	指无灌溉设施，靠天然降水种植旱作物的耕地，包括没有灌溉设施，仅靠引洪淤灌的耕地
				115	菜地	指常年种植蔬菜为主的耕地，包括大棚用地
		12	园地			指种植采集果、叶、根茎等为主的集约经营的多年木本和草本作物(含苗圃)，覆盖度＜50%或每公顷有收益的株数达到合理株数 70%的土地
				121	果园	指种植果树的园地。其中 121k 为可调整果园，指由耕地改为果园，但耕作层未被破坏的土地
				122	桑园	种植桑树的园地。其中 122k 为可调整桑园，指由耕地改为桑园，但耕作层未被破坏的土地
				123	茶园	指种植茶树的园地。其中 123k 为可调整茶园，指由耕地改为茶园，但耕作层未被破坏的土地
				124	橡胶园	指种植橡胶树的园地。其中 124k 为可调整橡胶园，指由耕地改为橡胶园，但耕作层未被破坏的土地
				125	其他园地	指种植可可、咖啡、油棕、胡椒、花卉、药材等其他多年生作物的园地。其中 125k 为可调整其他园地，指由耕地改为其他园地，但耕作层未被破坏的土地
		13	林地			指生长乔木、竹类、灌木、沿海红树林的土地。不包括居民点绿地，以及铁路、公路、河流、沟渠的护路、护岸林
				131	有林地	指树木郁闭度≥20%的天然、人工林地。其中 131k 为可调整有林地，指由耕地改为林地，但耕作层未被破坏的土地
				132	灌木林地	指覆盖度≥40%的灌木林地
				133	疏林地	指树木郁闭度≥10%但＜20%的疏林地
				134	未成林造林地	指造林成活率≥合理造林数的 40%，尚未郁闭但有成林希望的新造林地（一般指造林后不满 3～5 年或飞机播种后不满 5～7 年的造林地）。其中 134k 为可调整未成林造林地，指由耕地改为未成林造林地，但耕作层未被破坏的土地
				135	迹地	指森林采伐、火烧后，5 年内未更新的土地
				136	苗圃	指固定的林木育苗地。其中 136k 为可调整苗圃，指由耕地改为苗圃，但耕作层未被破坏的土地

续表

一级类		二级类		三级类		主要包含
编码	大类名称	编码	二类名称	编码	三类名称	
1	农用地	14	牧草地			指生长草本植物为主，用于畜牧业的土地
				141	天然草地	指以天然草本植物为主，未经改良，用于放牧或割草的草地，包括以牧为主的疏林、灌木草地
				142	改良草地	指采用灌溉、排水、施肥、松耙、补植等措施进行改良的土地
				143	人工草地	指人工种植牧草的草地，包括人工种植用于牧业的灌木地。其中 143k 为可调整人工草地，指由耕地改为人工草地，但耕作层未被破坏的土地
		15	其他农用地			指上述耕地、园地、林地、牧草地以外的农用地
				151	畜禽饲养地	指以经营性养殖为目的的畜禽场及其相应附属设施用地
				152	设施农业用地	指进行工厂化作物栽培或水产养殖的生产设施用地
				153	农村道路	指农村南方≥1.0m，北方≥2.0m 的村间、田间道路（含机耕道）
				154	坑塘水面	指人工开挖或天然形成的蓄水量<10 万 m^3（不含养殖水面）坑塘常水位以下的面积
				155	养殖水面	指人工开挖或天然形成的专门用于水产养殖的坑塘水面及其相应附属设施用地。其中 155k 为可调整养殖水面，指由耕地改为养殖水面，但可复耕的土地
				156	农田水利用地	指农民、农民集体或其他农业企业等自建或联建的农田排灌沟渠及其相应附属设施用地
				157	田坎	主要指耕地中南方≥1.0m，北方≥2.0m 的梯田田坎
				158	晒谷场等用地	指晒谷场及上述用地中未包含的其他农用地
2	建设用地					指建造建筑物、构筑物的土地，包括商业、工矿、仓储、公用设施、住宅、交通、水利设施、特殊用地等
		21	商服用地			指商业、金融业、餐饮旅馆业及其他经营性服务业建筑及其相应附属设施用地
				211	商业用地	指商店、商场、各类批发、零售市场及其相应附属设施用地
				212	金融保险用地	指银行、保险、证券、信托、期货、信用社等用地
				213	餐饮旅馆业用地	指饭店、餐厅、酒吧、宾馆、旅馆、招待所、度假村等及其相应附属设施用地
				214	其他商服用地	指上述用地以外的其他商服用地，包括写字楼、商业性办公楼和企业厂区外独立的办公楼用地；旅行社、运动保健休闲设施、夜总会、歌舞厅、俱乐部、高尔夫球场、加油站、洗车场、洗染店、废旧物资回收站、维修网点、照相、理发、洗浴等服务设施用地

续表

一级类		二级类		三级类		主要包含
编码	大类名称	编码	二类名称	编码	三类名称	
2	建设用地	22	工矿仓储用地			指工业、采矿、仓储用地
				221	工业用地	指工业生产及其相应附属设施用地
				222	采矿地	指采矿、采石、采砂场、盐田、砖瓦窑等地面生产用地及尾矿堆放地
				223	仓储用地	指用于物资储备、中转的场所及相应附属设施用地
		23	公用设施用地			指为居民生活和第二、三产业服务的公用设施及瞻仰、游憩用地
				231	公共基础设施用地	指给排水、供电、供燃、邮政、电信、消防、公用设施维修、环卫等用地
				232	瞻仰景观休闲用地	指名胜古迹、革命遗址、景点、公园、广场、公用绿地等用地
		24	公共建筑用地			指公共文化、体育、娱乐、机关、团体、科研、设计、教育、医卫、慈善等建筑用地
				241	机关团体用地	指国家机关、社会团体、群众自治组织、广播电台、电视台、报社、杂志社、通讯社、出版社等单位的办公用地
				242	教育用地	指各种教育机构，包括大专院校、中专、职业学校、成人业余教育学校、中小学校、幼儿园、托儿所、党校、行政学院、干部管理学院、盲聋哑学校、工读学校等直接用于教育的用地
				243	科研设计用地	指独立的科研、设计机构用地，包括研究、勘测、设计、信息等单位用地
				244	文体用地	指为公众服务的公益性文化、体育设施用地，包括博物馆、展览馆、文化馆、图书馆、纪念馆、影剧院、音乐厅、青少年（老年）活动中心、体育场馆、训练迹地等用地
				245	医疗卫生用地	指医疗、卫生、防疫、急救、保健、疗养、康复、医检药检、血库等用地
				246	慈善用地	指孤儿院、养老院、福利院等用地
		25	住宅用地			指供人们日常生活居住的房基地（有独立院落的包括院落）
				251	城镇单一住宅用地	指城镇居民的普通住宅、公寓、别墅等用地
				252	城镇混合住宅用地	指城镇居民以居住为主的住宅与工业或商业等混合用地
				253	农村宅基地	指农村村民居住的宅基地
				254	空闲宅基地	指村庄内部的空闲旧宅基地及其他空闲土地等

续表

一级类		二级类		三级类		主要包含
编码	大类名称	编码	二类名称	编码	三类名称	
2	建设用地	26	交通运输用地			指用于运输通行的地面线路、场站等用地，包括民用机场、港口、码头、地面运输管道、居民点道路及其相应附属设施
				261	铁路用地	指铁道线路及场站用地，包括路堤、路堑、道沟及护路林；地铁地上部分及出入口等用地
				262	公路用地	指国家和地方公路（含乡镇公路），包括路堤、路堑、道沟、护路林及其他附属设施用地
				263	民用机场	指民用飞机场及其相应附属设施用地
				264	港口码头用地	指人工修建的客运、货运、捕捞船舶停靠的场所及其相应附属建筑物用地（不包括水面以下部分）
				265	管道运输用地	指运输煤炭、石油和天然气等管道及其相应附属设施地面用地
				266	街巷	指城乡居民点内公用道路（含立交桥）、公共停车场等用地
		27	水利设施用地			指用于水库、水工建筑的土地
				271	水库水面	指人工修建总库容≥10 万 m^3，正常蓄水位以下的面积
				272	水工建筑用地	指除农田水利用地以外的人工沟渠（包括渠槽、渠堤、护堤林）、闸、坝、堤路林、水电站、扬水站等常水位岸线以上的水工建筑用地
		28	特殊用地			指军事设施、涉外、宗教、监教、墓地等用地
				281	军事设施用地	指专门用于军事目的的设施用地，包括军事指挥机关和营地等用地
				282	使领馆用地	指外国政府及国际组织驻华使领馆、办事处等用地
				283	宗教用地	指专门用于宗教活动的庙宇、寺院、道观、教堂等宗教用地
				284	监教场所用地	指监狱、看守所、劳改场、劳教所、戒毒所等用地
				285	墓葬地	指陵园、墓地、殡葬场所及附属设施用地
3	未利用地					指农用地和建设用地以外的土地
		31	未利用土地			指目前还未利用的土地，包括难利用的土地
				311	荒草地	指树木郁闭度<10%，表层为土质，生长杂草，不包括盐碱地、沼泽地和裸土地
				312	盐碱地	指表层盐碱聚集，只生长天然耐盐植物的土地
				313	沼泽地	指经常积水或渍水，一般生长湿生植物的土地
				314	沙地	指表层为沙覆盖，基本无植物的土地，包括沙漠，不包括水系中的沙滩
				315	裸土地	指表层为土质，基本无植被覆盖的土地
				316	裸岩石砾地	指表层为岩石或石砾，其覆盖面积≥70%的土地
				317	其他未利用土地	指包括高寒荒漠、苔原等尚未利用的土地

续表

<table>
<tr><th colspan="2">一级类</th><th colspan="2">二级类</th><th colspan="2">三级类</th><th rowspan="2">主要包含</th></tr>
<tr><th>编码</th><th>大类名称</th><th>编码</th><th>二类名称</th><th>编码</th><th>三类名称</th></tr>
<tr><td rowspan="6">3</td><td rowspan="6">未利用地</td><td rowspan="6">32</td><td rowspan="6">其他土地</td><td colspan="3">指未列入农用地、建设用地的其他水域地</td></tr>
<tr><td>321</td><td>河流水面</td><td>指天然形成或人工开挖河流，常水位岸线以下的土地</td></tr>
<tr><td>322</td><td>湖泊水面</td><td>指天然形成的积水区、常水位岸线以下的土地</td></tr>
<tr><td>323</td><td>苇地</td><td>指生长芦苇的土地，包括滩涂苇地</td></tr>
<tr><td>324</td><td>滩涂</td><td>指沿海大潮高潮位与低潮位之间的潮侵地带；河流、湖泊常水位至洪水位之间的滩地；时令湖、河洪水位以下的滩地；水库、坑塘正常蓄水位与最大洪水位之间滩地，不包括已利用的滩涂</td></tr>
<tr><td>325</td><td>冰川永久积雪</td><td>指表面被冰雪常年覆盖的土地</td></tr>
</table>

注：表中 k 为可调整的土地利用类型。

附表 1-11　中国科学院土地资源图分类体系

<table>
<tr><th colspan="2">一级类</th><th colspan="2">二级类</th><th colspan="2">三级类</th><th rowspan="2">主要包含</th></tr>
<tr><th>编码</th><th>大类名称</th><th>编码</th><th>二类名称</th><th>编码</th><th>三类名称</th></tr>
<tr><td rowspan="13">Ⅰ</td><td rowspan="13">耕地</td><td colspan="5">指经过开垦种植农作物，经常耕耘管理的土地。即种植粮、棉、油、瓜菜等农作物及莲藕、荸荠、茭白等水生作物的土地。包括熟耕地；开垦种植农作物，连续利用3年以上的新垦荒地和滩地、海涂；以农为主的草田轮作地；以种植农作物为主的农果（林）间作地（林木郁闭度在0.3以下）；未满3年的轮歇地、休闲地；耕地中渠、路、田埂、坎、坝及其他附属设施。专业性园地或其他土地中临时种农作物的不作为耕地</td></tr>
<tr><td rowspan="3">Ⅰ1</td><td rowspan="3">水田</td><td colspan="3">指有水源保证和灌溉设施，筑有田埂（坎），可以蓄水，一般年份能正常灌溉，用以种植水稻或水生作物的耕地。包括：常年水田、水旱轮作田、水旱间作田及种植莲藕、荸荠、茭白等水生作物的耕地。因干旱暂时改种旱作物的水田仍属水田</td></tr>
<tr><td>1</td><td>平地水田</td><td>指分布于平原、河川地、平坝、盆地的水田，一般坡度小于3°</td></tr>
<tr><td>2</td><td>梯田</td><td>指一般坡度在3°～25°之间的沿山坡等高线的阶梯状水田</td></tr>
<tr><td rowspan="3">Ⅰ2</td><td rowspan="3">水浇地</td><td colspan="3">指有水源保证及其灌溉设施，在一般年份能正常灌溉的耕地。包括：自流灌溉、渠、井、喷灌耕地，因干旱水源枯竭造成水利设施暂不能灌溉的耕地。田间无水利配套工程，播前只漫灌一次的耕地和引洪淤灌的耕地不算水浇地</td></tr>
<tr><td>3</td><td>平地水浇地</td><td>指分布于平原、河川地、平坝、盆地，一般坡度<3°的水浇地</td></tr>
<tr><td>4</td><td>梯地</td><td>指一般坡度在3°～25°之间的沿山坡等高线分布的阶梯状水浇地</td></tr>
<tr><td rowspan="3">Ⅰ3</td><td rowspan="3">旱地</td><td colspan="3">指无灌溉条件或设施，靠天然降水供旱作物生长的耕地，包括没有固定灌溉设施，播前只漫灌一次的耕地和引洪淤灌的耕地</td></tr>
<tr><td>5</td><td>平地旱地</td><td>指分布于平原、河川地、平坝、盆地，一般坡度<3°的旱地</td></tr>
<tr><td>6</td><td>坡旱地</td><td>指一般坡度在3°～25°之间的山坡旱地和梯旱地</td></tr>
<tr><td>Ⅰ4</td><td>菜地</td><td>7</td><td colspan="2">指以种植蔬菜为主的耕地。包括永久性瓜菜地（即常年菜地）；用于栽培蔬菜的大型温室和塑料棚用地；以种菜为主的菜粮轮作地。不包括临时种菜或种植其他农作物为主、蔬菜为辅的耕地</td></tr>
</table>

续表

一级类		二级类		三级类		主要包含
编码	大类名称	编码	二类名称	编码	三类名称	
Ⅱ	园地					指连片种植多年生木本和草本作物，集约经营，以采集果实、叶、根、茎为主、覆盖度小于50%或每公顷株数大于合理株数70%的土地。包括各种乔灌木、热带作物及果树苗圃等用地。不包括干果和木本油料（油棕除外）等林地
		Ⅱ1	果园	8		指连片种植，集约经营，以种植鲜果为主园地
		Ⅱ2	茶园	9		指种植茶树的园地
		Ⅱ3	桑园	10		指种植桑树的园地
		Ⅱ4	热带作物	11		指种植橡胶、油棕、可可、咖啡、胡椒、香茅草、菠萝等热带作物的园地
		Ⅱ5	基塘	12		指挖塘筑基，基上栽植桑、蔗或果树，塘内养殖而形成基塘互养，良性生态循环的复合利用方式
Ⅲ	林地					指乔木、竹类、灌木等天然生长和人工栽培的各种树木的土地。包括郁闭度0.4以上的各种林地；郁闭度0.1～0.3疏林地；采伐、火烧近期内尚未恢复的迹地。经济林地；防护林地；自然保护区、旅游区的森林和成活率大于或等于合理株数的40%，尚未郁闭但有希望的新造林地（指造林后不满3～5年，或飞播造林后不满5～7年的造林地）也属林地。但不包括城镇和居民点范围内供绿化、美化的林地和交通线堤岸<3行的林带以及已划入园地中的各种经济林木
		Ⅲ1	用材林			指以提供木材、竹类为主要目的的林地。包括原始森林、原始次生林、人工林、幼林及疏林、迹地等
				13	针叶林	指以松、柏、杉等针叶乔木为主（其林分占70%以上）的用材林地
				14	阔叶林	指以常绿阔叶、落叶阔叶树种为主（其林分占70%以上）的用材林地
				15	混交林	指天然或人工栽植的针、阔叶树混合生长的用材林地（针叶或阔叶树种占总林分的30%～70%）
				16	竹林	指连片生长（栽植）竹类的林地
				17	迹地	指森林采伐或火烧后5年内尚未更新的土地
		Ⅲ2	经济林			指以利用木材以外其他经济价值较高的林产品，如油茶子、油桐子、核桃、板栗、生漆子等的林地及柞蚕放养林地
				18	木本粮油经济林	指以果实、种子提供干果、油料为主要的经济林地。包括板栗、核桃、枣、柿和油茶、油桐、乌桕、花椒等各种干果、油料树林地
				19	柞场	指连片生长柞树，以放养柞蚕的林地
				20	疏林地	指树林生长稀疏，覆盖率10%～30%的林地，或幼林成活率达到合理造林株数25%～40%的林地
				21	薪炭林及灌丛	指以提供燃料为主要经营目的的林地和郁闭度在0.4以上，株高2m以下的高山矮林和灌木为主要林分的林地
				22	防护林地	指为减免风、沙、水、旱等自然灾害，以保障农业丰收、保护工矿、水利、交通设施以及生态环境的各种林地、林带（网）

续表

一级类		二级类		三级类		主要包含
编码	大类名称	编码	二类名称	编码	三类名称	
Ⅳ	牧草地					指以生长草本植物为主，用于经营畜牧业的土地（一般植被覆盖率在15%以上）。包括以草本群落为主的灌草丛、荒山荒坡和牧区饲料地等。植被覆盖率虽在5%～15%之间，但仍可用于畜牧业的土地，亦作为草地处理
		Ⅳ1	人工及改良草地	23		指人工采用灌溉、排水、施肥、补植、围栏等措施进行改良的草地。包括牧区饲料地、草库伦、打草场以及人工种植的牧草地
		Ⅳ2	天然草地			指生长天然草本植物为主，未经人工改良而用于放牧、割草和尚未利用的草地。包括以牧为主的疏林、灌木草地
				24	草甸草地	指地势低缓，水分条件较好，以湿生、中生植物群落为主的草地
				25	草甸草原草地	即森林草原草地。指分布在半湿润地区，以中生禾本科、豆科植物群落为主，一般植被覆盖率40%～75%的草地
				26	干草原草地	即典型草原草地。指分布在地势开阔的半干旱地区，以旱生植物群落为主，一般植被覆盖率20%～50%的草地
				27	荒漠草地	指分布在干旱荒漠地区，植被稀疏，以旱生、强旱生半灌木、灌木植物群落为主，一般植被覆盖率5%～15%的草地
				28	高寒荒漠草地	指分布在海拔4000m以上的高冷干旱高原，以高寒旱型垫状小半灌木、荒漠植物群落为主，一般植被覆盖率5%～20%的草地
				29	高山、亚高山草甸草原	指分布在海拔3000m以上，高山森林线以上地区，气候湿润，植被茂密，以禾本科、菊科、豆科植物群落为主的草地
				30	高山、亚高山草原草地	指分布在4000m以上高寒干旱地区，植被稀疏，以强旱生禾草、菊科植被群落为主的草地
				31	草山、草坡	指我国长城以南，青藏高原以东暖温带、亚热带，以农为主地区的丘陵、低山、中山的草地
				32	河、湖、海滨及低洼草地	指江、河、湖、海涂最高水位线以上，地势低洼，植被覆盖度15%以上，以草本群落为主的草地
Ⅴ	水域和湿地					指陆地水面和沿海滩涂以及水利设施用地。包括自然（人工）蓄水区；正常水位线以上，堤岸线以下尚未农用的河滩、湖泊、海滩等。不包括滞洪区和垦殖3年以上的滩地、海涂中的耕地、林地、草地、居民地等
		Ⅴ1	河流			指天然形成或人工开挖河流，常年最高水位线以下的河道用地。包括河滩地和堤岸
				Ⅴ11	常年河	指正常年份有水流的河流
				Ⅴ12	时令河	指干旱地区雨季或雪水融化季节短期有水的间歇河

续表

一级类		二级类		三级类		主要包含
编码	大类名称	编码	二类名称	编码	三类名称	
Ⅴ	水域和湿地	Ⅴ2	运河、灌排总干渠			指人工修建的大型运河和排灌用的固定沟渠。包括总渠和一级支渠及其渠槽、渠堤、护堤林等
		Ⅴ3	湖泊			指天然形成或人工开挖的积水地
				33	淡水湖	指湖水含盐量低（1‰以下）的湖泊
				34	咸水湖	指湖水含盐量高（1‰以上）的湖泊
				35	盐湖	指湖内积盐，可直接生产食盐和其他盐类的湖泊
		Ⅴ4	水库			指人工修建储水、调节用水的水域（蓄水量在100 000m³以上的大型水库）
		Ⅴ5	滩涂			指沿海潮间带海涂和潮间带至海堤之间海滩地。包括防护潮汛灾害的堤坝；海口附近未利用的冲淤土地。不包括已利用滩涂
				36	沙滩	指植被覆盖度在15%以下沙质土壤为主的滩涂
				37	泥滩	指植被覆盖度在15%以下泥质土壤为主的滩涂
				38	草滩	指植被覆盖度＞15%，林木郁闭度0.1以下，以草本群落为主的滩涂
				39	红树林滩	指沿海林木郁闭度0.4以上，生长着红树林或其他乔、灌丛为主的滩涂
		Ⅴ6	珊瑚礁			指由珊瑚虫遗骸堆积而成的土地
		Ⅴ7	养殖场			指人工进行水产养殖的场所。不包括综合利用的水库、湖泊
				40	淡水养殖场	指天然水面或人工修造水面（如鱼塘）进行淡水生物或鱼类养殖的土地
				41	海水养殖场	指利用海滩、海涂和海面进行水产养殖的土地
		Ⅴ8	沼泽地	42		指地面平坦低洼，排水不畅，长期潮湿，季节性积水，甚至常年积水，表层生长湿生植物的低洼土地
		Ⅴ9	芦苇地	43		指大面积连片生长以芦苇、席草为主要植被的土地
Ⅵ	城镇用地					指县以上城镇建筑用地。包括城镇范围内的居住、机关、厂矿、企事业、文化、教育、商业、街道、绿地、河流等用地
		Ⅵ1	大城市			指人口在50万以上的大城市（一般指省府以上的城市）
		Ⅵ2	中小城市			指人口在10万～50万的中等城市（一般指地级以上的城市）
		Ⅵ3	小城市			指人口在10万以下的城镇（一般指县级以上和图面面积＞2cm²的港口区）
Ⅶ	工矿用地					指城镇范围以外的工矿、企业用地。包括独立于城镇以外的各种厂矿、油田、盐场、采石场等建筑用地。为保证工矿正常生产、生活而建设的生产、生活的公用地、街道、绿地等。不包括农副业生产用地
		Ⅶ1	工矿区	44		指独立于城镇以外的各种厂矿、油田、采石场、水电站等所占土地
		Ⅶ2	盐场	45		指以生产盐为主的场地。包括盐田及附属设施、生产（生活）建筑、内部道路（沟渠、塘库）等用地

续表

<table>
<tr><th colspan="2">一级类</th><th colspan="2">二级类</th><th colspan="2">三级类</th><th rowspan="2">主要包含</th></tr>
<tr><th>编码</th><th>大类名称</th><th>编码</th><th>二类名称</th><th>编码</th><th>三类名称</th></tr>
<tr><td rowspan="5">Ⅷ</td><td rowspan="5">交通用地</td><td colspan="5">指各种交通干线及其设施所占的土地。只包括城镇以外铁路、公路、民用机场等建筑及两旁路堤、路树（3行以下）附属建筑、沟渠用地</td></tr>
<tr><td>Ⅷ1</td><td>铁路</td><td colspan="3">指铁路及其场站、路基、附属建筑、林带（3行以下）、排水沟等占用的土地</td></tr>
<tr><td>Ⅷ2</td><td>公路</td><td colspan="3">指县级以上的主要公路及两侧林带（3行以下）、排水沟等占用的土地</td></tr>
<tr><td>Ⅷ3</td><td>海港</td><td colspan="3">指我国沿海轮船停泊的主要港口</td></tr>
<tr><td>Ⅷ4</td><td>机场</td><td colspan="3">指民用机场</td></tr>
<tr><td rowspan="3">Ⅸ</td><td rowspan="3">特殊用地</td><td colspan="5">指用于特殊目的的专用地。如风景旅游地、自然保护区以及其他特殊用地</td></tr>
<tr><td>Ⅸ1</td><td>自然保护区</td><td colspan="3">指经国家、省级以上政府批准为保护自然资源而划定的区域</td></tr>
<tr><td>Ⅸ2</td><td>旅游地</td><td colspan="3">指经国家、省级以上政府批准，专门划定的名胜古迹、历史文物、风景游览、疗养区的土地</td></tr>
<tr><td rowspan="6">Ⅹ</td><td rowspan="6">其他土地</td><td colspan="5">指尚未利用或难以利用的土地</td></tr>
<tr><td>Ⅹ1</td><td>冰川、永久雪地</td><td>46</td><td colspan="2">指常年被冰川、永久积雪所覆盖的土地</td></tr>
<tr><td>Ⅹ2</td><td>沙地</td><td>47</td><td colspan="2">指地表沙质，以固定沙丘为主，植被覆盖率5%以下的土地</td></tr>
<tr><td>Ⅹ3</td><td>沙漠</td><td>48</td><td colspan="2">指地表沙质，以流动沙丘为主，植被覆盖率5%以下的土地</td></tr>
<tr><td>Ⅹ4</td><td>戈壁</td><td>49</td><td colspan="2">指地表以碎砾石为主，植被覆盖率5%以下的土地</td></tr>
<tr><td>Ⅹ5</td><td>盐碱地</td><td>50</td><td colspan="2">指地表盐碱聚积，植被很少，只能生长耐盐植物的土地</td></tr>
<tr><td rowspan="3"></td><td rowspan="3"></td><td rowspan="3">Ⅹ6</td><td rowspan="3">裸露地</td><td colspan="3">指石砾或土层裸露，植被覆盖率5%以下的土地</td></tr>
<tr><td>51</td><td colspan="2">指石砾裸露，植被覆盖率5%以下的土地</td></tr>
<tr><td>52</td><td colspan="2">指地表土质，植被覆盖率5%以下的土地</td></tr>
</table>

附表 1-12　中东部地区生态环境现状遥感调查土地利用/覆被分类系统

一级类别	二级类别
1 耕地	11 水田
	12 旱地
2 林地	21 有林地
	22 灌木林地
	23 疏林地
	24 其他林地
3 草地	31 高覆盖草地
	32 中覆盖草地
	33 低覆盖草地

续表

一级类别	二级类别
4 水域	41 河渠
	42 湖泊
	43 水库、坑塘
	44 冰川和永久积雪
	45 海涂
	46 滩地
5 城乡工矿居民用地	51 城镇用地
	52 农村居民点用地
	53 工矿交通建设用地
6 未利用土地	61 沙地
	62 戈壁
	63 盐碱地
	64 沼泽地
	65 裸土地
	66 裸岩、石砾地
	67 其他

附表 1-13　长江三角洲地区土地利用分类系统（周炳中等，2002）

零级类型	一级类型	二级类型	三级类型
农业用地系统	1 耕地	11 水田	111 平地水田
			112 梯田
		12 水浇地	121 平地水浇地
			122 梯田水浇地
		13 旱地	131 平地旱地
			132 坡旱地
		14 菜地	141 设施菜地
			142 大田菜地
	2 园地	21 果园	
		22 桑园	
		23 茶园	
		24 基塘	
	3 牧草地	31 天然草地	
		32 改良草地	
		33 人工草地	
非农经济生产与服务用地系统	4 城乡聚落及工矿用地	41 城市	
		42 乡镇居民点	
		43 独立工矿用地	
		44 盐田	
		45 特殊用地	
	5 交通用地	51 铁路	
		52 公路	
		53 农村道路	
		54 民用机场	
		55 港口、码头	
	6 旅游用地	61 名胜古迹	
		62 风景游览	
		63 疗养度假区	

续表

零级类型	一级类型	二级类型	三级类型
生态用地系统	7 林地	71 有林地	
		72 灌木林地	
		73 疏林地	
		74 未成林造林地	
		75 苗圃	
	8 水域	81 江河	
		82 湖泊	
		83 水库	
		84 沟渠	
		85 水工建筑物	
未利用地系统	9 未利用土地	91 滩涂、洲地	
		92 芦苇地	
		93 盐碱地	
		94 裸露地	
		95 其他	

附录2　部分国家土地利用分类体系[①]

第一部分　美国土地利用分类

一、威斯康星州土地利用分类

威斯康星州土地利用分类体系共设三级，其中：一级类9个，以土地功能为分类依据；二级类39个；三级类29个。

（一）住宅用地

1. 非农场一户住宅用地（111）

小于5acre的包括房屋、车库、工棚、谷仓、车道和院子的整个地块。若大于5acre，则只有房屋、车库、不超过3acre的院子和沿周围区域的不超过200ft（1ft＝0.3048m）长的车道被定义为住宅用地。

2. 农场一户住宅用地（111）

包括地块内的房屋、车库、小院子和不超过200ft长的车道。谷仓、地窖以及农场建筑归为871类。

3. 两户住宅用地（120）

包括住宅、车库、车道、院子的地块。两户住宅可能是上下层、前后排或者并排。

4. 多户低层住宅用地（一到三层）（141）

住宅及离开街道的不超过10个车位的停车场的用地，若停车场超过10个车位则归于431类。

5. 多户高层住宅用地（四层以上）（142）

住宅楼高于四层的用地。

6. 活动房屋用地（150）

汽车活动房屋停车场中的住宅和小院子。与汽车活动房屋相连的道路归为418，即

① 引自国土资源部信息中心内部资料《各国土地利用分类体系》。

使汽车活动房屋位于一户住宅用地（111）中，这块地划分为150。

7. 在建的住宅用地（199）

计划用于住宅，但没有充分开发的土地。包括位于现有建筑物间的未开发土地和有证据显示正在施工的土地。

（二）商业用地

1. 集约型零售业和服务业用地（210）

用于集约型销售和服务部门的土地，以及建筑物周围50ft以内的区域。包括：

- 食品店、药店、超级市场、糖果店、面包店、出售酒的商店和肉店用地；
- 饮食业用地，包括酒馆、免下车餐馆、冷饮店；
- 一般商店用地，包括百货公司、旧货店、折扣店、邮购商店等；
- 交通工具销售及服务用地，包括加油站、洗车；
- 法律、保险、房地产事务所用地；
- 银行、信用合作社或其他金融机构用地；
- 诊所用地；
- 旅馆和汽车旅馆用地；
- 个人服务用地，理发、洗衣、葬礼、修鞋、摄影、旅行；
- 商务服务用地；
- 商业性的室内娱乐设施用地；
- 其他销售设施用地；
- 某些商业性户外娱乐场所用地。

2. 非集约型零售业和服务业用地（220）

大于50%的区域用于商业或存放商品的空地（open area），以及商业区周围50ft以内的区域。包括免下车电影院、跳蚤市场、温室等。

3. 在建的零售业和服务业用地（299）

计划用于零售业和服务业，但没有充分开发的土地。

（三）工业用地

1. 制造业（310）

用于制造业的建筑物或地基，以及周围50ft左右的区域。包括：食品加工、纺织厂、木材加工、混凝土、铸造厂、金属制品、机械、交通设施、电子设备、印刷、化工、皮革和精密设备。

2. 仓储（340）

存放商品或设备的场所，以及周围 50ft 的区域。

包括存放纸制品、食品、家具、医用器具的仓库；垃圾堆积场、木材堆积场；以及存放燃料、化工产品的仓库等。私人仓库应归为相关土地利用类型。

3. 采矿（360）

用于采石、挖沙、采矿的土地，以及周围 200ft 以内的区域。包括正在开采的和在同一设备下已开采过的矿山，不包括已经停止使用的矿山。仅用来生产水泥的岩石应归为 310，其他岩石加工、销售、存放、停车场则属于此类。

4. 在建的工业用地（399）

计划用于工业，但没有充分开发的土地。

（四）交通用地

1. 机动车

（1）高速公路（411）

相对封闭的仅有有限入口的、具有立体交叉的道路。包括路面和具有通过权的区域，以及立交桥和周围区域。区域内大范围的林地和沼泽应补充注明其增补类别。

（2）主干道（414）

交通部门规定的标准主干道。

（3）次干道（418）

除以上两类以外的道路。非主要用于公共交通的道路，若服务于 3 个以上的居民区或者服务于其他用途的也归为此类。服务于停车场的道路归为 700 类。

（4）公共汽车站（425）

公共汽车站和公共汽车总站，以及周围 50ft 的区域。

（5）货车停车场（426）

停放重型货车及周围 50ft 以内的区域。工厂内部用于运输货物的停车场归为与工业有关远离道路的停车场（433）。

2. 离开街道的停车场

（1）停放用于多种用途交通工具的停车场（430）

停放服务于多种用途交通工具的场地，包括周围 50ft 以内的区域。

（2）停放单一用途交通工具的停车场

- 用于住宅的停车场（431）；
- 用于零售业与服务业的停车场（432）；
- 用于工业的停车场（433）；
- 用于运输的停车场（434）；
- 用于通信的停车场（435）；
- 用于政府和公共机构的停车场（436）；
- 用于消费娱乐的停车场（437）。

3. 铁路

（1）铁路路基（441）

铁路路基和具有通过权的区域。

（2）道口（Railroad Switching Yard）（443）

（3）火车站（445）

旅客上下车和货物装卸的场所。

4. 航空运输

（1）机场（463）

停机坪、跑道及周围区域。所有位于机场内的未利用土地均归为此类，同时用补充地类符号说明其类型（见机场范围内的用于农业的土地及沼泽应划为相应类型，见811，910）。

（2）停机库和修理库（465）

停放、修理及相关的维护、保养和停放区域，以及周围50ft的区域。

5. 装卸场（485）

装卸货物的地方。在这个区域内只有密尔沃基港被定义为此类用地。

6. 在建的交通用地（499）

计划用于交通，但没有充分开发的土地。

（五）通信及公共设施用地

1. 通信及公共设施用地（510）

用于建设无线电、电视发射站，焚化装置，公共设施（污水处理、水塔、自来水厂等）的土地，以及周围 200ft 以内的区域。

2. 在建的通信及公共设施用地（599）

计划用于通信及公共设施，但没有充分开发的土地。

（六）政府和公共机构用地

1. 管理、安全、集会

用于行政管理、安全防御或集会的土地，以及周围 200ft 以内的区域。

（1）地方的（611）

用于建设市（乡、镇）礼堂、地方邮局、固体垃圾中转站、警察局、消防站、（地方社团的）集会处、协会礼堂、教堂、慈善机构、基督教青年会和基督教女青年会、市政厅的土地。

（2）地区的（612）

用于建设县、州、联邦的社会安全部门、政府、会议中心、室内运动场、军事设施、自动尾气检测站的土地。

2. 教育

（1）地方的

用于建设初等教育，包括运动场、网球场等室外娱乐设施、日托中心、幼儿园、图书馆的土地。

（2）地区的

用于建设高级中学、初-高级综合中学、大学、技术学校、博物馆、宗教教育、图书馆的土地。

3. 集体宿舍（group quarter）

用于建设非家用住宅的土地，以及周围 200ft 以内的区域。如慢性病医院、保育院、感化院。

（1）地方的（661）

（2）地区的（662）

4. 墓地

(1) 地方的 (681)

不超过 5acre 的墓地。

(2) 地区的 (682)

超过 5acre 的墓地，包括用于管理、维护的土地以及墓地内园林。

5. 在建的政府和公共机构用地 (699)

计划用于政府和公共机构，但没有充分开发的土地。

(七) 户外娱乐用地

1. 特殊文化、娱乐

观看比赛或者进行特殊娱乐活动的场所，以及紧挨着经修剪的草坪、管理设施、休息室等，包括动物园、游乐场、跑道（赛车、赛马、赛狗）、植物园等。根据所有权分为公共的（711）和非公共的（712）。

2. 与土地有关的户外娱乐

用于建设露营、高尔夫、郊游、滑雪等场所的土地，以及相关用地。根据所有权分为公共的（730）和非公共的（732）。

3. 与水有关的户外娱乐

用于游泳、划船等的区域。仅指沿海岸线较小范围内进行水上活动的浅水区。根据所有权分为公共（781）的和非公共的（782）。

4. 在建的娱乐用地 (799)

计划用于户外娱乐，但没有充分开发的土地。

(八) 农 业 用 地

1. 耕地 (811)

栽种耕作物、谷类作物、蔬菜和干草的农地。

2. 草原及未利用的农业用地

(1) 牧场地 (815)

用作牧场的土地，以及现在还没有变成沼泽和森林的曾经耕种过或者用作牧场的土地。这类土地同林地（940）、沼泽地（910）较为接近。

（2）低地牧草地（816）

上述土地（815）中，在维斯康星州沼泽地地图上被归为牧草地的沼泽。由于粗放型的放牧活动已经破坏了沼泽植被，这些地区被定义为低地牧草地较为合适。

（3）果园和苗圃（820）

果园、苗圃和圣诞树农场（温室中的花园和苗圃被定义为210或者210-220，室外的则被定义为820），林场、松树种植园应被定义为940类。

3. 特殊农业用地（841）

用于种植特殊作物或者进行其他有关农业活动的土地。包括草皮农场，种植薄荷、人参、浆果的土地。

4. 农场建筑（871）

用于存放农机或者进行动物管理的建筑物。包括谷仓、地窖，或者至少三个以上的其他农场建筑。

（九）自然区域及其他土地

1. 沼泽（910）

地下水水位接近或超过地表，土壤类型为水成土壤（如泥炭土或者其他有机土），植被类型为水生植被（莎草、香蒲、美洲落叶松等）的土地。

2. 城市未利用地（921）

位于城市中或者靠近城市没有被确认利用方式的土地。通常包括不具备明显其他地类特征，如不具有林地、沼泽或水域的特点；未得到集约利用的城市土地；以及与其接壤的土地有75%以上被定义为城市土地利用（711～799）但没有明确利用目标的土地。

3. 农村未利用地（922）

除牧场地（815）以外的，乡村中超过1acre没有用作农业的，不具备林地、沼泽或水域明显特征的空地（open area）。包括除林地以外没有用于放牧和其他相关农业生产的陡坡，部分乡村大型停车场，没有集约型户外娱乐设施，以及不具备林地、沼泽或水域的特征；根据航空照片不能确定潜在用途的土地。

4. 垃圾填筑地（930）

用于垃圾掩埋和处理的土地。仅指发生垃圾填埋活动的区域。

5. 林地（940）

每公顷土地上至少生长着17棵直径不小于4inch的落叶树，以及郁蔽度不低于50%的高地。另外，松树种植园、次生林归为此类。低地林地由于地下水位较高，土壤为水生土壤，植被为水生树木和灌木，因此被定义为沼泽。

6. 水域（950）

在航空照片上显示为水面的区域。包括湖、塘以及不小于50ft宽的溪、河、运河。小于50ft宽的溪、河、运河同与它们接壤的土地分类一致。另外，明显不同于接壤土地特征的城市排水沟被定义为城市未利用地（921）。

二、密歇根州土地利用分类

密歇根州土地利用分类体系共设三级，其中一级类12个，以土地功能作为分类的主要依据；二级类44个；三级类13个。

密歇根州土地利用分类体系同威斯康星州基本相似，不同之处在于编码：威斯康星州土地利用分类体系编码由四位数字组成，其中，住宅用地、商业、服务业、社会公共机构用地、工业、交通、通信设施、采矿、娱乐和户外活动等9类均为1开头（1＊＊＊），而农业用地（2＊＊＊）、非林地（3＊＊＊）、林地（4＊＊＊）、水域（5＊＊＊）、沼泽（6＊＊＊）、林川、裸地（7＊＊＊）分别以2、3、4、5、6、7开头，说明了密歇根州土地利用分类体系以“土地是否开发用于建设用地”作为分类的依据。

（一）住宅用地

（1）多户高层（1110）

三户以上（含三户）、居住层在四层以上的楼房。包括草地、停车场、俱乐部、娱乐休闲场所，公寓也包括在内。

（2）多户低层（1120）

低于四层的住宅楼，其他同上，包括连排别墅（town-house）。

（3）一户/两户（1130）

建筑的一户或两户住宅，包括草地、车道和相关的建筑物，如车库、工具房。乡村非农场住宅属此类。

（4）活动房屋停车场（1150）

包括三间以上（含三间）的活动房屋及相关建筑物和娱乐设施（作为活动房屋停车

场的一部分）。

（二）商业、服务业、社会公共机构用地

（1）主要商务区（1210）

建筑于传统商务中心区的商业、服务业、公共机构、住宅。包括零售设施、仓库设备、旅馆、汽车旅馆、会议中心、运动场、露天大型运动场、写字楼、政府、大学、医院、教堂、停车场。

（2）购物中心、商场（1220）

拥有公共停车场、用于商业和服务业大规模及多承租人的建筑物或建筑群。

（3）次商务中心（secondary/mixed business area）（1240）

独立的建筑物或规划区的小规模商业、服务业、公共机构。

（4）社会公共机构（1260）

建筑在购物中心和商务中心区以外的政府、教育、宗教、卫生保健、感化院、军事设施等。

（5）办公、停车场（1280）

建筑在独立的写字楼或者办公区或停车场用于行政、商业、服务业的建筑设施。

（三）工　业

（1）一般工业（1310）

工业园区以外用于工业的土地。

（2）工业园（1380）

位于规划的工业园内的集中工业用地。

（四）交通、通信设施

（1）航空运输（1410）

包括直接用于与航空运输有关的土地，包括商业、市政、军用或者私人的航空运输用地。主要有飞机跑道、候机大厅、维修场所、导航帮助、燃料储存、停车场、狭窄的缓冲区、停机坪等。

(2) 铁路 (1420)

用于火车编组 (switching yards)、机车车库以及与铁路交通有关的维护管理的土地。

(3) 水运 (1430)

包括港口、码头、船坞、造船厂等用地。

(4) 公路运输 (1440)

相对封闭的高速公路和立交桥。

(5) 通信 (1450)

无线电、雷达、电视、电报、电话等设施用地。

(6) 基础设施 (1460)

用于存放和运输天然气、石油、水利设施，以及污水处理设施、自来水厂、发电站等。

(7) 电力传输线 (1461)

线性设备及附属线性区域。

(8) 垃圾处理场 (1470)

固体废弃物处理和中转场所。

(五) 采　　矿

(1) 露天采矿 (1710)

露天采矿区，包括采石场、煤矿、砂、砾石等。

(2) 地下采矿 (1720)

在地表下进行的采矿活动，采石场、煤矿应包括在内。

(3) 石油、天然气井 (1730)

用于开采石油、天然气等的土地，独立的油气井及其周围区域也属于此类。

(六) 娱乐和户外活动

(1) 公众集会/文化或运动设施 (1920)

用于公众集会的大范围区域，通常是露天的场地或者封闭的场所。

（2）空地（open space）/户外娱乐（1930）

用于娱乐的空地和广场及其附属建筑物，包括运动场、高尔夫球场、高尔夫练习场、射击场、赛车场地、游泳池、游艇港湾、码头等。

（3）墓地（1940）

小礼拜堂、陵墓及维护管理的建筑物。

（七）农业用地

（1）耕地（2100）

种植作物的土地，包括谷物、干草、耕作物及蔬菜等。

（2）果园、灌木浆果、葡萄园、观赏园艺区（2200）

进行水果、浆果生产的土地，以及苗圃、花圃、果园、种草的农场等园艺用地。休整的果园地应当根据地面情况做出标志。

（3）畜牧场（2300）

大规模专业的畜牧生产企业，主要包括养牛场、家禽场、养猪场、奶牛场、皮毛动物的饲养场。

（4）永久牧场（2400）

种植用作饲料的草和豆类，一直用来放牧的，同时进行农业管理的区域。

（5）农场及建筑物（2500）

独立的农场及其建筑物，以及谷仓、住宅周围的建筑物和土地。

（6）其他农业用地（2900）

温室、非营业性的赛马训练场。

（八）灌木林和杂草地

（1）草本的空地（open land）（3100）

长满草本植物的空地，如生长着草和杂草的林间空地、草地、牧场。这些区域经常受到割草、放牧、烧荒等活动的干扰，一直保持着灌木林和草地的特征。

(2) 灌木林 (3200)

野生的灌木丛和矮树林。若对其生长不进行干涉，则会很快发展成小树林。典型树种包括黑莓、山茱萸、覆盆子、石南、柳树、漆树、棺木。

(九) 林　　地

1. 落叶林

(1) 北方阔叶林 (4110)

植被为红枫、榆树、山毛榉、加拿大桦树、樱桃、美国白蜡树的林地。

(2) 中部阔叶林 (4120)

植被为山毛榉/枫树、橡树/山胡桃树，以及红枫、山毛榉、樱桃、白蜡树的林地。

(3) 白杨/白桦林 (4130)

2. 松类

(1) 松树林 (210)

主要树种为美国五针松等。

(2) 其他高地针叶树林 (4220)

沿落叶松和铁杉分布的白云杉、黑云杉、香脂冷杉、花旗松。

(3) 圣诞树种植园 (4290)

实行特殊管理的短期种植的花旗松、黑云杉、白云杉。

(十) 水　　域

(1) 溪、水渠 (5100)

江、河、溪、排水沟及其他线性水体。不包括河宽不足 300inch 的线性水体。若河流控制装置拦截，被拦截的水域应划分为水库。

(2) 湖 (5200)

非线性水体。

(3) 水库 (5300)

人工拦截汇集而成的水域。

(4) 大湖 (5400)

超级大湖。如五大湖，连接五大湖的水路、水湾、河口均属于此类。

(十一) 沼　　泽

1. 木本沼泽

(1) 杂生树沼泽 (6110)

地表覆盖着高于20ft的树木，遭受季节性水淹（高达12inch）的区域。同时生长着树木、灌木和草本植物等不同高度的植被，主要树种包括白蜡树、榆树、红枫、雪松、黑云杉、美洲落叶松等。

(2) 阔叶林沼泽 (6130)

生长着白蜡树、榆树、枫树、棉白杨等低地阔叶树的区域。

(3) 松林沼泽 (6140)

主要树种为雪松、美洲落叶松、黑云杉、白云杉的区域。

2. 草本沼泽

(1) 草类沼泽 (aquatic bed) (6210)

30%以上（含30%）的植物是不足2m高的水生植物的和漂浮植物。典型植被为黄睡莲等。

(2) 永久性泥炭沼泽 (emergent wetland) (6220)

30%以上（含30%）的植物是多年生水生草本植物。典型植被为香蒲、慈菇。

(3) 浅沼(6230)

超过25%的地表堆积松散的沙子或沉积物，其余露出岩石、岩层。

(4) 灌木/矮树沼泽 (6250)

低于20ft的木本植物覆盖的沼泽，包括发育中的木本沼泽（6110～6140），植被主要为灌木、小树和生长受到妨碍的矮树。

（十二）裸　地

（1）海滩、河滩（7200）

沿海岸线、河岸线堆积的沙或沙砾。

（2）沙丘（7300）

在没有植被覆盖的地区为风成的小山丘、沙堆。

（3）暴露的岩石（7400）

没有植被覆盖的岩石，包括暴露在外的岩床、悬崖等。

第二部分　英国土地利用分类

英国土地利用分类体系用于在英格兰土地利用变更统计（LUCS）。此分类体系主要以土地覆被（是否开发用于建设用地）作为分类依据，根据土地利用情况将其分为24类，设置“已开发用地和未开发用地”两大部分。已开发用地包括城市中的所有用地类型和乡村中的矿区和垃圾填筑地与防御用地。

（一）住宅用地

（1）住宅用地（R）

包括用于建设住宅、公寓、院内房子，以及相邻的花园、车库、道路所占用的土地。

（2）公共机构、集体宿舍用地（Q）

提供公共活动的场所，以及除社会机构（C）、娱乐休闲场所（L）以外的公共机构设施用地。包括旅馆、宿舍、老人院、幼儿园、修道院等。

（二）交通、基础设施用地

（1）高速公路、公路（H）

包括住宅群内部的道路、公共汽车站和公共停车场（注：住宅群或工厂内的道路首先应划分为居住（R）或工业用地（I）。不对公众开放的停车场根据其服务的对象分类）。

(2) 除公路、高速公路以外的交通设施

除公路、高速公路以外的交通设施以及范围内的所有设施。如铁路、机场、港口等，包括铁路、机场、港口内的仓库、船坞、码头、道路等（注：运河、河流应划分为水域。建于港口的仓库、工业场所应划分为仓库（S）或者工业用地（Ih））。

(3) 基础设施（U）

用于邮政、电信设施，生产、销售煤气和电力的设施，污水处理，墓地及火葬场（crematoria）的土地。包括发电站、自来水厂、煤气厂、垃圾处理厂、电视天线、变电站等。

（三）工业和商业用地

(1) 工业用地（I）

用于工厂、精炼厂、造船厂、加工厂以及其他工业场所的土地（注：若建有公共设施，如煤气厂或自来水厂，应划分为基础设施（U））。

(2) 办公用地（J）

地方或中央政府的办公场所，以及银行、建房互助协会（building society）和其他办公场所。

(3) 零售业（K）

用于商店、修车厂、酒吧、餐馆、邮局的土地。

(4) 仓库（S）

用作库房，存放废料场所的土地。

（四）社会机构和服务业用地

(1) 社会机构（C）

用于卫生、教育、社团、宗教以及警察局、监狱、消防站等的土地。

(2) 休闲娱乐（L）

用于休闲娱乐的场所，如博物馆、电影院、剧院、保龄球场、体育馆、假日野营地、游乐场等，以及其他与户外娱乐相关的建筑物。

（五）空地（vacant）

（1）以前开发的空地（V）

不需要拆迁整理，可直接进行再利用的闲置土地。如没有固定建筑物或者地基已被拆除的场所，包括未建临时设施和永久性固定建筑物的临时停车场或运动场。

（2）被遗弃的土地

再利用前需经拆迁整理的闲置土地，如需要清理、平整的土地或者拆除地基。

（六）矿区和垃圾填筑地

（1）矿区（M）

采矿工作区，包括为地下采矿、露天采矿而建设的建筑物、设备以及废石堆。

（2）垃圾填筑地（Y）

包括用垃圾废料回填的废弃矿区（注：垃圾中转站、焚化设施、纯粹用于运输和处理垃圾的场所应划分为基础设施（U））。

（七）国防用地

国防用地（D）为用于国防设施、军营的土地，以及在陆地测量部（OS）图上显示的军用建筑物、机场和防御阵地（注：部队公寓住处应划分为住宅（R））。

（八）农　业

（1）农业用地（A）

栽种作物、草、啤酒花、果树的土地，以及对应于陆地测量部（OS）图上的“白色”区域（没有标记或者说明的区域）和陆地测量部（OS）图上标注的果园及苗圃。

（2）农业建筑（B）

农场范围内的道路、建筑物及硬化地面（注：农家应划为住宅（R），农场里的商店应划分为零售（K））。

（九）林业、空地（open land）和水

（1）林地（F）

陆地测量部（OS）图上所标记的林地，包括农场内的林地和用于娱乐的林地。

(2) 粗草地 (rough grassland) 和欧洲蕨草地 (G)

陆地测量部 (OS) 图上所标记的粗草地和欧洲蕨草地，以及没有被划分为林地的、位于林地区域以外的灌木林，还包括用于娱乐的这类土地。

(3) 自然、半自然土地 (N)

从未开发、耕种和放牧过的土地，包括碎石、悬崖、沙丘、湿地、海滩，以及从未开发的三角洲、河口，用于娱乐的此类土地。

(4) 水域 (W)

湖、运河、水库等，不论是人造的还是天然形成的，包括用于娱乐的此类土地 (注：正在采矿的充满水的洼地应划分为矿区 (M))。

(十) 户 外 娱 乐

户外娱乐 (O) 为用于运动场 (包括学校和工厂内的)、球场、高尔夫球场、国家公园的土地 (注：与户外娱乐相关的建筑物，如马房、俱乐部会所、看台等应划分为娱乐休闲用地 (L)。指定为自然保护区的土地，不作为单独的一类出现)。

(十一) 空地 (vacant)

市内未开发土地 (X) 为在建成区内未被开发的、现未用于农业，在陆地测量部 (OS) 图上标为“白色”的地区 (注：如果不在建成区内，或者一直用于农业，此类区域应划分为农业 (A))。

第三部分　德国土地利用现状分类

德国土地利用现状分类系统来源于不动产土地登记册中的土地使用类型目录，德国联邦州测量管理研究协会 (ADV) 对其做出了解释。德国土地利用现状分类为三级体系，其中包括一级类 8 个，以土地覆被 (是否开发用于建设用地) 作为分类的主要依据；二级类 62 个，以经营特点 (土地功能) 作为划分的主要依据；三级类以具体的行业为划分依据。

在德国土地利用现状分类系统中，重要的思想是“封闭的土地”，即地表面被建筑材料覆盖的土地，类似“硬化地面，建有建筑物的土地或者道路等。这个思想在分类中体现在 8 个一级类中，第一类“建筑物及其周围土地”的含义是有建筑物的土地 (建设用地) 及其周围区域 (空地)，包括商业和服务业、工业、交通设施用地、基础设施用地、垃圾处理的建筑物用地和空地、农业和林业、娱乐设施等。而企业用地、娱乐设施用地、交通用地、农业用地这些分类同时以一级类的形式出现在分类中，其含义是没有建筑物的用于生产资料的土地。

(一) 建筑物及其周围土地 (100/200)

有建筑物的土地及其周围区域(空地)。

除地块以内的建筑物,还包括与建筑物有关的门前花圃、宅旁小花园、游戏场地、集会地点等。当建筑物还在建设中或未被测量时,其占用的土地属于此类。

(1) 公共机构 (110)

111 管理部门
112 教育和研究
113 文化
114 宗教
115 卫生
116 社会福利
117 安全和制度
118 墓地
119 其他

(2) 住宅 (120)

主要用于居住的建筑物及其周围土地。
121 一户住宅
122 两户住宅
123 并排住宅
124 集体住宅
125 高楼
129 其他

(3) 商业和服务业 (130)

主要用于商业、服务业的建筑物及其周围土地。
131 管理部门
132 银行
133 保险
134 贸易
135 展览会
136 宾馆酒店
137 餐饮
138 娱乐

139 其他

(4) 工业 (140)

主要用于工业建筑物及其周围土地。

注：属于工业用地的还包括与企业相关的用于管理的建筑物、企业所有者、房屋主管、看门人的住宅楼，集会地点，车库以及道路、轨道设备、仓库和装卸台。

141 生产
142 手工业
143 加油站
144 仓库
145 运输
146 研究
147 化工原料
149 其他

(5) 与住宅混合使用的土地 (210)

同时用于居住及其相关的其他用途的建筑物及其周围土地。

211 住宅和公共设施
212 住宅和贸易服务
213 住宅和工商业
214 公共设施和住宅
215 贸易服务和住宅
216 工商业和住宅
219 其他

(6) 交通设施用地 (220)

主要用于交通设施管理、维护的建筑物及其周围土地。

注：包括火车站候车室和其他交通设施中类似的建筑物，以及附近的停车场等。

221 公路
222 铁路
223 航空
224 航海
225 缆车
226 停车场
229 其他

(7) 用于提供基础设施服务的土地 (230)

主要用于提供基础设施服务的建筑物用地和空地。

注：包括用来生产的（比如自来水厂、发电厂）、用于储存的（比如煤气站、水塔）、用于运输的（比如发射台、泵站）、用于水或能源分配的（比如电话传输、变压器）等。还包括与基础设施企业相关的用于管理的建筑物、企业所有者、房屋主管、看门人的住宅楼，集会地点，车库以及道路、轨道设备、仓库和装卸台。除此以外的，如没有楼房的变压站的用地应该归属于 340（341～347）。

231 水

232 电

233 广播和远程传输

234 石油

235 天然气

236 热能

239 其他

（8）垃圾处理建筑物用地和空地（240）

主要用于建设处理废水、废气设施的建筑物及其周围土地。

注：包括与基础设施企业相关的用于管理的建筑物，企业所有者、房屋主管、看门人的住宅楼，集会地点，车库以及道路、轨道设备、仓库和装卸台。不包括处理废铁的设备。

241 废水处理

242 垃圾处理

249 其他

（9）农业和林业（250）

主要用于农业和林业的建筑物及其周围土地，这里也包括住宅部分。

251 住宅

252 企业

253 住宅和企业

254 温室

259 其他

（10）娱乐设施（260）

主要用于体育和休闲的建筑物用地和空地。

注：包括提供长时间住宿条件的较大面积建筑物及附带厨房卧室的建筑物。

261 体育活动用地

262 游泳池

263 体育场

264 娱乐用地

265 野营
266 郊外小宅
267 动物园
268 植物园
269 其他

(11) 未使用的建筑物及其周围土地 (270)

在非建筑或其他方面持续使用的建筑物及其周围土地。
271 施工现场
272 有废弃大楼的土地
279 未使用的建筑物用地和空地

(二) 企业用地 (300)

用于工商业、基础设施或废料处理的无建筑物的土地。

(1) 开采用地 (310)

主要用于矿藏开采的无建筑物的土地。
注：包括准备开采的土地、部分开采的土地和施工安全地带。
311 砂子
312 砾石
313 黏土、陶土、泥土岩
314 脉石
315 铁矿
316 煤
317 泥炭
318 火山熔岩
319 其他

(2) 废石场 (320)

用于长时间堆放材料的无建筑物的土地。
321 土地
322 岩屑
323 炉渣
324 地表层
329 其他

(3) 存放用地 (330)

用于暂时存放物品（原材料、废品、半成品、成品等）的无建筑物的土地。
331 煤

332 石油
333 建筑材料
334 废品、废旧材料
335 展览
336 企业
339 其他

(4) 基础设施 (340)

注：包括未向公众开放的水井以及地上（没有其他用途）、地下的供应管道所占用的大面积土地。

341 水
343 天然气
344 电
346 石油
347 热能
348 广播和远程传输
349 其他

(5) 废料处理 (350)

主要用于废料处理设备的企业用地。

351 垃圾
352 泥浆
353 废水
359 其他

(6) 未使用的企业用地 (360)

用于企业扩建或改建的或不再使用的无建筑物的土地。

361 扩建和改建
362 停产
369 未使用的企业用地

(三) 娱乐设施用地 (400)

主要用于娱乐的无建筑物的土地。

(1) 运动场 (410)

主要用于体育活动的无建筑物的土地。

注：包括人工滑雪场的滑雪斜坡和滑雪牵引轨道用地，不包括用于其他用途的滑雪斜坡和滑雪牵引轨道用地。用于登山活动的建筑物及相关用地归于 280 类（281）。

411 体育场
412 高尔夫球场
413 跑道
414 跑马场
415 靶场
416 露天游泳池
417 旱冰场、滑冰场
418 网球场
419 其他

(2) 绿地 (420)

用于娱乐的无建筑物的土地。
421 公园
422 运动场、游戏场
423 动物园
424 野生动物园
425 植物园
426 小花园
427 周末运动场
428 花园
429 其他

(3) 露营地 (430)

主要作为拖带式旅游车停靠地的无建筑物的土地。
注：包括附属建筑物。

(四) 交通用地 (500)

主要用于陆路、铁路、航空、水路运输的无建筑物的土地。

注：包括分隔带、边际地带、保护地带、桥梁、涵洞、护坡、自行车道、人行道、公园带以及类似设施。

(1) 公路 (510)

注：包括与公路相关的人行道和自行车道。
511 多车道公路
512 单行道公路
513 公路步行区
514 公路边的人行道
515 公路边的人行道和自行车道

516 公路边的自行车道
519 其他

(2) 街道 (520)

通常意义的街道。
注：车库的入口以及相关土地原则上属于 520（521）。
521 行车道
522 步行道
523 通道
524 自行车道
525 步行道和自行车道
526（赛马等的）跑道
529 其他

(3) 场地 (530)

主要用于停放车辆、举办市场或举行活动的无建筑物的土地。
注：包括对公众开放的停放不超过 50 辆汽车的停车场。
531 停车场
532（高速路旁的）停车休息处
533 市场
534 多用途场地
539 其他

(4) 行车道地带 (540)

主要用于轨道交通的无建筑物的土地。
注：包括装卸通道、仓库以及看护室、掩体、变压器室等。
541 铁路
542 有轨电车
543 地铁
544 市内高速铁路
549 其他

(5) 机场 (550)

主要用于空运的无建筑物的土地。
注：如果用于其他用途需要说明（比如滑翔场地）。
551 机场
552 降落场
553 滑翔场地

559 其他

(6) 水运 (560)

主要用于水运的无建筑物的土地。
561 港口设施
562 出港设施
563 停靠码头
569 其他

(7) 未使用的交通用地 (570)

只用于交通，无其他用途的无建筑物的土地。

(8) 与交通有关的土地 (580)

交通用地内的用于与交通用途有关的土地，如护坡、防噪声设施、边际种植地，以及在交叉连接地带内的土地等。

注：不超过3m宽的用地不需另加说明。

河道包括除581到583类以外的护坡、堤岸加固设施、堤岸前滩、企业用地以及为一定交通设施服务的水流盆地、渗水池及相关的绿化带。
581 公路
582 行车道地带
583 机场
584 航道（水道、河道）
589 其他

(五) 农业用地 (600)

为农业、牧场、园艺、果树、葡萄种植服务的无建筑物的土地，以及沼泽、草原。

(1) 耕地 (610)

主要用于种植作物的土地。
611 耕地
612 分散的果园
613 啤酒花
614 笋
619 其他

(2) 草地 (620)

被放牧收割的草地。

621 草地
622 果树、草间作土地
629 其他

(3) 园艺用地（630）

用于园艺的土地。
注：包括播种、种植地以及葡萄种植。
631 园艺用地
632 苗圃
639 其他

(4) 用于酿造葡萄酒的葡萄园（640）

(5) 泥炭沼泽（650）

地表堆积着超过 20cm 的泥炭层和沼泽植物残余物的无建筑物的土地（非开采用地）。
注：如果有少量植被也属于沼泽。

(6) 荒原（660）

无建筑物的土地，主要植被为荒原植物的沙土地。
注：如果有少量植被也属于荒原。

(7) 果园（670）

主要用于果树种植或长有果树或水果灌木的土地。
注：分散的果园见 670。
671 果树设施
672 修剪设备
679 其他

(8) 农业企业用地（680）

主要用于农业企业且不属于 610～670 与 690 类的无建筑物的土地。
注：包括停产的、还未挪作他用的农业企业用地。

(9) 休耕地（690）

用于农业的但明显长期未被使用的土地。
注：用于分散果园的休耕地属于 695、696 类；曾经用于农业长有树木、树丛、灌木丛的土地属于 740 类。
691 闲置耕地

692 闲置草地
693 闲置园艺地
694 闲置葡萄种植地
695 闲置分散果园地
696 闲置分散果树、草间作物地
697 闲置果园地
699 其他

（六）森林用地（700）

长有树木或树丛的无建筑物的土地。

注：包括不超过 0.5hm^2 的林间空地，植物培植和野生植物生长土地。一般还包括未被划入其他地块的林间道路。

（1）落叶林（710）

长有落叶树木的土地。

（2）针叶林（720）

长有针叶树木的土地。

（3）混合林（730）

长有落叶、针叶树木的土地，并且不存在单纯树种的土地。

（4）树丛（740）

长有灌木或零星树木的土地。

注：包括长有树木灌木的野生保护带、鸟类保护带等；与交通有关的树林见 580。

（5）林业经济用地（750）

主要用于林业经济用途，且不属于 710 ～ 740 类的无建筑物的土地。

（七）水域（800）

长期或暂时被水淹没的土地，包括自然形成和人工形成水域。

注：一般包括斜坡、堤岸加固设施等，航道（河道、水道）见 580 类。

（1）河流（810）

水域面积大小和意义不能被看作是小溪的天然流动的水域（可能包含改直的、疏通的河流部分）。

811 河流
812 非流动的水
813 旧支流
819 其他

(2) 运河 (820)

人工开通的河流。
821 城市内水道
822 运河
829 其他

(3) 港口 (830)

用于停放船只的水域。
831 体育摩托艇港口
832 港口
839 其他

(4) 溪流 (840)

天然流动的，不属于 810 的水域。

(5) 沟渠 (850)

持续或暂时流动的、人工修建或天然的水域，其面积大小和重要性不属于 810、820、830 或 840。

(6) 湖 (860)

天然或人工修建的微弱流动或几乎不流动的水域。
861 天然湖
862 水库
863 蓄水池
864 挖掘湖
869 其他

(7) 领海 (870)

在海潮中间或中间水位和达到地上水域海边际的海岸线与主权边界之间的土地。
871 领海
872 河口三角洲
879 其他

(8) 池塘 (880)

天然或人工修建的不流动或几乎不流动的水域。

(9) 有林的沼泽 (890)

长期淹水的有植被覆盖的土地，泥炭沼泽见 650 类。

(八) 其他 (900)

不包括上述提到的无建筑物的土地。

(1) 训练场 (910)

主要用于训练、试验用的无建筑物的土地。
911 交通训练用地
912 驯兽地
913 军事训练用地
919 其他

(2) 保护区 (920)

除 580、850 以外的主要用于保护设施或风景保护无建筑物的土地。
921 三角洲
922 保留地
923 防噪声区域
924 水堤
925 堤岸、防洪设施
929 其他

(3) 历史遗迹 (930)

历史遗迹占用地，由于其特点这类土地不属于建筑用地和空地。
931 城墙
932 塔
933 纪念碑
934 圣像柱
935 遗迹
936 (文物的) 发掘地
939 其他

附录3　县级土地可持续利用评价大纲

土地可持续利用评价，是遵循可持续发展原理，通过对影响土地利用的自然、经济和社会的各项因素及其变化过程进行综合分析，运用一定的评价指标体系和方法对土地持续利用状况进行综合评估，以此来衡量在一定时段内某种土地利用的稳定性和发展性。

县域是我国行政管理的完整基层单位，它承担着发展地方经济、提高人民生活水平的历史使命，同时也承担着保护土地和生态环境，实现土地资源持续利用的社会任务。县域的特点决定了以县为单位进行土地可持续利用评价是最适宜的尺度，它可以起到承上启下的作用。

为全面掌握我国县域土地可持续利用状况，评估县级土地可持续利用程度，在参考《可持续土地管理评价大纲》和相关文件或文献的基础上，制定了《县级土地可持续利用评价大纲》。

本大纲是用于评定不同类型地区社会经济发展进程中土地可持续利用状态与效率的指导性文件。土地可持续利用评价是综合土地的生产力、稳定性、保护性、经济活力性和社会可接受性的综合评价，它与土地质量评价、土地利用规划的环境影响评价和土地利用规划有着紧密的联系。土地可持续利用评价的指标可以应用于针对某种功能的土地质量评价中，部分指标可以作为土地利用规划的环境影响评价指标，其指标能够为区域规划、土地利用规划指标确定提供指南；土地可持续利用评价结果还可以作为土地利用规划环境影响评价的重要参考，并实时评价土地利用规划的实施效果。

通过本大纲的实施，可以规范县级土地可持续利用评价工作，揭示影响县级土地可持续利用的限制性因素，为县域可持续发展战略和土地利用规划的制定提供科学依据。本大纲的实施也可为资源与环境效益评估及绿色GDP核算等提供有益借鉴，对促进形成科学、全面、协调、持续的发展观具有重要意义。

一、适 用 范 围

大纲规定了县级土地可持续利用评价的目标、任务、原则、范围、内容、程序、方法和成果要求。《大纲》适用于全国县级行政单位的土地可持续利用评价。

二、主要引用标准与文件

下列标准与文件规定的条文，通过本大纲的引用而构成本大纲的条文。

1）GB/T 2260 中华人民共和国行政区划代码；

2）TD/T 1004—2003 农用地分等规程；

3）TD/T 1005—2003 农用地定级规程；

4）《可持续土地管理评价大纲》；

5）《全国土地利用现状调查分类（过渡）》。

三、总　　则

1. 评价目标

为全面掌握县级土地可持续利用状况，揭示影响土地可持续利用的限制性因素，评估县级土地可持续利用程度，为县域可持续发展战略和土地利用规划的制定提供科学依据。

2. 评价任务

综合分析影响土地可持续利用的经济、自然、社会的各项因素及其变化过程；

——运用本大纲制订的评价指标体系和方法，衡量土地利用的生产力、稳定性、保护性、经济活力性与社会可接受性状况与程度；

——从土地利用的生产力、稳定性、保护性、经济活力性和社会可接受性五个方面综合分析、评价县域土地可持续利用状况，确定土地可持续利用程度。

3. 评价原则

（1）综合性原则

对社会、经济和自然等多方面影响土地可持续利用程度的因素进行综合分析，并注意综合多学科知识进行评价。

（2）主导性原则

影响土地可持续利用的因素很多，要求重点分析对土地可持续利用具有重要作用的因素，特别是对限制因素的分析。

（3）动态性（过程性）原则

土地可持续利用是一个向持续发展目标不断接近或背离的过程，要求在充分考虑土地利用的发展过程和趋势基础上判断其可持续性。

（4）定性与定量相结合原则

土地可持续利用评价应量化定性、经验性分析，以定量分析为主，定性分析为辅，避免人为随意性因素影响。同时，对评价的中间过程和评价结果要充分运用人工智能和专家经验，保证评价结果切合实际。

（5）兼顾内部与外部效应原则

土地利用对区域生态环境具有正负效应，同时区域生态环境与周边区域互相作用，土地可持续利用评价不仅考虑本县自身的可持续性，还要考虑本县内部发展的平衡性和本县在所处区域中可持续发展的程度。

(6) 兼顾科学性与可操作性原则

评价指标是土地可持续评价的重要因素，指标体系的建立、评价过程必须以科学理论为依据。同时，应注重评价指标数据的可获取性和评价的可操作性。

4. 评价对象

以县域整体为评价单元。

5. 评价内容

根据县级土地资源利用的社会、经济和生态特点，按照县级社会发展对土地需求和土地在社会经济发展中的作用，提出县级土地可持续利用评价具体内容：

(1) 生产力评价

评价土地利用是否满足社会、经济发展的需要，能够保持或增加生产功能。

(2) 稳定性评价

评价土地利用是否能够降低生产风险。

(3) 保护性评价

评价土地利用是否保持土地资源的永续利用，保护自然资源潜力，防止土壤退化、水资源质量下降。

(4) 经济活力性评价

评价土地利用是否能够实现经济效益增长。

(5) 社会可接受性评价

评价土地利用是否保持土地利益的公平分配，城乡协调发展等。

6. 评价工作程序

包括：

工作准备，编制计划
资料收集与外业调查
资料整理及数据分析
综合评价与结果分析
编写成果报告
成果验收
成果归档与更新应用

7. 评价技术流程

(1) 县域土地资源特征与土地利用问题分析

全面分析县域土地利用结构、数量、空间分布和变化，总结县域土地资源特征，充分认识县域土地利用中存在的问题。

(2) 县域土地可持续利用影响因子分析

从自然、社会和经济等方面分析、辨析影响县域土地可持续利用的因子，并注意分析各因子之间的相互关系和作用规律。

(3) 县域土地可持续利用评价指标体系构建

结合县域实际情况，从土地的生产力、稳定性、保护性、经济活力性和社会可接受性五个方面构建县域土地可持续利用评价指标体系。

(4) 确定各类指标的标准值与阈值

通过大量样本的调查，参考国家、部门和行业标准以及相关研究实验结果，确定评价指标值的标准值和阈值。

(5) 评价指标权重的确定

采取层次分析法、特尔斐法、因素成对比较法、灰色关联度分析等方法确定指标权重。

(6) 土地可持续利用评价

采用综合评价法、基于过程的评价方法等方法进行县级土地可持续利用评价，进行评价结果分析。

(7) 编写土地可持续利用评价报告

将县级土地可持续利用评价的工作内容、研究内容、技术方法等整理、归纳总结后，编写土地可持续利用评价报告。

(8) 成果验收和应用

将可持续评价成果提交省、部有关领导和专家进行鉴定和验收，并为可持续评价指标在土地质量评价、土地利用规划的环境影响评价和土地利用规划中的应用做准备。

四、评价指标体系

1. 指标体系构建遵循原则

(1) 主导性

应突出对土地可持续利用具有重大影响的指标。

(2) 独立性

选择的评价指标应尽量保持相对的独立性。

(3) 区域性与特色性

既要从区域可持续发展的角度选取普遍适合各类区域的指标，也要选择能够反映本县特色的指标。

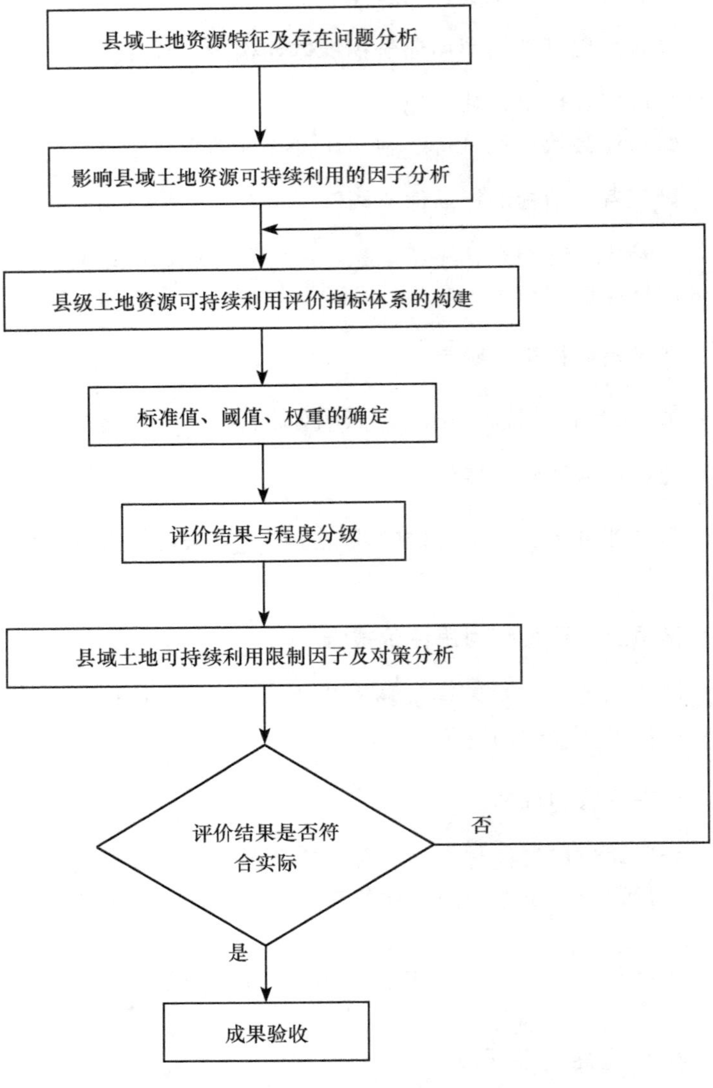

附图 3-1　县级土地资源可持续利用评价流程图

(4) 可测度性

选择的指标的容易获取和量化。

(5) 动态性

选择的指标要求能够反映土地持续利用在时间上的变化。

(6) 层次性

指标体系的构建是多层次的框架，不同层次上可以进行指标的增加和筛减。

2. 指标体系总体框架

县级土地可持续利用评价的指标体系包括四级，即目标层、准则层、评价指标层与元指标层，附表 3-1 是县级土地可持续利用评价指标体系三级框架。

目标层即为土地可持续利用评价目标。下面包括五个准则层，即生产力准则、稳定性准则、保护性准则、经济活力性准则和社会可接受性准则。

生产力准则层包括土地生产潜力实现指数 1 个评价指标层。

稳定性准则层包括土地基础设施建设指数、土地生产稳定性指数和土地成灾指数 3 个评价指标层。

保护性准则层包括土地退化指数、水资源保护指数和自然景观保护指数 3 个评价指标层。

经济活力性准则层包括土地投入产出指数、土地集约利用指数、土地收益指数 3 个评价指标层。

社会可接受性准则层包括地区发展平衡指数、土地案件指数、土地抛荒指数、土地收益分配指数和就业指数 4 个评价指标层。

附表 3-1　县级土地可持续利用评价指标体系框架

目标层	评价准则	评价指标
土地可持续利用评价目标	生产力准则	土地生产潜力实现指数
	稳定性准则	土地基础设施建设指数
		土地生产稳定性指数
		土地成灾指数
	保护性准则	土地退化指数
		水资源保护指数
		自然景观保护指数
	经济活力性准则	土地投入产出指数
		土地集约利用指数
		土地收益指数
	社会可接受性准则	地区发展平衡指数
		土地案件指数
		土地抛荒指数
		土地收益分配指数
		就业指数

五、评价步骤与方法

(一) 准 备 工 作

工作组确定工作计划，协调各部门关系；由县国土资源管理部门组织有关专家成立课题组，课题组成员应熟悉土地可持续利用评价工作。课题组内具有高级技术职称的人员不得少于 3 人。同时准备评价所需要的计算机及其各种操作软件。

(二) 资料收集与分析

通过遥感监测和试验调查等各种途径收集县域相关的自然、经济、社会等基础数据、报告、图件等资料，包括：

统计部门的有关县域国民经济发展各项统计资料；

国土资源部门的土地利用现状调查、土地变更调查、土地利用总体规划、基本农田保护规划、土地资源调查评价等有关文字、数据与图件资料；

环境部门的有关环境监测数据、环境质量变化状况等环境评价资料以及环境公报；

农业部门的农业区划、土地资源评价与区域综合治理，土壤普查与土壤盐碱化、土壤肥力等有关文字、图件和数据；

林业部门的森林资源、林业区划等图件与资料；

水利部门的水文资料、水土流失资料、地表水、地下水资源等资料；

气象部门有关气候、自然灾害等资料；

其他相关部门有关资料。

对收集的资料进行核实与整理后，决定是否补充调查或重新调查。

(三) 问 卷 调 查

资料搜集过程中，建议采用问卷调查的方式获得可靠的实地调查数据，对定性指标，通过问卷调查的方式定量化。

(四) 评 价 方 法

1. 综合评价法

侧重于对每一年度土地资源可持续利用状态进行评价，用于比较县域每一时点的土地可持续利用状况。

(1) 指标标准值或阈值确定

元指标标准值或阈值确定参考以下标准和有关文件：

1）国家、地方、行业标准或区域各种规划指标。如国家规定的基本农田保护目标、水土流失控制目标、农田灌溉水质标准、保护农作物大气污染物最高允许浓度等，又如区域绿化的森林覆盖率规划目标、人口增长数量控制目标等。

2）区域本底背景。如以自然条件相似的未受人类干扰的土地利用系统背景作为标准。

3）科学研究的判定标准。对于一些限制型指标，则采用通过综合研究和科学试验所测得的底线值或警戒值作为评价标准。如区域人口承载力和理论载畜量、作物的理论最高单产等。

(2) 元指标计算

按对土地可持续利用影响方式，元指标可分为正指标和逆指标，正指标评价分值的计算公式为

$$F = C_i / S_i$$

逆指标评价分值的计算公式为

$$F = S_i / C_i \text{ 或 } F = 1 - (C_i / S_i)$$

式中：F 为指标评价分值；C_i 为指标实际值；S_i 为指标标准值。

(3) 指标权重确定

采用特尔斐法、层次分析法、因素比较法的一种或几种确定因素及权重。开展土地可持续利用评价的县可根据实际情况，选择指标权重确定方法，确定评价准则层、评价指标层和元指标的权重。

(4) 综合评价值计算

采用以下公式计算可持续利用评价的分值

$$S = \sum_{i=1}^{5} \left[w_i \times \left\{ \sum_{j=1}^{n} \times \left[w_j \times \sum_{k=1}^{m} (w_k \times Y_k) \right] \right\} \right]$$

式中：S 为土地可持续利用分值；w_i 为准则层的权重；n 为评价指标层的数量；w_j 为评价准则层的权重；m 为元指标数量；w_k 为元指标的权重；Y_k 为元指标分值。

2. 基于过程的评价方法

逐个评价生产力、稳定性、保护性、经济活力性和社会可接受性这五个方面的元指标，侧重于对土地可持续利用变化过程的评价，依据增长型、递减型、控制性、平稳型不同类型指标，计算其变化率和变化的波动系数与变异系数，进行分级赋值，计算综合指数。此方法用于评价一段时间内土地的可持续利用状况，可以比较不同时间段内土地的可持续利月状况。

(1) 时间尺度的确定

确定评价的时间尺度。一般要求 10 年以上，基础数据包含每年的元指标数据。

(2) 评价指标分类

按照评价时间尺度内土地可持续利用目标对元指标的要求，将元指标划分为四类：增长型、递减型、平稳型、控制型。

(3) 指标分级标准确定

对增长或递减型指标，采用增长率（或递减率）和波动系数（变异系数）来确定指标的分级，对于控制型和平稳型指标，采用波动系数（变异系数）确定分级标准。

建议对指标分级标准确定的方法进行研究，使之更科学化。

(4) 元指标分值计算

计算元指标的增长率、递减率、波动系数或变异系数，确定元指标分值。

(5) 指标权重、综合分值计算

计算方法同综合评价。

（五）可持续程度分级

按照综合评价结果进行可持续程度分级，分为四级，即强可持续、中可持续、弱可持续和不可持续。

六、成果及应用

1. 成果

县级土地可持续利用评价成果包括评价数据、工作报告和技术报告。

(1) 数据

包括评价的基础资料、各种图件与数据。

(2) 工作报告

工作报告反映评价工作过程，应包括评价目的、任务、工作依据、人员组成、工作进度、资料收集与整理、技术运用、经费开支、经验教训、问题与对策等。

(3) 技术报告

技术报告内容涵盖区域自然、经济和社会发展概况，技术方法包括指标量化处理、阈值确定、权重确定、指标值计算方法、等级划分方法，计算机技术在评价中的应用、其他需要说明的技术问题等；以及包括评价结果及其分析，对区域土地利用存在问题提出建议与改进措施。

2. 应用

(1) 土地质量评价

土地可持续利用评价是综合土地的生产力、稳定性、保护性、经济活力性和社会可接受性的综合评价，是评价对象现状用途或土地功能持久维持的可能性或能力。土地质量评价通常侧重于土地功能的某一方面。土地质量评价指标主要为自然属性类指标，而土地可持续评价指标比较全面、完整、系统，包括了自然、经济、社会各方面指标。土地可持续利用评价的指标可以应用于针对某种功能的土地质量评价中，土地可持续利用评价可直接借用土地质量评价结果。

(2) 土地利用规划的环境影响评价

土地利用规划的环境影响评价主要是应用定量的方法对规划方案将产生的环境影响状况进行综合评定，分析规划对环境的影响，评价指标侧重于环境类指标。土地可持续利用评价是综合土地的生产力、稳定性、保护性、经济活力性和社会可接受性的综合评价，土地可持续利用评价的保护性指标可以应用到土地利用规划的环境影响评价中。

(3) 土地利用规划

土地利用规划主要是依据区域自然、社会、经济条件，在时空上进行土地资源合理分配，提出土地优化利用综合技术与措施。合理的土地利用规划是土地可持续利用的重要保障。土地可持续利用评价指标可作为区域规划、土地利用规划指标确定的指南，土地可持续利用评价结果不仅衡量县域土地资源可持续利用状况，而且可实时评价规划的实施效果和衡量县级土地管理水平。二者有机结合可促进土地资源的可持续利用。

七、附　　则

1）本《大纲》由中国土地勘测规划院负责解释。

2）各县应根据本县实际情况在本《大纲》基础上制定技术方案。